Erdbeben und Erdbebengefährdung

Erdbeben und Erdbebengefährdung

Herausgegeben von
Eckart Hurtig und Heinz Stiller

Mit 158 Abbildungen
und 25 Tabellen

Akademie-Verlag · Berlin
1984

Herausgeber:
Prof. Dr. rer. nat. habil. Eckart Hurtig
Prof. Dr. rer. nat. habil. Heinz Stiller, Ordentliches Mitglied der Akademie der Wissenschaften der DDR

Autoren:
Dipl.-Ing. Jens Bribach
Dr. sc. nat. Steffen Grässl
Dipl.-Phys. Helmut Grosser
Dr. rer. nat. Gottfried Grünthal
Prof. Dr. rer. nat. habil. Eckart Hurtig
Dr. rer. nat. Klaus Klinge
Dr. rer. nat. Georg Kowalle
Dipl.-Math. Eugen Ruge
Prof. Dr. rer. nat. habil. Heinz Stiller, Ordentliches Mitglied der Akademie der Wissenschaften der DDR
Dipl.-Phys. Wilfried Strauch
Dr. rer. nat. habil. Christian Teupser
Dipl.-Phys. Kurt Wylegalla

Anschrift der Herausgeber und Autoren:
Zentralinstitut für Physik der Erde der Akademie der Wissenschaften der DDR,
DDR-1500 Potsdam, Telegrafenberg

Erschienen im Akademie-Verlag, DDR-1086 Berlin, Leipziger Straße 3–4

Lizenznummer: 202 · 100/444/84
Printed in the German Democratic Republic
Gesamtherstellung: VEB Druckhaus Köthen
Lektor: Dipl.-Met. Heide Deutscher
Hersteller: R. Backs
LSV: 1435/1445
Bestellnummer: 763 189 7 (6744)

05000

Inhaltsverzeichnis

1. Einführung[1]

Im Innern der Erde vollziehen sich großräumige Bewegungsabläufe, die in der festen äußeren Gesteinshülle zu Spannungskonzentrationen führen. Überschreiten die elastischen Spannungen die Festigkeit des Materials, so kommt es zum Bruchvorgang und damit zur Auslösung eines Erdbebens.

Erdbeben sind also Ausdruck einer aktiven Tektonik in geologisch mobilen Zonen der Erde.

Vom Ursprungsort eines Erdbebens, dem Erdbebenherd, werden seismische Wellen abgestrahlt, die sich durch den Erdkörper hindurch fortpflanzen, wobei eine charakteristische Beeinflussung der Wellen durch die Struktur und die Materialeigenschaften der Erde erfolgt. Die Untersuchung der Erdbeben und der Ausbreitung seismischer Wellen führte daher zu grundlegenden Erkenntnissen über den Aufbau der Erde und über den Zustand der Materie im Erdinnern, so daß die modernen Vorstellungen über das Erdinnere weitgehend auf seismologischen Daten beruhen.

Neben der Klärung grundlegender Probleme des Aufbaus und der Dynamik des Erdinnern rücken immer stärker volkswirtschaftliche und gesellschaftliche Aufgaben in den Vordergrund seismologischer Forschungsarbeiten. Neben Beiträgen zur Sicherung der Energie- und Rohstoffbasis gehört hierzu vor allem die Bestimmung der Erdbebengefährdung als Grundlage für Maßnahmen, Erdbebenschäden zu verringern oder zu vermeiden.

Auch in seismisch wenig aktiven Gebieten der Erde gewinnen seismologische Untersuchungen volkswirtschaftliche Dimensionen, da der Investitionsaufwand für bestimmte Großprojekte (z.B. Kernkraftwerke) wesentlich auch von den ermittelten seismologischen Parametern beeinflußt wird.

Weltweit ist zu beobachten, daß die Gefahr für das Auftreten von Erdbebenschäden zunimmt. Hierfür sind insbesondere folgende Faktoren verantwortlich:

- Infolge der zunehmenden Bevölkerungsdichte und der Konzentration der Bevölkerung in städtischen Ballungszentren sowie der damit notwendigen zentralen Versorgungseinrichtungen wird das Risiko möglicher Schäden beim Auftreten von Erdbeben immer größer (= Konzentrationsfaktor).
- Ingenieurtechnische Großbauten (z.B. Kernkraftwerke) sind sehr empfindlich gegenüber mechanischen Schwingungsbelastungen. Bereits unerhebliche Primärschäden, die durch Erdbebenwellen verursacht werden, können zu

[1]) Autoren: H. Stiller und E. Hurtig

erheblichen Folgeschäden führen. Die Anforderungen an die seismologische Sicherheit des Standortes sind daher hoch, und umfassende Kenntnisse über die Wahrscheinlichkeit und die Größe einer möglichen Gefährdung der Bauwerke durch Erdbeben sind erforderlich (= Empfindlichkeitsfaktor).

Bauwerke stellen zusammen mit dem sie tragenden geologischen Untergrund schwingungsfähige Systeme dar, die eine bestimmte Eigenschwingungscharakteristik (Eigenperiode) und ein entsprechendes Dämpfungsverhalten besitzen. Wichtig für die Beurteilung von Schadenswirkungen ist also stets das Verhältnis der Eigenperiode des Gebäudes zur dominierenden Periode der anregenden Schwingung. Mit dem Übergang zur Hochhausbauweise im Bauwesen vergrößert sich beispielsweise die Eigenperiode der Häuser auf über 1,5 s. Damit können bisher vernachlässigbare längerperiodische Anteile im seismischen Wellenspektrum derartige Bauwerke in Schwingungen versetzen und als Gefährdungsfaktor wirksam werden. Da längerperiodische Wellen bei der Fortpflanzung durch die Erde langsamer gedämpft werden als kurzperiodische, nimmt die Gefährdungsreichweite von Erdbeben durch die Entwicklung im Bauwesen zu (= Reichweitefaktor).

Es ist daher verständlich, daß sich international die Probleme der Bestimmung der Erdbebengefährdung, der Vorhersage von Erdbeben und der Verhütung oder zumindest der Verringerung von Erdbebenschäden zu Schwerpunkten seismologischer Forschungsarbeiten entwickelt haben. Die UNESCO als Spezialorganisation der Vereinten Nationen für Ausbildung und Wissenschaften unterstützt diese Arbeiten im Rahmen ihrer langfristigen Programme.

Die Untersuchung der Erdbebengefährdung ist jedoch nicht allein ein Anliegen der Seismologie. Geologisch-tektonische und labor-geophysikalische Arbeiten haben wesentliche Beiträge zu liefern. Schließlich ist die Umsetzung der Erkenntnisse über die Erdbebengefährdung in konkrete ingenieurtechnische Maßnahmen eine Aufgabe für Bauingenieure, Ökonomen und Planungsfachleute.

Mit dem vorliegenden Buch wird angestrebt, einen Überblick über wesentliche Probleme der Erdbebengefährdung und ihrer Bestimmung zu geben. Dabei stehen die seismologischen Aspekte im Vordergrund. Nach einem Überblick über die Entwicklung seismologischer Forschungen (Kapitel 2) und eine Einführung in das Phänomen der Erdbebenwellen (Kapitel 3) wird im Kapitel 4 ausführlicher auf die seismologischen Geräte eingegangen, da moderne Geräte- und Stationssysteme eine wesentliche Voraussetzung für die Bestimmung der Erdbebengefährdung sind. Weitere Schwerpunkte des Buches sind: die Ortung von Erdbebenherden und die Bestimmung der Stärke von Erdbeben (Kapitel 5), die Beziehungen zwischen Seismizität, seismischer Gefährdung und globaler bzw. regionaler Tektonik (Kapitel 6), die Untersuchung des Mechanismus von Erdbeben (Kapitel 7), die Ableitung ingenieurseismologischer Parameter als Grundlage für die Bemessung von Bauwerken und für erdbebensicheres Bauen sowie die quantitative Bestimmung der Erdbebengefährdung (Kapitel 8), die Untersuchung der durch die ingenieurtechnische Tätigkeit des Menschen verursachten oder ausgelösten seismischen Aktivität (Kapitel 9) und Probleme der Erdbebenvorhersage (Kapitel 10). Durch die Herausgeber erfolgte eine umfassende Überarbeitung der einzelnen Kapitel, um eine weitgehende Homogenisierung in der Darstellung des Stoffes zu erreichen.

Das Buch will einen breiten Kreis von Fachleuten verschiedener Disziplinen ansprechen, die sich mit Erdbeben und Problemen der Erdbebengefährdung zu beschäftigen haben. Hierzu gehören neben den Geowissenschaftlern auch Bergleute und Ingenieure aus dem Bauwesen, der Wasserwirtschaft und anderen Zweigen der Volkswirtschaft. Darüber hinaus will es sich an alle Interessenten wenden, die sich für das Phänomen Erdbeben und Erdbebengefährdung interessieren. Aus diesem Grund wurden die einzelnen Kapitel so angelegt, daß sie eine in sich geschlossene Einheit darstellen und nicht die Kenntnis der vorhergehenden Abschnitte voraussetzen.

In der Zusammenstellung des Stoffes des Buches wurde bewußt darauf verzichtet, eingehende mathematische und theoretische Ableitungen zu geben. Das betrifft beispielsweise die Probleme der Theorie der seismischen Wellenausbreitung in realen Medien und allgemeine Grundprobleme der Seismologie. Hier sei auf moderne Monographien verwiesen. Ein umfangreiches Literaturverzeichnis zu jedem Kapitel soll dem interessierten Leser ein tieferes Eindringen in die Probleme erleichtern.

Das Buch entsprang der engen Zusammenarbeit einer Vielzahl von Kollegen des Zentralinstituts für Physik der Erde der AdW der DDR. Ihnen allen sei für ihre Mitarbeit und ihre kritischen Hinweise gedankt.

Der Dank gilt auch dem Akademie-Verlag für die stete Förderung und Unterstützung des Vorhabens.

2. Zur Entwicklung der Seismologie[1]

2.1. Entwicklung und Schwerpunkte seismologischer Forschungsarbeiten

Das Erdbeben als Naturerscheinung hat zu jeder Zeit die Menschheit beschäftigt. In der Antike, aber auch im Mittelalter wurde das Phänomen Erdbeben meist in mythologische oder religiöse Vorstellungen eingebaut. Griechische und römische Naturphilosophen machten bereits erste Versuche, Erdbeben auf natürliche Ursachen zurückzuführen, die aus bestimmten Naturbeobachtungen abgeleitet wurden. So sahen PYTHAGORAS und SENECA die Ursache in einem Zentralfeuer im Erdinnern, LUKREZ glaubte, daß Erdbeben durch den Einsturz von Höhlungen verursacht werden, die sich im Innern der Erde befinden. DEMOCRIT schließlich meinte, daß Erdbeben dann entstehen, wenn sich einzelne Teile der Erde senken und andere sich heben, eine Vorstellung, die nahe an die heutigen Vorstellungen tektonischer Beben heranführt.

Erst im 19. Jahrhundert formierte sich die Seismologie zu einer eigenständigen Wissenschaft. Die entscheidenden Entwicklungen vollzogen sich in der relativ kurzen Zeitspanne von etwa 1870 bis 1910. Dabei ragen Namen wie GALITZIN in Rußland, MILNE in England und WIECHERT in Deutschland besonders heraus. Viele aktuelle Forschungsschwerpunkte der Seismologie lassen sich mit ihren Wurzeln bis in diese Anfangszeit systematischer wissenschaftlicher Arbeiten zurückverfolgen.

Der weiteren Betrachtung sollen einige Grundgedanken vorangestellt werden, die ERNST v. REBEUR-PASCHWITZ 1895b in den „Vorschlägen zur Einrichtung eines internationalen Systems von Erdbeben-Stationen“ als Begründung für die Bildung der Internationalen Seismologischen Assoziation formulierte. Es heißt:

„Wir wollen in erster Linie die Gründung eines internationalen Netzes von Erdbebenstationen in Anregung bringen, dessen Aufgabe es sein soll, die Ausbreitung der von großen Erdbebencentren ausgehenden Bewegungen auf der Erdoberfläche und durch den Erdkörper in systematischer Weise zu beobachten. Es ist wünschenswert und für den Erfolg des Unternehmens wichtig, daß alle Stationen gleichartige Instrumente wählen und daß diese überall auf den gleichen Grad von Empfindlichkeit gebracht werden.“

---

[1]) Autoren: H. STILLER, E. HURTIG.

Darüber hinaus forderte er die Gründung einer „Centralstelle für die Sammlung und Publication von Erdbebennachrichten aus der ganzen Welt".

Von seiner Weitsichtigkeit zeugt folgende zusammenfassende Bemerkung:

„Die Bedeutung der hier in Vorschlag gebrachten Erdbebenbeobachtungen für die Physik der Erde läßt sich nicht hoch genug veranschlagen. Da es fast sicher ist, daß die von einem Erdbebenherd ausstrahlende elastische Bewegung sich durch den Erdkörper fortpflanzt, mit einer Geschwindigkeit, deren Größe von der Dichtigkeit und Elasticität der verschiedenen Tiefenschichten abhängen muß, und da sichere Anzeichen vorhanden sind, daß diese Geschwindigkeit mit der Tiefe, welche die Bewegung erreichte, veränderlich ist so geben die Erdbebenbeobachtungen ein Mittel in die Hand, um auf indirectem Wege Aufschlüsse über den Zustand des Erdinnern zu erhalten, welches wohl für alle Zeiten der directen Beobachtung verschlossen sein wird. Es ist daher durch diese systematischen Beobachtungen die Möglichkeit geboten, mit Aussicht auf Erfolg an die Lösung einer Frage heranzutreten, welche für die gesamte Wissenschaft von fundamentaler Bedeutung ist und bisher von verschiedenen Seiten in nur zu widersprechender Weise beantwortet wurde."

Mit diesen Aussagen, die in ihrem Inhalt sehr modern sind, werden zwei Hauptlinien seismologischer Forschungsarbeiten charakterisiert:

- die systematische Registrierung von Erdbeben mit einem einheitlich ausgerüsteten Stationsnetz sowie die Erfassung und Aufbereitung von Erdbebenwahrnehmungen der Bevölkerung (Makroseismik) als eine Grundlage für die Untersuchung der Erdbebengefährdung;
- die Untersuchung des Aufbaus des Erdinnern, wobei der entscheidende physikalische Parameter die Fortpflanzungsgeschwindigkeit seismischer Wellen ist.

Betrachtet man die Entwicklung seismologischer Forschungen in den vergangenen 100 Jahren, so lassen sich einige interessante Trends erkennen.

In einem ersten Zeitabschnitt, den man mit dem Zeitraum zwischen 1870 und 1910 beschreiben kann, wurden neben theoretischen und allgemeinen Untersuchungen zum Bau des Erdinnern auch wesentliche Ansätze für eine systematische Untersuchung der Erdbebengefährdung geschaffen. Mit der Entwicklung der Produktivkräfte, der zunehmenden Industrialisierung und mit dem allgemeinen Aufschwung naturwissenschaftlicher Forschungen war die Forderung nach systematischen Kenntnissen über Auftreten, Verbreitung und physikalische Ursachen von Beben sowie nach der praktischen Nutzung seismologischer Erkenntnisse bei der Konstruktion und Bemessung von Bauwerken in erdbebengefährdeten Gebieten immer stärker geworden.

So bildeten sich in einer ganzen Reihe von Ländern am Ausgang des 19. Jahrhunderts feste Organisationsformen für die zielgerichtete Erfassung von Erdbeben und Erdbebenwahrnehmungen heraus. Es ist interessant, an Hand der Materialien der 1. Internationalen Seismologischen Konferenz 1901 den um das Jahr 1900 erreichten Stand zu vermerken (s. z. B. Rudolph, 1902; Sieberg, 1904).

In Europa war in Italien die Erfassung von Erdbeben am weitesten entwickelt. Bereits 1879 existierte hier ein staatlicher Erdbebenbeobachtungsdienst, der an die meteorologische Zentralanstalt in Rom angegliedert war. In diesem „Ufficio Central de Meteorologia e Geodinamica“ wirkte u.a. CANCANI, der zusammen mit MERCALLI und SIEBERG eine Skala zur Bewertung von Erdbebenwahrnehmungen (sog. Intensitätsskala), erarbeitete, die – mehrfach modifiziert und erweitert – sich bis heute als brauchbare Grundlage zur Einschätzung makroseismischer Wahrnehmungen bewährt hat. MERCALLI und TARAMELLI sowie BARATTA stellten erste Seismizitätskarten von Italien zusammen. Auch in einer Reihe anderer europäischer Länder begann man, systematische Erdbebenbeobachtungen durchzuführen. In der Schweiz setzte 1878 die „Schweizerische Naturforschende Gesellschaft“ eine Erdbebenkommission ein (s. z.B. RIGGENBACH-BURCKHARDT, 1902). In Griechenland organisierte EGINITIS die Sammlung von Erdbebenwahrnehmungen. In Rumänien war es vor allem HEPITES (s. HEPITES, 1902), der den Erdbebendienst im Rahmen des Meteorologischen Instituts aufbaute. In Bulgarien bestand seit 1892 eine ähnliche von SPAS und WATZOFF aufgebaute Organisation bei der meteorologischen Zentralstelle in Sofia. In Ungarn gab es seit 1892 eine Erdbebenkommission (s. SCHAFARZIK, 1902; KÖVESLIGETHY, 1902). Auch in Zagreb wurde bei der südslavischen Akademie der Wissenschaften eine eigene Bebenkommission gebildet. In Österreich setzte die Kaiserliche Akademie der Wissenschaften in Wien im Jahre 1895 eine Erdbebenkommission ein. In Rußland bildete die Kaiserliche Akademie der Wissenschaften eine „Permanente Seismologische Zentralkommission“ (s. z.B. LEWITZKY, 1902). In Nordeuropa waren es vor allem KOLDERUP (s. KOLDERUP, 1902) für Norwegen und SVEDMARK für Schweden, die sich um die Sammlung und Aufbereitung von seismischen Wahrnehmungen verdient machten.

In einigen deutschen Staaten wurden ebenfalls systematische Untersuchungen zur Seismizität durchgeführt. So wurde in Sachsen bereits 1875 durch die Königlich Sächsische Geologische Landesanstalt (CREDNER) ein Erdbebennachrichtendienst organisiert. Ähnliche Anstrengungen gab es in Bayern (s. z.B. GÜNTHER, 1902; v. GÜMBEL, 1889). Für Baden, Hessen, Württemberg und Hohenzollern wurden durch die „Erdbebenkommission des Naturwissenschaftlichen Vereins zu Karlsruhe“ und die „Erdbebenkommission des Vereins für vaterländische Naturkunde“ (für Württemberg) die makroseismischen Beobachtungen auf einheitlicher Grundlage organisiert.

Außerhalb von Europa standen Japan und China an erster Stelle bei der systematischen Beobachtung von Erdbeben. In Japan wurde 1892 an der Universität Tokyo eine Kommission zur Erforschung von Erdbeben ins Leben gerufen. Auch auf den Philippinen entwickelte sich in der zweiten Hälfte des 19. Jahrhunderts eine systematische Erfassung von makroseismischen Beobachtungen. VAN DER STOK gliederte in Djakarta (damals Batavia) dem dortigen magnetisch-meteorologischen Observatorium ein seismologisches Institut an, das die Zentralstelle für Indonesien bildete. Seit 1889 wurden auch in Neuseeland systematisch makroseismische Daten gesammelt (s. z.B. HOGBEN, 1902). Teile von Australien schlossen sich diesem System an.

Diese Zusammenstellung charakterisiert den Stand um 1900. Mit RUDOLPH (1902) ist es gerechtfertigt zu sagen:

„Damit sind wir am Ende unserer Übersicht angelangt. Denn weder für Mexico noch für Mittel- und Südamerika besteht eine seismische Organisation. Ja, ... man kann mit Fug und Recht behaupten, daß auf dem ganzen Kontinent von Amerika in dieser Hinsicht nichts geschehen ist, was den wissenschaftlichen Anforderungen genügen würde. In Europa entbehrt der ganze Westen, Großbritannien und Irland, Frankreich, Spanien und Portugal, einer Organisation. Von den Ländern um das Mittelmeer kämen besonders die Atlasländer und das ganze Vorderasien in Betracht. Daran schließen sich Vorder- und Hinterindien, der ganze Osten und Norden von Asien, wenn wir von Japan absehen. Für alle diese weiten Gebiete, die nach den spärlichen Mitteilungen aus früherer Zeit zu urteilen, in seismischer Beziehung nicht zu unterschätzen sind, wäre die Einrichtung eines Beobachtungsdienstes dringend erwünscht."

Es wurde so ausführlich auf die Bemerkungen von RUDOLPH eingegangen, weil der Aufbau fester Organisationsformen zur Sammlung und Auswertung von Erdbebenwahrnehmungen eine entscheidende Voraussetzung für die Untersuchung der Raum-Zeit-Verteilung der Bebentätigkeit und somit für die Bestimmung der Erdbebengefährdung ist.

Um die Jahrhundertwende begann man auch, systematisch die vorhandenen Angaben über starke Erdbeben in den vergangenen Jahrhunderten zusammenzustellen. Allerdings gibt es nur wenige Gebiete der Erde (vor allem Mittelmeerländer und China) mit schriftlichen Überlieferungen, die mehrere Jahrhunderte oder Jahrtausende zurückreichen. Die Zeit vor 1900, d.h. der Zeitabschnitt vor Beginn der instrumentellen Registrierung von Erdbeben, ist daher für viele Regionen der Erde seismologisch gewissermaßen eine „prähistorische" Zeit. Damit sind Untersuchungen über die Erdbebengefährdung in weiten Teilen der Erde sehr schwierig, da möglichst weit in die Vergangenheit zurückreichende Daten über die Erdbebentätigkeit nötig sind, um statistisch abgesicherte Ergebnisse zu erhalten.

Große Bedeutung kommt der im ausgehenden 19. Jahrhundert einsetzenden Entwicklung seismischer Geräte zu. Hiermit wurde die Grundlage für eine instrumentelle Beobachtung auch weit entfernt liegender (sog. teleseismischer) Ereignisse und für eine moderne, quantitative Seismologie gelegt. EHLERT (1898) gibt einen vorzüglichen Überblick über den internationalen Stand der Technik jener Zeit.

Wegweisend war die Entwicklung eines mechanischen Seismographen durch WIECHERT und eines elektromagnetischen Seismographen durch GALITZIN. Der elektromagnetische Seismograph bildete eine fundamentale Lösung für die Beobachtung von Erdbebenwellen, aber auch das WIECHERTsche Seismometer hat sich bis heute bewährt. In einer Reihe von seismologischen Stationen (z.B. Uppsala) arbeiten diese Geräte ununterbrochen seit fast 80 Jahren. Wegen der geringen Vergrößerung erhält man mit ihnen ausgezeichnete Registrierungen von starken Beben.

Mit der Geräteentwicklung und der verbesserten Leistungsfähigkeit der Seismometer wurde die instrumentelle Beobachtung auch weit entfernter Erdbeben (Fernbeben) möglich. Einen Markstein bildete die Registrierung eines Japanbebens am 17. 4. 1889 durch VON REBEUR-PASCHWITZ in Potsdam

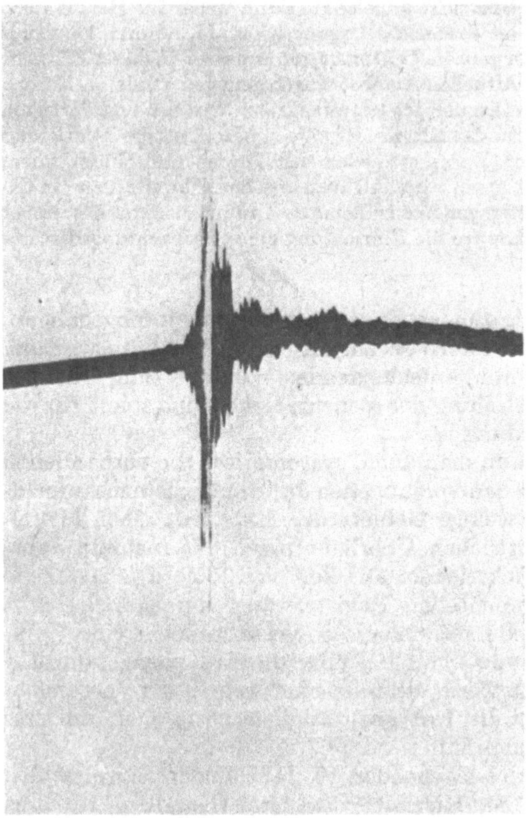

Abb. 2.1. Registrierung des Japanbebens vom 17.4.1889 in Potsdam (aus REBEUR-PASCHWITZ, 1895a)

und Wilhelmshaven (s. Abb. 2.1). VON REBEUR-PASCHWITZ (1895a) weist zwar darauf hin, daß schon früher NYRÉN am 10. 5. 1877 Störungen an der Libelle eines Passageinstruments in Pulkowo erfaßte, die mit dem Erdbeben bei Iquique in Chile in Zusammenhang gebracht wurden. Dennoch muß man die Registrierung des Japanbebens am 17. 4. 1889 in Potsdam als Beginn einer modernen globalen Seismologie ansehen, war doch der Nachweis geliefert, daß es möglich ist, auch Fernbeben instrumentell zu erfassen. Damit wurde es möglich, alle starken Erdbeben, unabhängig von ihrem Herdort, zu registrieren. Zur Einschätzung der Seismizität in einer beliebigen Region war man jetzt nicht mehr allein auf unmittelbare Wahrnehmungen im Herdgebiet angewiesen. Unter diesem Gesichtspunkt sind auch die eingangs zitierten Bemerkungen von v. REBEUR-PASCHWITZ (1895b) über die Notwendigkeit eines weltweiten Stationsnetzes zu sehen. Die historischen Seismogramme aus der

Anfangszeit der instrumentellen Registrierung sind daher für die heutigen Aufgaben bei der Bestimmung der Erdbebengefährdung von unschätzbarem Wert, da sie in vielen Fällen die einzige Grundlage sind, die Stärke von früheren Erdbeben abzuschätzen. Abb. 2.2 zeigt als Beispiel die Aufzeichnung des San-Francisco-Erdbebens 1906 an der Station Potsdam.

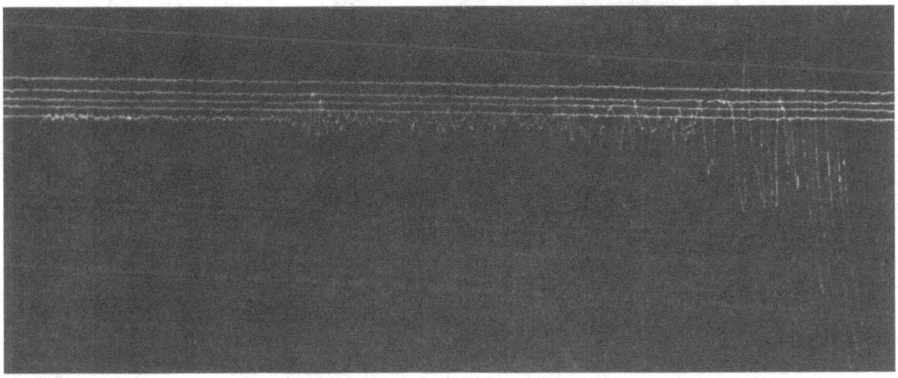

Abb. 2.2. Aufzeichnung des San Francisco-Erdbebens 1906 in Potsdam (nach Original)

Um 1900 existierten 74 seismologische Stationen auf der Erde (s. WEIGAND, 1902). Aber schon wenige Jahre später vergrößerte sich die Anzahl der Stationen bedeutend, es entstanden vor allem in Japan die ersten Ansätze von regionalen Stationssystemen zur Überwachung der seismischen Aktivität.

Eine wichtige Aufgabe seismologischer Stationen ist die Bestimmung der geographischen Lage des Bebenherdes (Herdkoordinaten). Die methodischen Arbeiten z. B. von MILNE (1903) und LASKA (1903) schufen die theoretischen Grundlagen hierfür.

Systematische Zusammenfassungen makroseismischer und instrumenteller Erdbebendaten führten zu ersten Versuchen einer Darstellung der globalen Verteilung der Erdbebenherde. Es sei auf die Arbeiten besonders von MILNE (1898), SIEBERG (1904) und MONTESSUS DE BALLORE (1906) hingewiesen. Die Abb. 2.3 ist dem Buch von MONTESSUS DE BALLORE (1906) entnommen. Mit dieser gemeinsamen Darstellung der geographischen Verteilung von Erdbeben und des Verlaufs der Hauptgeosynklinalzonen der Erde wird das Bemühen sichtbar, eine ursächliche Verbindung zwischen der seismischen Aktivität und der Tektonik herzustellen. Es werden bereits die Hauptterdbebengürtel (Zirkumpazifische Zone, Alpen-Himalaya-Zone) der Erde sichtbar, in denen die seismische Gefährdung und das seismische Risiko am größten sind. Immer deutlicher wurde, daß Erdbeben mit tektonischen Prozessen in Verbindung stehen und bevorzugt an tektonischen Störungszonen auftreten.

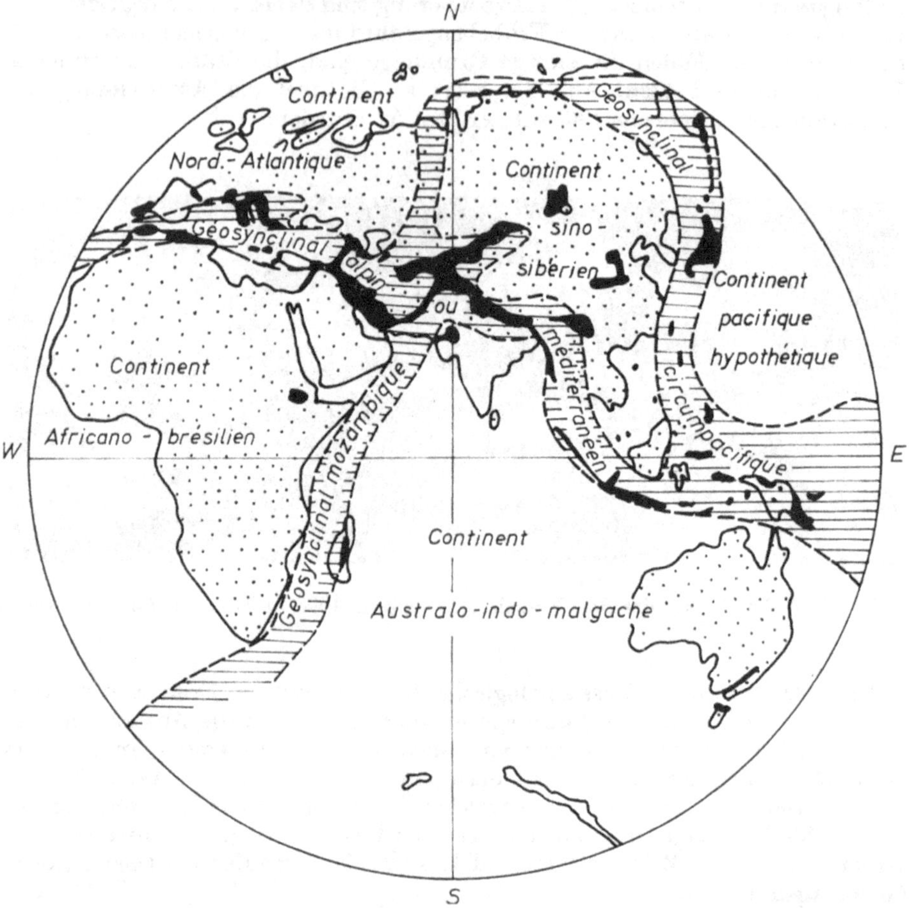

Abb. 2.3. Seismische Regionen und Geosynklinalzonen (nach DE BALLORE, 1906)

HOERNES (1878) hat wohl das Verdienst, die im Prinzip auch heute noch gültige Einteilung von Erdbeben in
- vulkanische Beben,
- Einsturzbeben,
- tektonische Beben oder Dislokationsbeben

vorzunehmen, wobei letztere etwa 95% aller Erdbeben ausmachen. Damit wurde der Begriff der Dislokation, der Schollenversetzung an Verwerfungen, eingeführt, ein Begriff, der bei den modernen Untersuchungen zum Herdmechanismus eine besondere Rolle spielt. Sehr anschauliche Ergebnisse über den Bewegungsablauf bei Erdbeben leitete REID (s. z.B. REID, 1910) aus seinen Arbeiten an der San-Andreas-Verwerfung im Zusammenhang mit dem

San-Francisco-Beben ab. Er erkannte, daß sich die Erdkrustenblöcke beiderseits der Verwerfung relativ zueinander bewegen und dabei verformen. Bei Überschreiten der Scherfestigkeit des Materials kommt es zum Bruch und zu einem elastischen Zurückschwingen der Schichten, wobei zwischen den Blöcken eine bleibende Dislokation auftritt. Diese Elastic-Rebound-Theorie hat sich bis heute zum Verständnis des Herdmechanismus von Erdbeben bewährt.

Ebenfalls um die Jahrhundertwende versuchte man, mit ernsthaften wissenschaftlichen Arbeiten der Möglichkeit der Vorhersage eines bestimmten Erdbebens hinsichtlich Ort, Zeit und Stärke näherzukommen (s. z.B. Davison, 1913). Ausführlich untersuchte Davison die seismische Aktivität vor dem Mino-Owari-Erdbeben vom 28. 10. 1891 in Japan und fand, daß eine Vorhersage auf Grund der zeitlichen und räumlichen Verteilung der Vorbebenaktivität möglich erscheint. Er umriß damit den Begriff des Vorläuferphänomens von Erdbeben, der bei den heutigen Arbeiten zur Erdbebenvorhersage eine große Rolle spielt.

Auch das Verhalten von Bauwerken bei Erdbeben wurde bereits in dieser Anfangsphase seismologischer Forschungen untersucht. Omori (s. z.B. Omori, 1902) bezeichnete seine Arbeiten, in denen er das Schwingungs- und Bruchverhalten von Bauwerksmodellen (z.B. Schornsteine, Ziegelkonstruktionen) auf dem Schütteltisch in Abhängigkeit von der Frequenz und der Amplitude untersuchte, als angewandte Seismologie. Das Gerät, mit dem er die starken Erschütterungen meßtechnisch erfaßte, nannte er Deflektograph oder Strong-Motion-Seismograph. Wir bezeichnen heute diese Arbeitsrichtung als Ingenieurseismologie bzw. Erdbebeningenieurwesen; die Strong-Motion-Seismologie hat sich zu einem eigenständigen Gebiet der Seismologie entwickelt.

In der Anfangsphase der Seismologie wurden also bereits die wesentlichen Richtungen für die Untersuchung der Erdbebengefährdung und der Vorhersage von Erdbeben deutlich.

In diesem ersten Zeitabschnitt sind auch wichtige Grundlagen zum Verständnis der Ausbreitung seismischer Wellen in der Erde und zum Bau des Erdinnern erarbeitet worden. Im Rahmen der Thematik dieses Buches sei nur auf wenige herausragende Ergebnisse hingewiesen

Im ausgehenden 19. Jahrhundert wurden die Grundlagen der Theorie der Ausbreitung seismischer Wellen durch den Erdkörper entwickelt. Im wesentlichen auf Stokes und Poisson geht die analytische Behandlung der Fortpflanzung longitudinaler und transversaler Wellen in einem elastischen Festkörper zurück. Mit den Arbeiten von Oldham und Wiechert in den 90er Jahren des vergangenen Jahrhunderts war die Grundlage für die Identifizierung von longitudinalen und transversalen Wellen in den Seismogrammen geschaffen. Lord Rayleigh entdeckte elastische Wellen, die sich parallel zur Erdoberfläche ausbreiten. Sie wurden als Oberflächenwellen (Rayleigh-Wellen) bezeichnet. Schmidt (1888) zeigte, daß sich die Erdbebenwellen nicht geradlinig durch die Erde fortpflanzen (s. auch Rudzki, 1898).

Wiechert (1897) formulierte die Hypothese eines Eisenkernes der Erde, die später von Oldham (1906) aus seismologischen Aufzeichnungen bestätigt wurde.

Benndorf (1905, 1906) untersuchte die Verteilung der Fortpflanzungsgeschwindigkeit in der Erde bis zum Erdkern. Mohorovičić (1909) schließlich fand in etwa 30 km Tiefe eine scharfe seismische Diskontinuität, die als Untergrenze der Erdkruste angesehen wird (Mohorovičić-Diskontinuität).

In einem zweiten Zeitabschnitt – vor allem in den 20er und 30er Jahren dieses Jahrhunderts – standen Untersuchungen über den Bau des Erdinnern im Vordergrund. Theoretische Arbeiten und eingehende Seismogrammanalysen führten zu einer Absicherung und Erweiterung der bisherigen Kenntnisse.

Geiger und Gutenberg (1912), Zöppritz, Geiger und Gutenberg (1912) legten die Kern-Mantel-Grenze in eine Tiefe von 2900 km. Lehmann (1936) leitete die Existenz eines Innenkernes der Erde ab und bestimmte die Tiefenlage der Innenkern-Außenkerngrenze. Die Entdeckung, daß Erdbeben ihren Herd bis in Tiefen von 700 bis 800 km haben können, geht auf Turner und Wadati zurück.

Auf der instrumentellen Seite hatten sich die Seismometerprinzipien von Wiechert und Galitzin bewährt. Neu war die Entwicklung eines Strainmeters durch Benioff, mit dessen Hilfe Relativdeformationen zwischen zwei Festpunkten erfaßt werden können. Für Fragen der Erdbebengefährdung sind einige Arbeiten in dieser zweiten Periode von besonderer Bedeutung:

- Jeffreys und Bullen untersuchten die Beziehungen zwischen der Laufzeit seismischer Wellen und der Entfernung Bebenherd-Registrierort. Sie leiteten daraus Laufzeittabellen ab, die bis heute die Grundlage für die Seismogrammauswertung und die Ortung von Erdbeben sind;
- Richter (1935) entwickelte aus den instrumentell beobachteten Amplituden seismischer Wellen und deren Periode das Konzept der Magnitude zur Bestimmung der Stärke von Erdbeben. Zunächst galt dieses nur für Nahbeben, konnte dann aber mit den Untersuchungen von Gutenberg und Richter (1942, 1956) auch auf die Bestimmung der Stärke von Fernbeben übertragen werden. Diese Arbeiten bilden die entscheidende Grundlage für die quantitative Bestimmung der Stärke und für einen Vergleich von Erdbeben.

In einem dritten Zeitabschnitt – seit etwa 25 Jahren – rücken immer stärker volkswirtschaftliche und gesellschaftliche Aufgaben in den Vordergrund seismologischer Forschungen. Die Bewältigung der weltweiten Umwelt-, Energie- und Rohstoffprobleme hat auch für die Seismologie eine zentrale Bedeutung gewonnen.

Es sind vor allem drei Hauptlinien, die die Entwicklung der Seismologie in diesem Zeitabschnitt bestimmend beeinflußten:

a) Die Seismologische Überwachung der Erde als Bestandteil internationaler Verträge und Verhandlungen über das Verbot bzw. die Einschränkung von Kernwaffenversuchen.

   Auf folgende Verträge soll besonders hingewiesen werden:

   - Vertrag über das teilweise Verbot von Kernwaffenversuchen (Partial Test Ban Treaty: PTB) aus dem Jahre 1963. Dieser Vertrag verbietet die Durchführung von Kernwaffenversuchen in der Atmosphäre, im Weltraum und unter Wasser.

- Meeresbodenvertrag (Sea-Bed Treaty) aus dem Jahre 1971. Dieser Vertrag verbietet die Lagerung, Erprobung oder Verwendung von Kernwaffen am Meeresboden außerhalb der 12-Meilen-Zone.
- Der Vertrag über das Verbot von Kernwaffenversuchen oberhalb eines bestimmten Schwellwertes (Threshold Test Ban Treaty: TTBT) aus dem Jahre 1976. Er verbietet die Durchführung von unterirdischen Kernwaffenversuchen mit Ladungsmengen über 150 kt und beschränkt die Durchführung von unterirdischen Kernexplosionen auf bestimmte Testgebiete.
- Vertrag über die Durchführung unterirdischer Kernexplosionen für friedliche Zwecke (Treaty on Underground Nuclear Explosions for Peaceful Purposes: PNE-Treaty) aus dem Jahre 1976.
- Verhandlungen über ein vollständiges Verbot von Kernwaffenversuchen (Comprehensive Test Ban Treaty: CTB), die gegenwärtig noch im Rahmen der Konferenz des Abrüstungskomitees (Conference of the Committee of Disarmament: CCD) in Genf stattfinden.

Im Rahmen dieser Überwachungsaufgaben wurden intensive Untersuchungen zur Erkennung und Identifizierung seismischer Ereignisse durchgeführt. Zugleich kam es zur Entwicklung leistungsfähiger seismologischer Geräte- und Stationssysteme.

b) Untersuchungen zur Struktur der Erdkruste und des oberen Erdmantels im Bereich der Kontinente und Ozeane.

Die Arbeiten führten zu wichtigen Erkenntnissen über den geologisch-tektonischen Bau der Erdkruste und die Gesetzmäßigkeiten zur Bildung und Verteilung von Lagerstätten; sie werden sowohl auf nationaler als auch auf internationaler Ebene durchgeführt. Die wichtigsten internationalen Programme sind;

- das Internationale Geophysikalische Jahr (1957/58),
- das Projekt Oberer Erdmantel (Upper Mantle Project: UMP) (1964–1970),
- das Internationale Geodynamikprojekt (1970–1979),
- das Programm „Dynamik und Entwicklung der Lithosphäre“, das Bestandteil der weltweiten Aktivitäten zur Bewältigung der Energie- und Rohstoffprobleme sowie zur Verringerung der Gefährdung durch Erdbeben und andere Naturkatastrophen ist.

c) Verringerung bzw. Vermeidung von Erdbebenschäden.

Die Arbeiten richten sich dabei auf drei Schwerpunkte:

- auf die Bestimmung der seismischen Gefährdung,
- auf die Möglichkeiten zur Vorhersage von Erdbeben,
- auf die Untersuchung der physikalischen Prozesse in Bebengebieten sowie der Herdprozesse und des Herdmechanismus als Schlüssel für eine physikalisch begründete Bebenvorhersage.

2.2. Internationale seismologische Organisationen und Datenzentren

Die Bearbeitung seismologischer Probleme ist wesentlich darauf angewiesen, daß internationale Datenzentren und geeignete Formen der internationalen Kooperation existieren.

Schon Ende des vergangenen Jahrhunderts betrieb insbesondere GERLAND unter Nutzung inhaltlicher Vorarbeiten von v. REBEUR-PASCHWITZ mit hohem Eifer die Bildung einer Internationalen Seismologischen Assoziation.

Auf dem 6. Internationalen Geographenkongreß in London 1895 wurden entsprechende Vorschläge vorgelegt und diskutiert. Auf dem 7. Internationalen Geographenkongreß in Berlin 1899 kam es dann zum Beschluß über die Bildung einer Internationalen Seismologischen Gesellschaft. In den Kongreßbeschlüssen heißt es:

„Der Kongreß spricht seine Zustimmung aus zu der Gründung einer Internationalen Seismologischen Gesellschaft und hält die Bildung einer Permanenten Kommission für Internationale Erdbebenforschung für wünschenswert. Der Kongreß beauftragt die Geschäftsführung des Kongresses mit der Bildung einer solchen Kommission."

Es mag vielleicht überraschend sein, daß sich die Internationale Seismologische Gesellschaft aus der Geographie heraus entwickelte. Die Bindungen zur Geographie waren aber in jener Zeit über die physische Geographie und die Erdbebengeographie besonders eng. So konnte noch 1889 GERLAND auf dem 7. Internationalen Geographentag in Berlin sagen: „Ein Zweig der Erdkunde? Die Seismologie? Ohne Zweifel; und diese ihre Zugehörigkeit zur Erdkunde, zur Geographie ist der erste Punkt, den ich hier hervorhebe."

Mit zunehmender Profilierung der Seismologie als eigenständige Wissenschaft wurden die Bindungen zur Geographie immer geringer.

Auf der Grundlage der Beschlüsse des 7. Internationalen Geographenkongresses lud GERLAND die 1. Internationale Seismologische Konferenz 1901 nach Strasbourg ein. Diese Konferenz erarbeitete den Entwurf der Statuten der „Internationalen Seismologischen Assoziation", die dann auf der 2. Internationalen Seismologischen Konferenz im Jahre 1903 beschlossen wurden. Nach Ratifizierung durch die Teilnehmerländer konstituierte sich am 1. April 1904 die Assoziation. Gründungsmitglieder waren: Belgien, Chile, Deutschland, Griechenland, Italien, Japan, Kongo, Mexiko, Niederlande, Norwegen, Portugal, Rumänien, Rußland, Schweiz, Spanien, Ungarn, Vereinigte Staaten. Die weitere Entwicklung der Internationalen Seismologischen Assoziation (s. z.B. ROTHÉ, 1981) ist eng mit dem Aufbau der internationalen wissenschaftlichen nichtstaatlichen Organisationen nach dem 1. Weltkrieg verbunden (s. Tab. 2.1).

So wurde 1919 auf der konstituierenden Sitzung zur Bildung internationaler wissenschaftlicher Unionen, darunter der Internationalen Union für Geodäsie und Geophysik (IUGG), beschlossen, daß die Seismologie eine Sek-

Tabelle 1. Entwicklung der Internationalen Seismologischen Assoziation (ISA), der Seismologischen Sektion der IUGG (SeiS), der Internationalen Assoziation für Seismologie (IAS) und der Internationalen Assoziation für Seismologie und Physik des Erdinnern (IASPEI)
(GV: Generalversammlung, K: Konferenz)

1901	10.–13. 4.	Strasbourg	1. Intern. Seismol. K
1903	24.–28. 7.	Strasbourg	2. Intern. Seismol. K
1905	15. 8.	Berlin	3. Seism. K
1907	21.–25. 9.	Den Haag	1. GV der ISA
1911	18. 7.–21. 7	Manchester	2. GV der ISA
1914	30. 8.–6. 9	Petersburg	3. GV der ISA Wegen des Ausbruchs des 1. Weltkrieges fand diese Tagung nicht statt.
1922	24. 4.–25. 4.		3. GV der ISA Auflösung rückwirkend ab 21. 3. 1916
1922	2. 5.–10. 5.	Rom	1. GV der IUGG und konstituierende Sitzung der SeiS der IUGG
1924	1. 10.–8. 10.	Madrid	2. GV der IUGG, 2. K der SeiS
1927	3. 9.–10. 9.	Prag	3. GV der IUGG, 3. K der SeiS
1930	14. 8.–23. 8.	Stockholm	4. GV der IUGG, 4. K der SeiS, Bildung der IAS
1933	14. 9.–24. 9	Lissabon	5. GV von IUGG und IAS
1936	14. 9.–26. 9	Edinburg	6. GV von IUGG und IAS
1939	4. 9.–15. 9	Washington	7. GV von IUGG und IAS
1947	4. 7.–8. 7.	Strasbourg	Außerordentliche K der IAS
1948	17. 8.–28. 8.	Oslo	8. GV von IUGG und IAS
1951	20. 8.–1. 9.	Brüssel	9. GV von IUGG und IAS
1954	14.–25. 9.	Rom	10. GV von IUGG und IASPEI
1957	3. 9.–14. 9.	Toronto	11. GV von IUGG und IASPEI
1960	25. 7.–9. 8.	Helsinki	12. GV von IUGG und IASPEI
1963	19. 8.–31. 8.	Berkeley	13. GV von IUGG und IASPEI
1967	25. 9.–7. 10.	Zürich	14. GV von IUGG und IASPEI
1969	1. 9.–12. 9.	Madrid	15. GV der IASPEI
1971	30. 7.–14. 8.	Moskau	15. GV der IUGG 16. GV der IASPEI
1973	20. 8.–31. 8.	Lima	17. GV der IASPEI
1975	25. 8.–6. 9.	Grenoble	16. GV der IUGG 18. GV der IASPEI
1977	9. 8.–19. 8.	Durham	19. GV der IASPEI
1979	9. 12.–15. 12	Canberra	17. GV der IUGG 20. GV der IASPEI
1981	20. 7.–30. 7.	London (Ontario)	21. GV der IASPEI
1983	15.–27. 8.	Hamburg	18. GV der IUGG 22. GV der IASPEI

tion der IUGG bilden sollte. Daraufhin löste sich die Internationale Seismologische Assoziation auf ihrer 3. Generalversammlung im April 1922 rückwirkend zum 31. 3. 1916 auf. Unmittelbar danach fand 1922 die konstituierende Sitzung der Seismologischen Sektion der IUGG statt.

Auf der 4. Generalversammlung der IUGG 1930 in Stockholm wurden die Statuten der IUGG geändert und die bisherigen Sektionen in Assoziationen überführt. So kam es zur Bildung der Internationalen Assoziation für Seismologie (IAS). Nachdem bereits 1948 auf der 8. Generalversammlung der IUGG und der IAS ein Interassoziationskomitee zur Untersuchung der Physik des Erdinnern gebildet worden war, wurde auf der 9. Generalversammlung der IUGG in Brüssel der für die weitere Entwicklung wichtige Beschluß zur Bildung der Internationalen Assoziation für Seismologie und Physik des Erdinnern (IASPEI) gefaßt. Durch Einbeziehung der Geothermie und der Material- und Hochdruckphysik war der Weg frei für breit angelegte Forschungen zur Physik des Erdinnern.

Auf der 10. Generalversammlung der IUGG wurden die Vorstellungen zur Durchführung des „Internationalen Geophysikalischen Jahres“ (1957/58) bestätigt, in dessen Rahmen internationale Forschungsarbeiten auch zur Seismologie durchgeführt wurden. Ein wichtiger Beschluß der 13. Generalversammlung der IASPEI 1963 in Berkeley war die Bildung des Internationalen Seismologischen Zentrums (ISC) mit Sitz in Edinburg. Das ISC führte die Traditionen des „International Seismological Summary“ fort und entwickelte sich in der Folgezeit zu der zentralen internationalen Einrichtung zur Sammlung und Publikation von allen Erdbebendaten. Ebenfalls in Berkeley wurde das Projekt Oberer Erdmantel (Upper Mantle Project) mit einer Laufzeit von 1964 bis 1970 verabschiedet. Zur Einschätzung des Upper Mantle Project (UMP) auf der 15. Generalversammlung der IUGG in Moskau heißt es: „The period of the UMP in fact witnessed an extraordinary development in earth sciences that is widely considered a ‚revolution‘“. Als Nachfolgeprogramm für das UMP wurde das „Internationale Geodynamikprojekt“ (1970 bis 1979) bestätigt. Innerhalb der IASPEI erhielten die Probleme der Bestimmung der seismischen Gefährdung, der Erdbebenvorhersage und der Untersuchung von Erdkruste und oberem Erdmantel immer größere Bedeutung. Ausdruck hierfür ist die Bildung der Commission on Practice, der Commission on Explosion Seismology und der Commission for Earthquake Prediction 1971 in Moskau sowie der Commission on Strong Motion Seismology und der Commission on Digital Seismometry auf der 19. Generalversammlung der IASPEI 1977 in Durham.

Auf der 17. Generalversammlung der IUGG 1979 in Canberra wurde das Interunionsprogramm „Dynamics and evolution of the lithosphere: the framework for earth resources and the reduction of hazards“ beraten. Dieses Programm bildet das zentrale internationale geowissenschaftliche Projekt für die 80er Jahre.

Die internationale Assoziation für Seismologie und Physik des Erdinnern (IASPEI) gliedert sich zur Zeit in folgende Kommissionen:

- Commission on Earthquake Hazard
- Commission on Physical Properties of Materials of the Earth's Interior
- Commission on Strong Motion Seismology
- Commission on Practice
- Commission on Controlled Source Seismology
- Commission on Quantitative Geodynamics
- International Heat Flow Commission
- Commission on Microseisms
- European Seismological Commission.
- Commission on Wave Propagation in Real Media
- Commission on Seismological Theory

Diese Kommissionen verdeutlichen die Schwerpunkte internationaler seismologischer Forschungen: Es sind die Probleme der Erdbebengefährdung und der Erdbebenvorhersage (Commission on Earthquake Hazard, Commission on Physical Properties of Materials of the Earth's Interior, Commission on Strong Motion Seismology, Commission on Practice), des Aufbaus der Erdkruste und der Sicherung von Rohstoff- und Energieressourcen (Commission on Controlled Source Seismology, International Heat Flow Commission, Commission on Quantitative Geodynamics) sowie der globalen Seismologie (Commission on Physical Properties of the Earth's Interior, Commission on seismological Theory, Commission on Wave Propagation in Real Media).

Eine wesentliche Unterstützung seismologischer Forschungsarbeiten zur Erdbebengefährdung und Bebenvorhersage wird von Unterorganisationen der Vereinten Nationen, insbesondere von der United Nations Educational, Scientific and Cultural Organisation (UNESCO), dem United Nations Disaster Relief Co-Ordinator (UNDRO) und dem United Nations Development Programme (UNDP) gegeben.

In den sozialistischen Ländern besteht eine enge arbeitsteilige Zusammenarbeit im Rahmen der „Kommission der Akademien der Wissenschaften sozialistischer Länder für die multilaterale wissenschaftliche Zusammenarbeit zum komplexen Problem, ‚Planetare Geophysikalische Forschungen' (KAPG)", Gemeinsame Forschungsprojekte werden zu Problemen des Aufbaus der Erdkruste, der Physik des Erdinnern, der Erdbebengefährdung, der Bebenvorhersage und der physikalischen Prozesse bei Bruchvorgängen bearbeitet.

Weltweit verteilte seismische Stationen bilden die experimentelle Grundlage für die systematische Untersuchung der Erdbebentätigkeit sowie für die Arbeiten zur globalen Tektonik und zur Physik des Erdinnern. Internationale Datenzentren und Datenbanken haben die Aufgabe, Daten über alle weltweit auftretenden Erdbeben zu sammeln und den internationalen Datenaustausch zu ermöglichen. Hierzu gehören:

- das Weltdatenzentrum A in Boulder (USA): WDC-A;
- das Weltdatenzentrum B 2 in Moskau: WDC-B2;
- das Internationale Seismologische Zentrum (ISC) in Newbury bei London (England). Dieses gibt 4 wichtige Publikationen heraus: das Seismologische Bulletin (Bulletin of the International Seismological Centre), in dem sämt-

liche weltweit registrierten Erdbeben erfaßt sind; den Regionalkatalog (Regional Catalogue of Earthquake), in dem die Erdbeben sortiert nach Herdgebieten aufgelistet sind; das Verzeichnis der gefühlten und Schadensbeben (Felt and damaging Earthquakes); die Seismologische Bibliographie (Bibliography of Seismology)

- der National Earthquake Information Service (NEIS) des US Geological Survey in Golden (Colorado), der die Preliminary Data of Earthquakes (PDE) und den Earthquake Data Report (EDR) veröffentlicht;
- das European Mediterranean Seismological Centre (EMSC) in Strasbourg. Es besteht seit 1976 und ging aus dem Zentralbüro der Internationalen Seismologischen Assoziation in Strasbourg hervor (Bureau Central International de Seismologie: BCIS). Aufgabe der EMSC ist eine schnelle Bestimmung der Erdbebenepizentren für die europäisch-mediterrane Region.

Neben diesen wichtigsten internationalen Publikationen veröffentlichen viele Stationen eigene seismologische Bulletins, in denen die Auswertungen der Registrierungen der jeweiligen Station aufgelistet sind.

2.3. Zur Entwicklung seismologischer Forschungsarbeiten in der DDR

Das Gebiet der DDR ist seismisch wenig aktiv. Trotzdem kann die Seismologie auf eine lange Tradition zurückblicken. Erste seismologische Messungen erfolgten in Potsdam bereits im Jahre 1889. Auf Anregung von Gerland wurde im ehemaligen Deutschen Reich ein System von seismologischen Haupt- und Nebenstationen geschaffen. Hierzu gehörten Jena als Hauptstation für Thüringen, Leipzig als Hauptstation für Sachsen und Potsdam als Hauptstation für Brandenburg.

Diese drei Hauptstationen begannen bereits um die Jahrhundertwende mit kontinuierlichen Registrierungen: Leipzig und Potsdam im Jahre 1902, Jena nach einigen früheren Versuchen im Jahre 1904. Nach dem ersten Weltkrieg übernahm Jena die Aufgaben der seismologischen Zentralanstalt des Deutschen Reiches, die vorher in Strasbourg war. Durch eine Verordnung des Präsidenten des ehemaligen Deutschen Reiches, Friedrich Ebert, vom 4. 8. 1923 wurde eine Reichszentrale für Erdbebenforschung mit dem Sitz in Jena errichtet (s. Güth u.a., 1974). Aus dieser entstand nach 1945 das Institut für Geodynamik der Akademie der Wissenschaften der DDR, das heute Teil des Zentralinstituts für Physik der Erde in Potsdam ist. In Jena wirkten u. a. Hecker und Sieberg, später Krumbach, Martin, Meissner, Sponheuer und Stiller.

Schwerpunkt der wissenschaftlichen Arbeiten waren vor allem makroseismische Untersuchungen, die seismologische Geräteentwicklung und Untersuchungen zur Talsperren-, Ingenieur- und Bergbaugeophysik. Mit dem Anwachsen der industriell bedingten Störschwingungen mußten die seismischen

Stationen Leipzig und Jena verlegt werden. 1932 wurde die Station Collmberg (CLL) und 1964 die Station Moxa (MOX) in Betrieb genommen. Seit 1968 werden auch in Berggießhübel (BRG) kontinuierliche Registrierungen durchgeführt. Diese drei Stationen sind in den internationalen Datenaustausch einbezogen und melden ihre Auswertungen an die Weltdatenzentren. Daneben bestehen einige weitere Stationen vorwiegend zur Registrierung von Oberflächenwellen.

Eine neue Phase in der Registrierung von Erdbeben wurde ab 1976 mit dem Aufbau eines nationalen Stationsnetzes der DDR eingeleitet. Die Stationen BRG, CLL und MOX sowie weitere Stationen wurden über ein Datenfernübertragungssystem mit der Registrier- und Auswertezentrale in Potsdam verbunden (s. Hurtig u.a., 1980).

Mit der Bildung des Zentralinstituts für Physik der Erde der Akademie der Wissenschaften der DDR im Jahre 1969, das zunächst Stiller, seit 1973 Kautzleben leitete, wurden auch der seismologischen Forschung neue Impulse gegeben. Schwerpunkt der Arbeiten sind Untersuchungen zum seismischen Regime der DDR, zur induzierten Seismizität, zur Explosionsseismologie und Erdkrustenforschung. Mit großem Erfolg wurde die Seismometerentwicklung fortgeführt. Neue leistungsfähige Seismometergenerationen entstanden (elektrodynamische und elektronische Seismographen). Hinzu kommt die Entwicklung hochempfindlicher Strainmeter (Horizontal-, Vertikal- und Universalstrainmeter). Die Arbeiten zur globalen Seismologie und zur Physik des Erdinnern werden besonders mit Untersuchungen von Oberflächenwellen und Wellen, die durch den Erdkern laufen (sog. Kernphasen), sowie zum Zustand der Materie unter extremen Bedingungen fortgeführt. Der Aufbau eines leistungsfähigen Laboratoriums für geophysikalische Hochdruckforschung am Zentralinstitut für Physik der Erde bildete die Grundlage für eine enge Kopplung seismologischer und hochdruckphysikalischer Arbeiten und in Verbindung damit für Untersuchungen zur Physik des Erdinnern (s. z.B. Stiller und Vollstädt, 1981).

2.4. Literatur

Benndorf, H.: Über die Art der Fortpflanzung der Erdbebenwellen im Erdinnern. I-Mitteilung. Mitt. d. Erdbeben-Komm. d. Kais. Akad. d. Wiss. in Wien, Neue Folge **29** (1905), 1–24.

Benndorf, H.: Über die Art der Fortpflanzung der Erdbebenwellen im Erdinnern II-Mitteilung. Mitt. d. Erdbeben-Komm. d. Kais. Akad. d. Wiss. in Wien, Neue Folge. **31** (1906), 1–42.

Davison, Ch.: The Prevision of Earthquakes. Gerlands Beitr. Geophys. **12** (1913), Mitt. 9–15.

Ehlert, R.: Zusammenstellung, Erläuterung und kritische Beurtheilung der wichtigsten Seismometer mit besonderer Berücksichtigung ihrer praktischen Verwendbarkeit. Beitr. Geophys. **3** (1898), 350–475.

GEIGER, L.; GUTENBERG, B.: Über Erdbebenwellen. VI. Konstitution des Erdinnern, erschlossen aus der Intensität longitudinaler und transversaler Erdbebenwellen, und einige Beobachtungen an den Vorläufern. Nachricht. v. d. königl. Gesell. d. Wiss. zu Göttingen, Math.-Phys. Klasse (1912), 623–675.

GERLAND, G.: Die moderne seismologische Forschung. Verh. 7. Int. Geogr.-Kongreß Berlin 1899. 2. Teil Berlin 1901, 148–157.

GERLAND, G.: Aufruf zur Gründung einer Internationalen Seismologischen Gesellschaft. Verh. 7. Intern. Geograph.-Kongresses Berlin 1899. Erster Teil Berlin 1901, 298–302.

GÜMBEL, W. v.: Das Erdbeben vom 22. Februar 1889 in der Umgebung von Neuburg a. D. Sitzungsber. d. königl. bayer. Akad. d. Wiss. (1889), 79.

GÜNTHER, S.: Die seismischen Verhältnisse Bayerns. Beitr. Geophys., Ergänzungsband I (1902), 138–143.

GÜTH, D.; GERMANN, D.; STELZNER, J.: Zur Geschichte der Forschungseinrichtungen für Seismologie in Jena von 1899–1969. Zentralinst. Physik d. Erde 1974.

GUTENBERG, B.; RICHTER, C. F.: Earthquake magnitude, intensity, energy, and acceleration (first paper). Bull. Seism. Soc. Am. **32** (1942), 163–191.

GUTENBERG, B.; RICHTER, C. F.: Earthquake magnitude, intensity, energy, and acceleration (second paper). Bull. Seism. Soc. Am. **46** (1956), 105–145.

HEPITES, ST.: Rapport sur l'activité et les travaux sismiques de Roumanie. Beitr. Geophys., Ergänzungsband I (1902), 193–194.

HOERNES, R.: Erdbebenstudien, Jb. k. k. Geol. Reichsanstalt **28** (1878).

HOERNES, R.: Erdbebenkunde: Die Erscheinungen und Ursachen der Erdbeben, die Methoden ihrer Beobachtung, Leipzig 1893.

HOGBEN, G.: Brief summary of seismological work in New Zealand and Australia since 1888. Beitr. Geophys., Ergänzungsband I (1902), 195.

HURTIG, E.; TEUPSER, CH.; WOLTER, J.; BRIBACH, J.; UNTERREITMEIER, E.; STRAUCH, W. PÖHL, J.: Das seismologische Stationsnetz der DDR. Gerlands Beitr. Geophys. **89** (1980) 3/4, 205–209.

KOLDERUP, C. F.: Erdbebenforschung in Norwegen im XIX. Jahrhundert. Beitr. Geophys., Ergänzungsband I (1902), 422–434.

KÖVESLIGETHY, R. v.: Vorweisung des ungarischen Erdbebenkataloges. Beitr. Geophys., Ergänzungsband I (1902), 151–152.

LASKA, W.: Über die Berechnung der Fernbeben. Mitt. d. Erdbeben-Komm. d. kais. Akad. d. Wiss. Neue Folge Nr. 14 (1903), 1–14.

LEHMANN, I.: P'. Publ. Bur. Centr. Séism. Intern., Série A, Travaux Scient. **14** (1936), 87–115.

LEWITZKY, G.: Über die Organisation der seismischen Beobachtungen in Russland. Beitr. Geophys., Ergänzungsband I (1902), 144–146.

MILNE, J.: Seismology. London 1898.

MILNE, J.: Seismological observations and earth physics. The Geogr. J. **21** (1903) 1, 1–25.

MOHOROVIČIĆ, A.: Das Beben vom 8. X. 1909. Jahrbuch des meteorologischen Observatoriums Agram, Jahrgang IX, IV. Teil, Abschnitt 1.

MONTESSUS DE BALLORE, F. DE: Les tremblements de terre. A. Colin Paris. 1906.

OLDHAM, R. D.: Constitution of the interior of the earth. Quart. J. Geol. Soc. **62** (1906), 456.

OMORI, F.: Note on applied seismology. – Part. I. Beitr. Geophys., Ergänzungsband I (1902), 335–401.

REBEUR-PASCHWITZ, E. v.: Horizontalpendel-Beobachtungen auf der Kaiserlichen Universitäts-Sternwarte zu Strassburg 1892–1894. Beitr. Geophys. **2** (1895a), 211–536.

Rebeur-Paschwitz, E. v.: Vorschläge zur Errichtung eines internationalen Systems von Erdbeben-Stationen. Beitr. Geophys. **2** (1895b), 773–792.

Reid, H. F.: On mass movements in tectonic earthquakes and the depth of the focus. Beitr. Geophys. **10** (1910), 318–351.

Richter, C. F.: An instrumental earthquake magnitude scale. Bull. Seism. Soc. Am. **25** (1935), 1–32.

Riggenbach-Burckhardt, A.: Die Organisation der Erdbebenbeobachtungen in der Schweiz. Beitr. Geophys., Ergänzungsband I (1902), 164–169.

Rothé, J.-P.: Cinquante années d'histoire de l'Association Internationale de Séismologie (1901–1951). Gerlands Beitr. Geophys. **90** (1981), 457–476.

Rudolph, E.: Ausbreitung und Organisation der makroseismischen Beobachtungen. Beitr. Geophys., Ergänzungsband I (1902), 126–137.

Rudzki, M. P.: Ueber die scheinbare Geschwindigkeit der Verbreitung der Erdbeben. I. Studie aus der Theorie der Erdbeben. Beitr. Geophys. (1898), 495–518.

Schafarzik, F.: Die Erdbebenkommission in Ungarn. Beitr. Geophys., Ergänzungsband I (1902), 147–150.

Schmidt, A.: Wellenbewegung und Erdbeben. Ein Beitrag zur Dynamik der Erdbeben. Jahresh. Verein f. vaterl. Naturk. in Württemberg (1888), 249–270.

Sieberg, A.: Handbuch der Erdbebenkunde. Verlag Vieweg und Sohn, Braunschweig 1904.

Stiller, H.; Vollstädt, H.: Festkörperphysik und Untersuchung des Erdinnern. Z. Geol. Wissensch. **9** (1981) 11, 1333–1341.

Weigand, B.: Ausbreitung der mikroseismischen Beobachtungen. Beitr. Geophys., Ergänzungsband I (1902), 183–188.

Wiechert, E.: Ueber die Massenvertheilung im Innern der Erde. Nachr. v. d. königl. Gesell. d. Wiss. zu Göttingen, Math.-Phys. Klasse (1897), 221–243.

Zöppritz, K.; Geiger, L.; Gutenberg, B.: Ueber Erdbebenwellen. V. Konstitution des Erdinnern, erschlossen aus dem Bodenverrückungsverhältnis der einmal reflektierten zu den direkten longitudinalen Erdbebenwellen, und einige andere Beobachtungen über Erdbebenwellen. Nachr. v. d. königl. Gesell. d. Wiss. zu Göttingen, Math.-Phys. Klasse (1912), 121–206.

3. Erdbeben und Erdbebenwellen[1]

Im Innern der Erde laufen ständig Bewegungsprozesse ab (z. B. Konvektionsbewegungen). Diese erzeugen in den weitgehend starren äußeren Schichten der Erde ein natürliches (tektonisches) Spannungsfeld, wodurch sich in Abhängigkeit von den Materialeigenschaften Spannungen akkumulieren können. Wird die Festigkeit (in der Regel die Scherfestigkeit) überschritten, so kommt es zum Bruch und damit zum Auslösen eines Erdbebens, dabei verschieben sich längs der Bruchfläche die Gesteinsschichten relativ zueinander, wobei Verschiebungsbeträge bis zu einigen Metern beobachtet werden. Die Bruchlänge kann bei sehr starken Erdbeben mehrere 100 km betragen.

In Tiefen von mehr als 30 km erreicht die Temperatur Werte über 600 °C, damit wächst die Plastizität und Deformierbarkeit der Gesteine so an, daß Spannungsakkumulationen durch langsame Kriechprozesse und nicht durch einen plötzlichen Bruch abgebaut werden. Aus diesem Grund liegt der Herd der meisten Erdbeben in Tiefen bis zu etwa 40 km (Flachbeben). Allerdings sind Bebenherde auch bis zu einer Tiefe von etwa 800 km beobachtet worden. Derartige Tiefbeben treten jedoch nur in ganz bestimmten Gebieten der Erde auf. Ihr Entstehen wird mit Hilfe des Modells der Plattentektonik erklärt (s. auch Kapitel 6).

Ein großer Teil der akkumulierten elastischen Energie geht beim Bruchvorgang in mechanische Arbeit und Reibungswärme über. Nur wenige Prozent der Gesamtenergie werden als elastische Deformationen vom Bebenherd in Form seismischer Wellen abgestrahlt.

Die Prozesse im Erdbebenherd beim Bruchvorgang (die Quellfunktion) bestimmen die Eigenschaften der abgestrahlten Welle (z. B. Abstrahlcharakteristik, Größe der abgestrahlten seismischen Energie, spektrale Zusammensetzung). Von der Quelle breiten sich die seismischen Wellen durch die Erde aus. Die Eigenschaften dieses Übertragungsmediums können als Filter mit einer bestimmten Filterfunktion beschrieben werden; sie verändern in erheblichem Maße Amplitude und Frequenzinhalt der abgestrahlten Welle. Die an einem Punkt registrierte seismische Welle enthält also sowohl Informationen über die Quelle (Bebenherd) als auch über den Teil des Übertragungsmediums Erde, den die Welle durchlaufen hat.

---

[1]) Autoren: S. Grässl, E. Hurtig, G. Kowalle.

Die Materie im Erdinnern, durch die sich die seismischen Wellen ausbreiten, ist inhomogen und durch komplizierte Zustandsbedingungen charakterisiert. Eine vollständige theoretische Beschreibung der Ausbreitungsprozesse seismischer Wellen in der Erde ist daher nicht möglich. Für eine vereinfachte Darstellung von Bewegungsvorgängen, die von Erdbeben oder Explosionen im Erdinnern oder an der Erdoberfläche ausgelöst werden, reichen jedoch die Grundgleichungen der linearen Kontinuumsmechanik aus.

Vertiefte theoretisch-mathematische Abhandlungen sind in der umfangreichen Spezialliteratur zu finden (s. z. B. BÅTH, 1973; EWING u. a., 1957; SAVARENSKY 1979; PILANT, 1979; BEN MENAHEM und SINGH, 1980).

In der Seismologie sind zwei Haupttypen seismischer Wellen zu unterscheiden: Raumwellen und Oberflächenwellen.

Raumwellen breiten sich in einem unendlich ausgedehnten Kontinuum von der Quelle nach allen Richtungen aus. Die Lösung der Wellengleichung für einen homogenen isotropen elastischen Körper ergibt zwei Lösungen. Wellen, bei denen die Richtung der Partikelbewegung parallel zur Wellenausbreitung verläuft (s. Abb. 3.1), sind elastische Kompressionswellen (Longitudinalwellen). Sie werden auch als P-Wellen bezeichnet, da sie die größte Fortpflanzungsgeschwindigkeit haben und daher stets als erste Wellen registriert werden (undae primae). Die Ausbreitungsgeschwindigkeit v_p ergibt sich aus der linearen Theorie zu

$$v_p = \frac{\sqrt{\lambda + 2\mu}}{\varrho}, \tag{3.1}$$

λ, μ: LAMÉsche Konstanten, ϱ: Dichte.

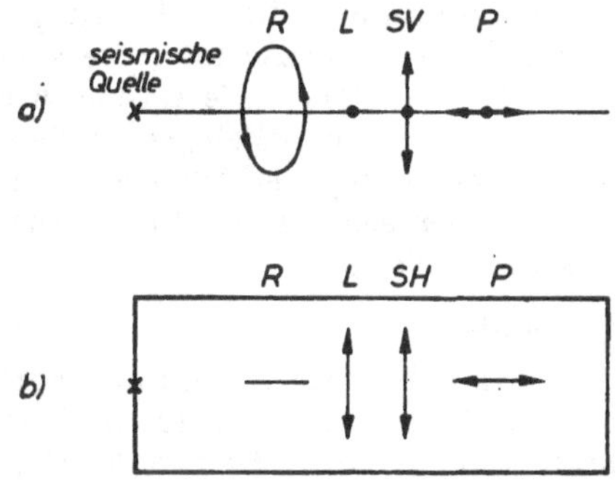

Abb. 3.1. Polarisationseigenschaften seismischer Wellen (nach BÅTH, 1973), a) von der Seite gesehen, b) von oben gesehen. P: P-Welle; SV: vertikal polarisierte S-Welle; SH: horizontal polarisierte S-Welle; L: LOVE-Welle; R: RAYLEIGH-Welle. Die Reihenfolge entspricht der Fortpflanzungsgeschwindigkeit der einzelnen Wellen

Wellen, deren Partikelbewegung senkrecht zur Ausbreitungsrichtung verläuft, sind Transversal- oder Scherwellen. Sie werden auch als S-Wellen bezeichnet, da sie besonders bei nahen Erdbeben als deutliche zweite Welle in einer seismischen Registrierung erfaßt werden (undae secundae). S-Wellen breiten sich im homogenen elastischen Kontinuum mit der Geschwindigkeit

$$v_s = \sqrt{\frac{\mu}{\varrho}} \tag{3.2}$$

aus.

Generell gilt

$$v_p > v_s . \tag{3.3}$$

Im elastischen Fall ist

$$v_p/v_s = \sqrt{3} . \tag{3.4}$$

Es lassen sich zwei senkrecht zueinander polarisierte S-Wellen unterscheiden (s. Abb. 3.1.):

- Bei SV-Wellen verläuft die Partikelbewegung zwar senkrecht zur Ausbreitungsrichtung, jedoch in einer senkrecht durch Quellpunkt und Beobachtungspunkt verlaufenden Ebene.
- Bei SH-Wellen schwingen die Bodenpartikel senkrecht dazu in einer horizontalen Ebene.

Raumwellen breiten sich mit sphärischen Wellenfronten von der seismischen Quelle aus. Bei derartigen Kugelwellen vergrößert sich die Wellenfront im Verlauf der Wellenausbreitung. Die Wellenenergie verteilt sich somit auf eine ständig zunehmende Fläche, so daß die Amplitude von Raumwellen laufwegproportional mit R^{-1} (R – Laufweg) abnimmt (sog. sphärische Divergenz). Für große Entfernungen von der seismischen Quelle kann man die Krümmung der Wellenfronten vernachlässigen und ebene Wellenfronten annehmen. Mit ihrer Einführung wird die Ableitung der für die seismologische Praxis wesentlichen Größen und Bezüge vereinfacht möglich.

Die auf den Wellenfronten stehenden Normalen bestimmen die Ausbreitungsrichtung der Welle; sie werden als seismische Strahlen bezeichnet, die sich entsprechend dem FERMATschen Prinzip fortpflanzen. Mit Hilfe seismischer Strahlen läßt sich die Ausbreitung seismischer Wellen in beliebigen Medien anschaulich darstellen. Viele seismologische Untersuchungsmethoden basieren daher auf einem strahlentheoretischen Konzept der seismischen Wellenausbreitung. Entlang eines vorgegebenen Strahles ist die Größe

$$p = \sin i/c, \quad c = \text{Wellengeschwindigkeit}, \tag{3.5}$$

konstant, wobei i der Winkel zwischen dem seismischen Strahl und der Normalen auf einer Grenzfläche ist. Jeder Wellenstrahl zeichnet sich durch einen charakteristischen Wert des Strahlenparameters p aus (BENNDORFsches Gesetz).

Die Wellenausbreitung wird entscheidend dadurch beeinflußt, daß die Erde kein homogenes Medium ist. Von besonderer Bedeutung ist die Tiefenabhängigkeit der Fortpflanzungsgeschwindigkeit, da die seismischen Geschwindigkeiten v_p und v_s Funktionen von Druck und Temperatur und damit von der Tiefe sind.

Eine häufig verwandte Näherungsmethode für die analytische Behandlung derartiger vertikal-inhomogener Medien, bei denen sich die elastischen Parameter λ und μ sowie die Dichte ϱ kontinuierlich mit der Tiefe ändern, besteht darin, diese durch eine hinreichend große Anzahl dünner, homogener Schichten zu ersetzen. Bei der praktischen Berechnung hat sich dafür ein von THOMSON und HASKELL entwickelter Matrizenformalismus gut bewährt.

Eine weitere Komplizierung des Wellenausbreitungsprozesses ergibt sich dadurch, daß innerhalb der Erde horizontale und vertikale Diskontinuitäten auftreten, an denen sich die elastischen Parameter sprunghaft ändern. So werden beim Einfall einer P-Welle auf eine ebene Schichtgrenze vier Sekundärwellen erzeugt, deren Richtung durch das SNELLIUSsche Brechungsgesetz bestimmt wird (s. Abb. 3.2).

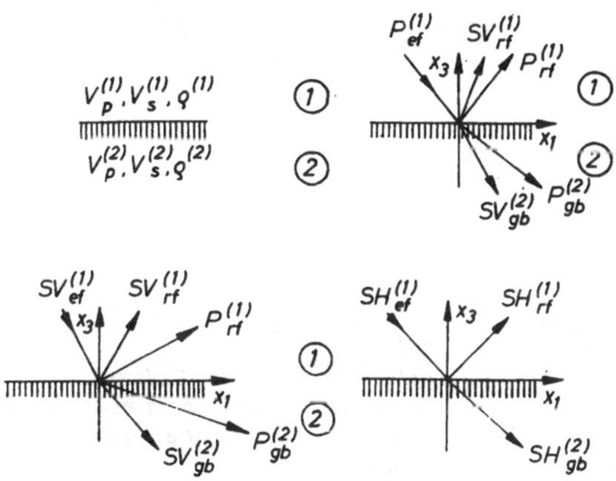

Abb. 3.2. Reflexion und Brechung von P-, SV- und SH-Wellen an einer ebenen Grenzfläche

Allerdings entsprechen seismische Grenzflächen in der Erde nicht immer der bei theoretischen Überlegungen verwendeten Annahme einer sprunghaften Änderung der elastischen Parameter. Sie sind häufig durch mehr oder weniger breite Übergangsbereiche charakterisiert, in denen sich die Materialeigenschaften kontinuierlich verändern. Die Reflexionskoeffizienten an derartigen Übergangszonen sind dabei ausgeprägte Funktionen der Frequenz. Die seismischen Grenzflächen wirken somit sowohl bei der Reflexion als auch bei der Transmission als frequenzselektive Filter für seismische Wellen, wobei es prinzipiell möglich ist, aus der Art der Beeinflussung seismischer Wellen auf die Natur der Grenzzone zu schließen.

Der zweite Haupttyp seismischer Wellen sind Wellen, die sich parallel zur Erdoberfläche ausbreiten. Sie werden daher als *Oberflächenwellen* bezeichnet. Für die Seismologie sind zwei Typen von Oberflächenwellen wichtig: die RAYLEIGH-Wellen und die LOVE-Wellen. RAYLEIGH-Wellen sind an die Existenz eines elastischen Halbraumes gebunden. Die Partikelbewegung im Verlauf des Wellenausbreitungsprozesses ist durch eine Kopplung von P- und SV-

Anteilen charakterisiert. Die Partikelbahn ist an der Erdoberfläche eine retrograde Ellipse (s. Abb. 3.1.). Unterhalb einer gewissen, frequenzabhängigen Tiefe wird die Partikelbahn hauptsächlich durch den SV-Anteil bestimmt. Die Schwingungsfigur wird dann eine prograde Ellipse. Die Ausbreitungsgeschwindigkeit V_R von RAYLEIGH-Wellen ist etwas geringer als die von S-Wellen. Existiert über dem elastischen Halbraum noch eine Schicht, so führt dies zur Bildung einer SH-polarisierten Oberflächenwelle (s. Abb. 3.1.), die als LOVE-Welle bezeichnet wird.

Oberflächenwellen haben einige typische Eigenschaften:

- Die langperiodischen Wellen pflanzen sich in der Regel am schnellsten fort, ihnen folgen die Wellen mit zunehmend kürzeren Perioden. Dieses Phänomen bezeichnet man als Dispersion (normale Dispersion). Abb. 3.3 verdeutlicht den Zusammenhang. Setzt man eine mit der Tiefe zunehmende Geschwindigkeit voraus, so wird verständlich, daß sich kurzperiodische Wellen langsamer fortpflanzen als die langperiodischen Wellen, die bis in größere Tiefen reichen und durch Schichten mit einer höheren mittleren Geschwindigkeit laufen. Mit wachsender Herdentfernung werden daher die kurzperiodischen Wellen immer mehr gegenüber den langperiodischen verzögert, und der Wellenzug der Oberflächenwellen verlängert sich. Unter bestimmten Bedingungen ist es möglich, daß sich die kurzperiodischen Wellen schneller ausbreiten. Man spricht dann von inverser Dispersion. Überschlagsmäßig kann man davon ausgehen, daß die Wellenlänge etwa der Mächtigkeit des Schichtpaketes entspricht, durch das sich die jeweilige Oberflächenwelle ausbreitet. Für die Tiefenabhängigkeit der Amplitude A geben AKI und RICHARDS (1980) als Näherung folgenden Ausdruck an:

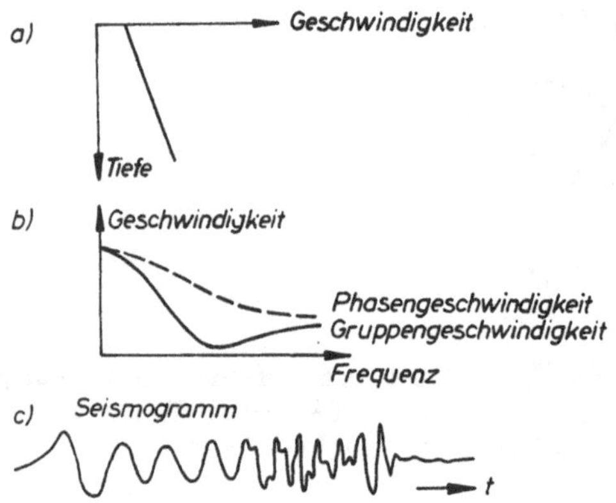

Abb. 3.3. Dispersion von Oberflächenwellen
a) Geschwindigkeits-Tiefenverteilung,
b) Phasen- und Gruppengeschwindigkeit in Abhängigkeit von der Frequenz,
c) Seismogramm

$$A(z, \omega) \sim \exp(-0{,}9\ \omega\ z/v_s) \qquad (3.6)$$

ω: Kreisfrequenz, v_s: Geschwindigkeit der S-Welle.

Umgekehrt kann man also aus der Analyse der Dispersion von Oberflächenwellen Aussagen über den Aufbau der Erde erhalten.

- Aus dem Phänomen der Dispersion folgt, daß man bei Oberflächenwellen zwischen zwei Ausbreitungsgeschwindigkeiten zu unterscheiden hat. Als Gruppengeschwindigkeit bezeichnet man die Geschwindigkeit, mit der sich das gesamte Schwingungspaket der Oberflächenwellen ausbreitet. Betrachtet man die Geschwindigkeit, mit der sich eine bestimmte Phase (z. B. ein Maximum) fortpflanzt, so erhält man die Phasengeschwindigkeit. Gruppen- und Phasengeschwindigkeit sind bei Oberflächenwellen nicht gleich.
- Auf Grund ihrer charakteristischen Ausbreitung parallel zur Erdoberfläche treten bei Oberflächenwellen geringere Energieverluste auf als bei Raumwellen. Ihre Amplitude nimmt proportional mit $R^{-1/2}$ (R = Laufweg), die der Raumwellen mit R^{-1} ab.
  Daher können Oberflächenwellen auch noch in größerer Herdentfernung gespürt oder sogar schadenswirksam werden. Sie sind somit für die Einschätzung der seismischen Gefährdung wichtig.
- Energiereiche Oberflächenwellen werden erzeugt, wenn der Herd des Bebens nahe der Erdoberfläche liegt. Da die Herdtiefe der meisten Erdbeben nicht größer als 40 km ist, treten Oberflächenwellen in den seismischen Registrierungen lang- und mittelperiodischer Seismographen in der Regel stark hervor. Sie erscheinen als ein zeitlich gedehntes Wellenpaket, das auf Grund der Dispersion deutliche zeitliche Frequenzänderungen zeigt und im Gegensatz zu den Raumwellen keinen klaren Einsatz erkennen läßt.
  Mit zunehmender Herdtiefe (Tiefbeben) werden die Amplituden der Oberflächenwellen immer kleiner. Damit kann schon bei einer ersten, groben Analyse eines Seismogramms abgeschätzt werden, ob es sich bei dem untersuchten Ereignis um ein flaches (normales) oder ein Tiefbeben handelt.
- In Analogie zu einem Seil, das an beiden Enden eingespannt ist und in Schwingungen versetzt wird, kann man auch bei den Oberflächenwellen eine Grundschwingung (Grundmode) und Oberschwingungen (höhere Moden) unterscheiden. Die zu einer bestimmten Grundmode der Rayleigh- oder Love-Welle gehörenden höheren Moden haben eine größere Frequenz und pflanzen sich schneller fort als die Grundmode. Höhere Moden zeigen ebenfalls Dispersion. Die höheren Moden überlagern sich herdnah der Grundmode, können aber in größerer Entfernung ausgewertet werden. Sie haben für die Untersuchung des Aufbaus der Erdkruste erhebliche Bedeutung.

Es sind Oberflächenwellen mit Perioden von 8 bis 10 min beobachtet worden. Das entspricht einer Wellenlänge von etwa 2000 km. Damit ist der gesamte Erdmantel in den Ausbreitungsprozeß dieser Wellen einbezogen. Man bezeichnet solche langperiodische Oberflächenwellen als Mantelwellen. Eng verwandt mit diesen sind die Eigenschwingungen der Erde. Wie jedes mechanische System kann auch die Erde als elastischer Körper endlicher Größe als Ganzes in stehende Schwingungen versetzt werden. Bereits im Jahre 1882 hatte Lamb die Theorie freier Schwingungen einer homogenen, festen elastischen Kugel entwickelt. Der experimentelle Nachweis gelang Benioff bei der Auswertung von Daten des Kamtschatka-Bebens 1952 und des starken Chile-Bebens 1960. Die von ihm nachgewiesene Eigenschwingung der Erde hatte eine Periode von 57 min.

Die seismischen Wellen werden von verschiedenen Störsignalen überlagert. Die wichtigsten Störungen sind die Mikroseismen und die stets vorhandene seismische Bodenunruhe (seismisches Rauschen). Die Mikroseismen werden durch die Meeresbrandung an steilen Kontinentküsten (in Europa z.B. die Steilküste Norwegens) und durch den Einfluß von atmosphärischen Zyklonen verursacht. Ihrem Schwingungscharakter nach bestehen sie aus einem Gemisch von Love- und Rayleigh-Wellen. In stark industrialisierten Ländern überlagert sich den seismischen Wellen im kurzperiodischen Bereich ($T < 1$ s) eine z.T. intensive künstlich bedingte, weitgehend statistisch verteilte Störunruhe (seismische Bodenunruhe), deren Amplitude mit zunehmender Tiefe des seismischen Empfängers (in Bergwerken oder Bohrlöchern) abnimmt. Seismische Wellen können, wie die folgende Aufstellung zeigt, einen sehr breiten Frequenzbereich überdecken.

>10 kHz:	Bei mikroskopischen Bruchvorgängen entstehen elastische Wellen im Ultraschallbereich, die bei Laboruntersuchungen registriert werden.
100 Hz bis 10 kHz:	Bei Mikrobrüchen (z.B. in Bergwerken oder bei der Injektion von Wasser in Bohrungen) können hochfrequente Wellen nachgewiesen werden. Man bezeichnet sie als akustische Emissionen. Für die Untersuchung von Bruchprozessen und der seismischen Gefährdung einzelner Grubenbereiche hat die Erfassung derartiger Wellen eine erhebliche Bedeutung.
10 Hz bis 100 Hz:	Vorzugsfrequenz von Wellen, die bei Mikrobeben (Herddimensionen Dezimeter bis Meter), industriellen Sprengungen und geophysikalischen Sprengungen bei der Erdöl-Erdgaserkundung im Nahbereich (einige 100 m) registriert werden.
1 Hz bis 10 Hz:	Vorzugsfrequenz seismischer Raumwellen von Beben und Sprengungen im Entfernungsbereich bis etwa 1000 km. Kurzperiodisches seismisches Rauschen, das durch Industrie und Verkehr erzeugt wird.
1 s bis 10 s:	Raumwellen von Erdbeben im Entfernungsbereich über 1000 km (Fernbeben), kurzperiodische Oberflächenwellen, Mikroseismen.
10 s bis 100 s:	Mittelperiodische Oberflächenwellen, die sich vorwiegend durch die Erdkruste und den oberen Erdmantel fortpflanzen.
100 s bis 1000 s:	langperiodische Oberflächenwellen (Mantelwellen).
1000 bis 10000 s:	Eigenschwingungen der Erde.

Aus dieser Zusammenstellung ergibt sich:

- Die Frequenz der abgestrahlten Wellen hängt von den Herddimensionen ab. Je kleiner der Bruch ist, desto höher liegt die Frequenz. Daraus leitet sich umgekehrt die Möglichkeit ab, aus der spektralen Zusammensetzung seismischer Wellen auf die Herddimension zu schließen (s. Kapitel 7).
- Mit zunehmender Herdentfernung werden nur noch niederfrequente Wellen registriert. Die hochfrequenten Anteile werden beim Ausbreitungsprozeß

der Wellen infolge der frequenzenabhängigen Absorption stark gedämpft, so daß sie in größeren Entfernungen nicht mehr nachweisbar sind.

- Berücksichtigt man nicht die extrem kurzperiodischen Wellen oberhalb 1 kHz und die extrem langperiodischen Schwingungsvorgänge oberhalb 1 000 s, so überstreichen die seismischen Wellen einen Frequenzbereich von 6 Zehnerpotenzen.

Betrachtet man die Amplitude der registrierten Wellen, so ergeben sich ebenfalls Unterschiede von 7 bis 8 Zehnerpotenzen in Abhängigkeit von der Stärke und der Entfernung der seismischen Quelle. So hat das seismische Rauschen, das die untere Nachweisgrenze von seismischen Wellen bestimmt, in sehr ruhigen Gebieten eine Bodenamplitude von etwa 1 nm; andererseits können bei starken Beben Bodenbewegungen von einigen Zentimetern oder Dezimetern erreicht werden. Zur Verdeutlichung gibt Abb. 3.4 die spektrale Amplitudendichte für S-, P- und Oberflächenwellen in verschiedenen Entfernungsbereichen und für verschiedene Stärken (Magnituden). Die Bezeichnungen M_L (Lokalmagnitude), m_b (Raumwellenmagnitude) und M_S (Oberflächenwellenmagnitude) werden in Kapitel 5 näher erläutert. Schadenverursachend sind solche Wellen, deren Frequenz den Eigenfrequenzen von Bauwerken entspricht; diese liegt etwa zwischen 5 Hz und 3 s.

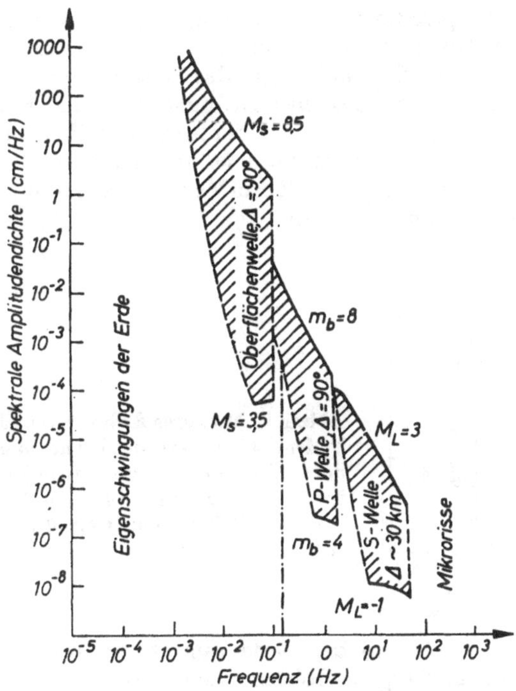

Abb. 3.4. Spektrale Amplitudendichte von S-, P- und Oberflächenwellen in verschiedenen Entfernungsbereichen und für unterschiedliche Stärken (nach Aki und Richards, 1980)

Ein derartig breiter Frequenz- und Amplitudenbereich von jeweils mindestens 6 Zehnerpotenzen kann von einem einzigen Gerät nicht erfaßt werden. Den Aufgaben entsprechend müssen daher Geräte und Gerätesysteme entwickelt und installiert werden, die in der Lage sind, seismische Wellen in einem ausgewählten Frequenzbereich und in einem erforderlichen Amplitudenumfang (Dynamikbereich) zu registrieren.

Auf dem Weg zwischen dem seismischen Herd und dem Empfänger breiten sich die Wellen durch das Erdinnere (Raumwellen) oder parallel zur Erdoberfläche (Oberflächenwellen) aus. Registriert man Raumwellen in verschiedenen Entfernungen von der Quelle, so erhält man Einsatzzeiten T, die von der Herdentfernung Δ abhängen. Der Zusammenhang

$$T = T(\Delta) \tag{3.7}$$

einer bestimmten Welle (z.B. des ersten P-Wellen-Einsatzes) beschreibt die Laufzeitkurve dieser Welle. Die Laufzeit einer seismischen Welle vom Bebenherd bis zu den Empfangsstationen und die Neigung der Laufzeitkurve hängen von der Verteilung der seismischen Wellengeschwindigkeiten längs des Laufweges der Welle durch das Erdinnere ab. Die Analyse der beobachteten Laufzeiten bietet also die Möglichkeit, die Verteilung der Wellengeschwindigkeit zu bestimmen. Die mathematische Lösung dieses inversen Problems wurde von Herglotz bereits im Jahre 1907 angegeben. Wiechert hat später die Gleichungen so vereinfacht, daß eine praktische Anwendung möglich wurde. Unter der Bezeichnung Wiechert-Herglotz-Verfahren hat die Berechnung von Geschwindigkeits-Tiefenverteilungen (Erdmodelle) in der Seismologie eine breite Anwendung gefunden. In Abb. 3.5 ist ein solches Erdmodell (Modell B 1 nach Jordan und Anderson, 1974) dargestellt. Die Erde hat in erster Näherung einen schalenförmigen Aufbau. Die Erdkruste ist etwa 30 km mächtig, der obere Erdmantel reicht bis etwa 700 km Tiefe. Die Kern-Mantel-Grenze liegt bei 2900 km, und der Innenkern beginnt bei 5100 km.

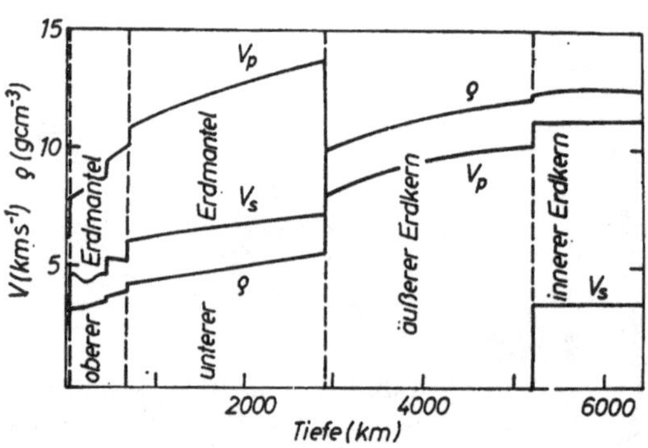

Abb. 3.5. Mittleres Erdmodell und Tiefenabhängigkeit der Dichte und der Fortpflanzungsgeschwindigkeit von P-(v_p) und S-(v_s) Wellen (Erdmodell B 1 nach Jordan und Anderson, 1974)

Bei der Ausbreitung seismischer Wellen in der Erde nimmt die Wellenamplitude mit anwachsendem Wellenlaufweg in Abhängigkeit von den Materialeigenschaften ab. Man bezeichnet diesen Effekt als Dämpfung. Zu ihrer Beschreibung wird die dimensionslose Größe Q (Qualitätsfaktor) benutzt. In Analogie zu den Laufzeit-Entfernungskurven gibt es also auch Amplituden-Entfernungskurven, aus denen die Größe der Dämpfung bzw. des Q-Faktors innerhalb der Erde abgeleitet werden kann.

In Abb. 3.6 ist in vereinfachter Form unter Einbeziehung der Ergebnisse verschiedener Autoren der Verlauf des Q-Wertes für P-Wellen im Erdinnern dargestellt. Folgende generelle Merkmale lassen sich erkennen:

- In der Erdkruste können die Q-Werte in Abhängigkeit von der stofflichen Zusammensetzung stark streuen.
- Der obere Erdmantel ist durch ein deutliches Ansteigen der Dämpfung charakterisiert (kleinere Q-Werte).
- Der Erdkern zeichnet sich durch einen allgemeinen Anstieg des Q-Wertes aus (geringe Dämpfung), wobei die Hauptdiskontinuitäten als komplizierte Übergangszonen ausgebildet sind.

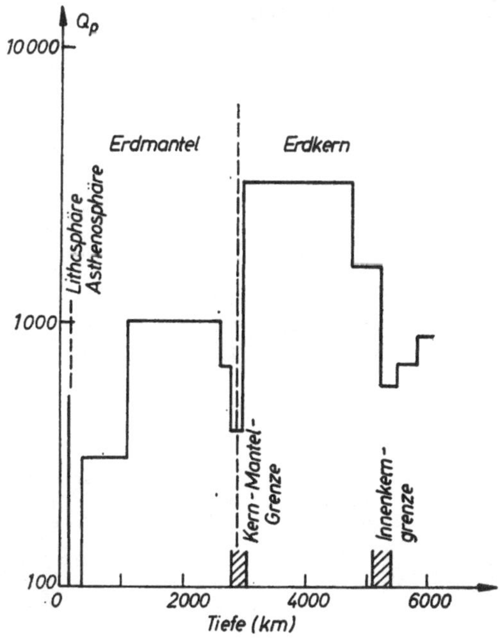

Abb. 3.6. Mittleres Dämpfungsmodell der Erde (aus KOWALLE, 1981)

3.1. Literatur

AKI, K.; RICHARDS, P. G.: Quantitative Seismology. Theory and Methods. Freeman and Co., San Francisco 1980.

BÅTH, M.: Introduction to Seismology. Birkhäuser Verlag, Basel-Stuttgart 1973.

BEN MENAHEM, A.; SINGH, S. J.: Seismic waves and sources. Springer Verlag, Berlin, Heidelberg, New York 1980.

EWING, M.; JARDETZKY, W.; PRESS, F.: Elastic waves in layered media. McGraw Hill, New York 1957.

JORDAN, T. H.; ANDERSON, D. L.: Earth structure from free oscillations and travel times. Geophys. J. R. astron. Soc. **36** (1974), 411–459.

KOWALLE, G.: Untersuchungen zur Struktur und Eigenschaften des Erdkerns und der Kern-Mantel-Grenze anhand von Daten des seismologischen Stationsnetzes der DDR. Dissertation A, Potsdam 1981.

PILANT, W. L.: Elastic waves in the earth. Developments in Solid Earth Geophysics No. 11, Elsevier Publ. Comp. Amsterdam, Oxford, New York, 1979.

SAVARENSKY, E.: Seismic waves. MIR Publishers, Moscow 1979.

4. Geräte zur Registrierung seismischer Wellen[1]

4.1. Aufgaben und Grundbegriffe

Seit Beginn dieses Jahrhunderts gewinnt die Seismologie ihre Ergebnisse nicht nur aus phänomenologischen Beobachtungen, sondern vor allem mit Hilfe von exakten instrumentellen Messungen der Bodenbewegung. Die Zuverlässigkeit von Aussagen über den Aufbau der Erde, die Erdbebengefährdung und die Vorgänge in den Herdgebieten hängt wesentlich von der einwandfreien Funktion seismologischer Geräte über lange Zeiträume hinweg ab. Sie ist durch eine permanente Kontrolle und genaue Eichung zu garantieren.

Von einem Erdbebenherd oder einer anderen Erschütterungsquelle werden elastische Wellen ausgesandt, die an anderen Orten Bodenbewegungen hervorrufen. Derartige Bewegungen eines Bodenelementes werden im allgemeinen durch sechs Freiheitsgrade beschrieben, wobei man außerhalb der Herdgebiete die Drehungen vernachlässigt und die Betrachtungen auf die drei translatorischen Komponenten beschränkt. Ein Seismograph hat die Aufgabe, diese Bodenbewegungen so aufzuzeichnen, daß man den genauen zeitlichen Ablauf rekonstruieren kann. Er besteht im wesentlichen aus den drei Hauptteilen:

1. dem mechanischen Empfänger,
2. der Vergrößerungseinrichtung,
3. dem Registriergerät.

In Abhängigkeit von der Aufgabenstellung und dem zu untersuchenden Periodenbereich seismischer Wellen werden bestimmte Forderungen an die Geräteeigenschaften gestellt. So sind für die Erfassung hochfrequenter Wellen in der Nähe des Bebenherdes ganz andere Geräteparameter notwendig als für die Registrierung langperiodischer Oberflächenwellen.

Geräte, die nur die Tatsache feststellen, daß ein Erdbeben stattgefunden hat, werden Seismoskope genannt.

Die Messung der Bodenbewegung wäre sehr einfach, wenn man einen festen Punkt hätte, demgegenüber man die Bewegung des Bodens feststellen könnte. Das Gerät oder der Geräteteil, der diesen Bezugspunkt wenigstens annähernd schafft, ist der mechanische Empfänger. Dieser besteht aus dem sogenannten Gestell, das dieselben Bewegungen wie seine Unterlage ausführt, und dem

[1]) Autor: C. Teupser mit einem Beitrag von J. Bribach (Kapitel 4.4).

relativ dazu beweglichen Gehänge. Es bildet mit der Aufhängevorrichtung ein schwingungsfähiges System und ist im einfachsten Fall ein physisches Pendel. Bei einer Gestellbewegung versucht es, auf Grund seiner Trägheit in Ruhe zu bleiben. Es kommt zu einer Relativbewegung zwischen Gestell und Gehänge, die man zur Messung der Bodenbewegung ausnutzen kann. Diese Seismographen bezeichnet man als Trägheitsseismographen (inertial seismographs), im Gegensatz zu den sog. Dehnungsseismographen (Strainseismographen), die die Abstandsänderung zweier Punkte der Erde beim Durchgang einer Welle messen. Da die Trägheitsseismographen oft aus einem physischen Pendel bestehen, werden sie auch Pendelseismographen genannt. Ein physisches Pendel kann man durch einen Stoß zu einer Eigenbewegung veranlassen, die eine Periode von

$$T_s = 2\pi \sqrt{\frac{l}{g}} \tag{4.1}$$

besitzt. Dabei ist l die reduzierte Pendellänge und g die Schwerebeschleunigung. Stoßartige Bewegungen können auch von Erdbeben ausgehen, die das Pendel ebenfalls zu Eigenschwingungen anregen. Um die Forderung nach einer möglichst getreuen Aufzeichnung der Bodenbewegung zu erfüllen, müssen diese Eigenschwingungen gedämpft werden, was durch entsprechende Vorrichtungen geschieht. Trotzdem lassen sich derartige Effekte nicht vermeiden, sie werden als Einschwingvorgänge bezeichnet. Durch ein physisches Pendel ist der gewünschte Bezugspunkt nur annähernd gefunden. Es ist leicht einzusehen, daß die Gestellbewegungen mit einer geringeren Periode als die Eigenperiode des Pendels ablaufen müssen. Im umgekehrten Fall folgt das Pendel den Gestellbewegungen ohne wesentliche Reaktion. Es ist daher wichtig, die Periode der zu untersuchenden Bodenbewegungen zu kennen. Von einem Erdbeben oder künstlichen Quellen werden Wellen vorwiegend im Periodenbereich zwischen 0,01 s und 1 Stunde abgestrahlt. Der Frequenzbereich seismischer Wellen umfaßt also etwa 6 Zehnerpotenzen (s. Kapitel 3). Von einem Seismographen sollen sowohl die ganz schwachen Bodenbewegungen des seismischen Störpegels der durch Verkehr, Industrie und meteorologische Einflüsse verursacht wird, als auch extrem starke Bodenbewegungen (strong motions) im Herdgebiet großer Erdbeben erfaßt werden. Für die Registrierung von starken Bodenbewegungen müssen spezielle Geräte, die sogenannten strong-motion-Seismographen eingesetzt werden. Aber selbst außerhalb der Herdgebiete können von fernen Beben noch Bodenamplituden bis zu mehreren mm erzeugt werden. An ruhigen Orten dürfte im Periodenbereich um 1 s der Störpegel unter 1 nm liegen, so daß man also einen Dynamikbereich von etwa 140 dB erfassen müßte. Ein Spektrum der Bodenunruhe an einem sehr ruhigen Stationsort ist in Abb. 4.1 dargestellt (FIX, 1972). Man erkennt deutlich ein Maximum bei 8 s, das der sogenannten mikroseismischen Bodenunruhe entspricht. Ein Minimum tritt bei 30 s auf. Es bildet ein Fenster für Erdbebenaufzeichnungen (SAVINO u.a., 1972a), weil in diesem Bereich die Vorzugsperiode der an der Erdoberfläche entlanglaufenden Wellen liegt. In vielen Gebieten findet man

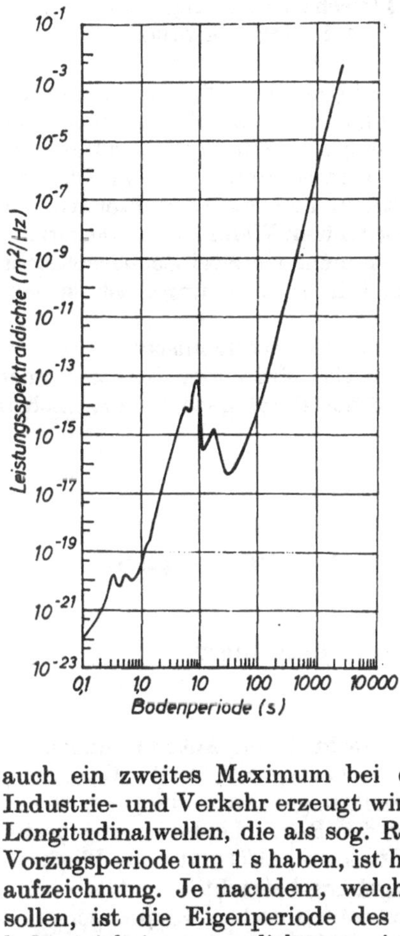

Abb. 4.1. Spektraldichte der Bodenunruhe nach Fix (1972)

auch ein zweites Maximum bei etwa 2 Hz (Plešinger, 1974), das durch Industrie- und Verkehr erzeugt wird. Da die von einem Erdbeben ausgehenden Longitudinalwellen, die als sog. Raumwellen das Erdinnere durchlaufen, eine Vorzugsperiode um 1 s haben, ist hier das wichtigste Fenster für die Erdbebenaufzeichnung. Je nachdem, welche Wellen erfaßt oder unterdrückt werden sollen, ist die Eigenperiode des mechanischen Empfängers zu wählen. Es haben sich im wesentlichen zwei Gruppen von Instrumenten herausgebildet. Mechanische Empfänger, die hauptsächlich zur Untersuchung von Wellen mit einer Periode unterhalb der der mikroseismischen Bodenunruhe geeignet sind, haben eine Eigenperiode kleiner als 2 s, sie werden als kurzperiodische Seismographen bezeichnet. Mechanische Empfänger, die zur Untersuchung des langperiodischen Anteils des Spektrums geeignet sind, haben eine Eigenperiode von 10 bis 50 s. Langperiodische Seismographen sind spezielle Konstruktionen, da ein physisches Pendel mit einer Eigenperiode von 30 s eine reduzierte Pendellänge von 225 m haben müßte.

Die Relativbewegungen zwischen Gestell und Gehänge sind meist gering; sie müssen daher vergrößert werden. Das geschieht bei rein mechanischen Geräten durch ein Hebelsystem. Heutzutage wird aber mittels elektromechanischer Wandler die Bodenbewegung in elektrische Spannungsschwankungen umgesetzt. Die Vergrößerungseinrichtung besteht aus Galvanometern oder elektronischen Verstärkern. Das Verhältnis der Aufzeichnungsamplitude zur Bodenamplitude, die Vergrößerung des Seismographen, ist von der Bodenperiode abhängig. Den Verlauf dieser Abhängigkeit bezeichnet man als (Amplituden-)Charakteristik. Sie wird durch die Eigenperiode und die Dämpfung des mechanischen Empfängers sowie durch die Eigenschaften der Vergrößerungseinrichtung bestimmt. Diese Größen, mit denen man die Charakteristik berechnen kann, sind die Parameter des Seismographen. Wenn die Charakteristik so beschaffen ist, daß die Vergrößerung über mehr als zwei Zehnerpotenzen proportional der Bodenverrückung oder einer ihrer Ableitungen ist, spricht man von Breitbandseismographen.

Mit dem Übergang von rein mechanischen zu elektrodynamischen und elektronischen Seismographen konnte die seismische Masse der Geräte immer mehr verringert werden. Die Untergrenze wird hier durch das innere Rauschen bestimmt.

4.2. Aufbau und Wirkungsweise von Seismographen

4.2.1. Grundprinzipien der mechanischen Empfänger (Trägheitsseismographen)

Die Theorie der Seismographen ist von verschiedenen Autoren eingehend behandelt worden (s. z.B. Wiechert, 1903; Gassmann, 1951; Ullmann, 1956). Besonders aufwendig werden die Betrachtungen, wenn die gesamte aus drei Seismographen, ihrem Fundament und der Registriereinrichtung bestehende Apparatur zusammen behandelt (s. Ullmann, 1971) oder die Wechselwirkung eines Seismographen mit seiner Umgebung betrachtet wird.

Die allgemeine Bewegungsgleichung eines mechanischen Empfängers mit nur einem Freiheitsgrad wurde von Ullmann (1956) abgeleitet. Durch Vernachlässigung von Drehgeschwindigkeiten und -beschleunigungen sowie durch Beschränkung auf kleine Ausschläge gelangt man zu den für die meisten Untersuchungen ausreichenden linearisierten Bewegungsgleichungen (s. Teupser, 1962a). Wegen der Schwerkraft der Erde sind für die Aufzeichnung der horizontalen bzw. vertikalen Bodenbewegung unterschiedliche Konstruktionen notwendig. Man erreicht dies durch eine entsprechende Lage der Drehachse zum Schwerevektor. Die meisten Seismographen besitzen zur Signalwandlung, Dämpfung oder Rückkopplung ein Tauchspul-Magnetsystem ähnlich dem in einem Lautsprecher.

Falls die Drehachse mit der Vertikalen nur den kleinen Winkel ν bildet, ist der mechanische Empfänger lediglich für die horizontale Komponente der

Bodenbewegung $x(t)$ empfindlich (s. Abb. 4.2). Es gilt dann die linearisierte Bewegungsgleichung

$$\ddot{\eta} + 2D_{so}\dot{\eta} + \omega_s^2\eta = -\frac{1}{l}(\ddot{x} + g\zeta) - \frac{G_s}{K_s}I_s\,; \tag{4.2}$$

η: Drehwinkel (Ausschlag) des Gehänges, D_{so}: offene Dämpfung, $\omega_s = 2\pi/T_s$: Eigenfrequenz des mechanischen Empfängers, l: reduzierte Pendellänge, K_s: Trägheitsmoment des Gehänges, G_s: elektrodynamische Konstante des Tauchspul-Magnetsystems, I_s: Strom in der Tauchspule, ζ: Neigung des Gestells um eine horizontale Achse in der Ebene Drehachse-Vertikale, g: Schwerebeschleunigung.

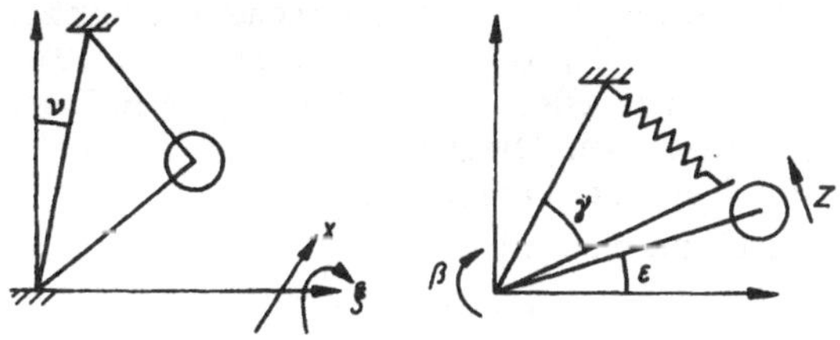

Abb. 4.2. Prinzip des Horizontal- (links) und des Vertikalseismographen (rechts)

Für die Eigenperiode ergibt sich für diese Konstruktion bei Vernachlässigung der elastischen Bindeglieder für die Drehachse, die meist mit Blattfedern oder einen Torsionsdraht realisiert wird,

$$T_s = 2\pi\sqrt{\frac{l}{g\sin\nu}}\,. \tag{4.3}$$

Man erhält also sehr lange Eigenperioden, wenn man die Drehachse nur wenig gegen die Vertikale neigt. Ein Horizontalseismograph ist nach (4.2) gegenüber Neigungsschwingungen empfindlich und kann als Neigungsmesser verwendet werden.

Legt man die Drehachse des mechanischen Empfängers in die horizontale Ebene und bildet die Verbindungslinie Massenmittelpunkt – Drehachse mit der Horizontalen den Winkel ε (s. Abb. 4.2), so lautet die linearisierte Bewegungsgleichung

$$\ddot{\eta} + 2D_{so}\dot{\eta} + \omega_s^2\eta = -\frac{1}{l}(\ddot{z} + g\beta\sin\varepsilon) - \frac{G_s}{K_s}I_s\,. \tag{4.4}$$

Dabei ist z die Bodenbewegung senkrecht zur genannten Verbindungslinie und β eine kleine Neigung um die Drehachse. Der mechanische Empfänger ist nur für vertikale Bodenbewegungen empfindlich, wenn $\varepsilon = 0$. Ein solcher echter Vertikalseismograph spricht nach (4.4) auf Neigungen nicht an.

Wegen der Schwerkraft muß bei einem Vertikalseismographen das Gehänge durch zusätzliche Kräfte in der geforderten Lage gehalten werden. Das erfolgt in vielen Fällen durch eine Schraubenfeder (s. Maliscshewsky u.a., 1970). Ist

γ der Winkel zwischen den Enden der Schraubenfeder, gilt für die Eigenperiode

$$T_s = 2\pi \sqrt{\frac{l \sin \gamma}{g \cos (\gamma + \varepsilon)}}. \tag{4.5}$$

Der Vertikalseismograph ist nur dann ein linearer Schwinger, wenn die Feder mit einer bestimmten Vorspannung gewickelt ist (s. LACOSTE, 1934). Man erhält für $\varepsilon = 0$ sehr lange Eigenperioden, wenn $\gamma \approx 90°$.

Für $\varepsilon \neq 0$ ergibt sich die Möglichkeit, eine von der üblichen Komponentenzerlegung (2 horizontale, 1 vertikale) abweichende Anordnung in Form eines homogenen Dreikomponentenseismographen zu konstruieren. Eine solche Zerlegung wurde von KNOTHE (1963), MELTON und KIRKPATRICK (1970) angewendet und liegt auch dem elektronischen Dreikomponentenseismographen EDS 1 (TEUPSER und UNTERREITMEIER 1977, UNTERREITMEIER u.a., 1978) zugrunde. Die Bodenbewegung wird in drei Richtungen zerlegt, die mit den Kanten eines Würfels übereinstimmen, dessen Diagonale mit der Vertikalen zusammenfällt. Mit dieser bilden alle drei Komponenten den Winkel $\varepsilon = 54{,}7$, da $\cos \varepsilon = 1/\sqrt{3}$. Sie unterscheiden sich im Azimut um 120°.

4.2.2. Strainseismographen

Strainseismographen beruhen auf einem völlig anderen Meßprinzip. Die Erregung dieser Geräte erfolgt durch die Phasendifferenz einer sich ausbreitenden elastischen Welle an zwei Punkten. Diese Geräte messen als sog. Extensometer auch die Bodendeformationen, wie sie durch Erdgezeiten, meteorologische Einflüsse und tektonische Vorgänge erzeugt werden. Ihr Hauptanwendungsgebiet ist die Aufzeichnung langperiodischer Vorgänge, die von den Erdbebenwellen bis zu säkularen Änderungen reichen (BENIOFF, 1959). Mit ihnen können auch Aussagen über das elastische Verhalten des Erdkörpers durch Bestimmung der SHIDAschen oder LOVEschen Zahl erhalten werden (MAAZ, 1965).

Die Endpunkte des Strainseismographen sind meist zwei fest mit dem Erdboden verbundene Pfeiler. Zur Messung ihrer Abstandsänderung werden im wesentlichen drei Methoden eingesetzt (s. Abb. 3.4). Bei dem ersten brauchbaren Instrument (BENIOFF, 1935) wurde der eine Pfeiler durch eine starre Stange soweit verlängert, daß sich ein Meßelement zwischen ihrem freien Ende und dem zweiten Pfeiler anbringen ließ. Solche Instrumente wurden auch in der DDR konstruiert (HIERSEMANN, 1962) und sind heute noch an der Station Moxa im Einsatz (STILLER u.a., 1970). An Stelle der Stange kann auch ein Invardraht als Längennormal verwendet werden (HARWARDT, 1967). Diese beiden Möglichkeiten setzen voraus, daß die Stange bzw. der Draht keine störenden Resonanzen im zu untersuchenden Frequenzbereich besitzt (OMER, 1947). Frei von derartiger Störung ist der Lichtstrahlstrainseismograph, dessen Konstruktion mit Hilfe von Lasern durchgeführt wurde (VALI u.a., 1965, 1966;

Errata

Seite 31: statt $\frac{\sqrt{\lambda + 2\mu}}{\varrho}$ lies $\sqrt{\frac{\lambda + 2\mu}{\varrho}}$

Seite 45, Formel (4.2) und (4.4):
statt $2D_{so}\,\dot{\eta}$ lies $2D_{so}\,\omega_s\,\dot{\eta}$

Seite 93: statt $\frac{\sqrt{h_0^2 - \Delta^2}}{h_0}$ lies $\frac{\sqrt{h_0 + \Delta^2}}{h_0}$

Seite 150: statt
$$E_s = \frac{1}{\eta}(\sigma_0 + \sigma_1 - 2\sigma_f)\,DA = \frac{1}{\eta}E$$
lies
$$E_s = \frac{1}{2}(\sigma_0 + \sigma_1 - 2\sigma_f)\,DA = \eta\ E$$

Seite 193, Tabelle: statt 0,0141 lies 0,141

Seite 197, Formel (8.10) und (8.12):
statt $\frac{T}{2}S_a = \frac{2}{T}S_d$ lies $\frac{T}{2\pi}S_a = \frac{2\pi}{T}S_d$

Seite 203, Formel (8.13): statt 1,5 lies 0,1

Seite 212, Formel (8.26): statt $P\,(N_M < m = n)$
lies $P\,(N_{M<m} = n)$

Seite 254, 13. Zeile von unten: statt v lies μ

Hurtig/Stiller

Vali und Bostrom, 1968a, b). Der Aufwand ist hierfür sehr groß, da Bruchteile von Lichtwellenlängen gemessen werden müssen und hohe Anforderungen an die Langzeitstabilität der Laser gestellt werden. Setzt man Strainseismographen zur Messung von Erdbebenwellen ein, so muß die zu untersuchende Wellenlänge groß gegen den Abstand der Meßpunkte sein. Da Strainseismographen mit Stange oder Draht meist nicht wesentlich länger als 30 m sind, ist diese Bedingung erfüllt.

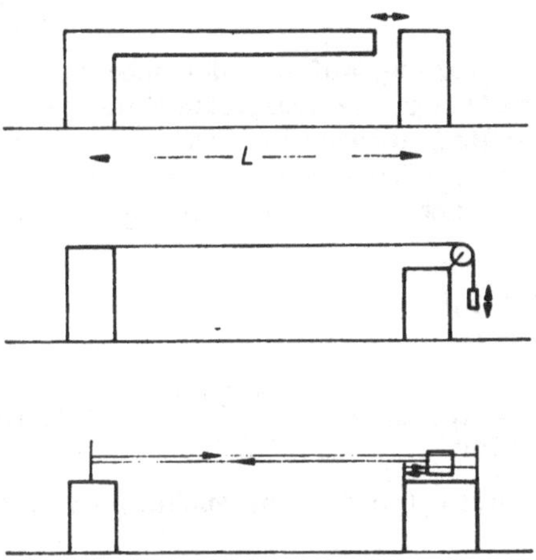

Abb. 4.3. Prinzip des Stangen-, des Draht- und des Laserstrainseismographen

Die Empfindlichkeit von Strainseismographen E bezieht man meist auf 1 mm Registrieramplitude. Es ist also die Amplitude A auf dem Film bei einem Strain von $\Delta L/L$

$$A = \frac{1}{E} \frac{\Delta L}{L}. \tag{4.6}$$

Der theoretische Gezeitenstrain liegt bei den größten Tiden (M_2 – Tide des Mondes) (Major u.a., 1964) unter $2 \cdot 10^{-8}$/mm. Es ist daher eine Empfindlichkeit von 10^{-9}/mm nötig, um gut auswertbare Aufzeichnungen zu erhalten.

4.2.3. Aufzeichnungseigenschaften der mechanischen Empfänger

Die Relativbewegung zwischen Gehänge und Gestell ist beim Trägheitsseismographen nicht für alle Frequenzen proportional der Bodenverrückung. Eine weitere Frequenzabhängigkeit kann durch die Vergrößerungseinrichtung eintreten. Nur bei rein mechanischen Seismographen, die ein Hebelsystem zur Vergrößerung einsetzen, oder bei Geräten mit einem Lichtzeiger kann man diese Vergrößerung als konstant ansetzen. Es ist dann die Registrieramplitude

$$y = V_0 \, l \, \eta, \tag{4.7}$$

wobei V_0 die Vergrößerung der Auslenkung des Schwingungsmittelpunktes $l\eta$ ist. Zur notwendigen Dämpfung des mechanischen Empfängers wurden früher Luft- oder Flüssigkeitsdämpfer eingesetzt. Heute verwendet man meist ein Tauchspul-Magnetsystem, das den Forderungen nach Proportionalität zur Geschwindigkeit der Gehängebewegung am nächsten kommt.

Für die Differentialgleichung des mechanischen Empfängers ergibt sich, wenn Neigungen vernachlässigt werden,

$$\ddot{y} + 2D_s\omega_s\dot{y} + \omega_s^2 y = -V_0\ddot{z}. \tag{4.8}$$

Dabei ist z die Komponente der Bodenbewegung, auf die der mechanische Empfänger anspricht, und D_s die gesamte Dämpfung. Die Aufzeichnung eines Seismographen erhält man bei bekannter Bodenbewegung durch Lösung der Differentialgleichung (4.8). Im Falle einer rein harmonischen Bewegung $z = z_0 \cos \omega t$ ergibt sich nach dem Abklingen der Einschwingvorgänge als (erzwungene) Lösung

$$y(t) = -V_0\, U_s(\omega)\, z_0 \cos(\omega t + \varphi_s). \tag{4.9}$$

wobei

$$U_s(\omega) = \frac{\omega^2}{\sqrt{(\omega^2 - \omega_s^2)^2 + 4D_s^2\omega_s^2\omega^2}}, \quad \tan\varphi_s = \frac{2D_s\omega_s\omega}{\omega^2 - \omega_s^2}. \tag{4.10}$$

$U_s(\omega)$ ist die Amplitudencharakteristik und $\varphi_s(\omega)$ die Phasencharakteristik.

$$\mathrm{V} = V_0 U_s(\omega) \tag{4.11}$$

ist die dynamische Vergrößerung des mechanischen Empfängers.

Die Amplitudencharakteristik ist in Abb. 4.4 für verschiedene Dämpfungen dargestellt. Für beschränkte Bereiche des Spektrums kann man ansetzen, daß

$$U_s(\omega) \sim \omega^n \qquad \text{und} \qquad \varphi_s \approx \frac{n\pi}{2}, \tag{4.12}$$

wenn die Dämpfung geeignet gewählt wird. Die Aufzeichnung ist dann proportional der n-ten Ableitung der Bodenbewegung. Bei einem mechanischen Empfänger gibt es drei derartig ausgezeichnete Bereiche.

1. $U_s(\omega)$ weicht für $\omega \geqq \omega_s$ nur um höchstens 3 dB von $U_s(\omega) = 1$ ab, wenn $0{,}4 < D_s < 0{,}7$. Der mechanische Empfänger zeichnet die Bodenverrückung auf.
2. Durch eine starke Dämpfung $D_s \gg 1$ erreicht man

   $$U_s(\omega) \approx \frac{\omega}{2D_s\omega_s} \text{ für } \frac{\omega_s}{2D_s} < \omega < 2D_s\omega_s.$$

   Der mechanische Empfänger zeichnet in diesem Bereich die Geschwindigkeit der Bodenbewegung auf.
3. Für $\omega \leqq \omega_s$ ist $U_s(\omega) \approx \dfrac{\omega^2}{\omega_s^2}$, wenn $0{,}4 < D_s < 0{,}7$. Der mechanische Empfänger ist ein Beschleunigungsmesser.

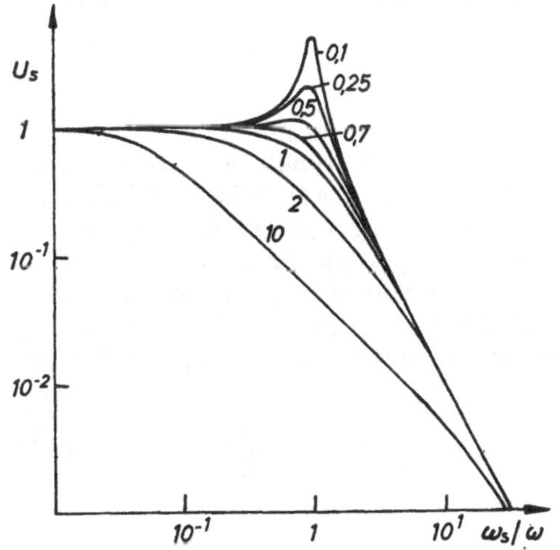

Abb. 4.4. Amplitudencharakteristik des mechanischen Empfängers

4.2.4. Aufzeichnungseigenschaften der elektrodynamischen Seismographen

Viele Seismographen benutzen auch heute noch die galvanometrische Vergrößerung. Man unterscheidet dabei elektrodynamische und elektromagnetische Seismographen. Bei den ersteren wird die dem Galvanometer zugeführte Spannung in einem Tauchspul-Magnetsystem erzeugt. Diese Systeme wurden besonders durch die Arbeiten von Galitzin (1914) in die Seismometrie eingeführt. Sie zeichnen sich dadurch aus, daß ohne Verstärker mit nicht allzu großen Geräten hohe Vergrößerungen erreicht und dazu noch Nullpunktschwankungen des mechanischen Empfängers unterdrückt werden können. Die Amplitudencharakteristik kann zudem noch durch geeignete Wahl des Galvanometers beeinflußt werden.

Beim elektromagnetischen Prinzip ist die Spule auf einen Magneten gewickelt, dessen Anker mit dem Gehänge verbunden ist. Durch eine Abstandsänderung Anker-Magnet tritt eine Flußänderung auf, wodurch in der Spule eine Spannung induziert wird. Es ist ein Nachteil dieses Prinzips, daß die Eigenperiode und die Empfindlichkeit vom Abstand Anker-Magnet abhängen und daher mit Nichtlinearitäten zu rechnen ist. Diese Systeme haben sich daher nur bei kurzperiodischen Seismographen bewährt (Benioff, 1932). Da bei beiden Systemen die induzierte Spannung proportional der Geschwindigkeit der Gehängebewegung ist, gelten für sie die gleichen Differentialgleichungen.

Die Bewegungsgleichung eines Galvanometers hat die gleiche Form wie die eines mechanischen Empfängers bei Wegfall der Terme durch die Bodenbeschleunigung und Neigungen. Sie lautet daher

$$\ddot{\psi} + 2D_{g0}\omega_g\dot{\psi} + \omega_g^2\psi = \frac{G_g}{K_g} I_g, \tag{4.13}$$

wobei die Indizes s durch g ersetzt sind. Ein elektrodynamischer Seismograph wird daher durch ein System von 2 Differentialgleichungen beschrieben, dabei wirkt auch das Galvanometer wegen der bei Bewegungen in einer Spule induzierten Gegen-EMK auf den mechanischen Empfänger zurück. Die Größe der Rückwirkung wird durch den sog. Rückwirkungsfaktor σ beschrieben (s. TEUPSER, 1958). Im Falle schwacher Rückkopplung ($\sigma \ll 1$) sind Amplituden- und Phasencharakteristik des elektrodynamischen Seismographen bei harmonischer Erregung

$$W(\omega) = \frac{2D_m\omega_m U_s U_g}{\omega} \quad \text{und} \quad \varphi = \varphi_s + \varphi_g - \frac{\pi}{2}, \tag{4.14}$$

wobei U_g und φ_g wie in (4.10) definiert sind. Ferner gilt

$$D_m\omega_m = \mathrm{Max}(D_s\omega_s, D_g\omega_g). \tag{4.15}$$

Der Vergrößerungsfaktor ist

$$V_0 = \frac{L_g k_g}{D_m\omega_m l}. \tag{4.16}$$

Dabei ist L_g die Lichtzeigerlänge des Galvanometers und k_g der sogenannte Übertragungsfaktor (s. TEUPSER, 1962a), der im wesentlichen durch die elektrodynamische Konstante G_s, die Galvanometerempfindlichkeit und die Widerstände im Kopplungskreis bestimmt wird.

Unter bestimmten Voraussetzungen hinsichtlich Frequenzbereich, Eigenperiode und Dämpfung können von einem elektrodynamischen Seismographen die Bodenverrückung, ihr Integral und ihre 1. bis 3. Ableitung aufgezeichnet werden. Es ist in diesen Bereichen

$$V \approx V_n\omega^n, \tag{4.17}$$

wobei $n = -1, 0, 1, 2, 3$. V_n ist dann die Vergrößerung, mit der die n-te Ableitung aufgezeichnet wird. Diese Abstimmungsmöglichkeiten sind in Tab. 4.1 aufgeführt, wobei der Arbeitsbereich so definiert ist, daß die Amplitudencharakteristik um höchstens 3 dB vom Sollwert abweicht. Bei der Abstimmung als Verrückungsmesser wurde hier nur eine optimale Variante (TEUPSER, 1960) angegeben.

Die maximal erreichbare Vergrößerung ist bei allen in Tab. 4.1 gegebenen Abstimmungen etwa gleich V_0. Für hohe Frequenzen fällt die Charakteristik umgekehrt proportional mit der Frequenz, für tiefe fällt sie proportional der dritten Potenz. Der Seismograph arbeitet wie ein Bandpaß. In Abb. 4.5 sind die Vergrößerungskurven für die wichtigsten Fälle im BODE-Diagramm wiedergegeben. Die Fälle 4, 7 und 8 folgen aus 2, 3 bzw. 6 durch Vertauschen der Indizes s und g. Die berühmte Abstimmung von GALITZIN ($D_s = D_g = 1$, $\omega_s = \omega_g$) ist hier zwar nicht enthalten. Sie entspricht etwa Fall 1 bzw. 9. Schmalbandige

Tabelle 4.1. Arbeitsbereiche elektrodynamischer Seismographen

Fall	Abstimmung	$\frac{\omega_s}{\omega_g}$	D_s	D_g	Arbeitsbereich	U_s	U_g	V_n	$\frac{V_n}{V_0}$
1	Integralmesser	≈ 1	$0{,}47 \leqq D_{s,g} \leqq 0{,}6$		$\omega \geqq \omega_{s,g}$	1	1	$\frac{2L_g k_g}{l}$	$2D_s\omega_s$
2	Verrückungsmesser I	$\ll 1$	0,5	$\frac{\omega_g}{2\omega_s}$	$\omega_s \leqq \omega \leqq \frac{\omega_g^2}{\omega_s}$	1	$\frac{\omega}{2D_g\omega_g}$	$\frac{L_g k_g}{D_g\omega_g l}$	1
3	Geschwindigkeitsmesser I	$\ll 1$	$0{,}4 \leqq D_{s,g} \leqq 0{,}7$		$\omega_s \leqq \omega \leqq \omega_g$	1	$\frac{\omega^2}{\omega_g^2}$	$\frac{2L_g k_g}{\omega_g^2 l}$	$\frac{2D_g}{\omega_g}$
4	Verrückungsmesser II	$\gg 1$	$\frac{\omega_s}{2\omega_g}$	0,5	$\omega_g \leqq \omega \leqq \frac{\omega_s^2}{\omega_g}$	$\frac{\omega}{2D_s\omega_s}$	1	$\frac{L_g k_g}{D_s\omega_s l}$	1
5	Geschwindigkeitsmesser II	≈ 1		$D_{s,g} \gg 1$	$\frac{\omega_s}{1{,}3D_s} \leqq \omega \leqq 1{,}3D_s\omega_s$	$\frac{\omega}{2D_s\omega_s}$	$\frac{\omega}{2D_g\omega_g}$	$\frac{L_g k_g}{2D_s^2\omega_s^2 l}$	$\frac{1}{2D_s\omega_s}$
6	Beschleunigungsmesser I	$\ll 1$	$\frac{\omega_g}{2\omega_s}$	0,5	$\frac{\omega_s^2}{\omega_g} \leqq \omega \leqq \omega_g$	$\frac{\omega}{2D_s\omega_s}$	$\frac{\omega^2}{\omega_g^2}$	$\frac{2L_g k_g}{\omega_g^3 l}$	$\frac{2D_g}{\omega_g^2}$
7	Geschwindigkeitsmesser III	$\gg 1$	$0{,}4 \leqq D_{s,g} \leqq 0{,}7$		$\omega_g \leqq \omega \leqq \omega_s$	$\frac{\omega^2}{\omega_s^2}$	1	$\frac{2L_g k_g}{\omega_s^2 l}$	$\frac{2D_s}{\omega_s}$
8	Beschleunigungsmesser II	$\gg 1$	0,5	$\frac{\omega_s}{2\omega_g}$	$\frac{\omega_g^2}{\omega_s} \leqq \omega \leqq \omega_s$	$\frac{\omega^2}{\omega_s^2}$	$\frac{\omega}{2D_g\omega_g}$	$\frac{2L_g k_g}{\omega_s^3 l}$	$\frac{2D_s}{\omega_s^2}$
9	Ruckmesser	≈ 1	$0{,}47 \leqq D_{s,g} \leqq 0{,}6$		$\omega \leqq \omega_{s,g}$	$\frac{\omega^2}{\omega_s^2}$	$\frac{\omega^2}{\omega_g^2}$	$\frac{2L_g k_g}{\omega_g^4 l}$	$\frac{2D_s}{\omega_s^3}$

Abstimmungen sind besonders zur Ereigniserkennung nützlich, wenn Störungen ausgeblendet werden sollen. Weite Verbreitung haben die Verrückungsmesser I und II gefunden. Die Abstimmungen als Geschwindigkeitsmesser sind in der Seismologie von Interesse, weil die Bestimmung der Magnitude eines Erdbebens auf der Messung der Bodengeschwindigkeit beruht und die Wellen mit längerer Periode auch eine größere Amplitude besitzen, so daß eine wünschenswerte Dynamikkompression erreicht wird. In der Erschütterungsmeßtechnik sind derartige Abstimmungen ebenfalls nützlich, weil die Beurteilung der Schädlichkeit von Erschütterungen ebenfalls die Bodengeschwindigkeit als Richtmaß nimmt.

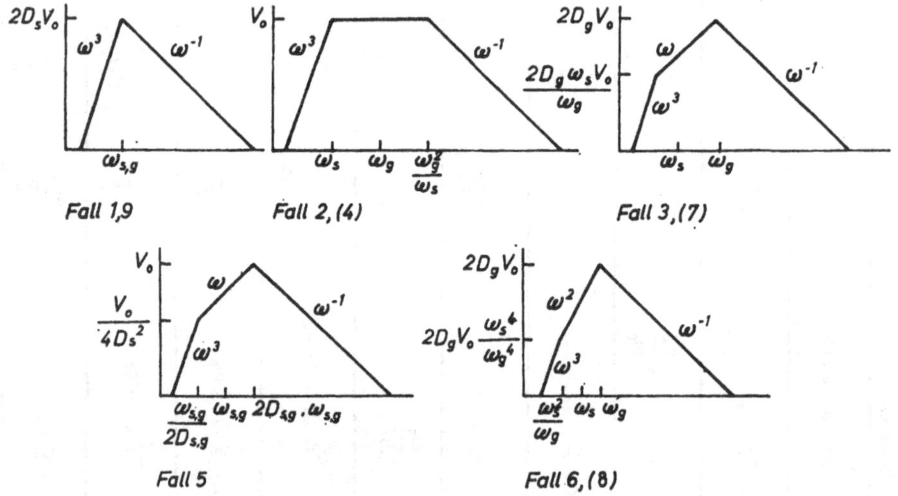

Abb. 4.5. Amplitudencharakteristik für elektrodynamische Seismographen

Die Registrierung mit Hilfe von Galvanometern ist recht umständlich und teuer, weil verdunkelte Räume und Photopapier erforderlich und die Aufzeichnungen erst nach Entwicklung zugänglich sind. Es tritt also der Wunsch auf, mit Hilfe von elektronischen Verstärkern direkt sichtbare Aufzeichnungen zu erhalten oder die Signale so zu speichern, daß sie auf elektronischen Rechenautomaten weiter verarbeitet werden können. Das ist nicht ganz einfach, weil die zu verstärkenden Signale in der Größenordnung von μV liegen können. Es wurden daher zunächst photoelektrische Verstärker mit Galvanometern als Eingangsstufe entwickelt (z.B. PLEŠINGER, 1968).

Seitdem Operationsverstärker mit geringem Rauschen zur Verfügung stehen, konnten mit diesen Verstärker aufgebaut werden, die die Galvanometer ersetzen. Es ergeben sich darüber hinaus noch zusätzliche Möglichkeiten zur Veränderung der Charakteristiken, z.B. durch weiteres Beschneiden der Flanken an den Grenzen der Übertragungsbereiche oder Filter für die mikroseismische Bodenunruhe. Zur Erweiterung des Dynamikbereiches wurden auch Verstärker mit veränderlichem Verstärkungsgrad entwickelt und eingesetzt (KANASEWICH u.a., 1974).

4.2.5. Elektronische Seismographen

Der Einsatz von stabilen elektronischen Verstärkern ermöglicht den Bau einer neuen Gerätegeneration, der sog. elektronischen Seismographen. Als Wandler werden elektrodynamische (s. Plešinger und Horálek, 1976) oder häufiger wegproportionale Systeme verwendet. Die letzteren benutzen meist einen Plattenkondensator und arbeiten mit Amplituden- oder Frequenzmodulation (s. Sutton u.a., 1965; Unterreitmeier, 1973). Die elektronischen Seismographen liefern Signale mit einem ausreichenden Pegel für Magnetbandregistrierung und die elektronische Datenverarbeitung. Die entscheidende neue Möglichkeit ist die Rückkopplung des Ausgangssignals auf das Tauchspul-Magnetsystem des mechanischen Empfängers (s. Abb. 4.6). Durch die elek-

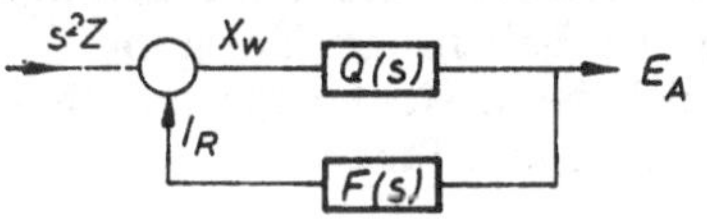

Abb. 4.6. Seismograph mit Rückkopplung

tronischen Verstärker und Filter im Rückkopplungszweig mit den Übertragungsfunktionen $Q(s)$ bzw. $F(s)$ kann die Charakteristik des Seismographen wesentlich verändert werden. Sie lautet in Schreibweise der Laplace-Transformation

$$W(s) = \frac{s^2 Q(s)}{s^2 + 2D_s\omega_s s + \omega_s^2 + kF(s)Q(s)}. \tag{4.18}$$

Mit Hilfe einer direkten Rückkopplung kann man erreichen, daß der Seismograph in einem breiten Frequenzbereich die Bodenbeschleunigung (force-balance accelerometer) aufzeichnet, während Hochpässe zu Breitbandgeschwindigkeits- bzw. Breitbandverrückungsmessern führen (s. Plešinger, 1973; Teupser und Plešinger, 1979). Die Einschaltung eines Tiefpasses bringt eine Stabilisierung des mechanischen Empfängers gegenüber langperiodischen Störungen und Driften (s. Sutton u.a., 1965).

4.2.6. Eichung von Seismographen

Unter Eichung von Seismographen versteht man die Bestimmung der Amplituden- und Phasencharakteristiken, die zur Berechnung der wahren Bodenbewegung notwendig sind. Es gibt dafür im wesentlichen drei verschiedene Methoden, die in Teupser (1962a) ausführlich dargestellt sind. Die erste ist die indirekte Eichung durch Bestimmung von Eigenperiode und Dämpfung des mechanischen Empfängers und bei elektrodynamischen Seismographen auch des Galvanometers. Mit diesen Parametern kann die Phasen- und die Amplitudencharakteristik berechnet werden.

Eine direkte Methode zur Bestimmung der Charakteristiken ist die Eichung auf einem Schütteltisch. Das sind Plattformen, die mit einem Tieftongenerator in harmonische Schwingungen versetzt werden können. Falls der mechanische Empfänger neben dem Wandlersystem ein Tauchspulsystem besitzt oder leicht ein zusätzliches angebracht werden kann, empfiehlt sich eine Eichung mit einem Wechselstrom, da ein Strom in der Tauchspule dieselbe Wirkung wie eine Bodenbeschleunigung besitzt (s. ARANOVIČ u.a., 1981).

Die dritte Methode ist die Eichung durch Testversuche. Hierzu gehören die Auslenkung des Gehänges zwischen zwei festen Punkten (Verrückungstest), das Ausschwingen von einer kleinen Auslenkung (Ausschwingtest) oder die Erteilung eines Stoßes (Stoßtest). Mit Hilfe dieser Testversuche kann man aus dem maximalen Ausschlag des Seismographen bei bekannter Erregung die Vergrößerung bestimmen. Der Stoßtest bietet sich beim elektrodynamischen Verrückungsmesser auch gut zur Bestimmung der Dämpfung an (TEUPSER, 1960, 1962b).

Neuerdings bemüht man sich, durch Digitalisierung der Aufzeichnung eines Ausschwingtestes und Berechnung des Spektrums die Amplitudencharakteristik zu ermitteln (MITCHELL und LANDISMAN, 1969).

Der genauen Bestimmung der Amplituden- und Phasencharakteristik wird immer mehr Aufmerksamkeit geschenkt, weil in der Seismologie nicht nur die Einsatzzeiten der verschiedenen Wellengruppen von Bedeutung sind, sondern auch die wahren Bodenamplituden und die Phasenbeziehungen beim Vergleich mit anderen Stationen, um daraus genaue Rückschlüsse auf die Herdvorgänge sowie die Struktur und die elastischen Eigenschaften der Erde auf dem durchlaufenen Wellenweg zu ziehen. Daher werden Genauigkeiten von 1% in der Amplitude und 1% in der Phase angestrebt (s. BERGER u.a., 1979).

4.3. Registriereinrichtungen

Die herkömmliche Technik bei elektrodynamischen Seismographen ist die Trommelregistrierung auf Photopapier. Dabei wird das Galvanometer von einer Spaltlichtquelle beleuchtet und der Spalt mit einer Linse vor dem Galvanometerspiegel auf der Registriertrommel abgebildet. Vor der Trommel wird das Spaltbild mit einer Zylinderlinse zu einem Punkt vereinigt. Die Schärfe des Bildes wird im wesentlichen durch die Breite des Galvanometerspiegels bestimmt (KAISER, 1935). Diese sollte bei 1 m Lichtweg möglichst nicht unter 1 cm liegen. Die Trommel führt pro Stunde 1 bis 4 Umdrehungen aus und versetzt sich gleichzeitig um 1 bis 3 mm seitlich. Auf diese Weise erhält man bei einem Papierformat von 30 cm × 90 cm drei Komponenten auf einem Film, der nur 1- bzw. 2mal täglich gewechselt werden muß. Als Registriergeschwindigkeit ist für langperiodische Aufzeichnungen 15 mm/min, für kurzperiodische 60 mm/min zu empfehlen. Die Zeitmarkierung erfolgt durch eine kleine Auslenkung bzw. durch eine (nicht völlige) Abdunkelung des Lichtstrahles. Durch Ungenauigkeiten im Papiervorschub oder durch Verzerrungen des Filmmaterials beim Entwickelprozeß werden die Einsatzzeiten bei 60 mm/min Vorschub und Minutenzeitmarken kaum genauer als 0,1 s bestimmt werden können. Meistens muß man mit Fehlern bis zu 0,3 s rechnen (MEISSER, 1934). Da bei großen Ausschlägen die Belichtung des Films zu gering ist, werden manchmal automatische Aufhellungseinrichtungen eingesetzt (BOURGEOIS und BUIST, 1967).

Direkt registrierende Geräte, die eine sofort sichtbare Aufzeichnung liefern, sind Tintenschreiber, Funkenschreiber, Hitzeschreiber, Wachspapierschreiber und manchmal sogar Rußpapierschreiber. Sie benötigen alle mehr Energie zur Aufzeichnung. Da heute aber elektronische Verstärker vorhanden sind, benötigt man nicht wie zu Beginn des Jahrhunderts Seismographenmassen in der Größenordnung von Tonnen, um die Reibung des Stiftes auf dem berußten Papier zu überwinden (BERLAGE, 1932).

In zunehmendem Maße werden Magnetbandregistrierungen eingesetzt (WILLMORE, 1979), wobei die digitale Registrierung am besten den Wünschen nach hohem Dynamikumfang und späterer Verarbeitung auf Großrechenanlagen gerecht wird (BURKE u.a., 1970).

4.4. Einsatz der Digitaltechnik in der Seismologie

Beim Aufbau moderner seismologischer Einzelstationen und Stationssysteme werden immer stärker die Möglichkeiten der Digitaltechnik bei der Registrierung, Übertragung und Auswertung seismischer Ereignisse eingesetzt. Auch im Rahmen globaler seismologischer Überwachungsaufgaben wird angestrebt, nicht nur bestimmte Kenngrößen einer Registrierung wie Einsatzzeit, Amplitude und Periode (sog. Level-I-Daten), sondern komplette digitale Registrierungen (Level-II-Daten) zu erfassen und zu übertragen.

Der Übergang zu einer digitalen Datenerfassung ist nicht eine rein technische Aufgabe, da die seismologischen Anforderungen und Randbedingungen zu unterschiedlichen technischen Lösungen führen. So sind die spektrale Zusammensetzung und die Amplitude der seismischen Signale in Abhängigkeit von der Stärke eines Bebens, der Herdentfernung und dem Herdmechanismus sehr unterschiedlich. Signale von Erdbeben im Entfernungsbereich $>10°$ überdecken in der Regel eine Bandbreite von 0,01 bis 5 Hz bei einer Dynamik von etwa 80 dB. Bei nahen Ereignissen wächst die Signalfrequenz deutlich an, wobei häufig eine zu erfassende obere Grenzfrequenz von 20 Hz angegeben wird. Gleichzeitig kann der Dynamikumfang auf 140 dB ansteigen (dies entspricht einer wahren Bodenbewegung im Nanometer- bis Zentimeterbereich), um auch Mikroerdbeben sicher zu erfassen. Auch der Pegel des seismischen Rauschens kann in dem interessierenden Frequenzbereich um etwa 40 dB schwanken.

Konventionelle Registriermethoden (photooptisch, direktschreibend) sind nicht in der Lage, den Anforderungen hinsichtlich Dynamik und Frequenzbereich gerecht zu werden. Da detaillierte Auswertungen seismischer Registrierungen vor allem von spektralen Kenngrößen ausgehen, ergibt sich zwangsläufig die Notwendigkeit einer digitalen Datenerfassung und -auswertung. Leistungsfähige digitale Datenerfassungssysteme müssen in der Lage sein, einen Dynamikbereich von mindestens 80 dB – möglichst aber von 120 bis 140 dB – über einen Frequenzbereich von 3 Zehnerpotenzen zu erfassen und gleichzeitig das Rauschen um etwa 40 dB zu unterdrücken.

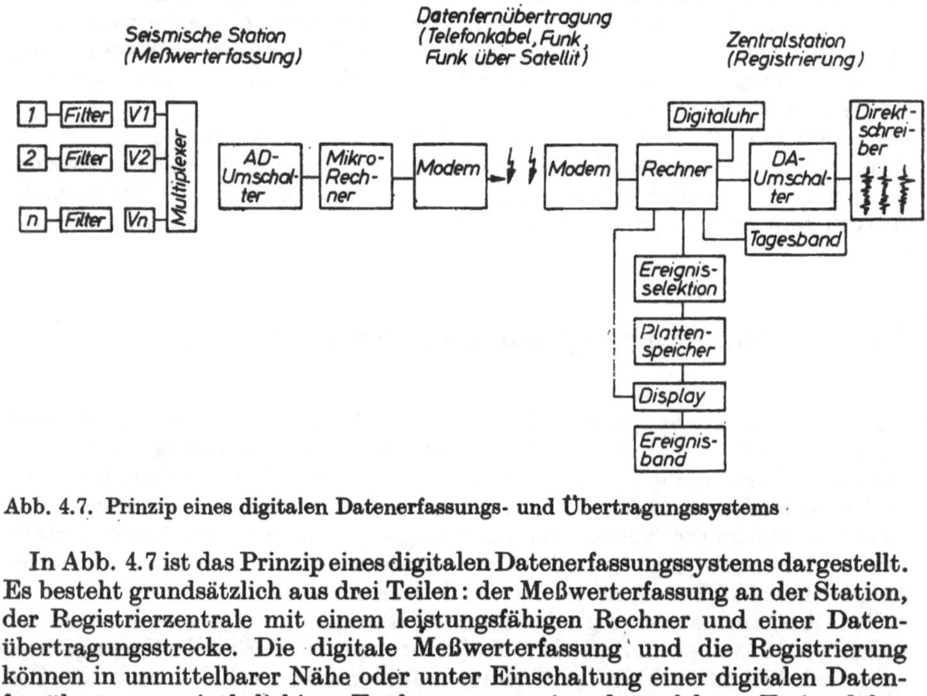

Abb. 4.7. Prinzip eines digitalen Datenerfassungs- und Übertragungssystems

In Abb. 4.7 ist das Prinzip eines digitalen Datenerfassungssystems dargestellt. Es besteht grundsätzlich aus drei Teilen: der Meßwerterfassung an der Station, der Registrierzentrale mit einem leistungsfähigen Rechner und einer Datenübertragungsstrecke. Die digitale Meßwerterfassung und die Registrierung können in unmittelbarer Nähe oder unter Einschaltung einer digitalen Datenfernübertragung in beliebiger Entfernung voneinander erfolgen. Es ist daher zweckmäßig, die Probleme der Datenfernübertragung gesondert zu behandeln.

4.4.1. Digitale Meßwerterfassung und Registrierung

Aus Abb. 4.7 wird deutlich, daß eine digitale Aufzeichnung gegenüber einer konventionellen analogen Registrierung einen hohen technischen Aufwand erfordert. Als Empfänger kann grundsätzlich jedes Seismometer verwandt werden. Es wurden jedoch auch spezielle Seismometer entwickelt, in denen bereits die notwendige Elektronik (Filter, Verstärker, AD-Umsetzer) eingebaut sind, so daß ein unmittelbarer Anschluß an eine Fernübertragung möglich ist.

Ein wichtiges Problem bildet die Festlegung der Abtastrate f_A (Anzahl der digitalen Meßwerte pro Zeiteinheit). Für seismologische Zwecke ist es zweckmäßig, das Vierfache der gewünschten oberen Grenzfrequenz f_{go} als Abtastrate zu nehmen. International üblich sind Abtastraten von 1 Hz für langperiodische, von 20 Hz für kurzperiodische und von 80 Hz für extrem kurzperiodische Registrierungen (besonders für die Erfassung naher seismischer Ereignisse und Sprengungen).

Von einer Station, die mit je einem Dreiersatz kurzperiodischer und langperiodischer sowie mit einem extrem kurzperiodischen Seismometer ausgerüstet ist, erhält man damit 143 Meßwerte/s. Zum Vergleich des notwendigen Speicheraufwandes sind in Tab. 4.2 die häufigsten analogen und digitalen Registriermethoden zusammengestellt. Man erkennt deutlich, daß der Aufwand für die Abspeicherung von Daten beim Übergang von der analogen zur digitalen Aufzeichnung stark anwächst. Je größer die Anzahl der digital registrie-

Tabelle 4.2. Aufwand für eine analoge und digitale Speicherung seismologischer Daten

Analoge Speicherung Registrierart	Registrierdauer pro Kanal (Spur)	Kanalzahl
Trommel (Papier, Film)	1 Tag	3
Filmrolle	14 Tage	20
Papierschleife (Faltbuch 100 m)	14 Tage	8
1″-Magnetband	33 Tage	14

Digitale Speicherung Registrierart	bit/mm	Länge (m)	Registrierdauer 1 Kanal*) $f_{go} = 5$ Hz	 $f_{go} = 20$ Hz
Audio-Magnetband (pro Spur)	200	1040	7 Tage	45 h
Audio-Kassette (pro Spur)	200	120	20 h	5 h
8-Spur-Komputer-Band	32	670	6 Tage	36 h
	64	670	12 Tage	72 h

*) Für eine Dynamik entsprechend der analogen Registrierung verdoppelt sich die Registrierdauer

renden Stationen in einem Stationsnetz und je höher die Abtastrate ist, desto größer wird die anfallende Datenmenge.

Es ist daher notwendig, Wege für eine Datenreduktion zu finden. Mit Hilfe ereignisselektiver Aufzeichnungsverfahren läßt sich eine Reduzierung der Datenmenge in Abhängigkeit von der Anzahl der seismischen Ereignisse pro Tag um 1 bis 3 Zehnerpotenzen erreichen. Hierzu werden die digitalisierten Werte für einige Sekunden zwischengespeichert (gepuffert). Mit speziellen Erkennungsalgorithmen wird geprüft, ob innerhalb des gepufferten Zeitintervalls ein seismisches Ereignis vorliegt. Sehr häufig wird international die Ereignisselektion über ein rauschadaptives Amplitudenkriterium (Vergleich von Langzeit- und Kurzzeitmittelwerten) angewandt. Eine automatische Anpassung des Schwellwertes an zeitliche Variationen der Rauschamplitude sichert eine ausreichende Sensibilität des Verfahrens. Eine weitere Datenreduktion läßt sich durch Beschränkung auf spezielle Kennwerte des erfaßten Ereignisses (Einsatzzeiten der Wellenmoden, spektrale Kenngrößen) erreichen. Bei jeder über den Rechner durchgeführten Ereigniserkennung gehen die Ereignisse, die unterhalb des Schwellwertes liegen, verloren. Grundsätzlich wird daher auch bei automatischer Ereigniserkennung und Datenreduktion die vollständige Information über einen Direktschreiber in analoger Form dargestellt und auf einem Tagesband in digitaler Form für einen begrenzten Zeitraum (in der Regel einige Tage bis Wochen) gespeichert, um eventuell notwendige Nachauswertungen durchführen zu können.

Neben einer Ereigniserkennung als Voraussetzung für eine Datenreduktion wird zuweilen auch eine automatische Einsatzzeitbestimmung angestrebt. Allerdings ist der rechentechnische Aufwand beträchtlich und der Fehler besonders bei schwachen ersten Einsätzen erheblich. Bewährt hat sich deshalb ein interaktives System Rechner-Auswerter.

Auf Grund der Leistungsfähigkeit moderner mikroelektronischer Bauelemente können auch transportable seismische Geräte mit einer digitalen Meßwerterfassung ausgerüstet werden. Spitzengeräte enthalten im Handkofferformat drei Seismometereingänge, einen Mikroprozessor zur Detektion und Datenformatierung, eine funkgeführte Echtzeituhr und einen Magnetkassettenspeicher.

4.4.2. Datenfernübertragung

Bei lokalen, regionalen und kontinentweiten (globalen) Stationsnetzen sind der Aufstellungsort der mechanischen Empfänger und der Registrierstation räumlich getrennt; die Signale werden fernübertragen. Das kann über Postleitungen oder drahtlos erfolgen. Für die Übertragung haben sich frequenzmodulierte Systeme gut bewährt. Mit solchen können Übertragungen über mehrere hundert km erreicht werden (Derr, 1977). Manche Übertragungsstrecken übermitteln auch digitalisierte Signale (Harjes, 1975).

Die Fernübertragung der seismischen Daten von den Einzelstationen zu einer Zentrale ermöglicht den Einsatz leistungsfähiger Rechner und damit eine zentrale Sofortauswertung, eine ständige Kontrolle und Datensicherung für alle Seismometer und eine komplexe, vergleichende Auswertung der Registrierungen aller Stationen eines Stationsnetzes.

Die Anzahl der möglichen zu übertragenden Kanäle hängt vor allem von der Abtastrate ab. Dabei ist es sinnvoll, die Signale langperiodischer Seismometer, aber auch von Strainmetern und Gravimetern, mit jeweils niedriger Abtastrate in die Signale kurzperiodischer Seismometer mit hohen Abtastraten einzuschachteln. Änderungen in der Signalaufteilung wirken sich nur programmtechnisch aus.

In der Regel wird die Datenfernübertragung bei lokalen und regionalen Stationsnetzen über vorhandene Sprechfunk- bzw. Telefonkanäle vorgenommen. Die Bandbreite des Telefonbandes ist jedoch begrenzt (300...3 400 Hz). Daraus ergeben sich bei der analogen Datenübertragung Probleme für die zu übertragende Signaldynamik. Bei der digitalen Übertragung wirkt sich die begrenzte Bandbreite vor allem auf die mögliche obere Abtastrate und damit auf die zu erfassende obere Grenzfrequenz aus.

Je nach Leitungsqualität und zugelassener Übertragungstechnik (Modem) ermöglicht das Telefonieband die Übertragung von Datenraten von 1 200 bzw. 2 400 Bit/s (Baud). Bei Spezialleitungen ist auch eine höhere Übertragungsrate möglich.

Bei globalen Stationsnetzen erfolgt die Datenfernübertragung über Satelliten.

4.5. Seismographen an seismologischen Stationen

4.5.1. Die Klassen seismologischer Stationen

Auf der Erde gibt es eine große Anzahl seismologischer Stationen, deren Ausrüstung wesentlich von den zu erfüllenden Aufgaben abhängt. Die Aufstellungsorte werden durch die wissenschaftliche, technische oder volkswirtschaftliche Zielstellung bestimmt. Die Leistungsfähigkeit jeder Station wird durch die am Stationsort vorhandene seismische Bodenunruhe (Signal/Rausch-Verhältnis) stark beeinflußt. Der Aufbau hochempfindlicher seismologischer Stationen stellt daher große Anforderungen an die Aufstellungs- und Registrierbedingungen (Tab. 4.3).

Nach Willmore (1979) lassen sich die Stationen in drei Klassen einteilen:

1. Basisstationen (Stationen 1. Ordnung)
   Sie sind mindestens mit kompletten Sätzen standardisierter kurz- und langperiodischer Seismographen ausgerüstet, nehmen am internationalen Datenaustausch teil und senden regelmäßig ihre Meldungen an die internationalen Datenzentren.

2. Regionale Stationen (Stationen 2. Ordnung)
   Sie werden zur ständigen Beobachtung einzelner Regionen eingerichtet. Eine Standardisierung der Instrumente wie bei den Stationen 1. Ordnung sollte zwar angestrebt werden, jedoch hat die Anpassung der Charakteristik an die spezielle Aufgabe den Vorrang.
3. Temporäre Stationen
   Diese Stationen dienen der zeitweisen Untersuchung von Krustenstrukturen, Störungen, Mikrobeben und Nachstößen größerer Erdbeben, wobei vor allem mobile Apparaturen eingesetzt werden.

Tabelle 4.3. Geforderter Störquellenabstand zu seismischen Stationen (nach CARDER, 1963)

Störquelle	Mindestabstand
1. Ozeane	200 km
2. Große Inlandseen	100 km
3. Große Wasserfälle und kleine Seen	15 km
4. Maschinen und Anlagen mit sich bewegenden Teilen	15 km
5. Schnellfließende Flüsse	10 km
6. Eisenbahnlinien	10 km
7. Mittelgroße Maschinen	5 km
8. Stark befahrene Straßen	2 km
9. Landstraßen und hohe Gebäude	1 km
10. Hohe Bäume und kleine Gebäude	100 m

Neben den Einzelstationen gibt es Stationen, die als sog. Arrays aus einer Vielzahl (bis zu einigen 100) von kurzperiodischen Vertikalseismographen bestehen, die über eine große Fläche regelmäßig verteilt sind. Diese Arrays wurden im Sinne von Peilsystemen in den 60er Jahren zur Erfassung von unterirdischen Kernexplosionen vor allem von den USA und einigen weiteren Ländern aufgebaut. Die Auswertung erfolgt in einer Zentrale mit on-line-Datenverarbeitung (s. z.B. HARJES, 1975, HARJES und HENGER, 1973).

Untersuchungen zur Erdbebengefährdung und zur Erdbebenvorhersage setzen detaillierte Kenntnisse auch über die lokale Seismizität und deren Variationen voraus. Die Registrierungen an seismologischen Einzelstationen und auch an den Arrays sind für diese Aufgabenstellung nicht ausreichend. In vielen Ländern wird daher seit einigen Jahren intensiv am Aufbau leistungsfähiger Stationsnetze gearbeitet. Sie bestehen in der Regel aus automatisch arbeitenden Einzelstationen, die über ein bestimmtes Gebiet verteilt aufgebaut werden und über Datenfernleitungen mit einer Registrierzentrale verbunden sind.

Es läßt sich eine Hierarchie von Stationsnetzen erkennen (s. Abb. 4.8). Lokale Systeme dienen der Überwachung der seismischen Aktivität in einem eng begrenzten Gebiet (z.B. Bergbaurevier). Regionale oder nationale Netze fassen eine Reihe lokaler Systeme und Einzelstationen zusammen. Kontinentweite und globale Stationsnetze bedienen sich bereits der digitalen Datenfernübertragung über Satelliten.

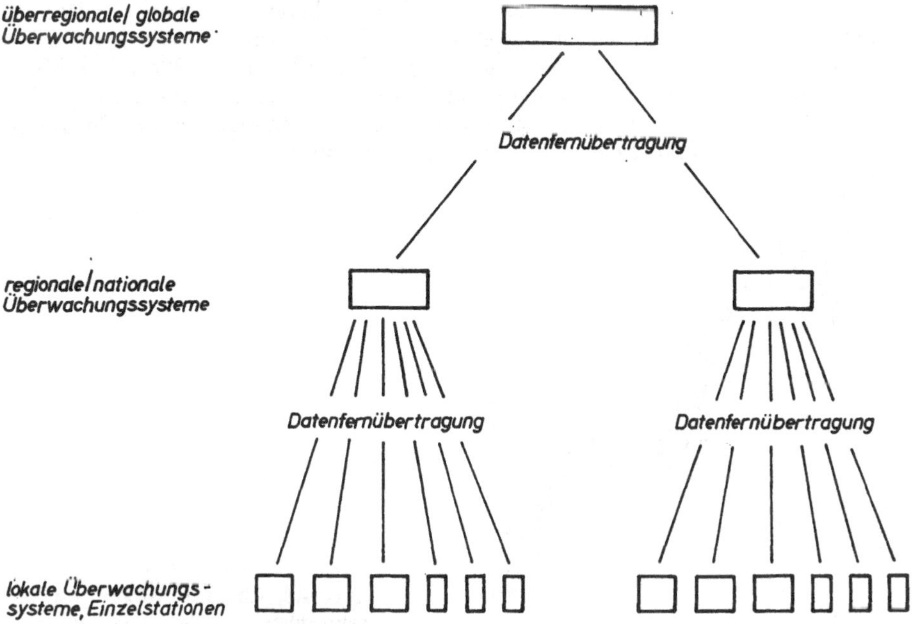

Abb. 4.8. Hierarchie von seismischen Überwachunssystemen

4.5.2. Weltweite Netze

Obwohl der Wert eines weltweiten Netzes von Seismographen schon früh erkannt war, kam es erst in den 60er Jahren zur Errichtung solcher Netzwerke, die nicht nur standardisierte Instrumente einsetzen, sondern auch den Datenaustausch garantieren. Das sind einmal das World Wide Standard Seismograph Network (WWSSN), für das die USA die Ausrüstung lieferte, und das Netzwerk der KAPG (Kommission der Akademien sozialistischer Länder für planetare geophysikalische Forschungen). Hierbei sind insbesondere die Charakteristiken der verwandten galvanometrisch registrierenden Seismographen standardisiert worden. Das WWSSN hat zwei Abstimmungen mit relativ spitzen Charakteristiken, eine kurzperiodische mit einer Maximalvergrößerung bei 0,6 s und eine langperiodische bei 25 s (Oliver und Murphy 1971). Die KAPG besitzt zwei ähnliche Abstimmungen, hat aber darüber hinaus zwei relativ breitbandige kurzperiodische Abstimmungen (A II und

A IV) (ARANOVICH u. a., 1968, ARANOVIČ u.a., 1974), um getreue Aufzeichnungen der P-Wellen zu erhalten, und eine mittelperiodische Abstimmung (Typ B), die sich sehr bei der Interpretation bewährt hat. Die Charakteristiken und die Parameter der Geräte beider Netze sind in Abb. 4.9 bzw. Tab. 4.4 gegeben. Die für die KAPG-Stationen vorgeschriebenen Parameter gelten nur für den angegebenen Rückwirkungsfaktor σ. Bei den kurzperiodischen Geräten ist der äquivalente Parameter angegeben (TOBYÁŠ, 1973, 1976). Zur Unterscheidung von nahen Sprengungen und Erdbeben hat sich an der Station Moxa eine sehr kurzperiodische Abstimmung mit 300000facher Vergrößerung im Bereich von 4 bis 30 Hz bewährt (TEUPSER, 1970).

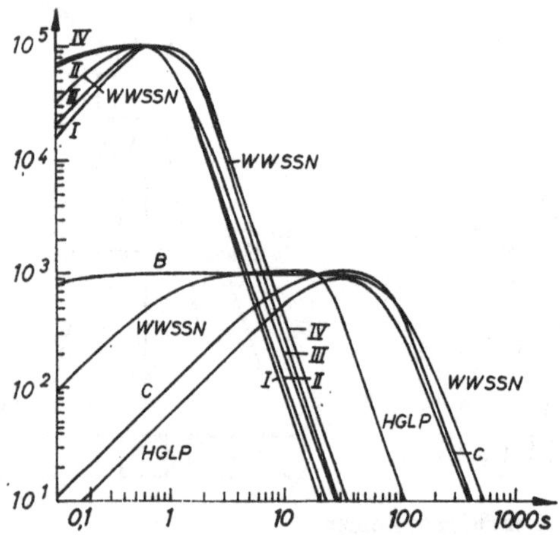

Abb. 4.9. Charakteristiken von Seismographen in weltweiten Netzen

Tabelle 4.4. Geräteparameter von weltweiten seismischen Stationsnetzen. KP: kurzperiodische Geräte; LP: langperiodische Geräte

Netz	T_s	T_g	D_s	D_g	σ^2	ΔT für V_{max}
KP WWSSN	1	0,75	1	1	<0,1	0,4–1
KAPG AI	1,2	0,6	0,5	0,5	0	0,4–1
AII	0,9	0,38	0,5	2	0	0,1–1
AIII	1,8	0,6	0,4	0,7	0	0,4–1,6
AIV	1,6	0,4	0,5	2,0	0	0,1–1,6
LP KAPG B	25	1,2	0,5	8	0,25	0,1–20
C	25	104	1,3	0,7	0,25	10–100
WWSSN	15	90	7	1	0,2	10–100
HGLP*)	34	100	1	1	0,1	10–100

*) Galvanometerkanal

Von den USA wurde Anfang der 70er Jahre mit der Einrichtung von High-Gain Long-Period (HGLP)-Stationen der Aufbau eines globalen digitalen Seismographennetzes begonnen (s. MOLNAR u.a., 1969, POMEROY u.a., 1969, SAVINO u.a., 1972b, MURPHY u.a., 1972), die mit langperiodischen elektrodynamischen Seismographen und photo-elektronischem Verstärker ausgerüstet sind. Die gut gekapselten Geräte sind teilweise in Bergwerken aufgestellt, so daß im Bereich von 20 bis 40 s Vergrößerungen von 150000 erreicht werden.

Bei den HGLP-Stationen war der Einfluß des windbedingten langperiodischen Rauschens sehr störend. Messungen in Bohrlöchern von etwa 100 m Tiefe konnten diese Störungen weitgehend eliminieren. Damit erfolgte der Übergang zu den SRO-Stationen (Seismic Research Observatories), (s. z.B. MELTON, 1976, PETERSON und ORSINI, 1976, PETERSON u.a., 1976, HOFFMANN, 1980).

Der Untersuchung langperiodischer Phänomene dient das IDA-Projekt (International Deployment of Accelerometers) (AGNEW u.a., 1976), wobei die freien Schwingungen der Erde, wie sie durch Erdbeben angeregt werden, im Mittelpunkt der Betrachtung stehen. Hierbei werden rückgekoppelte LACOSTE-ROMBERG-Seegravimeter mit 20 s Eigenperiode – also nur Vertikalinstrumente – eingesetzt. Die Empfindlichkeit der Geräte ist für Perioden über 20 s konstant und mit $8 \cdot 10^5$ Vs^2/m sehr groß (FARRELL und BERGER, 1979). Mit diesen Geräten sind die zuverlässigsten Messungen der Bodenunruhe bis 1000 s erfolgt (AGNEW und BERGER, 1978).

4.5.3. Beispiele von Seismographen

In diesem Abschnitt sollen als Beispiel für Seismographen die in den letzten Jahren in der DDR entwickelten Geräte vorgestellt werden. Sie sind zwar nicht so verbreitet wie die sowjetischen (ARANOVIČ u.a., 1974) oder US-amerikanischen Typen (z.B. PRESS u.a., 1958), es gibt aber dafür ausführliche Beschreibungen und Theorien in deutscher Sprache. Die folgenden Beispiele dienen zur Erläuterung einiger konstruktiver Details und Bedienungselemente, wie sie Präzisionsseismographen besitzen. Zusammenstellungen und Abbildungen anderer Geräte findet man auch bei BERLAGE (1932), BORMANN (1966), SAWARENSKI und KIRNOS (1960).

Die langperiodischen Seismographen HSJ-I und VSJ-I (TEUPSER, 1959, TEUPSER und ULLMANN, 1963) sind auf Grund ausführlicher theoretischer Untersuchungen konstruiert worden (TEUPSER und ULLMANN 1964, MALISCHEWSKY u.a., 1970). Dieselben Erkenntnisse wurden dann auch bei der Konstruktion der kurzperiodischen Geräte VSJ-II und HSJ-II (TEUPSER, 1971) und des mechanischen Empfängers des elektronischen Dreikomponentenseismographen EDS 1 (TEUPSER und UNTERREITMEIER, 1977) angewandt. Die wesentlichen Parameter der Geräte sind Tab. 4.5 zu entnehmen.

Der mechanische Empfänger HSJ-I (s. Abb. 4.10) ist nach dem Prinzip des Horizontalseismographen konstruiert. Die Eigenperiode wird durch die Neigung der nahezu vertikal stehenden Drehachse mit Hilfe der Fußschraube in der Nähe der Magnetsysteme eingestellt. Mit den anderen beiden Fußschrauben erfolgt die Korrektur des Nullpunktes. Das Gehänge hängt an zwei dünnen Blattfedern und einer Stahlsaite, deren Spannung so eingestellt ist, daß sie die in Richtung der Drehachse weisende Komponente der Führungskräfte aufnimmt Dadurch verteilt sich die zur Drehachse orthogonale Kraftkomponente als Zugkraft auf die beiden Blattfedern. Die beiden elektromechanischen Wandler sind symmetrisch zum Gestell angeordnet, sie bestehen aus je einem gestellfesten Ringspaltmagneten und je einer gehängefesten Tauchspule. Die eine Spule wird zur Registrierung, die andere zur zusätzlichen Dämpfung benutzt; über diese können dem mechanischen Empfänger auch Eichimpulse erteilt werden. Die Registrierung erfolgt entweder mit einem kurzperiodischen (Typ B) oder einem langperiodischen (Typ C) Galvanometer.

Der kurzperiodische Horizontalseismograph HSJ-II ist ganz ähnlich konstruiert wie der HSJ-I. Es werden hier allerdings stärkere Blattfedern verwendet, um die kurzen

Tabelle 4.5. Geräteparameter von Seismographen der DDR

	HSJ-I	VSJ-I	HSJ-II	VSJ-II	EDS 1
Eigenperiode T_s (s)	10–30	10–30	0,5–2	0,5–2	5–15
Reduzierte Pendellänge l (cm)	50	48	7,9	7,8	14,4
Trägheitsmoment (kg m²)	1,1	1,0	0,02	0,02	0,015
Mechanisches Moment (kg m)	2,2	2,1	0,26	0,26	0,11
$D_{s\max}/T_s$ (s^{-1})	0,1	0,1	1,2	2,0	0,15

Abb. 4.10. Horizontalseismograph HSJ-I (Originalgröße 105×55×55 cm)

Eigenperioden zu erhalten. Da die Änderung der Eigenperiode durch Neigungsänderungen gering ist, müssen die Blattfedern unter Umständen gewechselt werden.

Beim langperiodischen Vertikalseismographen VSJ-I greift die Schraubenfeder am horizontalen Gehänge an. Das obere Ende befindet sich etwa vertikal über der horizontalen Drehachse. Auch diese wird durch ein nur auf Zug beanspruchtes Blattfederpaar gebildet. An den Enden der Schraubenfeder befinden sich verstellbare Zusatzstücke, um die Vorspannung der Gesamtanordnung genau auf die „Nullfederlänge" einzustellen. Die beiden Aufhängepunkte der Schraubenfeder können mit Feingetrieben in vertikaler Richtung verstellt werden. Bei einer Verschiebung des gestellfesten Aufhängepunktes ändert sich der Winkel γ und damit die Eigenperiode kaum. Es kann damit die Gleichgewichtslage grob reguliert werden. Die Eigenperiode wird durch Verschiebung des gehängefesten Aufhängepunktes eingestellt. Zur Feinregulierung der Gleichgewichtslage dient noch ein verstellbarer Reiter auf dem Gehängebalken. Die elektromechanischen Wandler sind wieder symmetrisch zum Gehänge angebracht.

Abb. 4.11. Vertikalseismograph VSJ-II (Originalgröße 44×42×31 cm)

Der kurzperiodische Vertikalseismograph VSJ-II (s. Abb. 4.11) wurde etwas abweichend konstruiert, indem die Schraubenfeder auf der anderen Seite von der Drehachse angreift. Hier konnte auch auf Zusatzstücke zur Kompensation der Nullfederlänge verzichtet werden. Zur Verstellung der Eigenperiode und der Gleichgewichtslage kann der gestellfeste Aufhängepunkt in horizontaler bzw. vertikaler Richtung bewegt werden. Bei großen Änderungen ist darauf zu achten, daß der Anstellwinkel der Blattfedern in der Drehachse ebenfalls korrigiert werden muß. Dieser Anstellwinkel ist richtig eingestellt, wenn die Abhängigkeit der Eigenperiode für verschiedene Gleichgewichtslagen symmetrisch zur Nullage ist. Bei diesem Gerät wurde auch nur ein elektromechanischer Wandler verwendet, der mit zwei Wicklungen versehen ist.

Der mechanische Empfänger EDS 1 (s. Abb. 4.12) ist nach dem in Abschnitt 4.2.1.

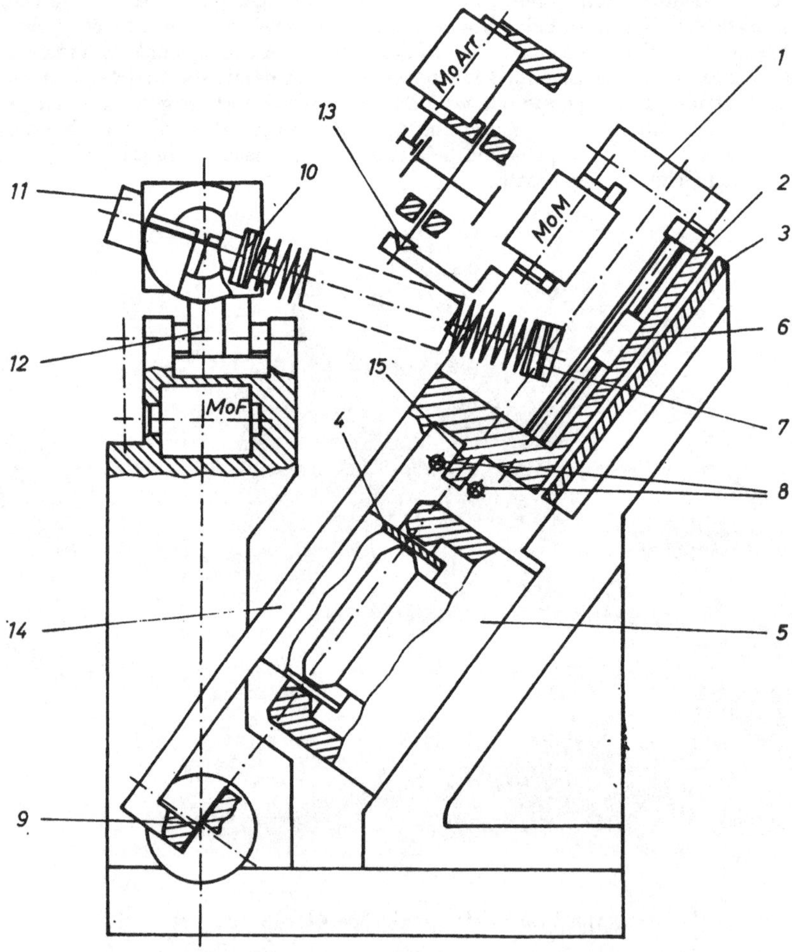

Abb. 4.12. Einzelkomponente EDS 1 (schematisch) (Originalgröße 16×7×19 cm)
1 – Hauptmasse, *2* – bewegliche Kondensatorplatte, *3* – feste Kondensatorplatte, *4* – Tauchspule, *5* – Permanentmagnet, *6* – Zusatzmasse, *7* – gehängefeste Aufhängung, *8* – Ausschlagbegrenzung, *9* – Drehgelenk, *10* – gestellfeste Aufhängung, *11* – Einstellung der Zusatzlänge, *12* – Verstellung der gestellfesten Aufhängung, *13* – Arretierung, *14* – Gehängearm, *15* – Stift für Ausschlagbegrenzung

beschriebenen Prinzip des geneigten Vertikalseismographen konstruiert. Gleichgewichtslage und Eigenperiode können durch Verschiebung des gestellfesten Federangriffspunktes und eines kleinen Zusatzgewichtes in der Gehängemasse verändert werden. Diese Verstellmechanismen werden über kleine Motore gesteuert. Mit Hilfe eines dritten kann eine Arretierung des Gehänges während des Betriebes erfolgen. Die Auslenkungen der Masse werden mit einem kapazitiven Wandler, der eine frequenzmodulierte Schwingung im Telefoniebereich liefert, gemessen (Unterreitmeier, 1975). Die Rückkopplung erfolgt auf ein Tauchspul-Magnetsystem. Eingebaut ist ein 1000-s-Tiefpaß zur Stabilisierung, weitere Netzwerke können in der Bedieneinheit untergebracht werden. Diese enthält alle Steuerelemente. Mit Hilfe einer Gegenstelle ist Fernübertragung auf Postleitungen möglich. Ein Konverter, der die frequenzmodulierten Signale direkt in digitale umwandelt, wurde entwickelt, so daß ein 16-bit-Wort zur sorfortigen Eingabe in einen Rechner zur Verfügung steht.

4.6. Seismographen für Sonderzwecke

4.6.1. Mobile Apparaturen

Zur Untersuchung von lokalen seismischen Ereignissen, wie Mikroerdbeben, induzierten seismischen Ereignissen, des seismischen Störpegels oder auch für tiefenseismische Messungen wurden transportable Apparaturen entwickelt. Sie besitzen meist seismische Empfänger von etwa 1 Hz Eigenfrequenz. Häufig werden Magnetbandapparaturen eingesetzt mit FM-Modulation (Mereu und Kovach, 1970, Long, 1974), wobei durch Frequenz-Multiplex-Modulation auch 4 Kanäle auf einem einspurigen Band untergebracht werden (Berckhemer, 1970). Auch fotooptisch registrierende Geräte sind für einen langen automatischen Betrieb bis zu 30 Tagen einsetzbar (Lehner und Press, 1966). Hierbei wird auf 70 mm Film in 48 Spuren registriert.

In der DDR wurde ebenfalls eine mobile digital registrierende Apparatur entwickelt. Dabei können mehrere Stationen zu einem kleinen Array zusammengeschaltet werden (Hurtig u.a., 1980).

4.6.2. Strong-Motion-Seismographen

Die Messung der Bodenbewegung in Herdgebieten erfordert robuste Geräte, die möglichst nur während des Erdbebens registrieren. Die Geräte müssen billig sein, da damit ganze Netze aufgebaut werden (Porcella, 1978). Einfache Geräte sind die konischen Pendel, die die horizontale Bodenbewegung auf eine berußte Glasplatte schreiben (Medvedev, 1956, Cloud und Hudson, 1961). Als Besonderheit besitzt das US-amerikanische Gerät bei einer Eigenperiode von 0,75 s nur eine Dämpfung von 0,1. Es wird nur ein Punkt des Verrückungsspektrums bestimmt (Hudson und Cloud, 1967). Die meisten

Geräte arbeiten aber als Beschleunigungsmesser und sind auf Eigenfrequenzen von 20 bis 30 Hz abgestimmt. Maximale Beschleunigungen von 1 bis 2 g können aufgezeichnet werden, damit sind die Geräte für Erdbebengebiete bis zur Intensität 10 vorgesehen. Ein Vergleich von einigen US-amerikanischen Geräten wird von Eisenberg und McEvilly (1971) durchgeführt. In der UdSSR werden vor allem galvanometrisch registrierende Geräte eingesetzt (Borisevič u.a., 1974). Sie sind ausführlich bei Aranovič u.a. (1974) beschrieben, wobei auch auf ein Gerät mit piezoelektrischem Wandler eingegangen wird. Die Registrierung wird oft durch das Erdbeben selbst, z.B. durch einen Pendelkontakt, ausgelöst.

Auch digitale Geräte werden für Strong-Motion-Registrierungen eingesetzt; sie haben aber den Nachteil, daß die Aufzeichnung nicht sofort sichtbar ist (Hudson, 1977).

4.6.3. Bohrlochseismographen

Die Abhängigkeit des Störpegels und des Signal-Störpegelverhältnisses mit der Tiefe wurde zunächst mit kurzperiodischen Bohrlochseismographen untersucht (Lynn, 1963, Broding u.a., 1964). Ein in der DDR konstruiertes Gerät war für Tiefen bis zu 5000 m einsetzbar (Harwardt, 1973). Es wurden dann auch langperiodische Geräte bekannt (Melton und Kirkpatrick, 1970), insbesondere sind die SRO-Geräte in Bohrlöchern eingesetzt. Sehr störend ist bei langperiodischen Geräten die große Abhängigkeit der Eigenperiode von der Neigung bei Horizontalseismographen, daher wurde von einer japanischen Gruppe 1979 dafür ein vertikal hängendes Pendel mit Federastasierung (Romberg, 1961) vorgeschlagen.

4.6.4. Tiefseeseismographen

Schon vor dem zweiten Weltkrieg wurden Tiefseeseismographen vorgeschlagen, um sprengseismische Methoden am Ozeanboden einzusetzen (Ewing und Vine, 1938). Im weiteren wurden derartige Untersuchungen entweder mit abgeschlossenen oder fernübertragenden Systemen durchgeführt. Bei den abgeschlossenen Systemen wird das gesamte Meßsystem einschließlich der Registriereinrichtungen abgesenkt. Das System legt den letzten Teil des Weges zum Ozeanboden im freien Fall zurück, wobei sich eine Spitze in den Boden eingräbt (Ewing und Ewing, 1961) oder ein Fuß auf dem Boden aufstellt (Sutton u.a., 1965). Nach Lösen des Fußes oder eines Ballastes steigt das Gerät wieder auf und wird durch Radiosignale, Lichtblitz oder Farbflecke wiedergefunden (Carmichael u.a., 1973). Die Registrierung erfolgt auf Film (Kishinouye u.a., 1963) oder Magnetband, wobei ereignisselektive Aufzeichnung mit einer Zeitverzögerung vorzuziehen ist (Prothero, 1974). Während die meisten Systeme nur Geräte mit Eigenfrequenzen von etwa 1 s besitzen, wurde auch ein System mit langperiodischen Seismographen entwickelt (Sutton u.a., 1965). Letzteres soll sogar über ein Jahr als seismisches Unterwasserobservatorium eingesetzt werden können. Es ist mit der Küstenstation durch ein Kabel verbunden. Da Kabelverbindungen oft Störungen hervorrufen können und die Ergebnisse der abgeschlossenen Systeme erst nach dem Wiederauftauchen zur Verfügung stehen, wurden fernübertragende Systeme mit Hilfe von Ultraschall entwickelt, mit denen auch Kommandos zur Meßkapsel gesendet werden können (Thanos und Hubbard, 1966). Derartige Stationen können in Tiefen bis über 5000 m aufgestellt werden.

4.6.5. Extraterrestrische Seismographen

Nachdem bereits für das Ranger- und das Surveyor-Programm Seismographenentwicklungen durchgeführt waren (Lehner u.a., 1962, Sutton und Latham, 1964, Sutton, 1967), wurden, beginnend mit Apollo 11, Seismographensysteme erstmalig auf dem Mond aufgestellt. Sie bestehen aus einem 3-Komponenten-Satz langperiodischer Seismographen mit einer Eigenperiode von 15 s (Sutton und Latham, 1964) und einem 1-Hz-Vertikalseismographen (Latham u.a., 1969). Die langperiodischen Geräte konnten im Breitbandbetrieb Bodenbewegungen von 0,3 nm weitermelden (Latham u.a., 1972). Meistens arbeiteten diese Geräte aber im Schmalbandbetrieb (Toksöz u.a., 1974). Durch eine starke Gegenkopplung wirkten sie wie ein ungedämpfter Seismograph mit 2,2 s Eigenperiode und einer 6mal höheren Spitzenvergrößerung. Ebenso hoch war die Spitzenvergrößerung des kurzperiodischen Seismographen, die bei 10 Hz erreicht wurde, während sie bei 1 Hz das Niveau der Breitbandvergrößerung besaß. Dem Seismographensystem konnten über 15 Kommandos von der Erde aus erteilt werden. Die Datenübertragung erfolgte digital mit 1060 bit/s. Das Gewicht des Systems betrug 11,5 kg. Das Seismographensystem wurde von den Astronauten aufgestellt. In Ergänzung zu diesen sog. passiven Experimenten wurden auch aktive Experimente durch Vermessung eines Profils durchgeführt, wozu Geophone mit einer Eigenfrequenz von 7,5 Hz eingesetzt waren (Kovach u.a., 1973).

Ein völlig automatisches System war in den beiden Viking-Sonden zur Untersuchung des Mars untergebracht (Anderson u.a., 1977). Die Eigenperiode aller 3 Komponenten wurde zu 4 Hz gewählt, damit trotz einer Neigung der Sonde nach der Landung bis 15° keine mechanische Nullpunktkorrektur erforderlich war. Das Auflösungsvermögen war 2 nm Bodenamplitude bei 3 Hz und 10 nm bei 1 Hz.

4.7. Literatur

AGNEW, D. C.; BERGER, J.: Vertical seismic noise at very low frequencies. J. Geophys. Res. **83** (1978), 5420–5424.

AGNEW, D. C.; BERGER, J.; BULAND, R.; FARRELL, W.; GILBERT, F.: International deployment of accelerometers: A network for very long period seismology. EOS. Trans. Am. Geophys. Un. **57** (1976), 180–188.

ANDERSON, D. L.; MILLER, W. F.; LATHAM, G. V.; NAKAMURA, Y.; TOKSÖZ, M. N.; DAINTY, A. M.; DUENNEBIER, F. K.; LAZAREWICZ, A. R.; KOVACH, R. L.; KNIGHT, T. C. D.: Seismology on Mars. J. Geophys. Res. **82** (1977), 4524–4546.

ARANOVIČ, Z. I.; KIRNOS, D. P.; FREMD, V. M.: Apparatura i metodika sejsmometričeskich nabljudenij v SSSR. NAUKA, Moskva 1974.

ARANOVIČ, Z. I.; MELAMUD, A. J.; NEGREBECKIJ, S. A.: Impul'snaja kalibrovka sejsmometričeskich kanalov s bol' šim dinamičeskim diapazom. Fizika Zemli (1981) 12, 92–94.

ARANOVICH, Z. I.; KORCHAGINA, O. A.; TOBYÁŠ, V.: A proposition of the standardization of amplitude characteristics of short-period highly sensitive seismographs. Studia geophys. geod. **12** (1968), 38–49.

BENIOFF, H.: A new vertical seismograph. Bull. Seism. Soc. Am. **22** (1932), 155–169.

BENIOFF, H.: A linear strain seismograph. Bull. Seis. Soc. Am. **25** (1935), 283–309.

BENIOFF, H.: Fused-quartz extensometer for secular, tidal, and seismic strains. Bull. Geol. Soc. Am. **70** (1959), 1019–1032.

BERCKHEMER, H.: Mars 66. Eine Magnetbandapparatur für seismische Tiefensondierung. Z. Geophys. **36** (1970), 501–518.

BERGER, J.; AGNEW, D. C.; PARKER, R. L.; FARRELL, W. F.: Seismic system calibration: 2. Cross-spectral calibration using random binary signals. Bull. Seism. Soc. Am. **69** (1979), 271–288.

BERLAGE, H. P.: Seismometer. Handbuch der Geophysik IV. Gebr. Borntraeger, Berlin 1932; S. 299–526.

BISZTRICSANY, E.; HETESI, L.; SZABO, I.; SZEIDOVITZ, G.: Seismological telemetry network in Hungary. Acta Geodaet., Geophys. et Montanist. Acad. Sci. Hung. **16** (1981) 2–4, 435–441.

BORISEVIČ, E. S.; KIRNOS, D. P.; FREMD, V. M.; CHARIN, D. A.: Pribory dlja registracii sil'nych zemletrjasenij. Fizika Zemli (1974) 10, 127–136.

BORMANN, P.: Registrierung und Auswertung seismischer Ereignisse. Veröff. Inst. Geodyn. (1966) 1, 158 S.

BOURGEOIS, L.; BUIST, M.: An automatic spot-brightness control for photographic recorders. Bull. Seism. Soc. Am. **57** (1967), 817–820.

BRODING, R. A.; BENTLEY-LLEWELLYN, J. J.; HEARN, D. P.: Study of a three-dimensional seismic detection system. Geophysics **29** (1964), 221–249.

BURKE, M. D.; KANASEWICH, E. R.; MALINSKY, J. D.; MONTALBETTI, J. F.: A wide-band digital seismograph system. Bull. Seism. Soc. Am. **60** (1970), 1417–1426.

CARDER, D. S.: The requirements of a high-sensitive seismograph station. VESIAC State-of-the-Art Report 4410–63–x (1963), 72 S.

CARMICHAEL, D.; CARPENTER, G.; HUBBARD, A.; MCCAMY, K.; MCDONALD, W.: A recording ocean bottom seismograph. J. Geophys. Res. **78** (1973), 8748–8750.

CLOUD, W. K.; HUDSON, D. E.: A simplified instrument for recording strong motion earthquakes. Bull. Seism. Soc. Am. **51** (1961), 159–174.

DERR, J. S.: Seismic data flow at the national earthquake information service. Publ. Inst. Geophys., Pol. Acad. Sci. **A-6 (117)** (1977), 51–55.

EISENBERG, A.; MCEVILLY, T. V.: Comparison of some widely-used strong-motion earthquake accelerometers. Bull. Seism. Soc. Am. **61** (1971), 383–398.

EWING, J.; EWING, M.: A telemetering ocean-bottom seismograph. J. Geophys. Res. **66** (1961), 3863–3878.

EWING, M.; VINE, A.: Deep-sea measurements without wires or cables. Trans. Am. Geophys. Un. (1938), 248–251.

FARRELL, W. E.; BERGER, J.: Seismic system calibration: 1. Parametric models. Bull. Seism. Soc. Am. **69** (1979), 251–270.

FIX, J. E.: Ambient earth motion in the period range from 0.1 to 2560 sec. Bull. Seism. Soc. Am. **62** (1972), 1753–1760.

GALITZIN, B.: Vorlesungen über Seismometrie. B. G. Teubner, Leipzig, Berlin 1914.

GASSMANN, F.: Über mechanische Empfänger von Seismographen und Schwingungsmessern mit einem Freiheitsgrad. Archiv für Meteorologie, Geophysik u. Bioklimatologie, Serie A, Meteorol. u. Geophys. **3** (1951), 408–422.

GERSHANIK, S.; GERSHANIK, C.: Determination of Seismograph constants from the calibration curve. Bull. Seism. Soc. Am. **71** (1981) 2, 531–540.

HARJES, H.-P.: Acquisition of digital seismological data at the Gräfenberg (GRF) array. Veröff. Zentralinst. Phys. d. Erde (1975) 31/2, 545–550.

HARJES, H.-P.; HENGER, M.: Array-Seismology. Z. Geophys. **39** (1973), 865–905.

HARWARDT, H.: Fortlaufende Fernregistrierung von Bodendeformationen durch ein Invardraht-Extensometer. Freiberger Forschungshefte C 203 (1967), 48 S.

HARWARDT, H.: Meßeinrichtung für Mikroseismikbeobachtungen in Tiefbohrungen. Pure appl. Geophys. **103** (1973 II), 243–258.

HIERSEMANN, L.: Fortlaufende Aufzeichnung von Bodenbewegungen durch ein Strainseismometer. Freiberger Forschungshefte C 135 (1962), 81 S.

HOFFMANN, J. P.: The global digital seismograph network-day tape. United States Department of Interior, Geological Survey, Open-file Report 80–289 (1980).

HUDSON, D. E.: Strong motion seismology. Bull. New Zealand Nat. Soc. Earthquake Engineering **10** (1977), 133–120.

HUDSON, D. E.; CLOUD, W. K.: An analysis of seismoscope data from the Parkfield earthquake of June 27, 1966. Bull. Seism. Soc. Am. **57** (1967), 1143–1159.

HURTIG, E.; TEUPSER, CH.; WOLTER, J.; STRAUCH, W.; PÖHL, J.; BRIBACH, J.; UNTERREITMEIER, E.: Das seismologische Stationsnetz der DDR. Gerlands Beitr. Geophys. **89** (1980), 205–209.

KAISER, H.: Theorie der photographischen Registrierung. Z. Techn. Phys. **16** (1935), 303–314.

KANASEWICH, E. R.; SIEWERT, W. P.; BURKE, M. D.; MCCLOUGHAN, C. H.; RAMSDELL, L.: Gain-ranging analog or digital seismic system. Bull. Seism. Soc. Am. **64** (1974), 103–113.

KISHINOUYE, F.; YAMAZAKI, Y.; KOBAYASHI, H.; KORESAWA, S.: A submarine seismograph; the first paper. Bull. Earth. Res. Inst. **41** (1963), 819–824.

KNOTHE, CH.: Verbesserte Auswertung tiefenseismischer Beobachtungen durch Verwendung von Mehrkomponenten-Stationen. Freiberger Forschungshefte C 149 (1963), 53 S.

KOVACH, R. L.; WATKINS, J. S.; TALWANI, P.: Lunar seismic profiling experiment. Apollo 17 preliminary science report. NASA Spec. Publ. SP-333 sect. 10, 1973, 1–12.

LACOSTE, L. J. B.: A new type long period vertical seismograph. Physics **5** (1934), 178–180.

LATHAM, G.; EWING, M.; PRESS, F.; SUTTON, G.: The Apollo passive seismic experiment. Science (1969) 165, 241–250.

LATHAM, G. V.; EWING, M.; PRESS, F.: Passive seismic experiment. NASA Spec. Publ. SP-289 sect. 8, 1972, 1–25.

LEHNER, F. E.; PRESS, F.: A mobile seismograph array. Bull. Seism. Soc. Am. **56** (1966), 889–897.

LEHNER, F. E.; WITT, E. O.; MILLER, W.; GURNEY, R. D.: A seismograph for Lunar experiment. J. Geophys. Res. **67** (1962), 4779–4786.

LONG, R. E.: A compact portable seismic recorder. Geophys. J. R. astron. Soc. **37** (1974), 91–98.

LYNN, R. D.: A low-frequency geophone for borehole use. Geophysics **28** (1963), 14–19.

MAAZ, R.: Zur Bestimmung der Shida'schen Zahl aus Extensometeraufzeichnungen. Bull. Inform. Marées Terrestres **39** (1965), 1402–1437.

MAJOR, M. W.; SUTTON, G. H.; OLIVER, J.; METSGER, R.: On elastic strain of the Earth in the period range 5 seconds to 100 hours. Bull. Seism. Soc. Am. **54** (1964), 295–346.

MALISCHEWSKY, P.; TEUPSER, CH.; ULLMANN, W.: Der Vertikalseismograph unter besonderer Berücksichtigung des Typs VSJ-I. Veröff. Inst. Geodynamik Jena (1970) 15, 77 S.

MEDVEDEV, S. V.: Sejsmometr dlja opredelenija ball'nosti zemletrjasenij. Trudy geofizičeskogo instituta **36** (163) (1956), 127–133.

MEISSER, O.: Zur photographischen Registrierung von Stationsseismometern. Z. Geophys. **10** (1934), 259–265.

MELTON, B. S.: The sensitivity and dynamic range of inertial seismographs. Rev. Geophys. Space Phys. **14** (1976) 1, 93–116.

MELTON, B. S.; KIRKPATRICK, B. M.: The symmetrical triaxial seismometer – its design for application to long-period seismometry. Bull. Seism. Soc. Am. **60** (1970), 717–739.

MEREU, R. F.; KOVACH, R. J.: A portable inexpensive seismic system for crustal studies. Bull. Seism. Soc. Am. **60** (1970) 1607–1614.

MITCHELL, B. J.; LANDISMAN, M.: Electromagnetic seismograph constants by least-squares inversion. Bull. Seism. Soc. Am. **59** (1969), 1335–1348.

MOLNAR, P.; SAVINO, J.; SYKES, L. R.: Small earthquakes and explosions in western north America recorded by new high gain, long period seismographs. Nature **224** (1969) 5226, 1268–1273.

MURPHY, A. J.; SAVINO, J.; RYNN, J. M. W.; CHOY, G. L.; MCCAMY, K.: Observations of long-period (10–100 sec) seismic noise at several worldwide locations. J. Geophys. Res. **77** (1972), 5042–5049.

OLIVER, J.; MURPHY, L.; WWSSN: Seismology's global network of observing stations. Science **174** (1971), 254–261.

OMER, G. C.: Differential-motion seismographs. Bull..Seism. Soc. Am. **37** (1947), 197–215.

PETERSON, J.; BUTLER, H. M.; HOLCOMB, L. G.; HUTT, C. R.: The seismic research observatory. Bull. Seism. Soc. Am. **66** (1976), 2049–2068.

PETERSON, J.; ORSINI, N. A.: Seismic Research Observatories: Upgrading the worldwide seismic data network. EOS. Trans. Am. Geophys. Un. **57** (1976), 548–556.

PLEŠINGER, A.: Entwurf von photoelektrischen Rückkopplungsverstärkern mit vorgeschriebenen Übertragungseigenschaften. Studia geophys et geod. **12** (1968), 50–55.

PLEŠINGER, A.: Synthesis of feedback controlled broadband modifications of conventional seismograph systems. Z. Geophys. **39** (1973), 573–596.

PLEŠINGER, A.; WIELANDT, E.: Seismic noise at 2 Hz in Europe. J. Geophys. **40** (1974), 131–136.

PLEŠINGER, A.; HORÁLEK, J.: The seismic broadband recording and data processing system FBV/DPS and its seismological applications. J. Geophys. **42** (1976), 201–217.

POMEROY, P. W.; HADE, G.; SAVINO, J.; CHANDER, R.: Preliminary results from high-gain wide-band long-period electromagnetic seismograph systems. J. Geophys. Res. **74** (1969), 3295–3298.

PORCELLA, R. L.: Strong-motion instrumentation in the central and eastern United States. Earthqu. Notes **49** (1978), 3–14.

PRESS, F.; EWING, M.; LEHNER, F.: A long-period seismograph system. Trans. Am. Geophys. Un. **39** (1958), 106–108.

PROTHERO, W. A.: An ocean bottom seismometer capsule. Bull. Seism. Soc. Am. **64** (1974), 1251–1262.

ROMBERG, F. E.: An oscillating system for a long-period seismometer for horizontal motion. Bull. Seism. Soc. Am. **51** (1961), 373–379.

SAVINO, J.; MCCAMY, K.; HADE, G.: Structures in earth noise beyond twenty seconds – a window for earthquakes. Bull. Seism. Soc. Am. **62** (1972a), 141–176.

SAVINO, J. M.; MURPHY, A. J.; RYNN, J. M. W.; TATHAM, R.; SYKES, L. R.; CHOY, G. L.; MCCAMY, K.: Results from the high-gain long-period seismograph experiment. Geophys. J. R. astron. Soc. **31** (1972b), 179–203.

SAWARENSKI, E. F.; KIRNOS, D. P.: Elemente der Seismologie und Seismometrie. Akademie-Verlag, Berlin 1960.

STILLER, H.; SPONHEUER, W.; TEUPSER, CH.: Der Strainseismograph der seismologischen Station Moxa. Proc. 10. Assembly ESC, Leningrad 1968: Tom 2. Moskau 1970, 463–471.

SUTTON, G. H.: Surveyor seismograph experiment. J. Geophys. Res. **72** (1967), 841–844.

SUTTON, G. H.; LATHAM, G. V.: Analysis of a feedback-controlled seismometer. J. Geophys. Res. **69** (1964), 3865–3882.

SUTTON, G. H.; MCDONALD, W. G.; PRENTISS, D. D.: Ocean-bottom seismic observatories. Proc. of the IEEE **53** (1965), 1909–1921.

TEUPSER, CH.: Der Rückwirkungsfaktor bei elektrodynamischen Erschütterungsmessern. Freiberger Forschungshefte C 51 (1958), 64 S.

TEUPSER, CH.: Empfindlichkeitsregler für elektrodynamische Seismographen. Gerlands Beitr. Geophys. **68** (1959), 90–103.

TEUPSER, CH.: Zur Abstimmung und Eichung von elektrodynamischen Verrückungsmessern. Gerlands Beitr. Geophys. **69** (1960), 269–289.

TEUPSER, CH.: Die Eichung und Prüfung von elektrodynamischen Seismographen. Freiberger Forschungsheft C 130 (1962a), 103 S.

TEUPSER, CH.: Die Eichung von elektrodynamischen Verrückungsmessern mit Hilfe von Testversuchen. Veröff. Inst. Bodendynamik u. Erdbebenf. (1962b) 72, 93–119.

TEUPSER, CH.: Ein verstärkerloser Seismograph mit millionenfacher Vergrößerung. Gerlands Beitr. Geophys. **79** (1970), 16–22.

TEUPSER, CH.: Die kurzperiodischen Seismographen Typ VSJ-II und HSJ-II. Veröff. Zentralinst. Phys. d. Erde (1971) 12, 59 S.

TEUPSER, CH.; PLEŠINGER, A.: Design of feedback-controlled wide-band seismographs with respect to undesired sideeffects. Phys. Earth Planet. Inter. **18** (1979), 58–63.

TEUPSER, CH.; ULLMANN, W.: Ein neuer Vertikalseismograph mit galvanometrischer Registrierung. Z. Geophys. **29** (1963), 115–122.

TEUPSER, CH.; ULLMANN, W.: Der neue Jenaer Horizontalseismograph HSJ-I. Veröff. Inst. Bodendynamik u. Erdbebenf. (1964) 76, 147 S.

TEUPSER, CH.; UNTERREITMEIER, E.: Der elektronische Dreikomponentenseismograph EDS 1, Theorie, Aufbau und Wirkungsweise. Veröff. Zentralinst. Phys. d. Erde (1977) 51, 114 S.

THANOS, S. N.; HUBBARD, A. C.: Two-way hydroacoustic communications link for an ocean-bottom seismograph. IEEE Transactions on Geoscience Electronics GE-4 (1966) 1, 17–24.

TOBYÁŠ, V.: Partial and calibration constants of electromagnetic seismographs with standard type A characteristics. Geofysikální Sborník **21** (1973), 267–286.

TOBYÁŠ, V.: Constants of standard intermediate-period electromagnetic seismographs. Geofysikální Sborník **24** (1976), 211–230.

TOKSÖZ, M. N.; DAINTY, A. M.; SOLOMON, S. C.; ANDERSON, K. R.: Structure of the Moon, Rev. Geophys. Space Physics **12** (1974), 539–567.

ULLMANN, W.: Zur Klassifikation der Seismographen, Schwingungs- oder Erschütterungsmesser. Gerlands Beitr. Geophys. **65** (1956), 91–108.

ULLMANN, W.: Analytische Seismometrie. Veröff. Inst. Geodyn. A 16 (1971), 339 S.

UNTERREITMEIER, E.: Zur Erhöhung der Störfreiheit langperiodischer Seismographensysteme. Veröff. Zentralinst. Phys. d. Erde (1973) 25, 199 S.

UNTERREITMEIER, E.: Hochverstärkender langperiodischer elektronischer Seismograph an der Station Moxa. Veröff. Zentralinst. Phys. d. Erde (1975) 31/2, 495–503.

UNTERREITMEIER, E.; TEUPSER, CH.; BUDER, H.: Der elektronische Seismograph EDS 1. Gerlands Beitr. Geophys. **87** (1978), 441–454.

VALI, V.; BOSTROM, R. C.: One thousand meter laser interferometer. Rev. Sci. Instruments **39** (1968a), 1304–1306.

VALI, V.; BOSTROM, R. C.: The use of a laser extensometer to observe strain in a large ground sample. Bull. Géodésique (1968b) 88, 151–157.

VALI, V.; KROGSTAD, R. S.; MOSS, R. W.: Laser interferometers for earth strain measurements. Rev. Sci. Instruments **36** (1965), 1352–1355.

VALI, V.; KROGSTAD, R. S.; MOSS, R. W.: Observation of earth tides using a laser interferometer. J. Appl. Phys. **37** (1966), 580–582.

WIECHERT, E.: Theorie der automatischen Seismographen. Abh. Kgl. Ges. d. Wiss. zu Göttingen, Math. Phys. Klasse, Neue Folge **2** (1903) 1, 128 S.

WILLMORE, P. L.: Manual of seismological observatory practice. World Data Center A for Solid Earth Geophysics, Report SE-20. Boulder, Colorado USA 1979.

5. Auswertung seismologischer Registrierungen[1])

5.1. Seismogrammstruktur und Ausbreitung seismischer Wellen in der Erde

Eine seismische Quelle (Bebenherd) regt Raumwellen (P- und S-Wellen) und Oberflächenwellen an. Beim Ausbreitungsvorgang werden die Wellen an den zahlreichen in der Erde vorhanden seismischen Grenzflächen (Diskontinuitäten) reflektiert und gebrochen. Es entsteht dadurch eine große Vielfalt von Wellen, die sich auf verschiedenen Laufwegen und mit unterschiedlichen Fortpflanzungsgeschwindigkeiten ausbreiten und somit zu verschiedenen Zeiten an dem Registrierort eintreffen. Aus der Überlagerung der einzelnen Wellen entsteht ein kontinuierlicher Schwingungszug, der von einem Seismometer an einer Registrierstation aufgezeichnet wird (Seismogramm). Die richtige Identifizierung und Interpretation der einzelnen in einem Seismogramm beobachtbaren Welleneinsätze ist die entscheidende Voraussetzung für die Ableitung von Aussagen über den Aufbau des Erdinnern und über Vorgänge im Bebenherd.

Welche Wellen (Phasen) in einem Seismogramm auftreten können und identifizierbar sind, hängt vom Herdmechanismus, von der Herdtiefe, vor allem aber von der Entfernung zwischen dem Herd und der Registrierstation ab. Bei geringen Entfernungen werden solche Wellen registriert, die sich nur durch die Erdkruste und den obersten Teil des oberen Erdmantels fortpflanzen. Wellen von weit entfernten Bebenherden können dagegen das tiefe Erdinnere oder den ganzen Erdkörper durchlaufen.

Es ist daher zweckmäßig, die Seismogrammstruktur und die auftretenden Phasen für einzelne Entfernungsbereiche und Entstehungsbedingungen getrennt zu behandeln.

Nahbebenbereich (bis 1000 km)

Bei Entfernungen zwischen dem Erdbebenherd und der Registrierstation bis zu etwa 1000 km breiten sich die Erdbebenwellen fast ausschließlich in

---

1) Autoren: E. Hurtig, G. Kowalle unter Mitwirkung von K. Klinge, W. Strauch und K. Wylegalla.

den strukturell und stofflich sehr inhomogenen Bereichen der Erdkruste und des oberen Erdmantels aus

Die typische Seismogrammstruktur von Nahbebenseismogrammen ist in Abb. 5.1 dargestellt. Zwei Wellengruppen heben sich besonders deutlich heraus: eine P-Welle als erster Einsatz und eine S-Welle (S_g-Welle) mit großen Amplituden. Infolge der geringeren S-Wellengeschwindigkeit wird die Zeitdifferenz zwischen dem ersten Einsatz der P-Welle und dem Einsatz der S-Wellen mit zunehmender Herdentfernung größer.

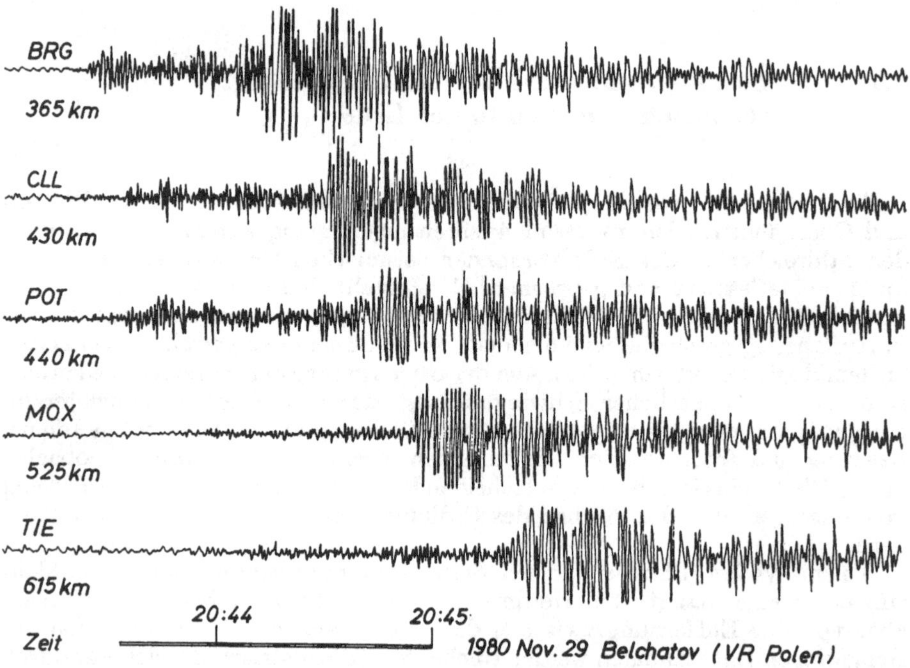

Abb. 5.1. Nahbebenseismogramme: Aufzeichnungen eines induzierten seismischen Ereignisses im Bereich des Braunkohlentagebaues bei Belchatov (VR Polen) am seismologischen Stationsnetz der DDR.
(BRG: Berggießhübel; CLL: Collmberg; MOX: Moxa; POT: Potsdam; TIE: Tiefenort)

Neben natürlichen seismischen Ereignissen (Erdbeben) wird aus dem Nahbereich einer Station eine Vielzahl von Sprengungen (Steinbruchsprengungen, industrielle Sprengungen) registriert, deren Unterscheidung von natürlichen tektonischen Erdbeben bzw. von induzierten seismischen Ereignissen (s. Kapitel 9) teilweise sehr schwierig ist. Betrachtet man die Gesamtzahl aller registrierten seismischen Ereignisse, so läßt sich ein deutlicher Tagesgang feststellen, da Steinbruchsprengungen und andere industrielle Sprengungen vorwiegend am Tag durchgeführt werden (s. Abb. 5.2).

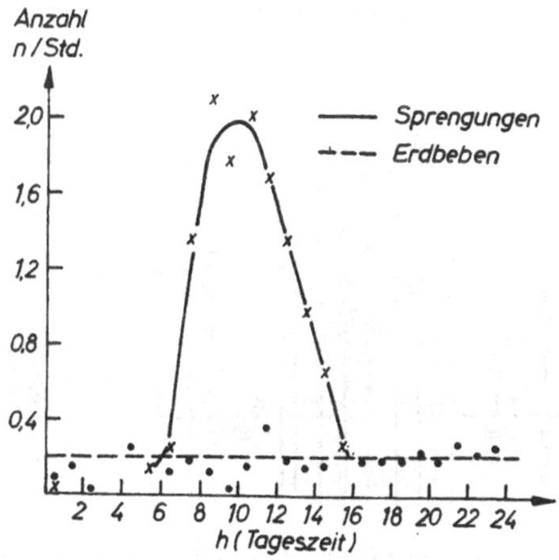

Abb. 5.2. Täglicher Gang der Anzahl registrierter Erdbeben und naher Steinbruchsprengungen an der Station Moxa (MOX) (Mai 1982)

Registriert man Nahbeben oder Sprengungen in unterschiedlichen Entfernungen und trägt die Seismogramme entfernungsabhängig auf, so erhält man Seismogrammontagen, aus denen die Laufzeitkurven der einzelnen Wellen bestimmt werden können.

Zur besseren Auswertung werden die Laufzeiten mit dem Faktor

$$\frac{x \text{ (Entfernung)}}{c \text{ (Geschwindigkeit)}}$$

reduziert.

Als Reduktionsgeschwindigkeit nimmt man vielfach 6 km/s, da die mittlere Fortpflanzungsgeschwindigkeit von P-Wellen in der oberen Erdkruste etwa diesen Wert hat.

In Abb. 5.3 ist eine Seismogrammontage in reduzierter Form dargestellt, in der die wichtigsten P-Wellen erkennbar sind.

Bis etwa 140 km Entfernung tritt eine Welle auf, die etwa parallel zur Nulllinie verläuft und damit eine mittlere Geschwindigkeit von 6 km/s hat. Diese Welle pflanzt sich durch den oberen granitischen Teil der Erdkruste fort. Man bezeichnet sie daher als P_g-Welle. Bei Entfernungen über 140 km tritt eine Welle als erster Einsatz auf, die eine deutlich höhere Fortpflanzungsgeschwindigkeit von etwa 8 km/s. hat. Man bezeichnet diese Welle als P_n-Welle. Ihr Auftreten markiert eine der wichtigsten weltweit beobachtbaren seismischen Grenzflächen in der Erde. Sie wird als Grenze zwischen der Erdkruste und dem oberen Erdmantel (Kruste-Mantel-Grenze) definiert und nach dem jugoslawischen Seismologen Mohorovičić als Mohorovičić-Diskontinuität bezeichnet.

Zeitlich nach den ersten Einsätzen der P_g- und P_n-Welle lassen sich weitere Welleneinsätze erkennen. Am deutlichsten ist die an der Kruste-Mantel-Grenze reflektierte Welle P_M. Weitere Einsätze (z.B. P_2 in Abb. 5.3) zeigen, daß innerhalb der Erdkruste noch mehrere seismische Grenzflächen auftreten können.

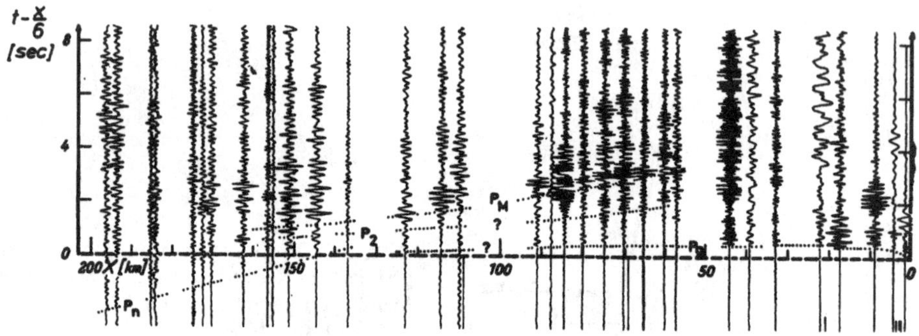

Abb. 5.3. Seismogrammontage des tiefenseismischen Profils Gersfeld (03-250) (Meissner u.a. 1976)

Die Wellen P_g, P_n und P_M (auch als P^MP bezeichnet) bilden die Grundlage für die Untersuchung des Aufbaues der Erdkruste. Die zugehörigen Transversalwellen S_g und S_n (s. z. B. Abb. 5.1) sind vor allem für die Ortung von Erdbebenherden wichtig (s. Kapitel 5.2).

Aus den beobachteten Laufzeitkurven der drei P-Wellen kann die Geschwindigkeits-Tiefenverteilung innerhalb der Kruste bestimmt werden, aus der sich Aussagen über die gesteinsmäßige Zusammensetzung der Erdkruste ableiten lassen (s. schematische Darstellung in Abb. 5.4).

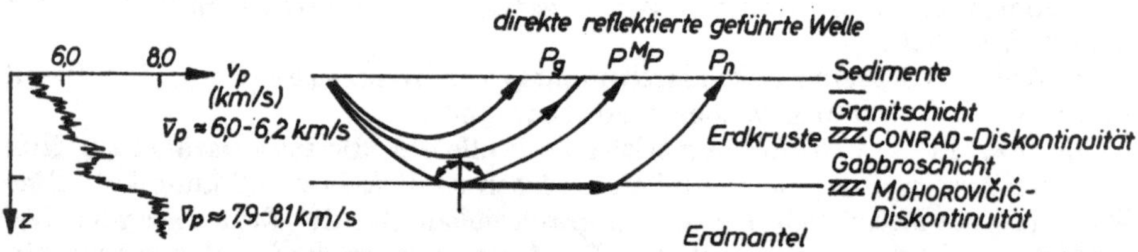

Abb. 5.4. Schematische Darstellung der Geschwindigkeitsstruktur der kontinentalen Erdkruste und zugeordnete charakteristische Wellenphasen

In unmittelbarer Nähe der Erdoberfläche lagern verschiedenmächtige Sedimente, die auf Grund ihrer unterschiedlichen petrographischen Ausbildung eine sehr heterogene Geschwindigkeitsstruktur aufweisen ($v_p \sim 4$ bis 6 km/s).

In einer Tiefe von wenigen Kilometern erhöht sich beim Übergang in das kristalline Grundgebirge in der Regel sprunghaft die P-Wellengeschwindigkeit auf $v_p = 5{,}8$ bis 6,1 km/s. Petrographisch dürfte es sich um saure kristalline Gesteine mit unterschiedlich intensiver metamorpher Überprägung (Gneise u.a.) handeln. Die historische Bezeichnung „Granitschicht" für diesen strukturell stark gegliederten Komplex orientiert sich formal an den für Granite gemessenen Wellenausbreitungsgeschwindigkeiten; sie ist aber sachlich nicht richtig.

Unterhalb dieser etwa 10 bis 20 km mächtigen Zone wachsen die seismischen Geschwindigkeiten (regional sehr unterschiedlich) auf Werte von 6,5 bis 6,8 km/s an, was dafür spricht, daß stärker basisches Material dioritischen bis noritischen Charakters vorherrscht. Die Bezeichnung Gabbro- (bzw. Basalt-) schicht für diesen Teil der Erdkruste ist ebenfalls unzutreffend. Bis zur Basis der Erdkruste in (regional unterschiedlich) 20 bis 70 km Tiefe steigt die P-Wellengeschwindigkeit v_p auf Werte von 7,0 bis 7,2 km/s an. An der Kruste-Mantel-Grenze (MOHOROVIČIĆ-Diskontinuität) erreicht die Geschwindigkeit Werte um 7,9 bis 8,1 km/s, die typisch für den oberen Erdmantel sind.

Fernbebenbereich ($\Delta = 10°$ bis $104°$)

Die Entfernungen zwischen dem Erdbebenherd und dem Registrierort sind so groß, daß eine Beschreibung und Interpretation der seismischen Wellen auf der Basis der Kugelgestalt der Erde erfolgen muß. Für die Verteilung der elastischen Eigenschaften im Erdinnern läßt sich daher in guter Näherung eine Kugelschalensymmetrie voraussetzen. Die an bestimmte Grenzflächen gebundenen Wellen treten weltweit auf, so daß die an den einzelnen Observatorien registrierten Seismogramme unter Beachtung der verschiedenen Ausbreitungsbedingungen miteinander vergleichbar werden.

In Epizentralentfernungen $> 10°$ treten die Phasen P und S als direkte Wellen auf. Diese können an der Erdoberfläche reflektiert werden, wobei sehr komplizierte Wellentypen entstehen. Bei einmaliger Reflexion ergeben sich Wellen vom Typ PP oder SS (s. Abb. 5.5) und Wechselwellen vom Typ PS oder SP.

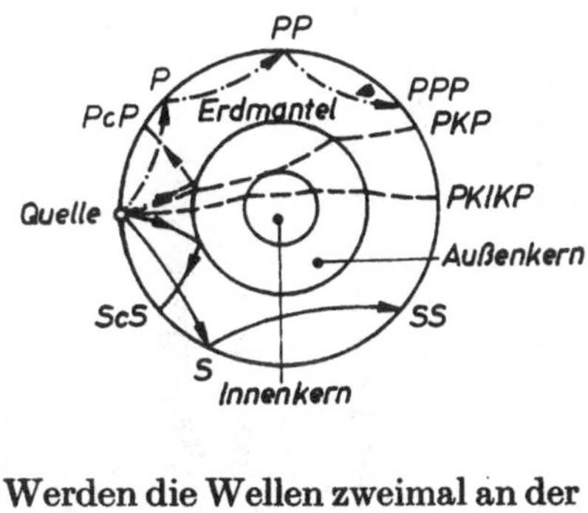

Abb. 5.5. Ausbreitung von Erdbebenwellen durch die Erde, Erläuterung der Bezeichnungen im Text

Werden die Wellen zweimal an der Erdoberfläche reflektiert, so treten bei einer ursprünglichen P-Welle PPP-, PPS-, PSP- und PSS-Wellen auf; bei einer primären S-Welle entstehen SSS-, SSP-, SPS- und SPP-Wellen. Wellen, die mehr als zweimal an der Erdoberfläche reflektiert werden, können zwar entstehen, werden aber infolge der auftretenden Energieverluste kaum beobachtet.

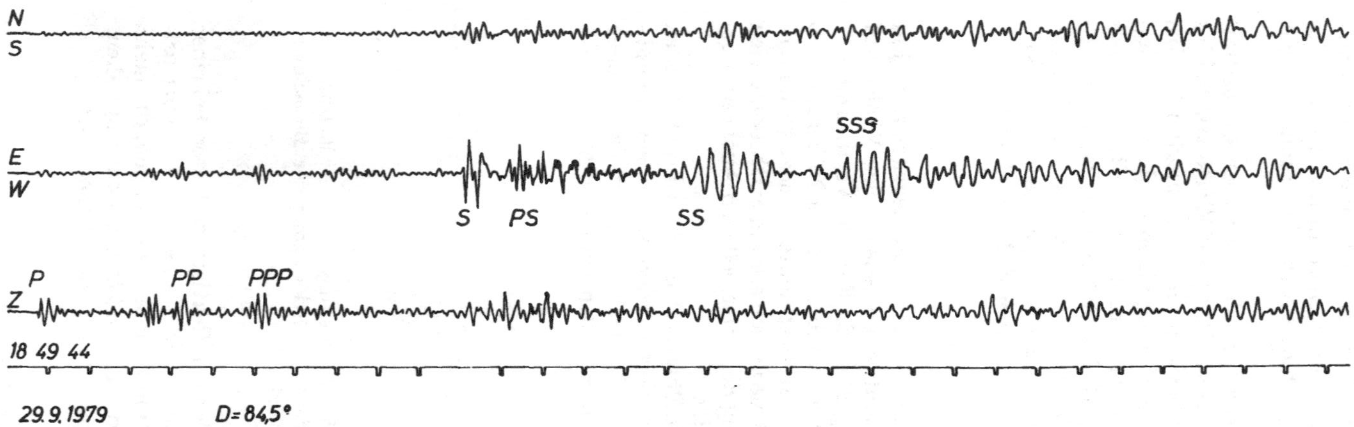

Abb. 5.6. Aufzeichnung eines Erdbebens auf Sumatra am 29. 9. 1979 an der Station Moxa (MOX). Epizentralentfernung 84,5°. Z: Vertikalkomponente (Seismograph VSJ-I); NS und EW: Horizontalkomponenten (Seismograph: HSJ-I). Vergrößerung: 1000fach

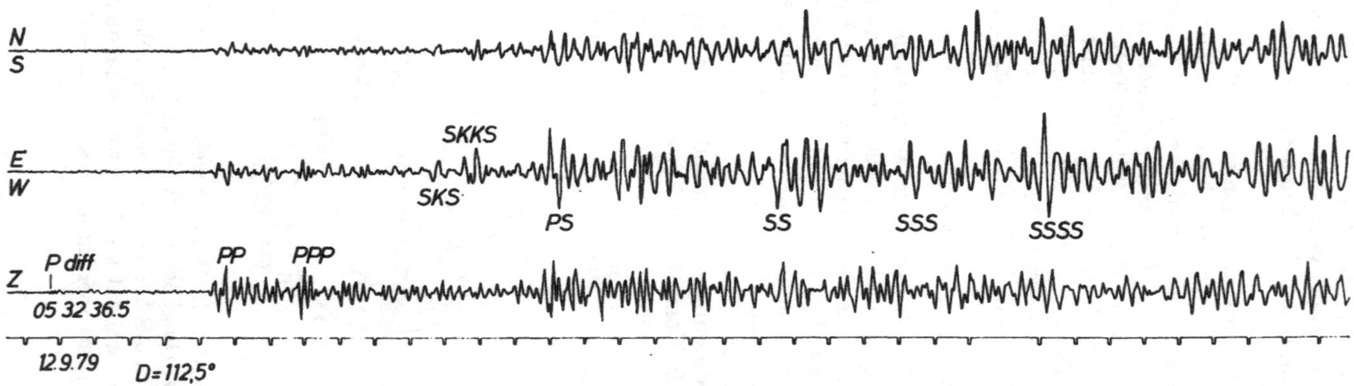

Abb. 5.8. Aufzeichnung eines Erdbebens in West-Irian am 12. 9. 1979 an der Station Moxa (MOX). Epizentralentfernung 112,5°. Z: Vertikalkomponente (Seismograph VSJ-I); NS und EW: Horizontalkomponenten (Seismograph HSJ-I). Vergrößerung: 1000fach

Die Phasen P und S sowie ihre Reflexionen lassen sich in der Regel in den Registrierungen deutlich erkennen und heben sich von den Oberflächenwellen klar ab. Letztere unterscheiden sich bei oberflächennahen Beben von den Raumwellen durch größere Amplituden und Perioden ($T = 10$ bis 100 s). Die Raumwellen haben dagegen Perioden zwischen 1 s und 5 s. Die Perioden der S-Wellen wachsen mit zunehmender Epizentralentfernung an; bei Mehrfachreflexionen wurden solche von 60 s und mehr beobachtet.

Die Aufzeichnungen von drei breitbandigen Seismographen mit 1000facher Verstärkung an der Station Moxa von einem Erdbeben auf Sumatra ($\Delta =$ 84,5°) zeigt die Abb. 5.6. P und S sind die Ersteinsätze der longitudinalen bzw. transversalen Wellen, gefolgt von PP und PPP. Den P-Wellen folgen die S-Wellen mit den größeren Amplituden und Perioden. Die Phasen PS, SS und SSS erscheinen bei den Fernbeben deutlich in der Aufzeichnung.

Mit Hilfe der Registrierungen von Erdbeben aus einer Entfernung bis zu 5000 km und speziell durchgeführter tiefseismischer Langprofile (z.B. Fennolora-Profil in Europa) konnte der Aufbau des oberen Erdmantels in den letzten Jahren eingehend untersucht werden. Die Ergebnisse (s. Abb. 5.7) verdeut-

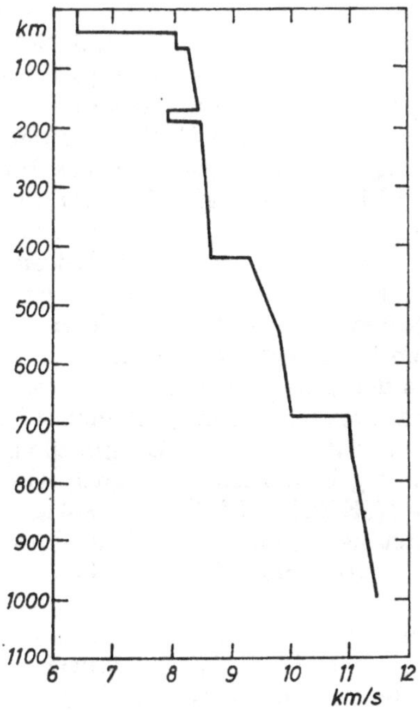

Abb. 5.7. Geschwindigkeits-Tiefenverteilung im oberen Erdmantel für Nordeuropa (nach OESBERG, 1981)

lichen, daß der obere Erdmantel bis etwa 700 km Tiefe ausgeprägte vertikale und horizontale Inhomogenitäten aufweist. Bis etwa 100 bis 150 km Tiefe tritt eine z.T. starke Wechsellagerung von Schichten auf. Die Durchschnittsgeschwindigkeit liegt bei 8,3 bis 8,6 km/s. Dieser Bereich des oberen Erdmantels wird zusammen mit der Erdkruste als Lithosphäre bezeichnet.

Darunter folgt die Asthenosphäre mit einer Zone verminderter Geschwindigkeit zwischen 150 und 250 km Tiefe, die die Herausbildung einer Schattenzone und damit die Abnahme der P-Wellenamplitude bewirkt (sog. 20°-Diskontinuität). Die Zone verringerter Geschwindigkeit ist jedoch in verschiedenen tektonischen Gebieten der Erde unterschiedlich mächtig und unterschiedlich deutlich ausgebildet.

Markante Diskontinuitäten im oberen Erdmantel treten bei 400 bis 450 km und 600 bis 650 km Tiefe auf.

Kernphasenbereich ($\Delta > 104°$)

Ab $\Delta = 104°$ werden die Aufzeichnungen von Erdbeben wieder komplizierter, da der Erdkern die Wellenausbreitung in starkem Maße beeinflußt.

Man bezeichnet alle Wellen, deren Entstehung im Zusammenhang mit dem Erdkern stehen, als Kernphasen. Dabei ist es zweckmäßig, folgende Phasen zu unterscheiden (s. auch Abb. 5.5):

- Wellen, die am äußeren Erdkern reflektiert werden. Sie werden mit dem Buchstaben c hervorgehoben. Es entstehen PcP-, PcS-, ScS- und ScP-Wellen. Diese Phasen werden in einer Epizentralentfernung $< 100°$ registriert.
- Wellen, die durch den äußeren Erdkern laufen. Der äußere Erdkern wird als flüssig angesehen. Alle Wellen, die durch den äußeren Erdkern laufen, sind daher Longitudinalwellen. Sie werden mit dem Buchstaben K gekennzeichnet. Es können Wellen vom Typ PKP, PKS, SKP und SKS auftreten. Es sind auch Wellen zu beobachten, die nach Durchlaufen des Erdkerns an der Kern-Mantel-Grenze in den Kern zurückreflektiert werden. Dabei entstehen PKKP-, PKKS-, SKKP- und SKKS-Wellen. Auf Grund der geringen Dämpfung im Erdaußenkern sind Wellen beobachtet worden, die diesen Bereich des Erdinnern bis zu 9mal durchlaufen haben (P9KP-Wellen).
- Wellen, die durch den Innenkern laufen. Da der Innenkern auf Grund materialphysikalischer Untersuchungen als fest angesehen wird, können hier wieder Longitudinal- und Transversalwellen auftreten. Die Longitudinalwellen werden mit I, Transversalwellen mit J gekennzeichnet (s. auch Abb. 5.5). Es können also PKIKP-, PKIKS-, SKIKP-, SKIKS-, PKJKP-, PKJKS-, SKJKP- und SKJKS-Wellen entstehen. Transversale Innenkernphasen (J-Phasen) sind allerdings bisher experimentell nicht eindeutig nachgewiesen worden.

Kernphasen sind kurzperiodisch ($T = 1$ bis 2 s). Ihre Laufzeitkurven sind in dem Entfernungsbereich zwischen 130° und 180° das genaueste Mittel zur Bestimmung der Epizentralentfernung. In Abb. 5.8 ist als Beispiel die Aufzeichnung eines Erdbebens aus dem Kernphasenbereich an der Station Moxa dargestellt. Als erste Phase mit großer Amplitude wird PP registriert. Weiterhin erscheinen sehr stark PPP, SKS, SKKS, PS und Mehrfachreflexionen von S. Besonders interessant ist die Phase P_{diff}, die im Entfernungsbereich zwischen

104° und etwa 160° zu beobachten ist. P_{diff} entsteht durch Beugung der direkten P-Welle an der Erdkerngrenze. Diese Welle kann bis etwa 120° mit kurzperiodischen Geräten registriert werden ($T = 1$ bis 10 s); in größeren Epizentralentfernungen liegt P_{diff} im Periodenbereich zwischen 10 und 30 s.

Tiefherdbeben

Erdbeben treten bis zu Tiefen von $h = 750$ bis 800 km auf. Ihre Aufzeichnungen unterscheiden sich von den oberflächennahen Erdbeben ($h = 33$ km) durch zusätzliche Reflexionen an der Erdoberfläche in der Nähe des Epizentrums, die als Tiefbebenphasen bezeichnet werden (s. Abb. 5.9). Sie werden mit den Buchstaben p bzw. s gekennzeichnet (pP-, pS-, sS- und sP-Wellen).

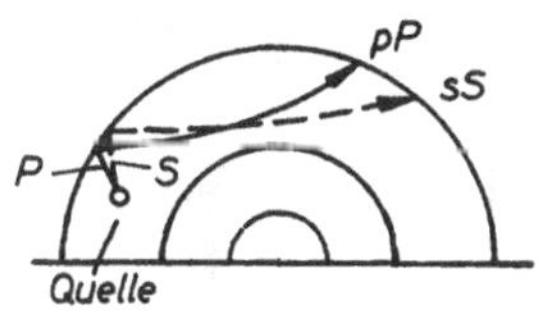

Abb. 5.9. Charakteristische Wellengruppen bei Tiefbeben

Werden diese Wellen nochmals an der Erdoberfläche reflektiert, so entstehen Wellen vom Typ pPP, pPS, pSS, pSP, sSS, sPS, sSP, sPP. Ein weiteres typisches Merkmal für Tiefbeben ist die Abnahme der Oberflächenwellenamplitude mit wachsender Herdtiefe. Abb. 5.10 zeigt das Seismogramm eines Erdbebens in etwa 250 km Tiefe in einer Epizentralentfernung von 84° bei den Ryukyu-Inseln (Japan) am 2. 1. 1981. Nach der direkten P-Welle erscheinen die herdnahen Reflexionen pP und sP, gefolgt von PP und pPP sowie sPP. Nach der S-Welle ist PS mit großer Amplitude und sS im Seismogramm zu sehen. Die Berechnung der Herdtiefe ist durch Ermittlung der Zeitdifferenz zwischen P und pP bzw. P und sP für herdferne Stationen möglich. Stationen, die nahe am Epizentrum liegen, registrieren keine Tiefbebenphasen. In ihren Aufzeichnungen erscheinen lediglich die direkten P- und S-Wellen.

Explosionen

Explosionen unterscheiden sich von tektonischen Erdbeben durch ihren Herdmechanismus. Typisch ist die wesentlich kürzere Dauer des Herdvorgangs und damit die bevorzugte Anregung höherer Frequenzen. Bei Explosionen werden bevorzugt P-Wellen angeregt, ihre Einsätze sind daher scharf und haben eine große Amplitude. Nach dem Maximum fallen dann die Amplituden rasch ab. Charakteristisch für alle Explosionen (besonders unterirdische Kernexplosionen) ist die schwache Ausbildung von Oberflächenwellen. In Abb. 5.11 ist das Seismogramm der Station Moxa einer unterirdischen Kernexplosion dargestellt. 90 s nach dem P-Einsatz erscheint schwach die teleseismische Phase P_n. Daran schließen sich in kurzem Abstand die Phasen PP und PcP

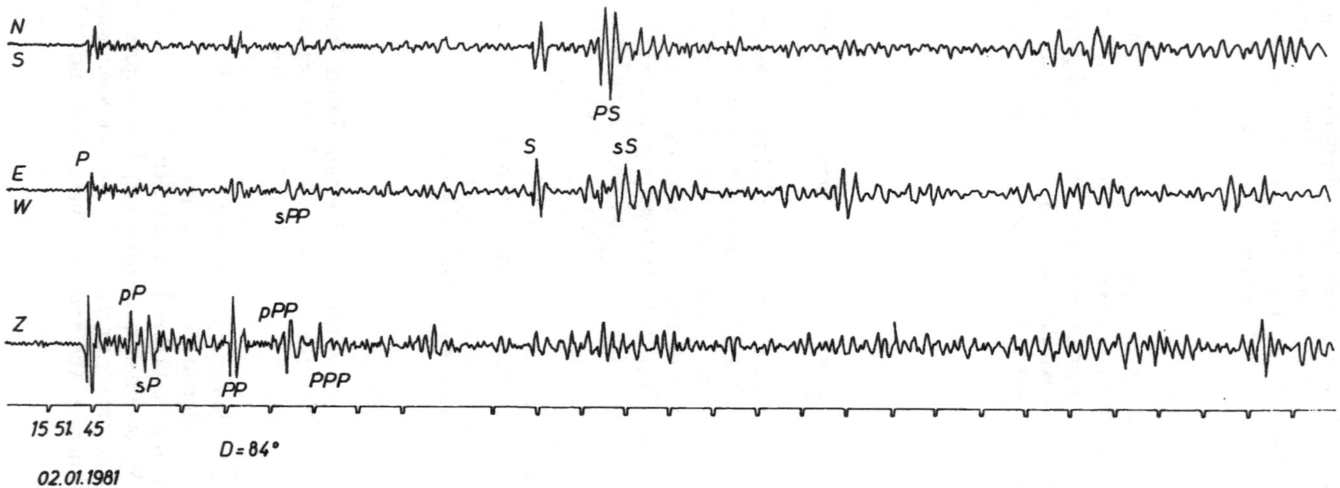

Abb. 5.10. Aufzeichnung eines Erdbebens bei den Ryukyu-Inseln am 2. 1. 1981 an der Station Moxa (MOX). Epizentralentfernung 84°. Z: Vertikalkomponente (Seismograph VSJ-I); NS und EW: Horizontalkomponenten (Seismograph HSJ-I). Vergrößerung: 1000fach

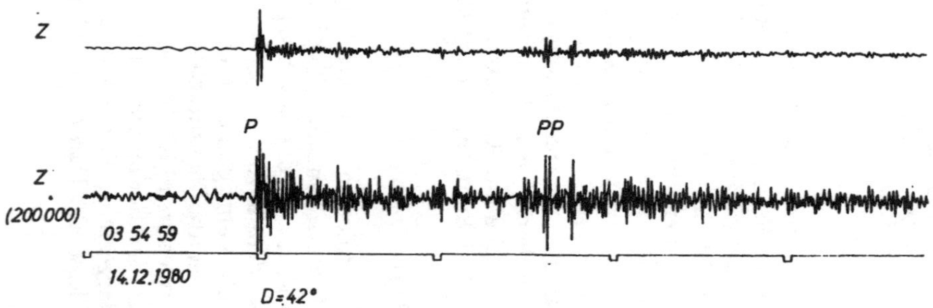

Abb. 5.11. Aufzeichnung einer unterirdischen Kernexplosion am 14. 12. 1980 an der Station Moxa (MOX) mit einem kurzperiodischen Vertikalseismographen (VSJ-II). Epizentralentfernung 42°.

an. Oberflächenwellen wurden nicht registriert. Die Unterscheidung von Registrierungen natürlicher Erdbeben und Kernexplosionen ist von großer Bedeutung.

5.2. Ortung und Magnitudenbestimmung

Die Auswertung seismischer Registrierungen erfolgt routinemäßig an den weltweit verteilten seismischen Stationen nach einem einheitlichen Schema, um eine internationale Datensammlung und Vergleichbarkeit zu ermöglichen. Die Routineauswertung umfaßt:

- Die Bestimmung der Einsatzzeiten der verschiedenen Phasen. Dies erfordert eine richtige Phaseninterpretation.
- Die Bestimmung der Maximalamplitude und der dazugehörigen Periode.
- Die Bestimmung der Richtung der Bodenbewegung (Polarität) des ersten Einsatzes.

Diese Daten werden nach einem abgestimmten System in nationalen und internationalen Datenzentren erfaßt und in seismologischen Bulletins veröffentlicht. Abb. 5.12 zeigt als Beispiel den Ausschnitt aus einer Seite des Seismologischen Bulletins des Internationalen Seismologischen Zentrums mit Angaben zum Erdbeben vom 6. 5. 1976 in Oberitalien. Im Kopf sind neben allgemeinen Bemerkungen über makroseismische Wahrnehmungen und Schäden Angaben über die Herdzeit, die Herdkoordinaten, die Herdtiefe, die Magnitude und die Polarität (C = Kompression; D = Dilatation) enthalten. Hinter dem Stationskode und dem Stationsnamen folgen: die Epizentralentfernung in Grad (Δ), das Azimut, die Polarität (d, c gilt für langperiodische, ↓↑ für kurzperiodische Geräte), die Phase (i = eindeutig, e = schwach erkennbar) mit der zugehörigen Einsatzzeit. In der letzten Spalte sind die Laufzeitresiduen (Differenzen zwischen der wahren und der mit Hilfe eines Erdmodells berechneten Einsatzzeit) angegeben.

Bei der Auswertung werden vor allem die Herdkoordinaten, die Herdtiefe und die Stärke (Magnitude) der Beben bestimmt. Diese Parameter sind als Eingangsgrößen für die seismische Zonierung und die Bestimmung der seismischen Gefährdung von grundsätzlicher Bedeutung. Herdort und Magnitude sind zugleich auch wichtige Herdparameter (s. Kapitel 7). Die Methoden zur Ortung und Magnitudenbestimmung werden daher im folgenden eingehender behandelt.

5.2.1. Ortung von Erdbeben

Die möglichst genaue Bestimmung von Ort, Herdtiefe und Herdzeit eines Erdbebens ist eine der wesentlichen Voraussetzungen für die Analyse der Raum-Zeitverteilung der seismischen Aktivität und damit für die Bestimmung

ISC 06^d 20^h 00^m 12^{s}5±0^{s}74, 46°35±°015N×13°26±°017E
h-0^{R}00034±0^{R}00074 or 12^k±4^{k}7
(h-0^{R}00035±0^{R}00003:pP−P), n407, σ1^{s}55/361, Mb5·9/55
101C-45D, Austria

ISC A foreshock of magnitude 4.5, which was felt throughout
ISC the region, occurred about one minute before the main
ISC shock. Another phenomenon which could have been
ISC premonitory was the reported appearance, a few minutes
ISC prior to the earthquake, of a glow in the sky above the
ISC mountains to the north of Osoppo, Gemona and Somplago
ISC which persisted for some time after the event. A maximum
ISC intensity of VIII (MM) has been tentatively assigned to an
ISC area of about 500Km^2. The earthquake was felt over a very
ISC large area, particularly to the north of the epicentre. A
ISC preliminary estimate of the radius of perceptibility is
ISC 570km. The shock was strongly felt in Austria, Germany
ISC and as far as southern Holland, but it was not felt in
ISC Naples and in other parts of Italy in the south. It triggered
ISC a number of strong−motion accelerographs in Yugoslavia
ISC with a trigger threshold of only 10 gals, and it was felt as
ISC strongly in Austria as in Udine. (UNESCO Technical Report
ISC RP/1975−76/2.222.3).
ISC A tentative analysis of the macroseismic effects of the
ISC earthquake and of some of its larger aftershocks suggests a
ISC very non−uniform distribution of the lower intensities,
ISC since it was more widely felt to the north than to the
ISC south. At Campone di Tramonti di Sotto ground movements
ISC were strong enough to ruin a number of old houses and to
ISC cause some damage to better−built structures. The railway
ISC line suffered more serious damage. Railway links with
ISC Austria were cut off as landslides and rockfalls blocked the
ISC tracks, in places causing them to shear off and move out of
ISC line. Slides brought down the power lines and brought all
ISC rail traffic to a halt.
ISC Information on casualties and injuries was compiled by the
ISC regional authorities and by individual medical centres. The
ISC official death toll of 860 attributed to the main shock was
ISC reported one week after the earthquake. The final death
ISC toll, which includes victims of aftershocks and deaths from
ISC injury, is 965 and this was officially reported in June. The
ISC damage caused by the main shock was estimated late in
ISC May at $1, 707 million. Damage in millions of dollars to
ISC dwellings was 573, to agriculture 488, to industry 244,
ISC handicraft industry 146, public buildings 122, commerce
ISC 110, roads 16 and aqueducts 8. (UNESCO Technical
ISC Report RP/1975−76/2.222.3)

TRI	**Trieste**	**0·73**	**151**	**dPn**	**20 00 24·7**		**−3·6**
LJU	**Ljubljana**	**0·94**	**109**	**dPn**	**20 00 30·2**		**−1·0**
BHG	**B. Reichenhall**	**1·39**	**349**	**↓iPn**	**20 00 40·8**		**+3·0**
MOA	**Molln**	**1·65**	**24**	**iPn**	**20 00 44·7**		**+3·3**
GAP	**Garmisch-P.**	**1·88**	**308**	**↑iPn**	**20 00 48·8**		**+4·1**
ZAG	**Zagreb**	**1·97**	**105**	**Pn**	**20 00 48·4**		**+2·4**
ZAG	Zagreb			i	20 00 50·7		
ZAG	Zagreb			e	20 01 20·5		
SAL	**Salò**	**2·05**	**250**	**Pn**	**20 00 52·0**		**+4·9**
BOL	**Bologna**	**2·31**	**217**	**Pn**	**20 00 57·0**		**+6·2**
PRT	**Prato-Toscana**	**2·91**	**213**	**Pn**	**20 01 00·7**		**+1·3**
PRT	Prato-Toscana			iPn	20 01 01·6		
PRT	Prato-Toscana			iSn	20 01 35·5		
PAV	**Pavia**	**3·09**	**249**	**Pn**	**20 01 03·7**		**+1·7**
PAV	Pavia			iSg	20 01 53·7		
PRG	**Perugia**	**3·31**	**191**	**iPn**	**20 01 01·0**		**−4·1**
SIE	**Siena**	**3·34**	**205**	**Pn**	**20 01 18·0**		**+12·6**
SIE	Siena			ePg	20 01 30·0		
SIE	Siena			eSn	20 02 08·0		
SIE	Siena			iSg	20 02 31·0		
ZUL	**Zürich-Lageren**	**3·52**	**290**	**Pn**	**20 01 13·2**		**+5·1**
GEN	**Genoa**	**3·61**	**239**	**Pn**	**20 01 01·4**		**−8·0**
PRU	**Průhonice**	**3·74**	**13**	**iPn**	**20 01 10·0**		**−1·2**
BUH	**Bühlerhöhe**	**4·13**	**306**	**↑iPn**	**20 01 18·5**		**+1·8**
ROB	**Roburent**	**4·32**	**244**	**Pn**	**20 01 10·0**		**−9·5**
STR	**Strasbourg**	**4·34**	**303**	**ePn**	**20 01 21·7**		**+1·9**
MOX	**Moxa**	**4·43**	**346**	**↑iPn**	**20 01 22·5**		**+1·4**
BRG	**Berggiesshübel**	**4·55**	**6**	**Pn**	**20 01 23·0**		**+0·3**
RMP	**Rome(M^{te}Porzio)**	**4·56**	**185**	**dPn**	**20 01 21·0**		**−1·5**
RMP	Rome(M^{te}Porzio)			ePg	20 01 34·0		
RMP	Rome(M^{te}Porzio)			eSn	20 02 13·0		
RMP	Rome(M^{te}Porzio)			iSg	20 02 35·0		
KSP	**Ksiaz**	**4·92**	**23**	**Pn**	**20 01 33**		**+5·0**
CLL	**Collmberg**	**4·97**	**358**	**↑iPn**	**20 01 30·0**		**+1·4**
CLL	Collmberg			i	20 02 13		
BEO	**Belgrade**	**5·28**	**104**	**Pn**	**20 01 34·5**		**+1·5**
BEO	Belgrade			i	20 01 54·3		
BEO	Belgrade			iSn	20 02 42·3		
BEO	Belgrade			i	20 02 56·7		
BEO	Belgrade			iSg	20 03 09·8		
NPL	**Naples**	**5·55**	**172**	**Pn**	**20 01 41·5**		**+4·6**
NPL	Naples			eS	20 02 52·0		+10
TIM	**Timişoara**	**5·58**	**93**	**ePn**	**20 01 37·0**		**−0·2**
KRA	**Kraków**	**5·80**	**48**	**Pn**	**20 01 40·0**		**−0·4**
CDR	**Cadarache**	**5·95**	**246**	**↑iPn**	**20 01 42·5**		**+0·1**
STB	**Steinbach**	**6·02**	**317**	**↑ePn**	**20 01 44·0**		**+0·5**
BNS	**Bensberg**	**6·13**	**321**	**↑iPn**	**20 01 45·8**		**+0·8**
BNS	[8·5μ,0^{s}5:1]			i	20 01 45·8		
BNS	Bensberg			eSn	20 02 54·0		
BNS	Bensberg			'ELG'	20 03 29·7		
SSB	**St-Sauveur-Rue**	**6·19**	**263**	**iPn**	**20 01 44·8**		**−1·0**
SSB	St-Sauveur-Rue			S/(SKS)	20 02 51		−7
LBF	**Les Buteaux**	**6·42**	**279**	**Pn**	**20 01 48·6**		**−0·5**
JUE	**Jülich**	**6·44**	**318**	**ePn**	**20 01 50·2**		**+0·9**
LOR	**Lormes**	**6·52**	**281**	**Pn**	**20 01 50·2**		**−0·3**
UZH	**Uzhgorod**	**6·54**	**66**	**↓Pn**	**20 01 53·0**		**+2·2**
HEE	**Heerlen**	**6·62**	**316**	**↑iPn**	**20 01 54·0**		**+2·1**
DEV	**Deva**	**6·72**	**90**	**ePn**	**20 01 55**		**+1·7**
SSF	**Saint-Saulge**	**6·75**	**280**	**Pn**	**20 01 53·0**		**−0·7**
DOU	**Dourbes**	**6·89**	**306**	**αPn**	**20 01 57·9**		**+2·1**
DOU	Dourbes			Sn	20 03 07		
GRC	**Garchy**	**7·05**	**281**	**↑iPn**	**20 01 57·1**		**−0·9**
GRC	Garchy			i	20 01 57·6		
GRC	Garchy			i	20 01 58·3		
UCC	**Uccle**	**7·39**	**310**	**↑ePn**	**20 02 04**		**+1·2**
UCC	Uccle			Sn	20 03 21		
TCF	**Toulx-Ste-Croix**	**7·65**	**274**	**Pn**	**20 02 06·2**		**−0·2**
WIT	**Witteveen**	**7·75**	**329**	**↑iPn**	**20 02 09·1**		**+1·3**
DBN	**de Bilt**	**7·81**	**320**	**iPn**	**20 02 10·0**	*(3·8)*	**+1·3**
DBN	de Bilt			S/(SKS)	20 03 42		+4
LVV	**L'vov**	**8·00**	**60**	**↓P**	**20 02 13·0**		**+1·7**
LVV	L'vov			iS	20 03 48		+5
SOF	**Sofiya**	**8·08**	**113**	**↓iP**	**20 02 11·0**		**−1·4**
MSI	**Messina ING**	**8·32**	**167**	**P**	**20 02 14·3**		**−1·4**
MSI	Messina ING			'INPB'	20 02 43·3		
MSI	Messina ING			iSn	20 03 47·7		
MSI	Messina ING			'IESB'	20 04 24·7		
MES	**Messina Univ.**	**8·32**	**167**	**P**	**20 02 12·5**		**−3·3**
MES	Messina Univ.			e	20 03 00·0		
MES	Messina Univ.			i	20 03 44·4		
MES	Messina Univ.			i	20 03 44·5		
GIB	**Gibilmanna**	**8·38**	**176**	**P**	**20 02 15·7**		**−0·9**
GIB	Gibilmanna			i	20 03 29·2		
GIB	Gibilmanna			iSn	20 04 48·2		
GIB	Gibilmanna			i	20 05 44·4		
RCI	**Reggio Calabria**	**8·43**	**167**	**P**	**20 02 14·3**		**−2·9**
RCI	Reggio Calabria			iSn	20 03 57·4		
CAT	**Catania**	**8·94**	**171**	**P**	**20 02 26·0**		**+1·7**
PVL	**Pavlikeni**	**9·06**	**106**	**iP**	**20 02 24·0**		**−2·0**
BUC	**Bucharest**	**9·24**	**97**	**eP**	**20 02 30**		**+1·5**
MFF	**St Martin**	**9·26**	**276**	**P**	**20 02 26·8**		**−1·9**
MLS	**Moulis**	**9·32**	**253**	**iP**	**20 02 27·9**		**−1·7**
MLS	Moulis			S/(SKS)	20 04 13		−3
COP	**Copenhagen**	**9·36**	**357**	**↑iP**	**20 02 28·2**	*(2·6)*	**−1·9**
COP	Copenhagen			S/(SKS)	20 04 15		−2
VRI	**Vrincioaia**	**9·37**	**88**	**eP**	**20 02 34**		**+3·7**
FLN	**La Folinière**	**9·60**	**290**	**P**	**20 02 32·6**		**−0·8**
SBS	**Sidi-Bou-Said**	**9·72**	**194**	**iP**	**20 02 35·6**		**+0·5**
MBZ	**Menzel Bouzelfa**	**9·86**	**192**	**iP**	**20 02 36·3**		**−0·7**

Abb. 5.12. Ausschnitt aus dem Seismologischen Bulletin des Internationalen Seismologischen Zentrums mit Angaben zum Erdbeben vom 6. 5. 1976 in Norditalien

der seismischen Gefährdung. Detaillierte Kenntnisse über die Lage von Erdbebenherden sind auch erforderlich, um den Zusammenhang zwischen Seismizität und Tektonik sowie die Prozesse, die zur Entstehung von Erdbeben führen, untersuchen zu können.

5.2.1.1. *Ortungsmethoden*

Findet ein Erdbeben mit der Herdzeit t_0 und den Herdkoordinaten x_0, y_0, z_0 (Hypozentrum) statt und wird dieses an i seismologischen Stationen mit den Koordinaten x_i, y_i, z_i beobachtet, so erhält man an jeder Station die Einsatzzeiten einer Reihe von Wellenphasen.

Als Ortungsproblem wird die Aufgabe bezeichnet, aus diesen Daten die Herdzeit und die Koordinaten des Hypozentrums zu bestimmen. Die Ortung führt also auf die Lösung eines vierdimensionalen Problems mit den 3 Raumkoordinaten x, y, z und der Zeitkoordinate t. In vielen Fällen reicht es allerdings aus, nur die Lage der Projektion des Bebenherdes auf die Erdoberfläche, das sog. Epizentrum, mit den Koordinaten x und y (bzw. den geographischen Koordinaten λ und φ) zu bestimmen.

Die Laufzeit einer Welle und damit ihre Einsatzzeit an einer Beobachtungsstation werden in komplizierter Weise durch die Struktur der Erde und die Geschwindigkeitsverteilung entlang des Laufweges bestimmt.

Geht man von einem mittleren Geschwindigkeitsmodell der Erde aus (s. Abb. 3.5), so läßt sich für jede beliebige Welle die dazugehörige Laufzeitkurve $T(\Delta)$ berechnen. Mit zunehmender Entfernung verändern sich die Einsatzzeitdifferenzen der verschiedenen Wellenphasen. Somit sind die Einsatzzeitdifferenzen verschiedener Wellen an einer Station eine Funktion der Epizentralentfernung und der Tiefenlage des Bebenherdes.

Es ist daher prinzipiell möglich, aus den Einsatzzeitdifferenzen möglichst vieler Wellenphasen die Herdentfernung auf der Grundlage eines als bekannt vorausgesetzten Geschwindigkeitsmodells zu berechnen (s. auch Maaz, 1979). In der Praxis ist man jedoch darauf angewiesen, nur solche Wellenphasen zu nehmen, deren Einsatzzeiten eindeutig bestimmbar sind. Dies sind vor allem der erste Einsatz (P-Welleneinsatz) und der Einsatz von S-Wellen.

Die meisten Ortungsverfahren gehen daher von der Zeit des ersten P-Welleneinsatzes oder von der Einsatzzeitdifferenz t_s-t_p aus. Immer stärker ist man jedoch bemüht, die im Seismogramm enthaltenen Informationen über das Auftreten späterer Wellenphasen und über die Amplituden der verschiedenen Phasen durch eine Analyse der Wellenform für die Ortung zu nutzen. Da die Amplitude sowohl vom Herdmechanismus als auch von der Abstrahlcharakteristik und damit von der Orientierung der Herdfläche relativ zur Beobachtungsstation abhängt, bietet die Wellenformanalyse die Möglichkeit, die Lage des Hypozentrums zu bestimmen und gleichzeitig Aussagen über den Herdmechanismus abzuleiten.

Im folgenden wird auf einige Ortungsverfahren hingewiesen. Einzelheiten sind der umfangreichen Spezialliteratur zu entnehmen.

5.2.1.1.1. *Ortung mit Hilfe der Laufzeitdifferenzen t_s-t_p*

Bereits mit einer Einzelstation läßt sich eine erste Grobortung durchführen. Hierzu benötigt man die Registrierungen in den drei Komponenten Z, N und E.

Aus der Laufzeitdifferenz $t_s - t_p$ kann die Hypozentralentfernung nach folgender Beziehung abgeschätzt werden

$$D = (t_s - t_p)\frac{v_p v_s}{v_p - v_s}. \tag{5.1}$$

Setzt man für v_p und v_s plausible Werte ein (etwa $v_p = 6{,}0$ km/s und $v_s = 3{,}5$ km/s), so ergibt sich für den Quotienten

$$\bar{v} = \frac{v_p v_s}{v_p - v_s} \tag{5.2}$$

ein Wert von 8,1 km/s.

Das ist ein gewisser Richtwert, mit dem man sehr einfach die Hypozentralentfernung von Nahbeben grob abschätzen kann. Für die Berechnung des Azimuts A verwendet man die Amplituden des ersten Ausschlags auf den beiden Horizontalkomponenten (N und E). Es gilt (s. Abb. 5.13)

$$\tan A = A_E/A_N. \tag{5.3}$$

Unter Zuhilfenahme der Ausschlagsrichtung der Vertikalkomponente kann die Richtung eindeutig bestimmt werden.

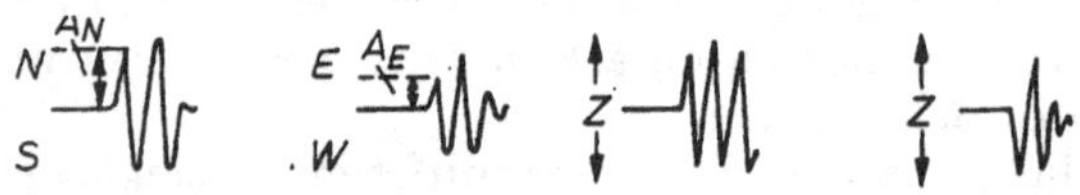

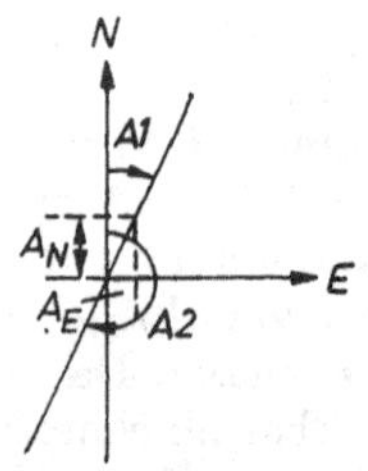

Abb. 5.13. Bestimmung des Azimuts aus den beiden Horizontalkomponenten und der Vertikalkomponente

Liegen Laufzeitdifferenzen $t_s - t_p$ von 3 oder mehr Stationen vor, so läßt sich der wahrscheinlichste Herdort mit Hilfe der Methoden der kleinsten Quadrate bestimmen. Für eine graphische Ortung mit Hilfe von $t_s - t_p$ hat sich das Sehnenverfahren bewährt (s. z. B. SCHNEIDER, 1975).

5.2.1.1.2. *Ortung mit Hilfe der Einsatzzeiten des ersten* P-*Wellen-Einsatzes*

GEIGER (1910) gab ein Verfahren zur Bestimmung der Lage des Epizentrums allein aus den Zeiten des ersten Einsatzes von mindestens 3 Stationen an. Dieses Verfahren war zunächst für eine manuelle Berechnung sehr aufwendig;

seitdem elektronische Rechenanlagen zur Verfügung stehen, bildet es die Grundlage für leistungsfähige Ortungsprogramme (z.B. HYPO-71) (s. z.B. EATON, 1969; CRAMPIN, 1970; LEE und LAHR, 1975; SHAPIRA und BÅTH, 1977; KLEIN, 1978; HERRMANN, 1979; JOHNSON, 1979; LAHR, 1979).

Dem Verfahren liegt folgender Gedanke zugrunde:

- Man geht von einer ersten Näherung für die Herdzeit t_0 und das Hypozentrum (x_0, y_0, z_0) aus.
- Für diese erste Näherung können unter Verwendung eines Geschwindigkeitsmodells die theoretischen Einsatzzeiten an den einzelnen Stationen berechnet werden.
- In einem iterativen Näherungsprozeß können Herdort und Herdzeit solange variiert werden, bis die Differenz zwischen berechneter und beobachteter Einsatzzeit an den einzelnen Stationen einen vorgegebenen Wert nicht mehr überschreitet.

Ausführliche Darstellungen sind z.B. bei LEE und STEWART (1981) zu finden.

Aus der Einsatzzeit t_p oder t_s läßt sich für Nahbeben nach dem Hyperbelverfahren auch graphisch die Lage des Bebenherdes bestimmen (s. z.B. SCHNEIDER, 1975).

5.2.1.1.3. *Ortung mit Hilfe der Slowness*

Betrachtet man die horizontale Scheingeschwindigkeit v^* einer aus dem Azimut A einlaufenden Welle, so gilt (s. Abb. 5.14)

$$v^* = \frac{r_i \cos (A - \alpha_i)}{t_i - t'} = \frac{1}{S}. \tag{5.4}$$

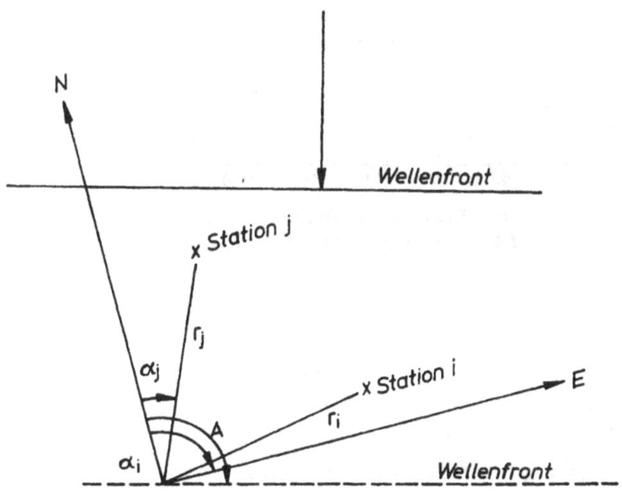

Abb. 5.14. Zur Bestimmung der Slowness S

S wird Slowness genannt, sie ist der Reziprokwert der Scheingeschwindigkeit. r_i, α_i und t_i sind die Polarkoordinaten und die Einsatzzeit der Station i. t' ist die Einsatzzeit im Ursprung des Koordinatensystems. Da im allgemeinen $\alpha \neq A$, ist die Scheingeschwindigkeit und damit auch die Slowness eine vektorielle Größe.

Für jede Station erhält man in kartesischen Koordinaten eine Gleichung

$$t' + S_x x_i + S_y y_i = t_i. \tag{5.5}$$

Aus der Slowness $S = (S_x^2 + S_y^2)^{1/2}$ kann die Epizentralentfernung berechnet werden, wenn die Abhängigkeit $S = S(\Delta)$ bekannt ist. In Abb. 5.15 ist der Verlauf der Slowness in Abhängigkeit von der Entfernung für das JEFFREYS-BULLEN- und das HERRIN-TAGGART-Modell dargestellt. Es wird deutlich, daß das Verfahren im wesentlichen auf den Entfernungsbereich $10° < \Delta < 100°$ beschränkt ist.

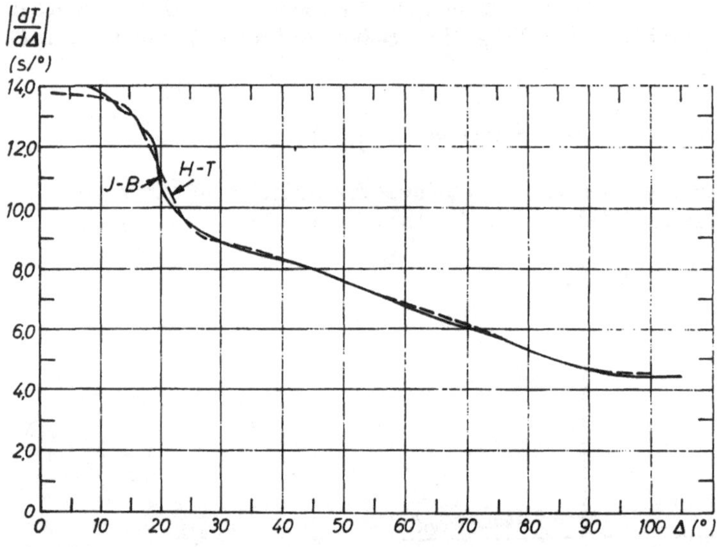

Abb. 5.15. Verlauf der Slowness $dT/d\Delta$ in Abhängigkeit von der Entfernung für das JEFFREYS-BULLEN-(J-B) und das HERRIN-TAGGART (H-T)-Modell

Für das Azimut A gilt

$$A = \arctan \frac{S_y}{S_x}. \tag{5.6}$$

Mit diesem Verfahren können also Azimut und Entfernung bestimmt werden.

5.2.1.1.4. Ortung mit Hilfe von Stationsarrays

Erweiterte Möglichkeiten für die Ortung bieten Stationsarrays, die aus einer Vielzahl von Einzelstationen bestehen. Aufbau und Konfiguration von Arrays gehen von der Theorie von Antennensystemen aus und haben das Ziel, eine optimale Peilung zu ermöglichen. Das grundlegende Prinzip besteht darin, daß jeder Sensor eines Arrays ein Signal mit identischer Form empfängt, wobei die Signale an den einzelnen Stationen eine bestimmte Zeitverzögerung gegeneinander aufweisen. Die Aufgabe besteht darin, die einzelnen Signale so gegeneinander zu verschieben, daß sie zeitgleich übereinander liegen und die Amplitudensumme der Summenspur ein Maximum bildet. Damit wird eine Verbesserung des Nutz-Störsignals bei rein statistisch verteiltem Rauschen um $\sqrt{n}$ (n = Anzahl der Stationen) erreicht (s. Abb. 5.16). Die optimale Verschie-

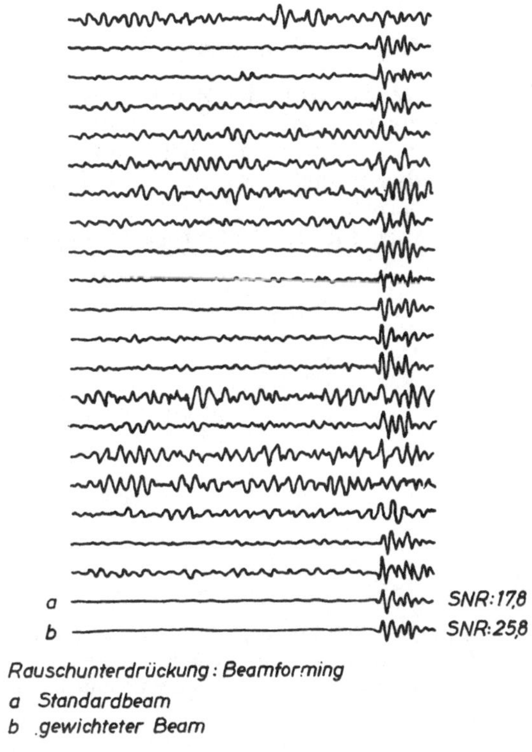

Abb. 5.16. Verbesserung des Signal-Stör-Verhältnisses durch Beamforming

bung der einzelnen Spuren führt zur Bestimmung der horizontalen Scheingeschwindigkeit. Damit läßt sich die Slowness berechnen, und die Ortung kann entsprechend den oben gemachten Ausführungen durchgeführt werden. Man bezeichnet diesen Prozeß als Beamforming.

5.2.1.1.5. Ortung mit Hilfe von Musterereignissen und gleichzeitiger Bestimmung von Bebenherden

In Spezialfällen haben sich die Master-Event-Analyse (MEA) und die Joint Epicenter Determination (JED) bewährt. Bei dem MEA-Verfahren wird ein Ereignis einer zu untersuchenden Region zugrunde gelegt, dessen Koordinaten sehr genau bekannt sind. Damit sind auch die Einsatzzeitdifferenzen zwischen verschiedenen Phasen bekannt. Dieses Musterereignis wird für die Ortung weiterer Ereignisse aus dem betreffenden Herdgebiet benutzt. Anwendungsbeispiele sind besonders aus der Ortung von unterirdischen Kernexplosionen (UKE) bekannt geworden. Die gleichzeitige Ortung mehrerer Ereignisse aus dem gleichen Herdgebiet (JED) (s. z.B. Douglas u.a. 1974; Crosson, 1976) führt zu sehr genauen Bestimmungen der Herdlage der einzelnen Ereignisse relativ zueinander.

5.2.1.1.6. Herdtiefenbestimmung mit Hilfe von Tiefbebenphasen

Verbreitet ist die Herdtiefenbestimmung mit Hilfe der Zeitdifferenz pP-P oder sP-P. Die Zeitdifferenz wird um so größer, je tiefer der Herd liegt (s. Abb. 5.17). Liegen digitale Registrierungen vor, so können mit Hilfe von Signalbearbeitungsverfahren (z.B. Cepstralanalyse) auch geringe Zeitdifferenzen zwischen der direkten P-Welle und der Tiefbebenphase pP bestimmt werden. Damit wird es möglich, diese Methode auch für die Tiefenbestimmung von Flachbeben einzusetzen.

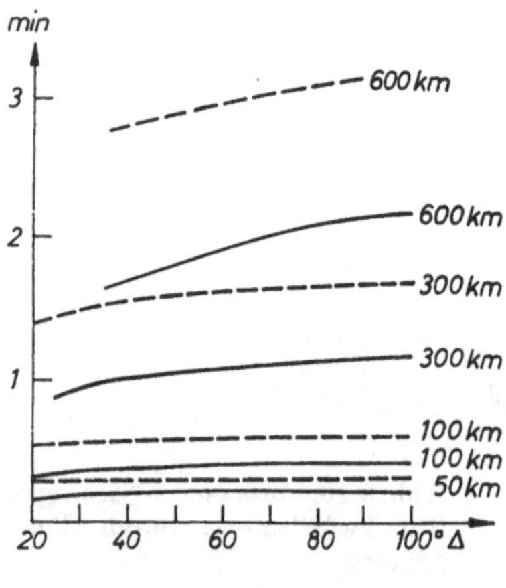

Abb. 5.17. Zeitdifferenz pP-P (———) und sP-P (– – –) in Abhängigkeit von Herdtiefe und Epizentralentfernung (nach Dahlman und Israelson, 1977)

5.2.1.1.7. Modellierungsmethoden

In der Literatur gibt es eine Reihe weiterführender Ansätze für eine Verbesserung der Hypozentrenbestimmung. Dazu gehören:

- Strahlenberechnung (Ray tracing) unter Berücksichtigung komplizierter

Geschwindigkeitsmodelle und lateraler Variationen der Geschwindigkeit (s. z.B. Jacob, 1970; Julian und Gubbins, 1976).

- Berechnung synthetischer Seismogramme und Vergleich mit den beobachteten Registrierungen. Aus den Wellenformdaten ist es möglich, Aussagen über den Herdmechanismus (Momenttensor) und die optimale Lage des Hypozentrums zu machen (s. z.B. Dziewonski u.a., 1981).

5.2.1.1.8. *Makroseismische Methode*

Tritt ein Erdbeben in bewohnten Gebieten auf, so lassen sich auch aus den makroseismischen Wahrnehmungen und Beobachtungen das Epizentrum und die Herdtiefe bestimmen. Hierzu wird eine Karte der Verteilung der Intensitäten hergestellt; Bereiche gleicher Intensität werden durch Isolinien (Isoseisten) begrenzt (s. auch Kapitel 8).

Der Schwerpunkt der Fläche größter Intensität I_0 gibt das makroseismische Epizentrum an. Dieses muß nicht notwendigerweise mit der Lage des instrumentell bestimmten Herdes übereinstimmen. Die Bestimmung der Herdtiefe h_0 geht von der Intensitätsabnahme $I_0 - I$ mit zunehmender Herdentfernung Δ aus. Dabei hängt die Intensitätsabnahme auch vom regional variierenden Absorptionskoeffizienten α ab. Es gilt folgende empirische Beziehung (s. Sponheuer, 1960)

$$I_0 - I = 3 \log \frac{\sqrt{h_0^2 - \Delta^2}}{h_0} + 3\alpha \log e \sqrt{h_0^2 + \Delta^2} - h_0. \tag{5.7}$$

Für die Intensitätsabnahme $I_0 - I$ in Abhängigkeit von der Herdentfernung für verschiedene α hat Sponheuer zahlreiche Kurvenscharen berechnet.

Die Herdtiefenfestlegung erfolgt durch Anpassung der beobachteten Intensitätsabnahme an eine Modellkurve.

5.2.1.2. *Ortungsgenauigkeit*

Der Ortungsfehler setzt sich aus einem zufälligen (statistischen) und einem systematischen Anteil zusammen. Für das Stationsdreieck CLL, BRG, MOX in der DDR wurden diese Fragen eingehend von Wylegalla (1982) untersucht. Der zufällige Anteil wird vor allem durch die Ablesegenauigkeit der Einsatzzeiten bestimmt. Bei einer Ablesegenauigkeit von 0,1 s ergeben sich erhebliche Fehler für Slowness, Azimut und Epizentralentfernung (s. Abb. 5.18). Zugleich sind deutliche systematische, azimutabhängige Fehler zu erkennen, die durch laterale Variationen der Geschwindigkeitsstruktur von Erdkruste und oberem Erdmantel verursacht werden.

Auch bei den großen seismischen Arrays treten z.T. erhebliche Ortungsfehler auf. So wird z.B. für das seismische Array LASA (Large Aperture Seismic Array) in Montana (USA) ein durch die beschränkte Zeitauflösung der Registrierungen bedingter theoretischer Fehler von $S = \pm 0{,}2$ s/° angegeben. Das führt zu einem theoretischen Entfernungsfehler von $\Delta = \pm 1{,}25°$ (etwa 138 km). Der tatsächliche Fehler kann aber erheblich größer werden. So beträgt z.B. der Ortungsfehler des NORSAR-Arrays in Norwegen für Erdbeben in Mittelamerika und im Bereich des Mittelatlantischen Rückens mehr als 800 km. Seismische Ereignisse können also auch mit sehr leistungsfähigen Arrays nur mit einer mittleren Genauigkeit von einigen 100 km geortet werden.

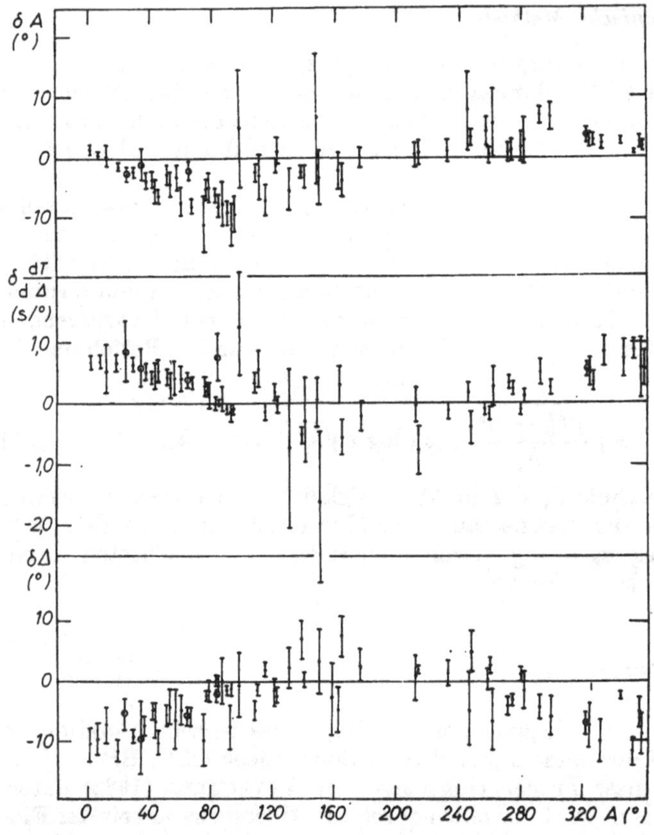

Abb. 5.18. Azimutabhängigkeit der mittleren Azimut (A)-, Slowness ($dT/d\Delta$)- und Epizentralentfernungs-(Δ) Abweichungen des Stationsdreieckes MOX-CLL-BRG für verschiedene Herdregionen. 90% – Vertrauensintervall für Erdbeben und unterirdische Kernexplosionen (aus WYLEGALLA, 1982)

Eine wesentliche Verbesserung wird dann erreicht, wenn die Ortung mit Hilfe zahlreicher Stationen durchgeführt wird, die möglichst gleichmäßig um den Herd verteilt sind. So gehen in die Ortung des Internationalen Seismologischen Zentrums die Daten von über 1000 weltweit verteilten Stationen ein. Besonders hohe Genauigkeiten werden erreicht, wenn ein Bezugsereignis (Master Event) in einem bestimmten zu untersuchenden Herdgebiet hinsichtlich seiner Herdlage genau bekannt ist. Dann können Ortungsgenauigkeiten auch für teleseismische Ereignisse von einigen Kilometern erreicht werden.

5.2.2. Magnitudenbestimmung

Die Stärke eines Erdbebens ist einer der wesentlichsten Parameter für die Abschätzung der seismischen Energiefreisetzung und für die Ableitung ingenieurseismologischer Grundgrößen. Darüber hinaus sind Kenntnisse über die Stärke von Erdbeben Grundlage für seismotektonische und tektonophysikalische Untersuchungen.

Für die Bestimmung der Bebenstärke gibt es zwei grundsätzliche Wege:

- Aus Wahrnehmungen und beobachtbaren Effekten bei Erdbeben im Herdgebiet (makroseismische Daten) kann eine subjektive Bewertung der Stärke in Form der sog. makroseismischen Intensität vorgenommen werden (s. auch Kapitel 8). Diese Methode hat wesentliche Nachteile, da ihr keine objektiven Meßwerte zugrunde liegen und makroseismische Untersuchungen in Herdgebieten auf bewohnte Gebiete beschränkt sind. Eine Untersuchung von Erdbeben außerhalb bewohnter Gegenden ist daher nicht möglich.
- Ermittlung von Maßzahlen für die Stärke eines Bebens aus instrumentellen Registrierungen.

Richter (1935) entwickelte ein Konzept, das es ermöglicht, aus der Amplitude instrumenteller Registrierungen einen als Magnitude bezeichneten Parameter abzuleiten, der ein Maß für die Stärke eines Bebens ist und einen Vergleich zwischen verschiedenen Beben und damit eine Klassifizierung von Erdbeben erlaubt.

Weiterführende Untersuchungen von Gutenberg (1945) über das Verhältnis von Amplitude und Periode (A/T) für P-, PP- und SH-Wellen teleseismischer Ereignisse zeigten, daß dieses Verhältnis über einen relativ breiten Periodenbereich etwa konstant ist. Somit konnte eine Proportionalität zwischen dem Logarithmus des Quotienten A/T und der Magnitude abgeleitet werden:

$$M \approx \log (A/T)_{\max}. \tag{5.8}$$

Ausgangsgröße für die Bestimmung der Magnitude ist daher die mit einem Seismographen an einer Station registrierte Bodenbewegung (in µm) bezogen auf eine vorgegebene Frequenz bzw. Periode der seismischen Welle.

Betrachtet man das Amplitudenspektrum seismischer Wellen, so besteht eine Beziehung zwischen der Magnitude und der spektralen Amplitudendichte einer bestimmten Periode (s. auch Abb. 5.19). Grundsätzlich ist es daher möglich, für jede beliebige Periode (oder Frequenz) einen Magnitudenwert anzugeben. Zwischen den einzelnen Magnitudenwerten bestehen jedoch systematische Unterschiede. Die in den seismischen Registrierungen beobachtete Amplitude und damit die berechnete Magnitude hängen in komplizierter Weise von der Epizentralentfernung Δ, der Herdtiefe h, den Herdeigenschaften HE (Abstrahlungscharakteristik, Herdmechanismus, spektrale Zusammensetzung der abgestrahlten Welle), den Übertragungseigenschaften W (Absorption, Dispersion, Geometrieeffekte), den Eigenschaften des Stationsuntergrundes ST (geologischer Aufbau) sowie den instrumentellen Eigenschaften des Seismographen SE ab.

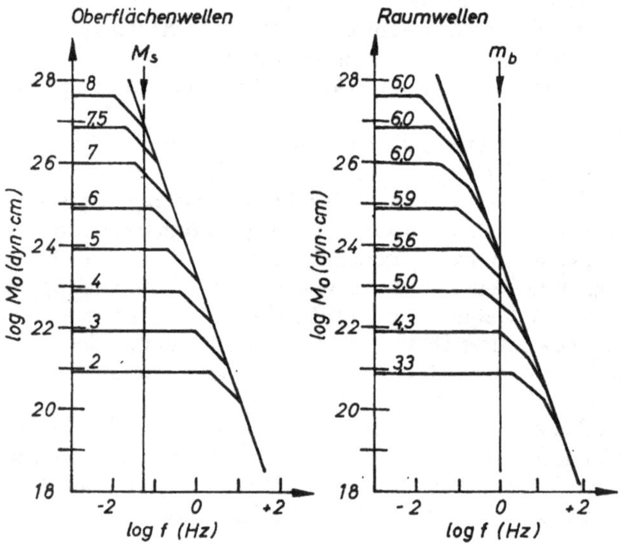

Abb. 5.19. Herdspektren für Oberflächen- und Raumwellen (nach GELLER, 1976)

Es gilt also

$$M = M(A/T, \Delta, h, \mathrm{HE}, \mathrm{W}, \mathrm{ST}, \mathrm{SE}). \tag{5.9}$$

Da diese Faktoren regional und von Station zu Station unterschiedlich sind, bereitet die Bestimmung der Stärke eines Bebens aus instrumentellen Registrierungen erhebliche Probleme. Das war auch die Ursache dafür, daß erst ein halbes Jahrhundert nach Beginn der instrumentellen Beobachtungen brauchbare weltweit anwendbare Methoden für die Bestimmung der Stärke eines Bebens entwickelt wurden. Zusammenfassende Darstellungen zum Magnitudenproblem mit einem umfangreichen Literaturverzeichnis sind u. a. bei BÅTH (1966 und 1981) sowie DUDA und NUTTLI (1974) zu finden.

In der Seismologie werden mehrere Magnitudendefinitionen verwandt.

5.2.2.1. *Lokalmagnitude M_L*

Für die Bestimmung der Stärke von Erdbeben im Entfernungsbereich bis etwa 100 km wird häufig eine Lokalmagnitude M_L angegeben, die RICHTER (1935) folgendermaßen definierte:

$$M_L = \log A\,(100\,\text{km}) - \log A_0\,(100\,\text{km}). \tag{5.10}$$

Die Magnitude $M_L = 0$ ist so festgelegt, daß die Maximalamplitude A_0 (d.h. die Referenzamplitude) in 100 km 1 μm = 0,001 mm ist. Dabei wird vorausgesetzt, daß die Periode für die Maximalamplitude praktisch konstant ist. Weicht die Epizentralentfernung für ein beliebiges registriertes Beben von 100 km ab, so muß die beobachtete Amplitude A auf eine Entfernung von 100 km reduziert werden. Der dazu von RICHTER (1935) benutzte Dämpfungsansatz mit 0,6 Grad^{-1} ist sehr hoch und gilt nur für Südkalifornien. Eine Übernahme der RICHTERschen Skala für andere Gebiete führt zu Fehlern, wenn nicht regionale Korrekturen an das Dämpfungsgesetz angebracht werden.

Weiterhin gilt die M_L-Definition von RICHTER nur für die spezielle Gerätecharakteristik des WOOD-ANDERSON-Torsionsseismographen. Allerdings ist es möglich, die Registrierungen jedes beliebigen kurzperiodischen Seismometers, dessen Eigenperiode $\leqq 1$ s ist, auf die WOOD-ANDERSON-Charakteristik umzurechnen.

5.2.2.2. *Oberflächenwellenmagnitude M_S*

Zur Vereinheitlichung der Magnitudenbestimmung wurde auf der IASPEI-Generalversammlung in Zürich 1967 festgelegt, die Magnituden für zwei Perioden zu definieren (s. Comptes Rendus IASPEI, No. 15, Première Partie, S. 65).

Für den Periodenbereich 20 $\pm$ 3 s wird aus der Amplitude von Oberflächenwellen (RAYLEIGH-Wellen) die Oberflächenwellenmagnitude M_s nach folgender Vorschrift bestimmt

$$M_s = \log (A/T)_{\max} + 1{,}66 \log \Delta + 3{,}3. \tag{5.11}$$

Diese Beziehung geht auf VAŇEK u.a. (1962) zurück (sog. Moskau-Prager Formel). Die Maximalamplitude wird in der Regel aus der Hälfte des Maximalwertes ermittelt.

Die Berechtigung, dieses Periodenband auszuwählen, liegt darin, daß auf Breitbandregistrierungen von Erdbeben mit geringer Herdtiefe (Flachbeben) in Epizentralentfernungen $\Delta \geqq 20°$ (teleseismische Ereignisse) Oberflächenwellen mit einer Periode von etwa 20 s dominieren. Zugleich tritt im Spektrum des seismischen Rauschens in diesem Bereich ein Minimum auf, so daß die Registrierbedingungen hier besonders gut sind.

Die angegebene Magnitudenformel gilt für Perioden von 20 ± 3 s, eine Herdtiefe $\leqq 50$ km und eine Epizentralentfernung $\Delta \geqq 20°$. Bei Abweichungen hiervon sind folgende Korrekturen notwendig:

- Entfernungskorrektur:
  Bei Epizentralentfernungen $\Delta < 20°$ treten die Maximalamplituden mit Perioden < 20 s auf. Zur Korrektur des Entfernungseinflusses gibt EVERNDEN (1971) z.B. folgende Werte an (s. auch BÅTH, 1981)

Δ	5°	10°	15°
M_s	+0,46	+0,26	+0,14

- Herdtiefenkorrektur:
  Bei Herdtiefen über 50 km nimmt die Oberflächenwellenmagnitude ab. Durch entsprechende Korrekturen muß der Herdtiefeneinfluß kompensiert werden. BÅTH (1977) gibt folgende Werte an

h (km)	0–50	60	70	80	90	100	100
M_s	0,0	+0,1	+0,2	+0,3	+0,4	+0,4	+0,4

- Sättigung:
  Aus der Festlegung der Magnitude auf ein vorgegebenes Periodenband ergibt sich ein Problem, das in Abb. 5.19 verdeutlicht wird (nach GELLER, 1976). Dargestellt sind die Spektren für Raum- und Oberflächenwellen in Abhängigkeit von der Stärke des Bebens (seismisches Moment). Mit zunehmender Stärke verschiebt sich die Eckfrequenz (s. auch Kapitel 7) nach niedrigeren Frequenzen (längeren Perioden). Für Erdbeben mit einer Magnitude $M_s > 8{,}2$ (s. z.B. GELLER, 1976) ändert sich die spektrale Amplitudendichte nicht mehr, es tritt ein Sättigungseffekt ein.
  Die Magnitude M_s für 20 ± 3 s bleibt dann konstant, auch wenn die tatsächliche Stärke eines Bebens größer ist. Um diese Schwierigkeiten zu umgehen, werden zwei Wege beschritten:
  Ausweitung der IASPEI-Formel auf Perioden von $T = 80$ bis 250 s (s. z.B. PROZOROV u.a., 1977). Folgende Beziehung wird empfohlen

$$M'_s = \log (A/T) + (1{,}66 - 0{,}9 \log (T/20)) \log \Delta + (3{,}3 + 0{,}65 + 2{,}9 \log (T/20)). \tag{5.12}$$

  Bestimmung der Magnitude über das seismische Moment.

5.2.2.3. *Raumwellenmagnitude m_b*

Die Raumwellenmagnitude wird aus der Amplitude bei einer Periode von 1 s bestimmt, da im Nahbereich ($\Delta < 10°$) Raumwellen mit dieser Periode dominieren. Die allgemeine Bestimmungsgleichung lautet

$$m_b = \log (A/T)_{max} + q(\Delta, h). \tag{5.13}$$

$q(\Delta, h)$ bezeichnet die Magnitudeneichfunktion in Abhängigkeit von der Epizentralentfernung Δ und der Herdtiefe h. Auf der IASPEI-Generalversammlung in Zürich 1967 wurde empfohlen, die $q(\Delta, h)$-Relation, wie sie GUTENBERG und RICHTER (1956) angeben, zu verwenden. Ebenso wie bei der Oberflächenwellenmagnitude tritt auch bei der Raumwellenmagnitude ein Sättigungseffekt ein (s. Abb. 5.19). Nach den Angaben verschiedener Autoren liegt der Sättigungswert zwischen $m_b = 6{,}0$ (s. z.B. GELLER, 1976) und etwa 7,25 (s. z.B. CHUNG und BERNREUTER, 1981).

Bei der Bestimmung von m_b für teleseismische Ereignisse wird fast ausschließlich die Vertikalkomponente der P-Welle bzw. PKP-Phase verwandt. Für den Entfernungsbereich $110° < \Delta < 170°$ können aber auch Kernphasen vom Typ PKIKP herangezogen werden.

Große Probleme bereitet die Magnitudenbestimmung für Entfernungen $\Delta < 20°$, da starke regionale Unterschiede in der Dämpfung auftreten. Eingehende Untersuchungen sind daher jeweils notwendig.

Im Nahbereich (Epizentralentfernung $\leqq 10°$) sind die Maximalamplituden in der Regel in der Sg1-Wellengruppe zu finden. In vielen Fällen ist allerdings nicht eindeutig zu klären, ob es sich um S-Wellen oder Oberflächenwellen handelt, bei denen die Maximalamplitude auftritt. Diese Wellen werden daher als Lg-Wellen bezeichnet. Nach NUTTLI (1973) ergeben sich folgende Beziehungen

$$m_{Lg} = 3{,}75 + 0{,}90 \log \Delta + \log (A/T) \quad \text{für } 0{,}5° \leqq \Delta \leqq 4° \tag{5.14a}$$

$$m_{Lg} = 3{,}30 + 1{,}66 \log \Delta + \log (A/T) \quad \text{für } 4° \leqq \Delta \leqq 30° \tag{5.14b}$$

In der DDR wird bei Nahbeben die Magnitude nach der Beziehung von IIDA bestimmt:

$$M = \log A_{\max} \,(\text{in } \mu\text{m}) + 1{,}5 \log (t_s - t_p) + 1{,}2. \tag{5.15}$$

5.2.2.4. Moment-Magnitude

Das Auftreten von Sättigungswerten bedeutet, daß die Magnitude nicht mehr zunimmt, auch wenn die tatsächliche Stärke des Bebens größer wird. Somit wird deutlich, daß der Magnitudenwert, der sich auf eine festgelegte Periode bezieht, ein so komplexes Phänomen, wie es ein Erdbeben darstellt, nur sehr unvollständig beschreiben kann. Außerdem ist die Magnitude eine dimensionslose Größe und nur indirekt mit den Prozessen im Herdgebiet verknüpft. Es gibt daher Bestrebungen, die Magnitude durch das seismische Moment M_0 zu ersetzen bzw. zu ergänzen, das eindeutig physikalisch definiert ist (s. Kapitel 7), eine klare Beziehung zum Herdmechanismus hat und keinen Sättigungseffekt zeigt.

Nach KANAMORI (1977) gilt folgende Beziehung

$$M_{\text{mom}} = 2/3 \log M_0 - 10{,}7. \tag{5.16}$$

5.2.2.5. *Signaldauer-Magnitude*

Zur Magnitudenbestimmung lokaler Beben (Mikrobeben) im Entfernungsbereich bis zu einigen zehn km hat sich die Signaldauer-Magnitude M_τ bewährt. Bereits BISZTRICSÁNY (1958) leitete eine empirische Formel zur Ermittlung der Magnitude aus der Länge einer Aufzeichnung ab. Die Signaldauer wird mit

$$\tau = \mathrm{F} - \mathrm{P} \tag{5.17}$$

definiert. Dabei ist P die Zeit des ersten Einsatzes und F (= Finis) das Ende des Signals. Gewöhnlich wird damit die Zeit angegeben, bei der die mittlere Signalamplitude unter die Rauschamplitude absinkt. Für Mikrobebenuntersuchungen sind die Signaldauer-Magnituden durchaus verbreitet. Eine Zusammenstellung einiger Beziehungen ist bei BÅTH (1981) zu finden.

Wie Abb. 5.20 zeigt, streuen die Werte für die einzelnen Beziehungen sehr stark. Die Signaldauer-Magnitude sollte daher nur als eine Maßzahl zum Vergleich schwacher Beben aus dem gleichen Herdgebiet verwandt werden.

5.2.2.6. *Beziehungen zwischen den Magnitudenskalen*

GUTENBERG und RICHTER (1956) veröffentlichten eine Umrechnung zwischen M_s und m_b.

Die Züricher Empfehlung der IASPEI von 1967 gibt folgende Beziehung an:

$$m_b = 0{,}56\, M_s + 2{,}9. \tag{5.18}$$

BÅTH (1977) zeigte, daß sich diese Beziehung durchaus als weltweites Mittel bewährt hat, wobei er allerdings eine geringfügige Korrektur anbrachte

$$m_b = 0{,}55\, M_s + 2{,}94. \tag{5.19}$$

Da sowohl bei m_b als auch bei M_s Sättigungseffekte auftreten, ist allerdings nicht mit einer über den gesamten Magnitudenbereich einheitlichen Umrechnungsbeziehung zu rechnen.

Eingehend hat z. B. GELLER (1976) diese Fragen untersucht. Er gibt folgende Beziehungen an:

$$\begin{array}{ll}
m_b = M_s + 1{,}33 & \text{für } M_s < 2{,}86 \\
m_b = 2/3\, M_s + 2{,}28 & 2{,}86 < M_s < 4{,}90 \\
m_b = 1/3\, M_s + 3{,}91 & 4{,}90 < M_s < 6{,}27 \\
m_b = 6{,}00 & 6{,}27 < M_s \\
\log M_0 = M_s + 18{,}89 & M_s < 6{,}76 \\
\log M_0 = 3/2\, M_s + 15{,}51 & 6{,}76 < M_s < 8{,}12 \\
\log M_0 = 3\, M_s + 3{,}33 & 8{,}12 < M_s < 8{,}22 \\
M_s = 8{,}22 & \log M_0 > 28.
\end{array}$$

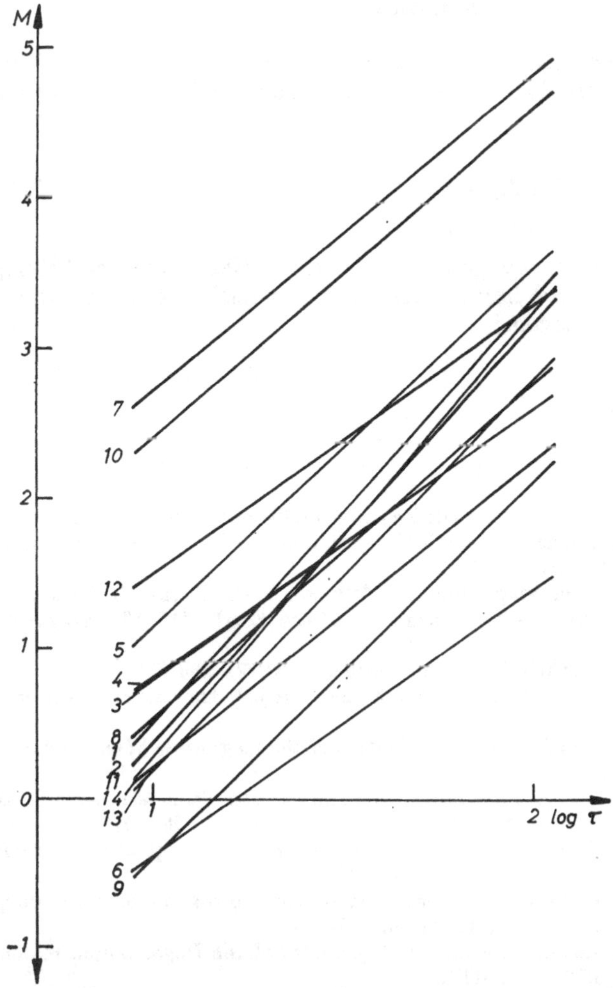

Abb. 5.20. Beziehung zwischen Signaldauer und Magnitude nach verschiedenen Autoren (nach BÅTH, 1981)
1 – TSUMURA (1967); *2* – CROSSON (1972); *3* – HAMILTON u.a. (1972); *4* – GIBBS u.a. (1973); *5* – HANEDA und SAKAI (1974); *6* – BOLLINGER u.a. (1976); *7* – HEDAYATI u.a. (1976); *8* – RADU und APOPEI (1977); *9* – VERED (1977); *10* – MCGARR und GREEN (1978); *11* – MCNALLY u.a. (1978); *12* – SUHADOLC (1978); *13* – GUPTA u.a. (1979); *14* – TALWANI u.a. (1979)

5.2.2.7. *Magnituden-Energie-Relation*

Die Bestimmung der seismisch freigesetzten Energie E ist eine der wichtigsten Aufgaben in der Seismologie und Grundlage für die Untersuchung der seismischen Gefährdung.

Nach RICHTER (1958) gilt

$$\begin{aligned}\log E &= 11{,}8 + 1{,}5\, M_s \text{ (erg)}. \\ &= 4{,}8 + 1{,}5\, M_s \text{ (J)}\end{aligned} \tag{5.20}$$

Trotz vieler weiterer Untersuchungen hat sich diese Beziehung im Prinzip bewährt. In neuerer Zeit wird immer mehr das seismische Moment für die Energieberechnung herangezogen.

5.3. Literatur

Association Internationale de Séismologie et de Physique de l'Interieur de la Terre: Comptes Rendus des Séances de la Quatorzième Conférence, réunie à Zurich du 25 septembre au 6 octobre 1967, Première Partie 1967.

BÅTH, M.: Earthquake energy and magnitude. In: AHRENS, L. H.; PRESS, F.; RUNCORN, S. K.; UREY, H. C. (Eds.): Physics and Chemistry of the Earth, 115–165. Pergamon Press, 1966.

BÅTH, M.: Teleseismic magnitude relations. Ann. Geofis. **30** (1977), 299–327.

BÅTH, M.: Earthquake magnitude-recent research and current trends. Earth-Science Reviews **17** (1981), 315–398.

BISZTRICSÁNY, E.: A new method for the determination of the magnitude of earthquakes. Geofiz. Közl. **7** (1958), 69–96.

BOLLINGER, G. A.; LANGNER, C. J.; HARDING, S. T.: The eastern Tennessee earthquake sequence of October through December, 1973. Bull. Seism. Soc. Am. **66** (1976), 525–547.

CHUNG, D. H.; BERNREUTER, D. L.: Regional relationships among earthquake magnitude scales. Rev. Geophys. Space Phys. **19** (1981), 649–663.

CRAMPIN, S.: A method for the location of near seismic events using travel-times along ray paths. Geophys. J. R. astron. Soc. **21** (1970), 535–539.

CROSSON, R. S.: Small earthquakes, structure, and tectonics of the Puget Sound region. Bull. Seism. Soc. Am. **62** (1972), 1133–1171.

CROSSON, R. S.: Crustal structure modeling of earthquake data. Part 1. Simultaneous least squares estimation of hypocenter and velocity parameters. J. Geophys. Res. **81** (1976), 3036–3046.

DAHLMAN, O.; ISRAELSON, H.: Monitoring underground nuclear explosions. Elsevier Scient. Publ. Comp., Amsterdam-Oxford-New York, 1977.

DOUGLAS, A.; LILWALL, R. C.; YOUNG, J. B.: Computer programs for epicentre determination. AWRE Rep. 028/74 (1974).

DUDA, S. J.; NUTTLI, O. W.: Earthquake magnitude scales. Geophys. Surv. **1** (1974), 429–458.

DZIEWONSKI, A. M.; CHOU, T.-A.; WOODHOUSE, J. H.: Determination of source mechanism and hypocentral coordinates from waveform data. In: HUSEBYE, E. S.; MYKKELT-

VEIT, S. (Eds.): Identification of seismic sources – earthquake or underground explosion. Reidel Publ. Comp. Dordrecht, Boston, London 1981, 233–254.

EATON, J. P.: HYPOLAYR, a computer program for determining hypocenters of local earthquakes in an earth consisting of uniform flat layers over a half space. Geol. Surv. Open-File Rep. 155 (1969).

EVERNDEN, J. F.: Variation of Rayleigh-wave amplitude with distance. Bull. Seism. Soc. Am. **61** (1971), 231–240.

GEIGER, L.: Herdbestimmungen bei Erdbeben aus den Ankunftszeiten. Nachr. v. d. Königl. Gesell. d. Wiss. z. Göttingen, Math.-phys. Klasse (1910), 331–349.

GELLER, R. J.: Scaling relations for earthquake source parameters and magnitudes. Bull. Seism. Soc. Am. **66** (1976), 1501–1523.

GIBBS, J. F.; HEALY, J. H.; RALEIGH, C. B.; COAKLEY, J.: Seismicity in the Rangely, Colorado, area: 1962–1970. Bull. Seism. Soc. Am. **63** (1973), 1557–1570.

GUPTA, H. K.; RASTOGI, B. K.; RAO, C. V. R.: Reservoir induced seismicity. Geophys. Res. Bull. Hyderabad **17** (1979), 391–404.

GUTENBERG, B.: Amplitudes of P, PP, and S and magnitude of shallow earthquakes. Bull. Seism. Soc. Am. **35** (1945), 57–69.

GUTENBERG, B.; RICHTER, C. F.: Magnitude and energy of earthquakes. Ann. Geofis. **9** (1956), 1–15.

HAMILTON, R. M.; SMITH, B. E.; FISCHER, F. G.; PAPANEK, P. J.: Earthquakes caused by underground nuclear explosions on Pahute Mesa, Nevada Test Site. Bull. Seism. Soc. Am. **62** (1972), 1319–1341.

HANEDA, T.; SAKAI, K.: Some practical problems on the determination of magnitude from duration time of oscillation. Prelim. Rep. Earthqu. Res. Inst. Tokyo Univ. (1974) 12, 99–104.

HEDAYATI, A.; BRANDER, J. L.; BERBERIAN, M.: Microearthquake survey of Tehran region. Iran. Bull. Seism. Soc. Am. **66** (1976), 1713–1725.

HERRMANN, R. B.: FASTHYPO – a hypocenter location program. Earthqu. Notes **50** (1979), 25–37.

JACOB, K. H.: Three-dimensional seismic ray tracing in a laterally heterogenous spherical earth. J. Geophys. Res. **75** (1970), 6675–6689.

JOHNSON, C. E.: I. CEDAR: An approach to the computer automation of short-period local seismic networks. II. Seismotectonics of the Imperial Valley of Southern California. Ph. D. Thesis, California Inst. Technol., Pasadena (1979).

JULIAN, B. R.; GUBBINS, D.: Three-dimensional seismic ray tracing. J. Geophys. **43** (1977), 95–113.

KANAMORI, H.: The energy release in great earthquakes. J. Geophys. Res. **82** (1977), 2981–2987.

KLEIN, F. W.: Hypocenter location program – HYPOINVERSE: Users guide to versions 1, 2, 3 and 4. Geol. Surv. Open-File 78–694 (1978), 1–113.

LAHR, J. G.: HYPOELLIPSE: A computer program for determining local earthquake hypocentral parameters, magnitude, and first motion pattern. Geol. Surv. Open-File Rep. 79–431 (1979), 1–239.

LEE, W. H. K.; LAHR, J. C.: HYPO 71 (revised): A computer program for determining hypocenter, magnitude, and first motion pattern of local earthquakes. Geol. Surv. Open-File Rep. 75–311 (1975), 1–116.

LEE, W. H. K.; STEWART, S. W.: Principles and applications of micro-earthquake networks. Academic Press, New York, London, Toronto, Sydney, San Francisco, 1981.

MAAZ, R.: Globale Ortung von Erdbeben bei minimaler Information. Gerlands Beitr. Geophys. 88 (1979), 321–328.

McGarr, A.; Green, R. W. E.: Microtremor sequences and tilting in a deep mine. Bull. Seism. Soc. Am. **68** (1978), 1679–1697.

McNally, K. C.; Simila, G. W.; von Dollen, F. J.: Microearthquake activity adjacent to the Rocklin pluton near Auburn, California. Bull. Seism. Soc. Am. **68** (1978), 239–243.

Meissner, R.; Berckhemer, H.; Glocke, A.: Results from deep-seismic sounding in the Rhine-Main area. In: Giese, P.; Prodehl, C.; Stein, A. (Eds.): Explosion Seismology in Central Europe, 301–312. Springer Verlag Berlin, Heidelberg, New York 1976.

Nuttli, O. W.: Seismic wave attenuation and magnitude relations for Eastern North America. J. Geophys. Res. **78** (1973), 876–885.

Oesberg, R.-P.: Vertikale und laterale Geschwindigkeitsinhomogenitäten im oberen Erdmantel Europas. Diss. B. ZI für Physik der Erde Potsdam, 1981.

Prozorov, A.; Shimshoni, M. G.; Knopoff, L.: Magnitude studies from ultra-long-period records. Geophys. J. R. astron. Soc. **48** (1977), 407–414.

Radu, L.; Apopei, I.: Magnitude m_b of the intermediate earthquakes in the Vrancea area. Publ. Inst. Geophys. Pol. Acad. Sci. A-5 (116) (1977), 73–83.

Richter, C. F.: An instrumental earthquake magnitude scale. Bull. Seism. Soc. Am. **25** (1935), 1–32.

Richter, C. F.: Elementary Seismology. Freeman and Co., San Francisco 1958.

Schneider, G.: Erdbeben, Entstehung – Ausbreitung – Wirkung. F. Enke Verlag Stuttgart 1975.

Shapira, A.; Båth, M.: Short distance hypocenter location in layered media. Seismol. Inst. Uppsala Rep. 2–77 (1977).

Sponheuer, W.: Methoden zur Herdtiefenbestimmung in der Makroseismik. Freib. Forsch.-Hefte C 88, 1960.

Suhadolc, P.: Total durations and local magnitudes for small shocks in Friuli, Italy. Boll. Geofis. Teor. Appl. **20** (79) (1978), 303–312.

Talwani, P.; Stevenson, D.; Amick, D.; Chiang, J.: An earthquake swarm at Lake Keowee, South Carolina. Bull. Seism. Soc. Am. **69** (1979), 825–841.

Tsumura, K.: Determination of earthquake magnitude from total duration of oscillation. Bull. Earthqu. Res. Inst. Tokyo **45** (1967), 7–18.

Vaněk, J.; Zatopek, A.; Kárník, V.; Kondorskaja, N. V.; Rizničenko, Ju. V.; Savarenskii, E. F.; Solovev, S. L.; Šebalin, N. V.: Standartizacija škaly magnitud. Isv. A. N. SSSR, Ser. Geofiz. (1962) 2, 153–158.

Vered, M.: Magnitude – duration relations for the Afro-Eurasian junction. Israel J. Earth Sci. **26** (1977), 15–18.

Wylegalla, K.: Statistische Untersuchung der Ortungsfehler der seismologischen Stationen MOX, CLL und BRG. ZI für Physik der Erde, Potsdam 1982.

6. Seismizität und Tektonik[1]

6.1. Das Konzept der Plattentektonik

Bereits erste Zusammenstellungen der globalen Verteilung der Erdbebenherde (s. z.B. MILNE, 1898; MONTESSUS DE BALLORE, 1906) ließen erkennen, daß die Erdbebentätigkeit nicht gleichmäßig über die Erde verteilt ist (s. auch Abb. 2.3).

Der Aufbau gut ausgerüsteter seismologischer Stationen und Stationssysteme sowie die Entwicklung leistungsfähiger Ortungsverfahren ermöglichten eine immer genauere Bestimmung des Epizentrums und der Herdtiefe von Erdbeben. Regionale und nationale seismische Überwachungsnetze führten zu detaillierten Kenntnissen über die Raum-Zeit-Verteilung auch schwacher Erdbeben ($M < 3$). Damit gelang es, ein immer klareres Bild über die Gesetzmäßigkeiten der regionalen Verteilung von Erdbeben und über den Zusammenhang zwischen seismischer Aktivität und tektonischem Bau der Erdkruste zu erhalten. Betrachtet man die Bebenverteilung in globalem Maßstab (s. Abb. 6.1), so wird deutlich, daß sich die Bebenherde in schmalen Zonen scharen, während weite Teile der Kontinente und Ozeane keine oder nur eine sehr geringe seismische Aktivität zeigen. Dieses charakteristische Verteilungsmuster der Bebenherde war die Grundlage für die Ableitung des Modells der Plattentektonik, das die seismische und tektonische Aktivität im obersten Teil der Erde durch die Wechselwirkung und gegenseitige Beeinflussung von wenigen großen Platten erklärt. Die Relativbewegungen zwischen den Platten sind auf die Plattengrenzen konzentriert, daher bilden sich hier die seismischen Zonen der Erde.

Die Vorstellung, daß die oberflächennahen Teile der Erde aus einzelnen starren Platten besteht, die sich auf einer fließfähigen Unterlage unter Einwirkung äußerer Kräfte verschieben können, ist allerdings nicht neu. In Grundzügen hat O. FISHER bereits 1889 diese Hypothese formuliert. WEGENER (1915) veröffentlichte die Theorie der Kontinentalverschiebung (s. auch ARGAND, 1922 und DU TOIT, 1937).

Die intensive Untersuchung der ozeanen Gebiete der Erde besonders nach dem 2. Weltkrieg führte zu der Erkenntnis, daß es erdumspannende submarine

[1]) Autor: E. HURTIG

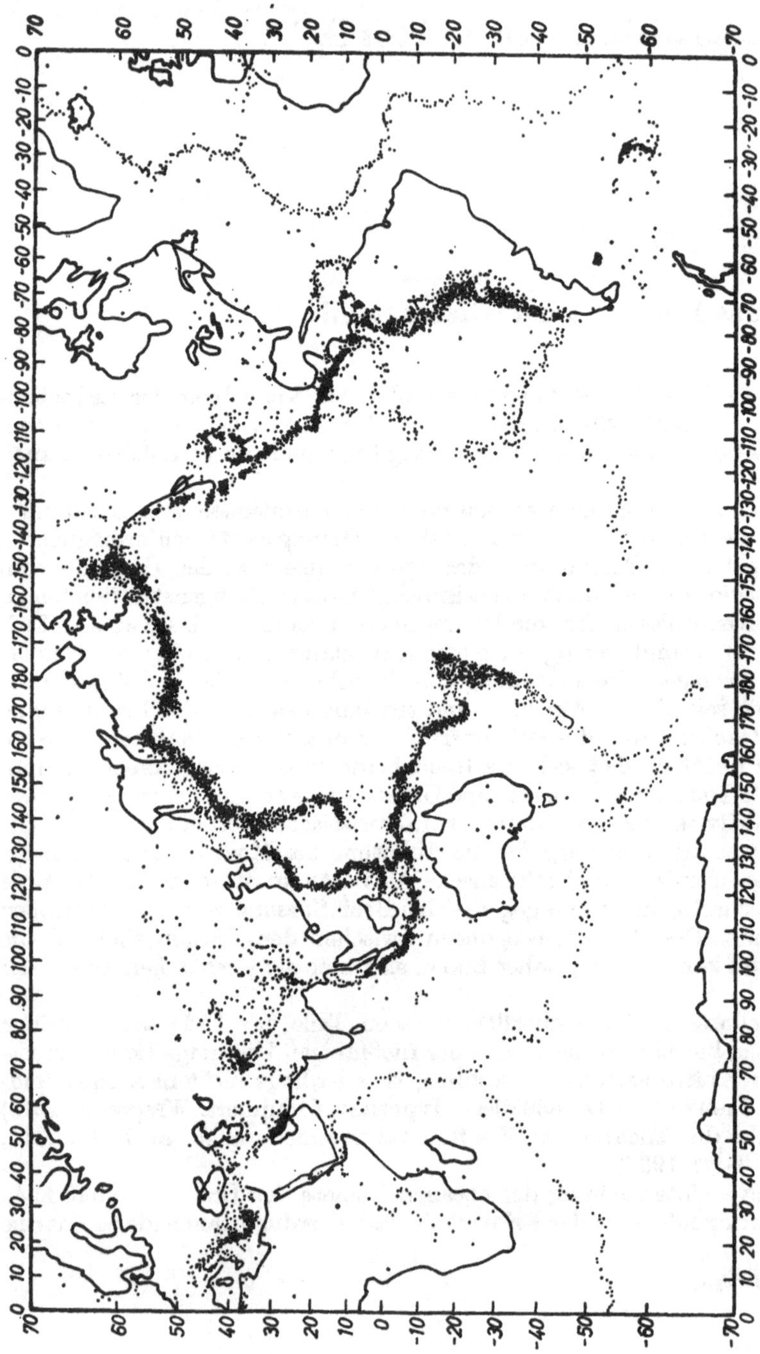

Abb. 6.1. Verteilung der Erdbebenherde auf der Erde

Rückensysteme gibt, die mit einem zentralen Graben (Rift) eine sehr charakteristische Morphologie aufweisen und eng mit vulkanischen und seismischen Erscheinungen gekoppelt sind. HESS (1962) leitete daraus die Idee des Sea-Floor-Spreading ab. Seine Vorstellungen, daß der Meeresboden entlang der ozeanen Rückensysteme aufbricht und beide Seiten auseinanderdriften, wurde in den sechziger Jahren weiterentwickelt (s. z.B. DIETZ, 1963; VINE und MATTHEWS, 1963; HESS, 1965; WILSON, 1965; VINE, 1966; PITMAN und HEIRTZLER, 1966; SYKES, 1967; MCKENZIE, 1967; OLIVER und ISACKS, 1967).

Aus der Zusammenfassung dieser Arbeiten ergab sich schließlich das Konzept der Plattentektonik (s. z.B. MCKENZIE und PARKER, 1967; ISACKS, OLIVER und SYKES, 1968; LE PICHON, 1968). Einen Gesamtüberblick haben MCKENZIE (1972) und LE PICHON, FRANCHETEAU und BONNIN (1973) gegeben. Die Bezeichnung „Plattentektonik" wurde von VINE und HESS (1970) eingeführt.

Abb. 6.2 verdeutlicht die Grundidee der Plattentektonik. Es gibt Zonen auf der Erde (vorwiegend sind es die mittelozeanen Rückensysteme), an denen Material aus tieferen Teilen des oberen Erdmantels bis an die Erdoberfläche aufdringt. Symmetrisch zur Rückenachse (Spreadingachse) entsteht neue ozeanische Erdkruste. Dabei werden die oberflächennahen Schichten der Erde, die Lithosphäre, auseinandergedrückt. Dieser Vorgang vollzieht sich jedoch nicht gleichmäßig entlang der gesamten Rückenachse. Die horizontale Ver-

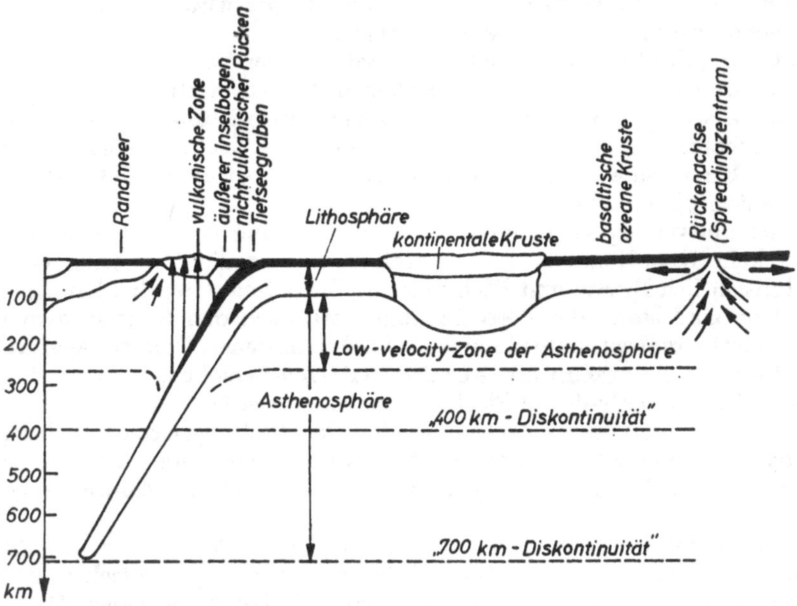

Abb. 6.2. Grundprinzip der Plattentektonik

schiebung erfolgt vielmehr in einzelnen Segmenten, die durch senkrecht zur Rückenachse stehende Transformstörungen getrennt werden. Der horizontale Verschiebungsbetrag der einzelnen Segmente kann unterschiedlich sein (s. Tafel I).

Wenn die Lithosphärenplatten beiderseits der Rückenachse auseinanderdriften, schleppen sie vorhandene Kontinentalblöcke mit sich mit. Die der Spreadingachse zugewandten Kontinentalränder sind daher tektonisch und seismisch in der Regel inaktiv (passive Kontinentalränder).

Der Neubildung ozeaner Erdkruste, die mit Weitungsvorgängen verbunden ist, stehen Zonen gegenüber, in denen die Lithosphäre wieder in den oberen Erdmantel zurückgeführt wird. Abb. 6.2 verdeutlicht, daß man sich diesen Prozeß als ein Abtauchen der ozeanen Lithosphäre unter die leichtere kontinentale Lithosphäre entlang von Subduktionszonen vorzustellen hat. Der symmetrischen Neubildung von Lithosphäre in den Spreadingzonen steht also ein einseitiger, asymmetrischer Abbau im Bereich der Subduktionszonen gegenüber. Der Subduktionsprozeß ist mit einer intensiven tektonischen, seismischen, vulkanischen und geothermischen Aktivität verbunden. Die Kontinente haben daher entlang von Subduktionszonen aktive Ränder.

Das Konzept der Plattentektonik besagt also (s. auch McKenzie, 1972):

- Der obere Erdmantel und die Erdkruste gliedern sich nach ihrem rheologischen Verhalten in eine weitgehend starre Lithosphäre und eine fließfähige Asthenosphäre (s. auch Abb. 6.2).
- Die bei Erdbeben frei werdende mechanische Energie wird innerhalb weniger, schmaler, seismisch aktiver Zonen freigesetzt.
- Die Verteilung der Platten ist nicht identisch mit der Verteilung von Land und Meer. Damit wird einer der wesentlichen Ansatzpunkte für die Kritik an der Wegenerschen Kontinentalverschiebungstheorie überwunden; denn es war mechanisch schwer verständlich, wie die aus leichtem Material bestehenden Kontinente sich einen Weg durch das dichtere Material der ozeanen Lithosphäre bahnen sollten.
- Jede Plattenbewegung kann nur als Relativbewegung verstanden werden. Es gibt kein Koordinatensystem, innerhalb dessen die Bewegung einer Platte hinsichtlich Betrag und Richtung absolut definiert werden kann.
- Die Platten sind starr, die Verschiebungen zwischen den Platten werden von den Plattengrenzen aufgenommen, alle dynamischen Prozesse sind auf die Plattengrenzen konzentriert. Aus den Plattenverschiebungen kann nicht auf Spannungen innerhalb der Platten geschlossen werden.

Aus diesem Konzept wird verständlich, daß den Plattengrenzen die dominierende dynamische Rolle zugeordnet wird. Das Platteninnere wird als starr und damit als weitgehend spannungsfrei und seismisch nicht gefährdet angesehen.

Das Konzept der Plattentektonik gibt ein plausibles Modell für den Zusammenhang zwischen Tektonik, Seismizität und weiteren geologischen, geophysikalischen und geochemischen Parametern. Wie bei vielen neuen Hypothesen wurde jedoch versucht, zu viel, wenn nicht sogar alles in das plattentektonische Schema zu pressen. Es gibt eine ganze Reihe von Beobachtungsergebnissen, die sich nicht in dieses einfache Schema einpassen lassen und die zu einer Modifizierung plattentektonischer Vorstellungen führen. So brachte z.B. die seismische Überwachung kontinentaler Gebiete den Nachweis, daß es eine beachtliche Intraplattentektonik gibt. Die Kenntnisse über die Größe der Spannungen und die Spannungsverteilung innerhalb der Platten sowie über den Zusammenhang zwischen Interplatten- und Intraplattentektonik sind sehr unvollkommen. Es bedarf noch intensiver Forschungsarbeiten, um hier zu einer Klärung zu kommen.

Weiterhin hat sich gezeigt, daß die Mächtigkeit der Lithosphäre regional sehr unterschiedlich ist und auch in der Asthenosphäre erhebliche laterale Variationen im rheologischen Verhalten auftreten. Dabei heben sich insbesondere die alten Kratone und Plattformgebiete als Inhomogenitäten erster Ordnung heraus. Es ist nicht gerechtfertigt, von einer einheitlich ausgebildeten Asthenosphäre auszugehen.

Für das Verständnis der Raum-Zeit-Verteilung von Erdbeben und damit für die Abschätzung der seismischen Gefährdung sind vor allem folgende Fragen wichtig:
- die Plattenränder als dynamische Systeme,
- Ursachen und Prozesse der Intraplattentektonik,
- Antriebskräfte für die Plattenbewegung.

6.2. Platten und Plattengrenzen

Aus der Verteilung der Bebenherde läßt sich den Vorstellungen der Plattentektonik entsprechend ein Plattenmosaik ableiten. Le Pichon (1968) hat die Lithosphäre in 6 große Platten zerlegt. Diese sind (s. Tafel I): Die eurasiatische Platte, die amerikanische Platte, die afrikanische Platte, die antarktische Platte, die indische Platte und die pazifische Platte. Mit der Nazca-Platte, der Somalia-Platte, der Philippinen-Platte, der Arabischen Platte, der Karibischen Platte und der Cocos-Platte wurde ein 12-Platten-Modell (s. Morgan, 1972) definiert. Die Zerlegung in Kleinplatten ist von verschiedenen Autoren sehr weit getrieben worden.

Die Relativbewegung zwischen den Platten kann lokal bis zu 12 cm/Jahr betragen.

Die Plattengrenzen werden durch die seismisch aktiven Zonen markiert. Unter Berücksichtigung morphologischer und geologischer Elemente lassen sich 4 Typen seismischer Zonen unterscheiden (s. auch Dewey, 1974):
- Der 1. Typ ist an die mittelozeanen Rückensysteme geknüpft. Es treten nur Flachbeben (weniger als 70 km tief) auf. Die seismische Aktivität ist eng verbunden mit hohem Wärmefluß und starkem basaltischem Vulkanismus.

- Im 2. Typ seismisch aktiver Zonen treten ebenfalls nur Flachbeben auf, allerdings fehlt eine vulkanische Aktivität. Typisches Beispiel ist die San-Andreas-Verwerfung.
- Der 3. Typ ist eng an die Tiefseerinnen und ozeanen Inselbögen geknüpft. Die Erdbebenherde können oberflächennah sein, sie können aber auch bis zu Tiefen von 700–800 km auftreten. Die Herd-Tiefenverteilung definiert eine schmale Struktur, die von den Tiefseegräben in Richtung Kontinent einfällt und bis an die Basis des oberen Erdmantels reichen kann. Sie markiert die Subduktionszone und wird häufig als BENIOFF-Zone bezeichnet.
- Der 4. Typ ist an den Erdbebengürtel zwischen dem Mittelmeer und Südostasien gebunden. In dieser kontinentalen Zone treten vorwiegend flache Erdbeben auf. Allerdings sind aus einigen Abschnitten auch mitteltiefe und tiefe Beben bekannt geworden.

Berücksichtigt man neben der seismischen Aktivität auch den Bewegungssinn der Plattenbewegungen, so können drei Haupttypen von Plattengrenzen unterschieden werden (s. z. B. BURCHFIEL, 1980):
- divergente Plattengrenzen,
- transforme Plattengrenzen,
- konvergente Plattengrenzen.

Die Plattengrenzen spielen für das Verständnis der globalen Verteilung der seismischen Aktivität und die Herd-Tiefenverteilung und damit für die Einschätzung der seismischen Gefährdung eine dominierende Rolle.

6.2.1. Divergente Plattengrenzen

Eine divergente Bewegung verursacht in der Lithosphäre eine Dehnung, wodurch langgestreckte Grabenbrüche (Riftzonen) entstehen. Geht man von einer kontinentalen Lithosphäre aus, so lassen sich folgende Entwicklungsphasen unterscheiden:
- In einem ersten Riftstadium zerbricht die kontinentale Lithosphäre entlang linearer Bruchsysteme. Dieser Riftprozeß ist mit einem aktiven Vulkanismus und einer erheblichen seismischen und geothermischen Aktivität verbunden. In Abb. 6.3 ist schematisch die Entwicklung kontinentaler Riftsysteme dargestellt. Die Lithosphäre verdünnt sich, die Asthenosphäre wölbt sich unter den Riftsystemen auf.
- Hält die divergente Bewegung an, so treten die Riftsysteme in das Driftstadium. Die Ränder der kontinentalen Riftzone bewegen sich auseinander, Mantelmaterial steigt entlang der Nahtzone auf, es bildet sich eine neue ozeane Kruste. Die ehemals einheitliche Kontinentplatte hat sich in zwei Platten aufgespalten, dabei geht das kontinentale Rift in ein ozeanes Rift über.

Ozeane und kontinentale Riftsysteme müssen trotz sehr ähnlicher Morphologie deutlich unterschieden werden. Kontinentale Riftsysteme sind Zerfallsstrukturen mit einer vorhandenen kontinentalen Lithosphäre. Ozeane Riftsysteme sind Plattengrenzen, an denen neue Lithosphäre gebildet wird. Die Asthenosphäre steigt nach oben, in der Achse des Riftes fehlt die Lithosphäre, sie bildet sich erst nach und nach mit fortschreitender Entfernung vom aktiven Riftzentrum.

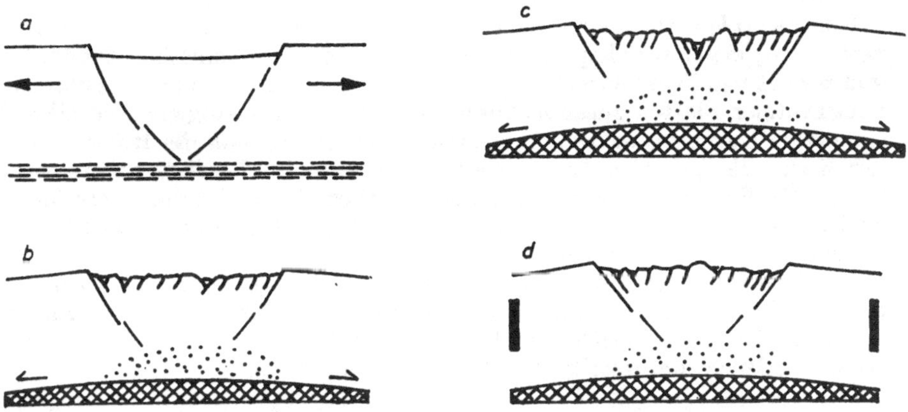

Abb. 6.3. Entwicklungsschema kontinentaler Riftsysteme (nach Illies, 1981)
a) Bildung einer keilfömigen Struktur,
b) Aufwölbung des oberen Erdmantels (schraffiert) und Bildung eines thermischen Domes (punktiert) mit teilweiser Resorption der Wurzel der keilförmigen Struktur.
c) Die Aufwölbung des oberen Erdmantels führt zu einem gravitativen Abgleiten. Es entstehen Rift-in-Rift Strukturen.
d) Ist das seitliche gravitative Abgleiten behindert, so kommt es zu einer Hebung des Grabinnern

Die Entwicklung kontinentaler Riftsysteme kann im Riftstadium stehen bleiben. Sie werden dann als nichtentwickelte (failed) Rifte bezeichnet. Die tektonischen Formen langgestreckter kontinentaler Grabenbruchsysteme werden bewahrt, eine weitere Öffnung findet jedoch nicht statt.

Dehnungsvorgänge, die zu Riftstrukturen führen, sind in kontinentalen Platten nicht nur an divergente Plattengrenzen gebunden (s. z.B. Burke, 1980). Auch an Plattengrenzen mit einer ausgebildeten Subduktionszone (konvergente Plattengrenze) können sich an den Kontinentalrändern und im Bereich von Inselbögen Riftsysteme dort bilden, wo die Lithosphäre am dünnsten ist, d.h. entlang der aktiven Vulkankette. Diese Riftsysteme erhalten dann eine große Bedeutung, wenn sie sich zu Randbecken entwickeln (s. Abb. 6.2).

Eine große Vielfalt von Riftstrukturen bildet sich an solchen konvergenten Plattengrenzen, an denen Kontinentalplatten aufeinandertreffen (kollidieren). Häufig werden „failed rifts" reaktiviert und erstrecken sich dabei in Orogene, die sich bei der Plattenkollision bildeten. Solche reaktivierten Rifts werden als Aulakogene bezeichnet (s. z.B. Šatskij, 1955; Milanovsky, 1981).

Infolge der intrakontinentalen Deformation bei der Plattenkollision können sich aber auch ganz neue Riftsysteme bilden. Sie werden als Impaktogene bezeichnet. Ein typisches Beispiel ist der Oberrheintalgraben. Damit wird deutlich, daß Riftsysteme zwar Dehnungsstrukturen, aber nicht notwendigerweise an divergente Plattengrenzen gebunden sind.

Kontinentale Riftsysteme sind stets mit einer gewissen seismischen Aktivität verbunden; sie sind daher für die Einschätzung der seismischen Gefährdung von Bedeutung. Dies gilt insbesondere für solche Rifte, die mit dem Aufbrechen kontinentaler Platten zusammenhängen, und für Impaktogene. Die jährliche seismische Energiefreisetzung ist allerdings so gering, daß die Riftsysteme in der Karte der globalen Energiefreisetzung kaum in Erscheinung treten (s. Tafel VII). So erreichte z.B. das stärkste Beben dieses Jahrhunderts im ostafrikanischen Riftsystem am 13. 12. 1910 in der Nähe des Tanganjika-Sees lediglich eine Magnitude von 7,1.

Die Herdtiefe der Beben in kontinentalen Riftsystemen ist gering. Als typisches Beispiel ist in Abb. 6.4 die Tiefenverteilung der seismischen Energiefreisetzung und der Dislokation für den Oberrheintalgraben und die Niederrheinische Bucht dargestellt (aus Ahorner u.a., 1972).

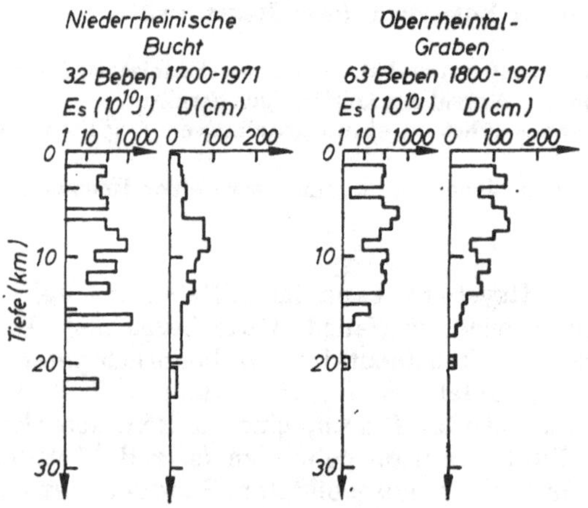

Abb. 6.4. Tiefenverteilung der seismischen Energiefreisetzung E_s und der seismotektonischen Dislokation D in der Niederrheinischen Bucht und im Oberrheintalgraben (aus Ahorner u.a., 1972)

Die seismische Aktivität an ozeanen Riftsystemen ist für die Einschätzung der seismischen Gefährdung ohne Bedeutung. Interessant ist, daß in der Achse der ozeanen Rückensysteme, d.h. im eigentlichen Spreadingzentrum, die seismische Aktivität sehr gering ist oder gänzlich fehlt, da das niedrigviskose Material kaum Spannungen aufnehmen kann. Die Erdbeben sind hier an die Transformstörungen gebunden.

6.2.2. Transforme Plattengrenzen

An transformen Plattengrenzen gleiten die Lithosphärenplatten aneinander vorbei. Ein aktiver Vulkanismus tritt nicht auf. Die Plattengrenze erscheint als eine z.T. mehrere 100 km breite Zone parallel streichender Verwerfungen. Für einen bestimmten geologischen Zeitabschnitt kann die Hauptbewegung einmal von der einen, dann von einer anderen Verwerfung aufgenommen werden. Typische Beispiele sind die San-Andreas-Verwerfung oder das nordanatolische Bruchsystem.

Die San-Andreas-Verwerfung reicht nach den Untersuchungen von Hadley und Kanamori (1977) nur bis zu einer Tiefe von etwa 40 km. Die Mächtigkeit der Lithosphärenplatte ist jedoch wesentlich größer. Im Bereich der Kruste-Mantel-Grenze muß also eine Entkoppelung zwischen oberer und unterer Lithosphäre erfolgen. Die eigentliche Plattengrenze wird weiter im Osten vermutet. Die jetzige San-Andreas-Verwerfung ist also nur ein Teil des Plattengrenzsystems im westlichen Nordamerika und nicht identisch mit der Plattengrenze.

Für die Einschätzung der seismischen Gefährdung sind transforme Plattengrenzen von Bedeutung. Die seismische Aktivität ist erheblich, die Herdtiefe ist gering, die Verwerfungen laufen durch z.T. dicht besiedelte und hochindustrialisierte Gebiete, so daß bei Beben beträchtliche Schäden auftreten können.

6.2.3. Konvergente Plattengrenzen

An konvergenten Plattengrenzen erfolgt der Abbau von Lithosphärenplatten durch Subduktion und Rückführung des Materials in den oberen Erdmantel. Sie sind die Gebiete der Erde mit der höchsten seismischen Aktivität (s. Abb. 6.1) und damit der größten seismischen Gefährdung. Etwa 85% der seismischen Energie werden hier freigesetzt und zwar vorwiegend im zirkumpazifischen Erdbebengürtel (s. Tafel VII).

Dort, wo eine basaltische ozeane Lithosphärenplatte unter eine aus leichterem Material aufgebaute kontinentale Lithosphärenplatte abtaucht, stellt sich ein stabiler Abgleitprozeß ein. Es findet keine Kollission der Platten, sondern eine Unter- bzw. Überschiebung statt. Diese Art von Plattengrenzen bezeichnet man daher als nicht-kollidierende konvergente Plattengrenzen. Typische Beispiele sind die Subduktionsprozesse unter Sumatra oder den Anden.

Dieser Plattengrenzentyp ist durch ein charakteristisches Inventar an morphologischen, tektonischen, geophysikalischen, geochemischen und vulkanologischen Erscheinungen charakterisiert. Von der ozeanen zur kontinentalen Seite folgen: Tiefseegraben, äußerer nichtvulkanischer Rücken, äußerer oder Vorinselbogen, Vulkanbogen. Hinter der vulkanischen Zone kann entweder ein Randmeer (bei vorherrschendem Dehnungsregime) oder ein Orogengürtel (bei vorherrschendem Kompressionsregime) entstehen.

Sehr viel unübersichtlicher ist das tektonische Inventar an Grenzen, wo kontinentale Platten aufeinanderstoßen. Da die mittlere Dichte beider Platten etwa gleich ist, kann sich ein Subduktionsprozeß nicht einstellen. Es kommt daher zur Kollision der beiden Platten. Bedingt durch diesen Kollisionsprozeß spalten sich die Platten (beide oder nur eine) in eine Vielzahl von Einzelschollen und Blöcke auf. Dabei bildet sich ein sehr kompliziertes tektonisches Muster. Die tektonische und damit auch die seismische Aktivität greifen weit in das Platteninnere. Die eigentliche Plattengrenze ist praktisch nicht mehr definierbar. Derartige Bedingungen sind bei der Kollision der indischen und eurasiatischen Platte im Bereich des Himalayas (s. z.B. Molnar und Tapponnier, 1975) sowie der afrikanischen und eurasiatischen Platte anzutreffen.

Das interessanteste Phänomen an konvergenten, nichtkollidierenden Plattengrenzen ist das Abtauchen der ozeanen Lithosphärenplatte unter die kontinentale Platte. Es gibt eine sehr umfangreiche Literatur über die geophysikalischen (insbesondere seismologischen), geotektonischen, geochemischen, petrologischen, vulkanologischen und geomechanischen Aspekte dieses Subduktionsprozesses, dessen Mechanik und Dynamik allerdings auch heute nicht voll verstanden wird.

Die einzelnen Subduktionszonen lassen sich durch einige Parameter charakterisieren. Dies sind die Tiefe, bis zu der eine Subduktionszone reicht, ihre Länge, der Abtauchwinkel, das Alter der in den Subduktionsprozeß einbezogenen Lithosphärenplatte, die Geschwindigkeit des Abtauch- (bzw. Einengungs-) Vorganges und die maximale Stärke der beobachteten Erdbeben.

Die Übersicht in Tab. 6.1 (nach Wortel (1980) sowie Ruff und Kanamori (1980)) läßt sehr große Unterschiede zwischen den einzelnen Subduktionszonen im zirkumpazifischen Raum erkennen. So gibt es Subduktionszonen mit einer vergleichsweise geringen Magnitude des stärksten Bebens (z.B. Marianen, Java, Izu-Bonin, Süd-Sandwich) und andere mit sehr starken Erdbeben (z.B. Südchile, Alaska, Aleuten).

Ruff und Kanamori (1980) haben die Parameter Seismizität, Tiefe, Länge, Alter und Geschwindigkeit von Subduktionszonen miteinander korreliert. Die Beziehung zwischen Tiefe und Alter weist den höchsten Korrelationskoeffizienten auf. Die Seismizität scheint vor allem vom Alter und von der Abtauchgeschwindigkeit abzuhängen. Die Korrelation zwischen Seismizität und der Geschwindigkeit des Konvergenzvorganges deutet auf eine Beziehung zwischen der Stärke der mechanischen Kopplung der abtauchenden mit der darüberliegenden kontinentalen Platte. Diese kann durch die Größe der Normalspannung, den Reibungskoeffizienten und die Größe der Kontaktflächen zwischen den beiden Platten beeinflußt werden. Abb. 6.5 (nach Ruff und Kanamori, 1980) zeigt ein Schema für die mögliche Beziehung zwischen der Ausbildung des Plattenkontaktes und der Stärke auftretender Erdbeben. Im Fall a mit einer intensiven Verhakung ist mit starken Erdbeben zu rechnen, im Fall c wird die tektonische Spannung in niedrig-viskosem Material übertragen. Die relative Verschiebung beider Platten erfolgt weitgehend aseismisch. Die innere Struktur und der Spannungszustand der abtauchenden Platte sind sehr kom-

Tabelle 6.1. Subduktionszonen und deren Parameter (nach WORTEL, 1980; RUFF und KANAMORI, 1980)

Zone	Alter 10^6 Jahre	Konvergenz-geschwindig-keit (cm/Jahr)	Länge (km)	Tiefe (km)	Einfallen (Grad)	Maximale beob. Magnitude
Kurilen	100	8,0	880	660	50	8,5
NE-Japan	125–100	9,7	1300	605	30	8,2
Izu-Bonin	145–125	6,0	830	580	50–70	7,2
Marianen	150	4,1	800	683	85	7,2
Ryukyu	60	5,6	450	275	45	8,0
Sumatra	70–60	6,7	400	200	35	7,9
Java	140–115	7,1	860	650	75	7,1
Tonga	110–140	9,1	960	680	48	8,3
Kermadec	100–140	7,4	970	660	50	8,1
Neuseeland	100–140	5,7	585	370	60	7,8
Mittelchile	53–70	10,6	680	320	30	8,5
Südchile	35	11,0	495	180	20	9,5
Peru	45–65	9,8	750	185	10	8,2
Mittelamerika	40	8,8	355	250	60	8,1
Alaska	40–35	6,0	240	172	≦30	9,2
Aleuten	63–50	7,5	360	240	60	9,2
Kleine Aleuten	75	2,0	270	232	55	7,5
Süd Sandwich	55	2,5	345	254	50	7,0

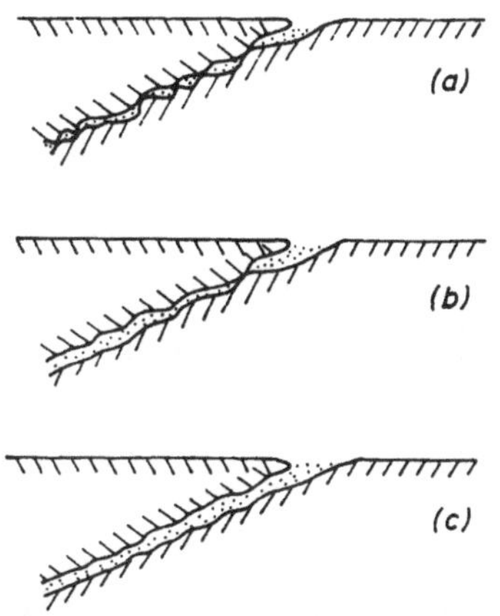

Abb. 6.7. Schematische Darstellung des mechanischen Kontaktes einer Subduktionszone mit der darüberliegenden Platte
(aus RUFF und KANAMORI, 1980).
a) große Rauhigkeit mit starker mechanischer Kopplung,
b) die tektonische Spannung ist in einem kleinen Bereich konzentriert,
c) die Kopplung erfolgt über ein Material mit niedriger Viskosität

pliziert. Eingehende Untersuchungen haben gezeigt, daß in einer Tiefe zwischen etwa 250 und 450 km (bzw. 300–500 km) Erdbebenherde fehlen oder zumindest selten sind (s. Abb. 6.6).

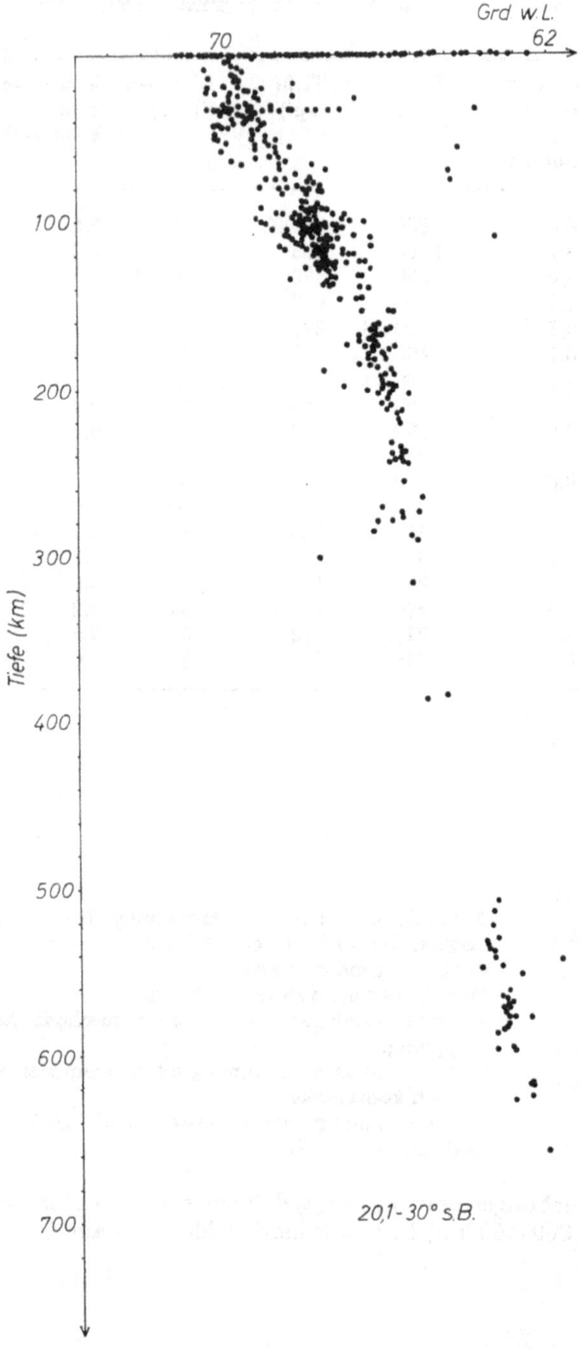

Abb. 6.6. Herdtiefenverteilung der Erdbeben in Südamerika zwischen 20,1 und 30° s. B. Nach ISC. Zeitraum 1971–1978

Man spricht daher von einer seismischen Lücke innerhalb der abtauchenden Subduktionszone. Über dieser Lücke dominiert innerhalb der Platte Tension. Bei Platten, die bis in größere Tiefen reichen, herrscht Kompression unterhalb dieser Lücke. Eingehende Untersuchungen (s. z.B. YOSHII, 1979) haben gezeigt, daß bei einigen Subduktionszonen im oberflächennahen Bereich eine Verdoppelung der seismisch aktiven Zone innerhalb der abtauchenden Platte zu beobachten ist.

6.3. Intraplattentektonik

Nach dem ursprünglichen Konzept der Plattentektonik konzentriert sich die seismische Aktivität auf die Plattengrenzen; das Platteninnere wird als aseismisch angesehen. Beben in historischer Zeit und Untersuchungen der letzten Jahre mit leistungsfähigen seismischen Stationsnetzen haben jedoch gezeigt, daß diese Annahme nicht richtig ist. Es gibt durchaus auch in den alten Kraton- und Plattformgebieten eine seismische Aktivität. Sie ist zwar erheblich geringer als diejenige an den Plattengrenzen, aber selbst starke Erdbeben können nicht völlig ausgeschlossen werden. Typische Beispiele einer derartigen Intraplattenseismizität sind die Erdbeben in Nordeuropa (Schweden, Finnland, Karelische SSR, s. z.B. PANASENKO, 1976; BÅTH, 1979) oder in den östlichen und zentralen Teilen von Nordamerika (s. z.B. NUTTLI, 1974; HINZE u.a., 1980). Im finnischen Meerbusen ereignete sich 1978 z.B. ein Beben mit der Magnitude $M = 4{,}4$. Auch im Innern ozeaner Platten gibt es eine seismische Aktivität (s. z.B. BERGMAN und SOLOMON, 1980).

Für die Einschätzung der seismischen Gefährdung sind Kenntnisse über die Intraplattentektonik von großer Bedeutung. Die seismische Aktivität im Platteninnern scheint auf den ersten Blick sehr diffus verteilt zu sein. Nähere Untersuchungen zeigen jedoch, daß es Zonen gibt, in denen sich die Bebenherde konzentrieren. Fragt man nach den Ursachen der seismischen Aktivität im Platteninnern, so besteht das Grundproblem darin, ob sie auf die Fernwirkung der Prozesse an den Plattengrenzen oder auf eigenständige Prozesse im Platteninnern zurückzuführen ist (s. z.B. RICHARDSON u.a. 1976). Im einzelnen kann diese Frage nur durch eine sehr detaillierte Analyse des Spannungszustandes und möglicher Beziehungen zwischen Interplatten- und Intraplattentektonik beantwortet werden. Es gibt eine Reihe von Modellen, die tektonische Aktivität im Platteninnern zu erklären (s. Abb. 6.7). Hierzu gehört (s. z.B. HINZE u.a., 1980):

- Die Reaktivierung alter, häufig bereits präkambrisch angelegter Störungssysteme, die durch epirogene Bewegungen verursacht sein kann;
- das Auftreten geomechanischer Schwächezonen, die an laterale Variationen der Krustenmächtigkeit oder der petrographischen Zusammensetzung gebunden sind;

- das Einstellen des thermodynamischen Gleichgewichtszustandes in der Erdkruste und damit verbundene differentielle Volumenreduzierungen. Aus tiefenseismischen Messungen ist bekannt, daß in der Erdkruste Zonen niedriger Geschwindigkeit (low velocity layers) auftreten. Diese sind in tektonisch jungen Gebieten mächtiger und deutlicher ausgeprägt als im Bereich alter Schilde.

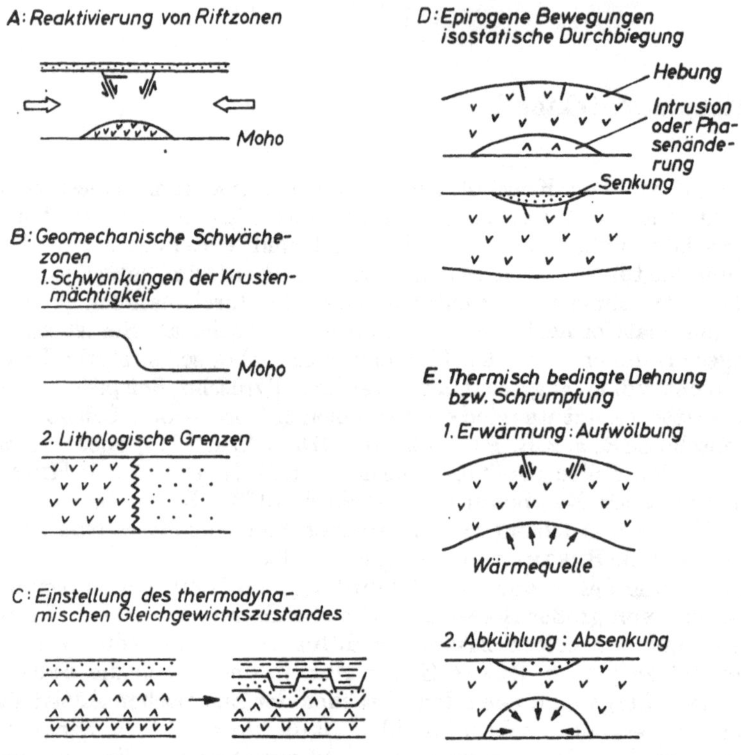

Abb. 6.7. Schematische Darstellung von Möglichkeiten der Entstehung von seismischen Ereignissen im Platteninnern (z.T. nach Hinze u.a., 1980)

Derartige Zonen können so interpretiert werden, daß hier noch kein Gleichgewichtszustand zwischen den p-T-Bedingungen auf der einen Seite sowie dem Chemismus und dem Wassergehalt auf der anderen Seite besteht. Die Einstellung des Gleichgewichtszustandes kann nur durch eine Migration von Wasser und leicht löslichen Bestandteilen in höhere Stockwerke erreicht werden, Damit kommt es zu einer Volumenverminderung, die Bruchvorgänge in der Erdkruste zur Folge haben kann.

- Thermische Expansion und Kontraktion: Durch Aufheizung bzw. Abkühlung von Gesteinskörpern in der Erdkruste oder im oberen Erdmantel können Volumenvergrößerungen (Expansion) oder Volumenverringerungen (Kontraktion) erzeugt werden, die zu Spannungen in der Erdkruste führen. Interessant ist in diesem Zusammenhang, daß hydrothermale Gebiete durch eine anomal hohe seismische Bodenunruhe charakterisiert sind.
- Epirogene Bewegungen und isostatische Durchbiegung der Erdkruste. So wird z.B. die Seismizität in Nordeuropa von einigen Autoren auf eisisostatische Vorgänge zurückgeführt, doch dürfte es sich hier um echte tektonische Ursachen handeln.

6.4. Antriebskräfte

Das Konzept der Plattentektonik hat sich als tragfähiges Modell bewährt. Die Grundfrage besteht jedoch darin, welches die Mechanismen für die Plattenbewegung sind. Folgende Ansätze werden diskutiert (s. z.B. Runcorn, 1980):

- Plattenbewegung durch thermische Konvektion im Erdmantel.
  Die Annahme geschlossener Konvektionssysteme erklärt in einfacher Weise den Spreadingprozeß entlang der ozeanen Rücken als Folge des aufsteigenden und die Subduktionszonen als Ausdruck des absteigenden Teiles einer Konvektionszelle. Im einzelnen treten jedoch erhebliche Probleme auf, um das geologisch-tektonische Erscheinungsbild an der Erdoberfläche durch ein System geschlossener Konvektionswalzen zu deuten. Dies führte u.a. dazu, entkoppelte (oder zumindest teilentkoppelte) Konvektionssysteme im oberen und unteren Erdmantel anzunehmen. Eine ausführliche Darstellung der Probleme ist bei Walzer (1982) zu finden. Froidevaux und Nataf (1981) fordern auch die Existenz horizontal liegender Konvektionszellen, die durch laterale Temperaturunterschiede erzeugt werden.
- Gravitatives Abgleiten von Lithosphärenplatten.
  Die Vorstellung geht davon aus (s. z.B. Elsasser, 1969), daß sich die Platten auf Grund ihres Eigengewichtes bewegen können. Voraussetzung dafür ist eine präexistente Neigung der Platten. Grundsätzlich ist ein solcher Vorgang möglich, unklar ist jedoch, welche Prozesse zu einer Plattenneigung führen.
- Plume-Hypothese.
  Als Plumes werden röhrenartige, engbegrenzte (Durchmesser wenige 100 km), aus dem Mantel hochsteigende Materiemassen bezeichnet, die in der Lithosphäre sog. „Hot Spots“ verursachen. Das in den Plumes aufsteigende Material führt zu einem eng lokalisierten Auseinanderdrücken der Lithosphäre. Die physikalischen Bedingungen sind allerdings umstritten (s. z.B. Runcorn, 1980).
- Expansion der Erde.
  Eine Expansion der Erde kann grundsätzlich nicht ausgeschlossen werden, wird aber als Antriebskraft für die Plattenbewegung allgemein abgelehnt.

6.5. Beziehungen zwischen Seismizität und Tektonik in Europa

Europa liegt im Kollisionsbereich der afrikanischen und eurasischen Platte. Die tektonische Situation und die wirkenden geomechanischen Prozesse werden durch die Relativbewegungen dieser beiden Platten bestimmt. Als weitere Komponente beeinflußt die Fernwirkung des Spreadingprozesses entlang des mittelatlantischen Rückens das Spannungsfeld in Europa. Die tektonische Großgliederung von Europa und der angenommene Verlauf der Plattengrenzen (nach McKenzie, 1970; Papazachos, 1973) sind in Tafel III dargestellt. Die wesentlichen Großeinheiten sind: die osteuropäische Plattform als präkambrisches Kerngebiet von Europa, das kaledonische Orogen im Nordwesten, das variszische Orogen im Zentralteil von Europa und der alpine Faltungsraum als der tektonisch jüngste und mobilste Bereich. Die Hauptkompression, die den gegenwärtigen Spannungszustand bestimmt, ist NW-SE gerichtet; allerdings treten deutliche regionale und lokale Abweichungen hiervon auf.

Der angegebene Verlauf der Plattengrenzen ist aus der aktuellen Verteilung der seismischen Aktivität abgeleitet. Hieraus ergeben sich auch die Grenzen für eine Reihe kleinerer Platten: Ägäische Platte, Anatolische Platte, Apulische Platte, Schwarzmeer-Platte, Tyrrhenische Platte, Balearen-Platte. Diese „Platten" dürfen aber nicht als echte Platten entsprechend dem Konzept der Plattentektonik verstanden werden. Sie sind vielmehr ein Ausdruck der komplizierten Bedingungen im Kollisionsbereich der afrikanischen und eurasischen Platte.

Von besonderer Bedeutung sind die Eigenschaften der Materie im oberen Erdmantel. Geht man von der Verteilung des Wärmeflusses in Europa aus (s. z.B. Čermák und Hurtig, 1977), so läßt sich die Temperatur-Tiefenverteilung berechnen (s. z.B. Hurtig und Oelsner, 1977, Hurtig u.a., 1979). Die Ergebnisse zeigen, daß mit erheblichen lateralen Temperaturvariationen im oberen Erdmantel unter Europa gerechnet werden muß. So sind die Temperaturen unter Zentral- und Südeuropa höher als unter der präkambrischen osteuropäischen Tafel. Vergleicht man die aus der Wärmeflußverteilung abgeleitete Temperatur-Tiefenverteilung T mit der Schmelztemperatur T_m für ein Material, das typisch für den oberen Erdmantel ist (Pyrolit), so ergibt sich eine Tiefenverteilung des Quotienten T/T_m, die ein Maß für den Zustand der Materie ist (s. Abb. 6.8 oben). Hohe Werte bedeuten, daß sich das Material in der Nähe der Schmelztemperatur befindet. Aus dem Verhältnis T/T_m kann die Viskosität abgeschätzt werden (Abb. 6.8 unten). Sie ist unter Süd- und Zentraleuropa um einige Größenordnungen geringer als unter der osteuropäischen Tafel. Daraus folgt, daß unter Südeuropa eine wesentlich höhere Mobilität im oberen Erdmantel erwartet werden kann. Unter dem Einfluß der Konvergenz zwischen Afrika und Europa führt dies zu sehr differenzierten Massenbewegungen im oberen Erdmantel, die sich auf die starre Lithosphäre übertragen. Die Folge ist ein kompliziertes Schollenmosaik, das durch vertikale

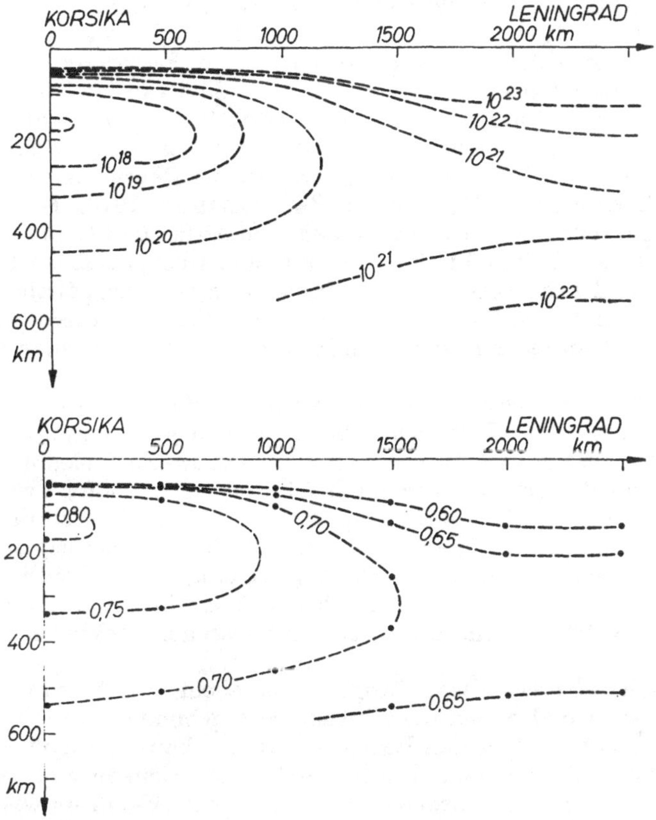

Abb. 6.8. Verhältnis T/T_m und Viskosität entlang des Profils Korsika–Leningrad (nach HURTIG u. a., 1979)

Bewegungen (Hebung, Senkung, Beckenbildung), Rotationsbewegungen und Horizontalverschiebungen (Blattverschiebungen, Unter- bzw. Überschiebungen) charakterisiert ist.

Ausdruck für diese sehr differenzierten Bedingungen sind auch die erheblichen Unterschiede in der Mächtigkeit der unteren Lithosphäre (Mächtigkeit der Gesamtlithosphäre minus Mächtigkeit der Erdkruste). So kann nach PANZA u. a. (1980) die Dicke dieser Schicht zwischen <45 km und 135 km schwanken. Die geringsten Mächtigkeiten (<45 km) treten im westlichen Mittelmeer (Tyrrhenisches Meer, Balearenbecken) und in einer N-S streichenden Zone von den Alpen bis zur Nordsee auf. Extrem große Mächtigkeiten (bis 135 km) werden unter Süditalien, Südspanien (Betische Kordillere) und Teilen der Alpen beobachtet.

Der Kollisionsbereich der afrikanischen und eurasiatischen Platte ist also durch komplizierte Bedingungen sowohl im oberen Erdmantel als auch im tektonischen Inventar der Erdkruste charakterisiert. Die Festlegung von Subduktionszonen im plattentektonischen Sinn ist zumindest sehr problematisch. Von einer Reihe von Autoren werden zwar Subduktionszonen am Südrand des Tyrrhenischen Meeres (Tyrrhenische Zone) und in der Ägäis (Hellenische Zone) definiert (s. Tafel III), doch sollte man bei der Bewertung sehr vorsichtig sein (s. auch Wortel, 1980; Nur und Ben-Avraham, 1978). Es ist zu betonen, daß in Südeuropa die Plattengrenze zwischen Afrika und Eurasien nicht exakt zu definieren ist. Es besteht vielmehr ein breiter Übergangsbereich, wobei die tektonische und seismische Aktivität bis weit in den europäischen Kontinent hineinreicht, mit zunehmender Entfernung jedoch entsprechend der größer werdenden Viskosität im oberen Erdmantel (s. Abb. 6.8) immer mehr abnimmt.

Dementsprechend ist die seismische Energiefreisetzung in Süd- und Südosteuropa am größten (s. Tafel VIII). In diesen Gebieten ist daher die seismische Gefährdung am höchsten. Wenn auch die seismische Aktivität in Zentraleuropa nicht so groß ist, so bedeutet sie trotzdem ein Gefährdungsmoment für diese Länder. In Tafel VI sind alle historisch belegten Beben mit einer Epizentralintensität über 7 zusammengestellt (nach Grünthal, 1982). Gleichzeitig ist das tektonische Bruchmuster dargestellt (nach Grumbt u.a., 1976). Deutlich ist die starke Zerstückelung der Erdkruste durch eine Vielzahl von Verwerfungen. Die seismische Aktivität konzentriert sich auf bestimmte tektonische Elemente.

So ist im Alpenbereich die seismische Tätigkeit vor allem an tektonische Linien im Norden, Westen und Süden des Alpenorogens gebunden, während der Zentralteil relativ frei von stärkeren Beben ist. Als markante Bebenlinie hebt sich der Ostrand der Alpen heraus. Die Bebentätigkeit reicht hier bis in den Karpatenraum hinein. Die Ostkarpaten sind durch eine erhebliche seismische Aktivität charakterisiert. In den Dinarischen Alpen treten die Erdbeben an NW-SE streichenden Verwerfungen auf. Im westlichen Mitteleuropa ist die seismische Aktivität eng an den Rheintalgraben (Oberrheintalgraben, Niederrheingebiet) gebunden. Das nördliche Zentraleuropa (Norddeutsch-Polnische Senke) ist fast frei von stärkeren Beben. Allerdings traten in historischer Zeit auch hier vereinzelt Beben auf, die zeigen, daß eine Bebentätigkeit nicht völlig auszuschließen ist. Interessanterweise ist der Südwestrand der osteuropäischen Tafel, der im tektonischen Bild von Europa eine der markantesten Linien darstellt (Nordsee-Dobrudscha-Lineament oder Teisseyre-Tornquist-Linie), seismisch kaum aktiv.

Aus der regionalen Verteilung der Erdbeben und der beobachteten maximalen Epizentralintensität läßt sich eine Gliederung in einzelne seismogene Zonen (seismische Zonierung) von Europa ableiten (s. Tafel II, nach Kárník, 1971). Deutlich kommen die wichtigsten seismischen Linien in Europa und Nordafrika zum Ausdruck.

Nach Kárník (1971; s. auch Prochazkova, 1976) lassen sich folgende seismische Regionen unterscheiden: In den Regionen 4 und 5 (Osteuropäische Tafel und Norddeutsch-Polnische Senke) tritt eine sehr geringe seismische Aktivität auf. Die Region 6 umfaßt das Böhmische Massiv (einschließlich Südteil der DDR). Die seismische Aktivität ist generell gering. Das stärkste Beben fand 1872 bei Gera statt (s. Abb. 8.4). Die Schwäbische Alb (Region 7) zeigt eine erhebliche Aktivität, die vor allem im Hohenzollerngraben konzentriert ist. Im Oberrheintalgraben (Region 8) treten zahlreiche zumeist schwächere Beben auf. Ein Schadensbeben fand 1356 bei Basel statt. Die Region 9 umfaßt die Niederrheinbucht, die Niederlande und Belgien. Zu den stärksten Beben in diesem Jahrhundert gehört das vom 14. März 1951 bei Euskirchen. Großbritannien und Irland bilden die Region 10. Die Hauptaktivität erfolgt in SW-NE streichenden Zonen in Mittelengland und Schottland. Die Region 11 (Mittel- und Westfrankreich) ist durch eine gewisse seismische Aktivität in der Bretagne und in der Normandie gekennzeichnet. Die Region 12 umfaßt Zentral- und Westspanien, Portugal und den Atlantischen Ozean bis 20° W. Der zentrale Teil von Spanien ist praktisch aseismisch. Von den Azoren bis zur Südwestecke der Iberischen Halbinsel erstreckt sich eine Zone (s. auch Verlauf der Plattengrenze in Tafel III), in deren Verlauf z.T. sehr starke Erdbeben auftreten (z.B. Erdbeben von Lissabon am 1. 11. 1755). Region 13 schließt Marokko und die Kanarischen Inseln ein. Herausragend ist das Beben von Agadir am 29. 2. 1960. In den Regionen 14 und 15 (Algerien, Tunesien) ist die seismische Aktivität auf die Küstenregion konzentriert und folgt den tektonischen Linien des Atlasgebirges. Schwerpunkte der Erdbebentätigkeit sind die Linien Ouahran-Mascara, Dahra-Massiv (z.B. Beben bei El Asnam) – Hodna Massiv und Kerrata-Constantine-Guelma. Die Region 16 (Betische Kordillere) ist seismotektonisch eines der interessantesten Gebiete der Erde. Hier fand 1954 ein Beben in 655 km Tiefe statt. Außerhalb der zirkumpazifischen Zone ist dies die größte beobachtete Herdtiefe eines Bebens. Die Region 17 umfaßt die Pyrenäen und NE-Spanien (Katalonien). Die seismische Aktivität ist nicht sehr hoch, sie folgt den tektonischen Linien des Pyrenäen. In der Region 18 (Alpen) lassen sich einige charakteristische seismische Zonen unterscheiden. In den westlichen Alpen sind dies die Piemont-Zone, die Briançonnais-Zone und eine Zone entlang dem Westrand der Alpen von Marseille bis Genf. In den Ostalpen hebt sich die seismische Linie Karnische Alpen-Murtal-Leithatal-Kleine Karpaten hervor. Besonders im SW-Abschnitt dieser Linie in Norditalien treten starke Beben auf (z.B. Friuli-Beben vom 6. 5. 1976). Die Regionen 19 und 20 umfassen Italien und Sizilien. Die Seismotektonik dieses Gebietes ist dadurch gekennzeichnet, daß in der Umrandung des Tyrrhenischen Meeres Beben mit einer Herdtiefe bis zu 450 km auftreten. Entlang der Apenninen ereignen sich z.T. schwere Erdbeben (z.B. 23. 11. 1980 Süditalien; s. auch Tabelle 10.1). Region 21 umfaßt die Karpaten. Die seismische Aktivität folgt den tektonischen Hauptlinien. Vier Hauptgebiete lassen sich unterscheiden: die kleinen Karpaten im Westen, die Linie Bakony Wald-Nograd im Ungarischen Becken, das Gebiet um Timişoara und die Ostkarpaten mit dem Bebengebiet um Vrançea. Hier werden Herdtiefen zwischen 100 und

150 km beobachtet. In der Vrançea-Region treten Beben mit beträchtlichen Schadenswirkungen auf (z. B. 10. 11. 1940; 4. 3. 1977). In der Region 22 (Jugoslawien) folgt die seismische Aktivität zwei NW-SE streichenden Linien, die den äußeren Dinariden und den Zentraldinariden entsprechen. Region 23 umfaßt Bulgarien. Herausragende seismotektonische Zonen sind das Maritza-Tal und die Rhodopen. Die Region 24 (Mazedonien, Struma-Tal, Chalkidike) ist durch eine starke seismische Aktivität gekennzeichnet. Eine Häufung von Erdbeben ist im Vardar-Tal zu beobachten (z. B. Beben von Skopje am 26. 7. 1963). In der Struma-Zone fand am 4. April 1904 mit einer Magnitude von etwa 7,7 eines der stärksten Beben in Europa in diesem Jahrhundert statt. Region 25 umfaßt Albanien, sie ist eine Fortsetzung der seismotektonischen Zone entlang der jugoslawischen Adriaküste. Die Region 26 (Ägäische Zone) ist das größte und seismisch aktivste Gebiet in Europa. Folgende Teilgebiete werden unterschieden: Mittelgriechenland-Peloponnes, Kreta-Zykladen, SW-Türkei. Region 27 ist ein Teil des Nordanatolischen Bruchsystems.

6.6. Literatur

AHORNER, L.; MURAWSKI, H.; SCHNEIDER, G.: Seismotektonische Traverse von der Nordsee bis zum Apennin. Geol. Rdsch. **61** (1972), 915–942.

ARGAND, E.: La tectonique de l'Asie. C.R., Congr. Géol. 13e Liège (1922), 169–371.

BÅTH, M.: Earthquakes in Sweden 1951–1976. Sveriges Geol. Unders. Serie C Nr. 750, Årsbok 72 Nr. 12 (1979), 1–79.

BERGMAN, E. A.; SOLOMON, S. C.: Oceanic intraplate earthquakes: implications for local and regional interplate stress. J. Geophys. Res. **85** (1980), 5389–5410.

BURKE, K.: Intracontinental rifts and aulocogens. In: National Research Council. Geophysics Study Committee: Continental Tectonics, 42–49, Washington D.C. 1980.

BURCHFIEL, C.: Plate tectonics and the continents: a review. In: National Research Council. Geophysics Study Committee: Continental Tectonics, 15–25, Washington D.C. 1980.

ČERMÁK, V.; HURTIG, E.: Preliminary Heat Flow Map of Europe, 1:5 Mill. Potsdam und Prag 1977, 58 S.

DEWEY, J. F.: Plate tectonics. In: PRESS, F.; SIEVER, R. (Eds.) Planet Earth. Readings from Scientific American, 124–135. Freeman and Comp., San Francisco 1974.

DIETZ, R. S.: Collapsing continental rises: an actualistic concept of geosynclines and mountain building. J. Geol. **71** (1963), 314–333.

DU TOIT, A. L.: Our wandering continents. Oliver and Boyd, Edinburgh, 1937.

ELSASSER, W. M.: Convection and stress propagation in the upper mantle. In: RUNCORN, S. K. (Ed.): The application of modern physics to the Earth and Planetary Interiors. Wiley New York 1969, 223–246.

FISHER, O.: Physics of the Earth's Crust. Mac Millan 1889.

FROIDEVAUX, C.; NATAF, H. C.: Continental Drift: What Driving Mechanism? Geol. Rdsch. **70** (1981), 166–176.

GRÜNTHAL, G.: Seismic regionalization of Central Europe and adjacent areas. (In press 1982).

GRUMBT, E.; LUDWIG, A.; MEIER, R.: Tektonische Bruchstörungen. In: JUBITZ, K.-B. (Ed.): Materialien zum tektonischen Bau von Europa. Veröff. Zentr.-Inst. Phys. Erde Potsdam Nr. 47 (1976), Karte 7.

HADLEY, D.; KANAMORI, H.: Seismic structure of the Transverse Ranges, California. Bull. Geol. Soc. Am. **88** (1977), 1469–1478.

HAMILTON, W.: Complexities of modern and ancient subduction systems. In: National Research Council. Geophysics Study Committee: Continental Tectonics, 33–41. Washington D. C. 1980.

HESS, H. H.: History of the ocean basins. In: Buddington Memorial Volume. Geol. Soc. Am. (1962), 599–620.

HESS, H. H.: Mid-ocean ridges and tectonics of the sea-floor. In: WHITTARD, W. F.; BRADSHAW, R. (Eds.): Submarine Geology and Geophysics, 313–334, Butterworth London 1965.

HINZE, W. J.; BRAILE, L. W.; KELLER, G. R.; LIDIAK, E. G.: Models for midcontinent tectonism. In: National Research Council. Geophysics Study Committee: Continental Tectonics, 73–83. Washington D. C. 1980.

HURTIG, E.; OELSNER, C.: Heat flow, temperature distribution and geothermal models in Europe: some tectonic implications. Tectonophysics. **41** (1977), 147–156.

HURTIG, E.; GRÄSSL, S.; OESBERG, R.-P.: Velocity variations in the upper mantle beneath Central Europe and the East European Platform. Tectonophysics. **56** (1979), 133–144.

ILLIES, J. H.: Mechanism of graben formation. Tectonophysics **73** (1981), 249–266.

ISACKS, B. L.; OLIVER, J.; SYKES, L. R.: Seismology and the new global tectonics. J. Geophys. Res. **73** (1968), 5855–5899.

KÁRNÍK, V.: Seismicity of the European area. Part 2. Academia Publ. House Praha 1971.

LE PICHON, X.: Sea-floor spreading and continental drift. J. Geophys. Res. **73** (1968), 3661–3697.

LE PICHON, X.; FRANCHETEAU, J.; BONNIN, J.: Plate tectonics. Developments in Geotectonics 6, Elsevier Scient. Publ. Comp. Amsterdam-London-New York 1973.

LOMNITZ, C.: Global tectonics and earthquake risk. Developments in Geotectonics 5. Elsevier Scient. Publ. Comp. Amsterdam-London-New York, 1974.

McKENZIE, D. P.: The viscosity of the mantle. Geophys. J. R. astron. Soc. **14** (1967), 297–305.

McKENZIE, D. P.: Plate tectonics of the Mediterranean region. Nature **226** (1970), 239–243.

McKENZIE, D. P.: Plate Tectonics. In: ROBERTSON, E. C. (Ed.): The nature of the solid earth, 323–360. McGraw-Hill New York, 1972.

McKENZIE, D. P.; PARKER, R. L.: The North Pacific: an example of tectonics on a sphere. Nature **216** (1967), 1276–1280.

MILANOVSKY, E. E.: Aulacogens of ancient platforms: problems of their origin and tectonic development. Tectonophysics **73** (1981), 213–248.

MILNE, J.: Seismology. London 1898.

MOLNAR, P.; TAPPONIER, P.: Cenozoic tectonics of Asia: effects of a continental collision. Science **189** (1975), 419–426.

MONTESSUS DE BALLORE, F.: Les tremblements de Terre. A. Colin, Paris 1906.

MORGAN, W. J.: Plate motions and deep mantle convection. In: SHAGAM, R. (Ed.): Hess Volume, Memoir Geol. Soc. Am. **132** (1972), 7–22.

NUR, A.; BEN-AVRAHAM, Z.: The eastern Mediterranean and the Levant: tectonics of continental collision. In: OREN, O. H. (Ed.): Structure and tectonics of the Eastern Mediterranean. Tectophysics **46** (1978), 297–311.

NUTTLI, O. W.: Magnitude-recurrence relation for central Mississippi valley earthquakes. Bull. Seism. Soc. Am. **64** (1974), 1189–1207.

OLIVER, J.; ISACKS, B.: Deep earthquake zones, anomalous structures in the upper mantle and the lithosphere. J. Geophys. Res. **72** (1967), 4259–4275.

PANASENKO, G. D.: Fennoscandian Seismicity in 1951–1970. Apatiti 1976.

PANZA, G. F.; MUELLER, S.; CALCAGNILE, G.: The gross features of the lithosphere – asthenosphere system in Europe from seismic surface waves and body waves. Pure appl. Geophys. **118** (1980), 1209–1213.

PAPAZACHOS, B. C.: Distribution of seismic foci in the Mediterranean and surrounding area and its tectonic implication. Geophys. J. R. astron. Soc. **33** (1973), 421–430.

PITMAN, W. C.; HEIRTZLER, J. R.: Magnetic anomalies over the Pacific – Antarctic Ridge. Science **154** (1966), 1164–1171.

PROCHÁZKOVÁ, D.: The character of seismic activity in Europe. Acta Univ. Carolinae – Math. et Phys. **17** (1976) 2, 49–74.

RICHARDSON, R. M.; SOLOMON, S. C.; SLEEP, N. H.: Intraplate stress as an indicator of plate tectonic driving forces. J. Geophys. Res. **81** (1976), 1847–1856.

RUFF, L.; KANAMORI, H.: Seismicity and the subduction process. Phys. Earth Planet. Int. **23** (1980), 240–252.

RUNCORN, S. K.: Mechanism of plate tectonics: mantle convection currents, plumes, gravity sliding or expansion? Tectonophysics **63** (1980), 297–307.

ŠATSKIJ, N. S.: O proischoždenii pačelmskogo progiba. Sravnitel'naja tektonika drevnich platform. Bjull. Mosk. ob-va ispyt. prirody, otd. geol. 1955, t. 30, No. 5, S. 5–26.

SYKES, L. R.: Mechanism of earthquakes and nature of faulting on the mid-oceanic ridges. J. Geophys. Res. **72** (1967), 2131–2153.

VINE, F. J.: Spreading of the ocean floor, a new evidence. Science **154** (1966), 1405–1415.

VINE, F. J.; HESS, H. H.: Sea-floor spreading. In: MAXWELL, A. E. (Ed.): The Sea **4** (1970) 2, 587–622. Wiley-Interscience, New York.

VINE, F. J.; MATTHEWS, D. H.: Magnetic anomalies over oceanic ridges. Nature **199** (1963), 947–949.

WALZER, U.: Untersuchung der Konvektion im Erdinnern und dafür wichtiger Materialparameter unter hohem Druck. Dissertation B, Zentralinst. für Physik der Erde, Potsdan 1982.

WEGENER, A.: Die Entstehung der Kontinente und Ozeane. Vieweg-Verlag Braunschweig 1915.

WILSON, J. T.: A new class of faults and their bearing on continental drift. Nature **207** (1965), 343–347.

WORTEL, E.: Age-dependent subduction of oceanic lithosphere. PhD-Thesis, University of Utrecht 1980.

YOSHII, T.: A detailed cross-section of the deep seismic zone beneath northeastern Honshu, Japan. Tectonophysics **55** (1979), 349–360.

7. Herdmechanismus und Herdparameter[1]

7.1. Einführung

Für die Analyse tektonischer Prozesse, die zur Entstehung von Erdbeben führen, für die Erfassung des Spannungszustandes in der Erdkruste, für die Einschätzung der Erdbebengefährdung und für eine physikalisch begründete Erdbebenvorhersage bilden Kenntnisse über den Herdmechanismus seismischer Ereignisse eine wesentliche Grundlage.

Seismische Quellen können sehr unterschiedlicher Natur sein. So werden seismische Wellen von Erdbeben, Explosionen und Implosionen (z.B. beim Zusammensturz von Hohlräumen) abgestrahlt. Auch Industrie, Verkehr, Wind und Wasserbewegungen regen seismische Wellen an, die vor allem die Größe der seismischen Bodenunruhe bestimmen. Erdbeben sind ursächlich fast ausschließlich mit Bruchvorgängen in der Erde verbunden. Verantwortlich hierfür sind Spannungskonzentrationen, die durch tektonische Bewegungen, Phasenübergänge, Temperaturgradienten und Störungen des natürlichen Spannungszustandes bei ingenieur-technischen Maßnahmen des Menschen (s. induzierte Seismizität) entstehen können und in deren Folge die Bruchfestigkeit (vor allem die Scherfestigkeit) des Materials überschritten wird.

Aus Untersuchungen zum Herdmechanismus werden vor allem folgende Ergebnisse erwartet:

- Aussagen zum Herdtyp (tektonisches Erdbeben, Explosion, Implosion),
- Aussagen zur Lage der Bruchfläche und zur Orientierung der tektonischen Hauptspannungsachsen,
- Aussagen über den Verschiebungssinn auf der Bruchfläche (z.B. Aufschiebung, Abschiebung, Horizontal- oder Vertikalverschiebung),
- Aussagen über die Größe der Bruchfläche und der freigesetzten seismischen Energie,
- Aussagen über den Bruchprozeß und die Geschwindigkeit der Bruchausbreitung.

Es gibt eine umfangreiche Literatur über seismische Quellen. Zusammenfassende Darstellungen finden sich z.B. bei Aki und Richards (1980), Knopoff (1981), Kostrov (1975), Madariaga (1977a und b, 1981) Rizničenko (1976).

[1]) Autoren: S. Grässl, H. Grosser, E. Hurtig

Bei den Betrachtungen über seismische Quellen sind zwei Modellansätze zu unterscheiden: Dislokationsmodelle (kinematische Modelle) und Bruchmodelle (dynamische Modelle).

Dislokationsmodelle gehen von einem gegebenen Kräfteplan bzw. einer äquivalenten Verschiebung (Dislokation) aus. In der einfachsten Form wird eine Verschiebung angenommen, die an jedem Punkt auf der Bruchfläche gleich groß ist. Der zeitliche Ablauf der Verschiebung eines gegebenen Punktes wird durch eine beliebige Funktion (Herdzeitfunktion) beschrieben, und die Bruchgeschwindigkeit wird als konstant angesetzt.

In diesem Modellansatz ist keine Aussage über Entstehung, Ausbreitung und Beendigung des tatsächlichen Bruchprozesses enthalten. Es wird lediglich vorausgesetzt, daß es einen Bruch gibt, der eine bestimmte Verschiebung (Dislokation) erzeugt. Die dem Bruch vorausgehende bzw. diesen verursachende Raum-Zeit-Verteilung der Spannung in der Herdregion sowie der Einfluß von räumlich und zeitlich variierenden Materialparametern werden nicht berücksichtigt.

Bruchmodelle (dynamische Modelle) versuchen, den physikalischen Prozeß der Bildung und Ausbreitung eines Materialbruches zu erfassen. Dazu ist es notwendig, die wirkenden Materialparameter (insbesondere die Reibung) zu untersuchen. Somit ergibt sich zwangsläufig eine enge Verbindung zwischen der Seismologie und der Bruchmechanik spröder Materialien.

Das Hauptproblem bei allen Untersuchungen zum Herdmechanismus besteht darin, daß der seismische Herd nicht zugängig ist. Alle Informationen müssen aus den seismischen Wellen abgeleitet werden, die der Herd abstrahlt und die in unmittelbarer Nähe des Herdes (Nahfeldbeobachtungen) oder in größerer Entfernung (Fernfeldbeobachtungen) registriert werden. Da in den seismischen Wellen beim Ausbreitungsvorgang durch die frequenzabhängige Filterwirkung der Erde besonders die hochfrequenten Anteile stark gedämpft werden, gehen wesentliche Informationen verloren, die für die Rekonstruktion des tatsächlichen Herdprozesses wichtig sind. Die Aussagefähigkeit seismischer Registrierungen in großer Herdentfernung ist daher grundsätzlich eingeschränkt, verschiedene Herdmodelle können praktisch nicht unterschieden werden.

Obgleich in der Dislokationstheorie die Physik des Bruchprozesses nicht berücksichtigt wird, bietet sie doch einen praktikablem Weg, um Aussagen über den seismischen Herd zu erhalten. Die folgenden Ausführungen gehen daher von der Dislokationstheorie aus.

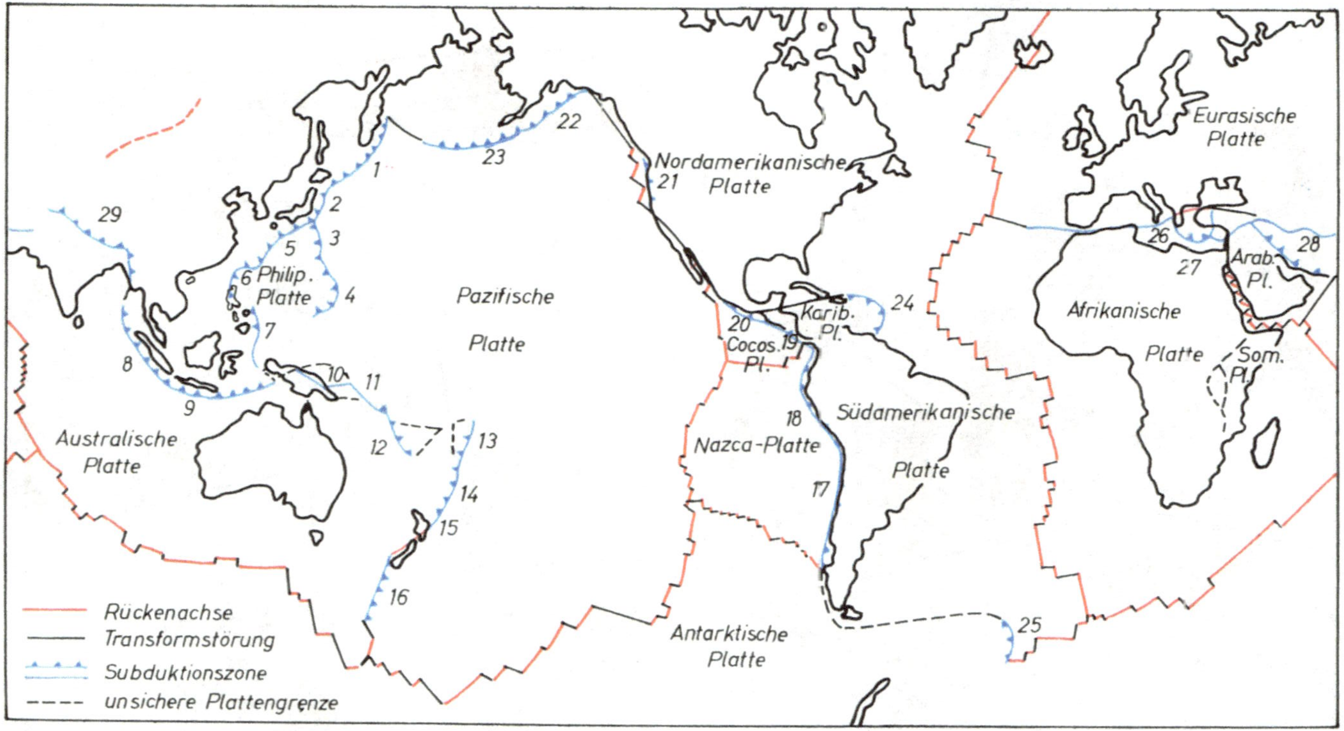

TAFEL I: Platteneinteilung der Erde und Verlauf der Subduktionszonen. Numerierung der Subduktionszonen nach WORTEL (1980).

1 Kurilen, 2 Nord-Honshu, 3 Izu-Bonin, 4 Marianen, 5 SW-Honshu, 6 Ryukyu, 7 Mindanao, 8 Sumatra, 9 Java, 10 Neu-Britannien, 11 Solomon-Inseln, 12 Neue Hebriden, 13 Tonga, 14 Kermadec, 15 Neuseeland (Nordinsel), 16 Neuseeland (Südinsel), 17 Chile, 18 Peru, 19 Mittelamerika, 20 Mexiko, 21 Kaskaden, 22 Alaska, 23 Aleuten, 24 Kleine Antillen, 25 Süd Sandwich Inseln, 26 Tyrrhenische Zone, 27 Hellenischer Bogen, 28 Zagros Zone, 29 Hindukusch-Himalaya-Zone

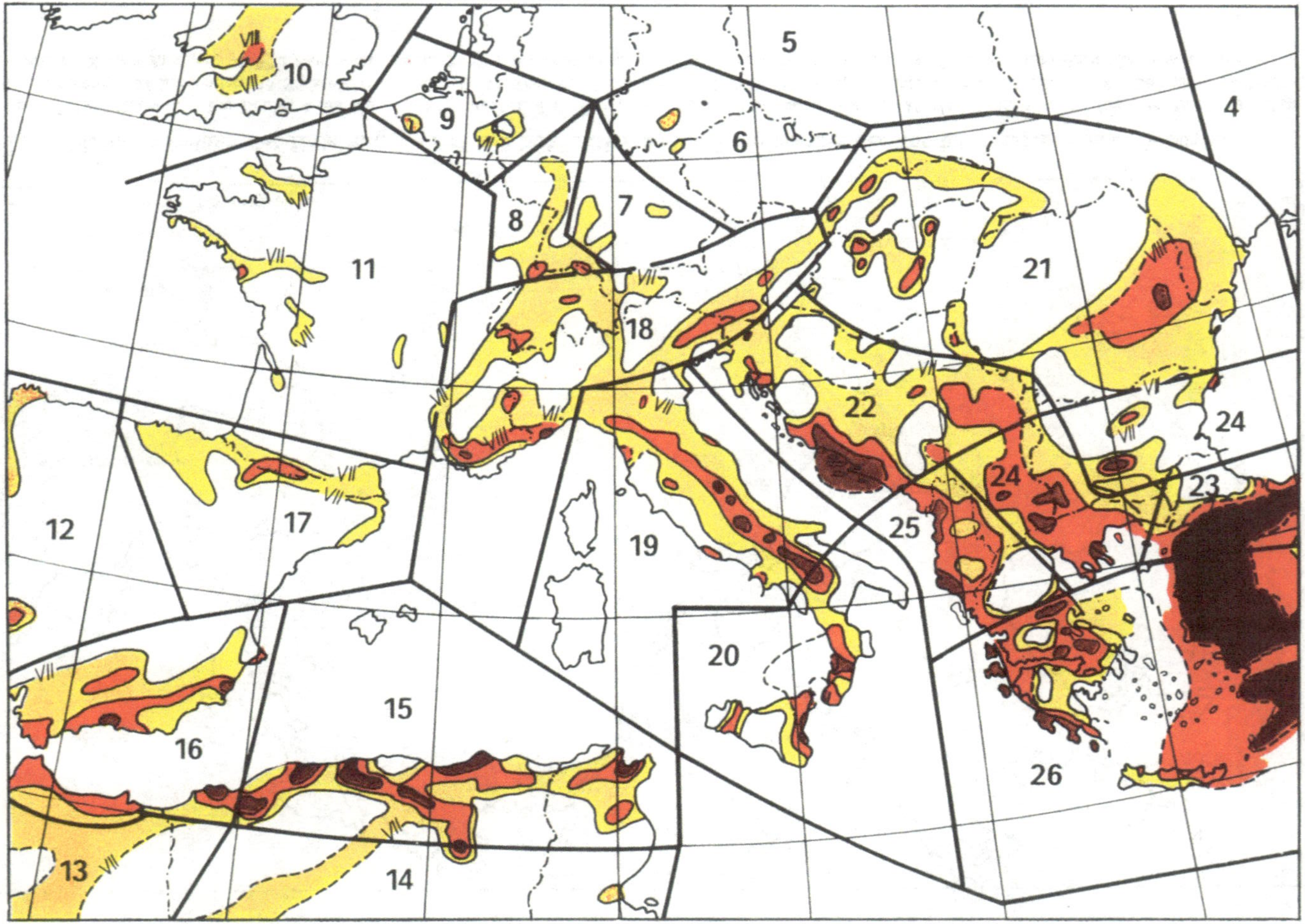
4
5
6
7
8
9
10
11
12
13
14
15
16
17
18
19
20
21
22
23
24
25
26

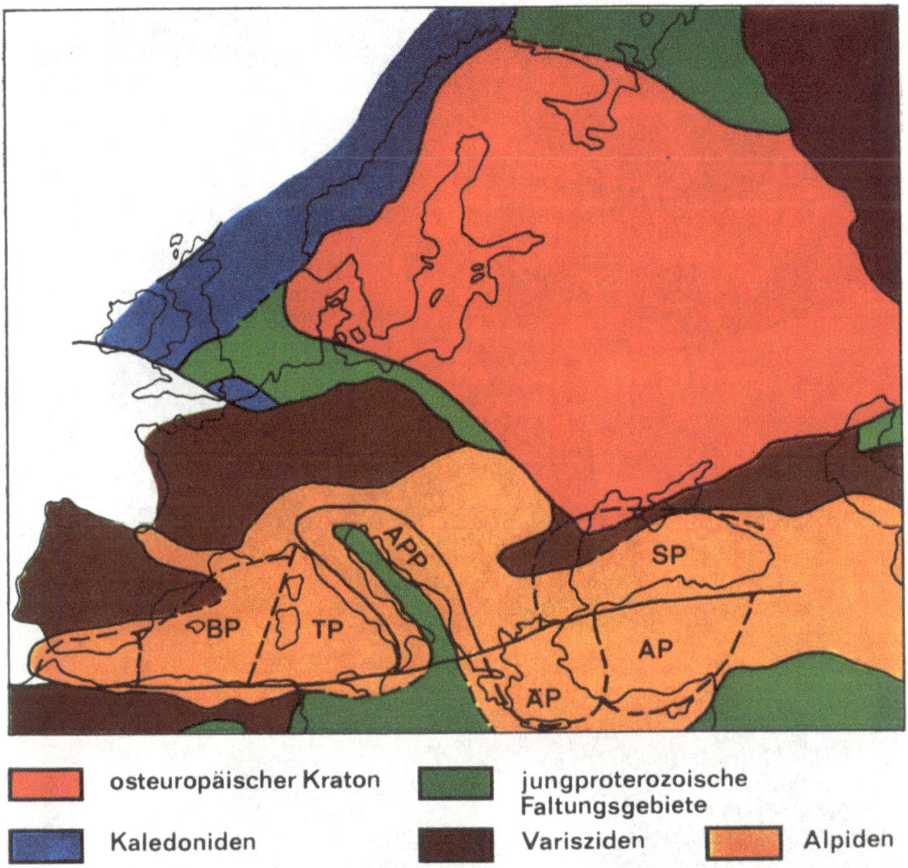

TAFEL III: Tektonische Großgliederung von Europa und angenommener Verlauf von Plattengrenzen (nach McKENZIE, 1970 und PAPAZACHOS, 1973).

SP: Schwarzmeerplatte; AP: Anatolische Platte; ÄP: Ägäische Platte; APP: Apulische Platte; TP: Tyrrhenische Platte; BP: Balearen Platte

TAFEL II: Seismische Zonierung und Abgrenzung seismogener Regionen in Europa (nach KÁRNÍK, 1971).

Intensitätsgrade gelb: VII; rot: VIII; braun: IX und größer

TAFEL IV a: Blick auf die San Andreas Verwerfung am Appletree Campground westlich des Cajon Canyon (Südkalifornien) (Foto: E. Hurtig)

TAFEL IV b: Schäden in der Stadt Budva durch das Erdbeben vom 15. 4. 1979 in Montenegro (SFR Jugoslawien); (Foto: E. Hurtig)

TAFEL V a: Zerstörungen an modernen Hotelbauten in Budva (Montenegro, SFR Jugoslawien) durch das Erdbeben am 15. 4. 1979 (Foto: E. Hurtig)

TAFEL V b: Aufschürfung der San Andreas Verwerfung beim Pallett Creek östlich Palmdale (Südkalifornien) (Foto: E. Hurtig)

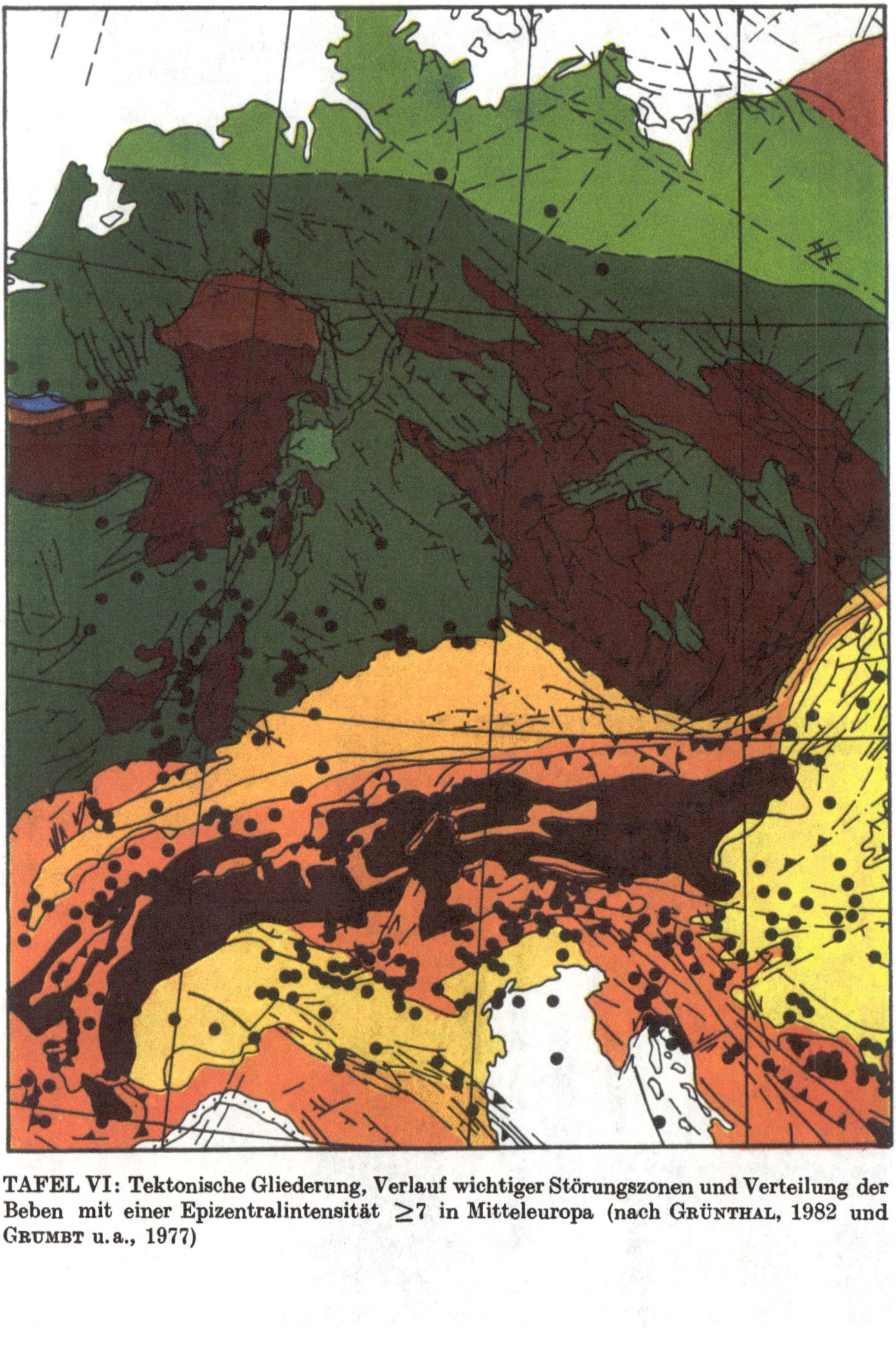

TAFEL VI: Tektonische Gliederung, Verlauf wichtiger Störungszonen und Verteilung der Beben mit einer Epizentralintensität ≥ 7 in Mitteleuropa (nach GRÜNTHAL, 1982 und GRUMBT u.a., 1977)

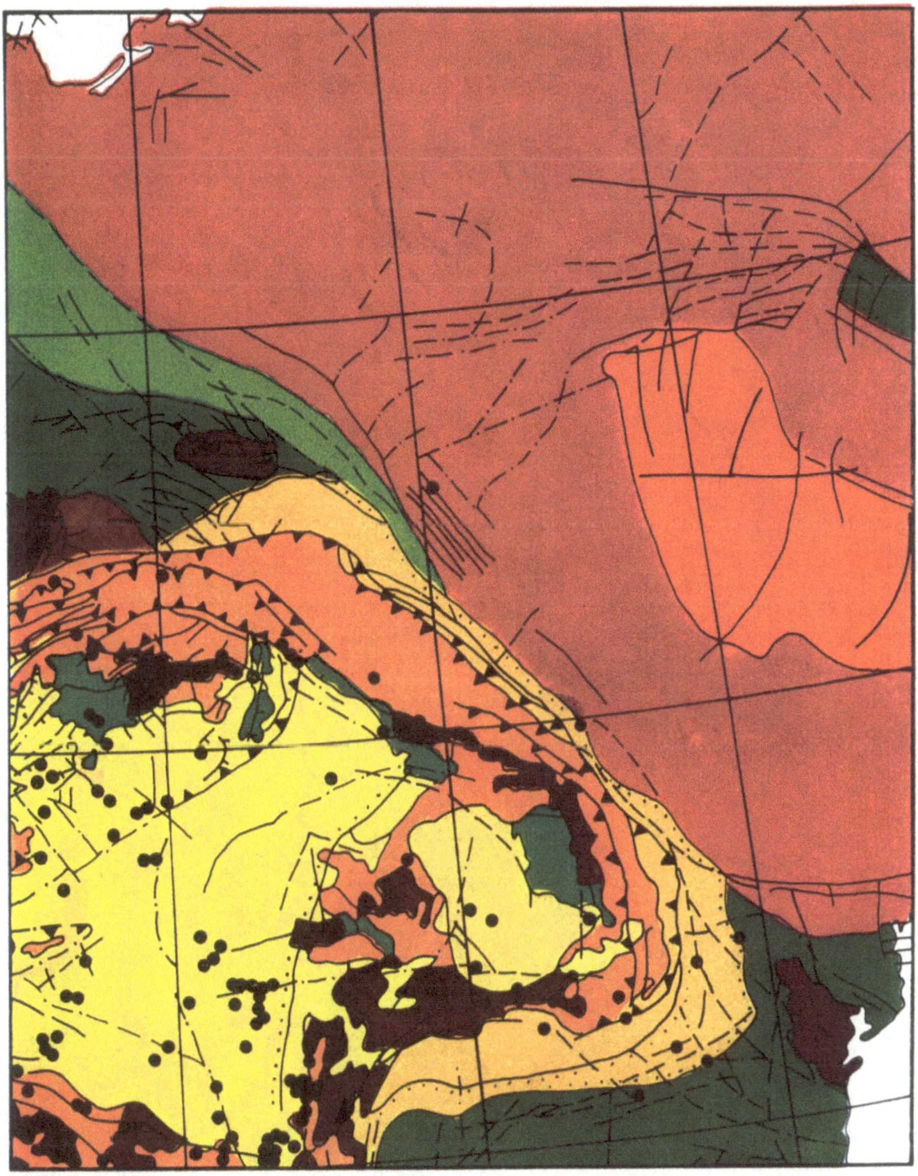

Osteuropäischer Kraton

- Schild
- Plattform

Vulkanite

- Ophiolite
- junge Vulkanitkomplexe

Westeuropäische Tafel

- Fundament kaledonisch (anstehend)
- Fundament variszisch (anstehend)
- variszische Vortiefen
- Deckgebirge über variszischem Fundament
- Deckgebirge über prävariszischem Fundament

Alpidischer Faltengürtel

- alpidische Faltengebiete mit älteren Kernen
- Innensenken
- alpidische Vortiefen

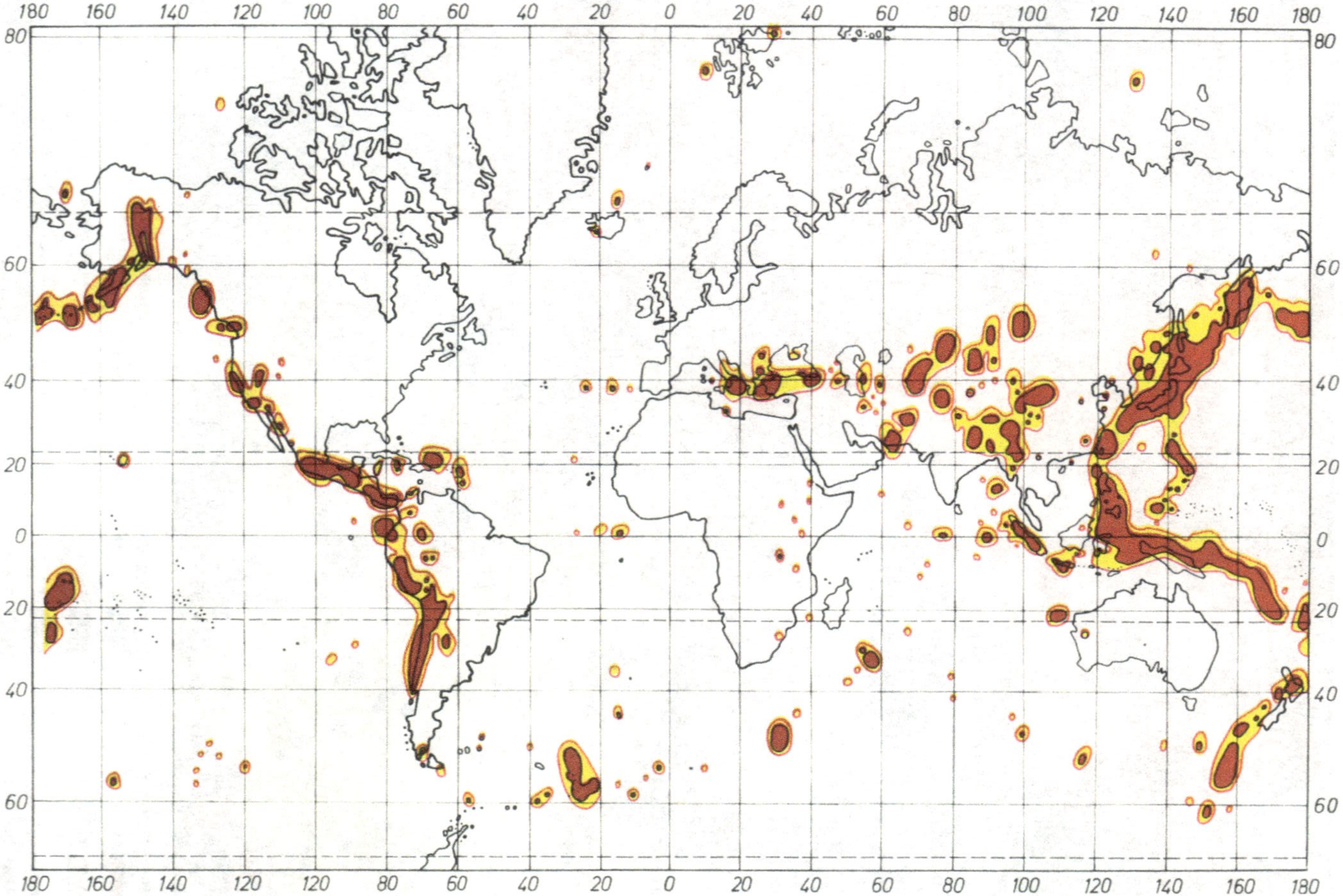

180
160
140
120
100
80
60
40
20
0
20
40
60
80
100
120
140
160
180
80
60
40
20
0
20
40
60

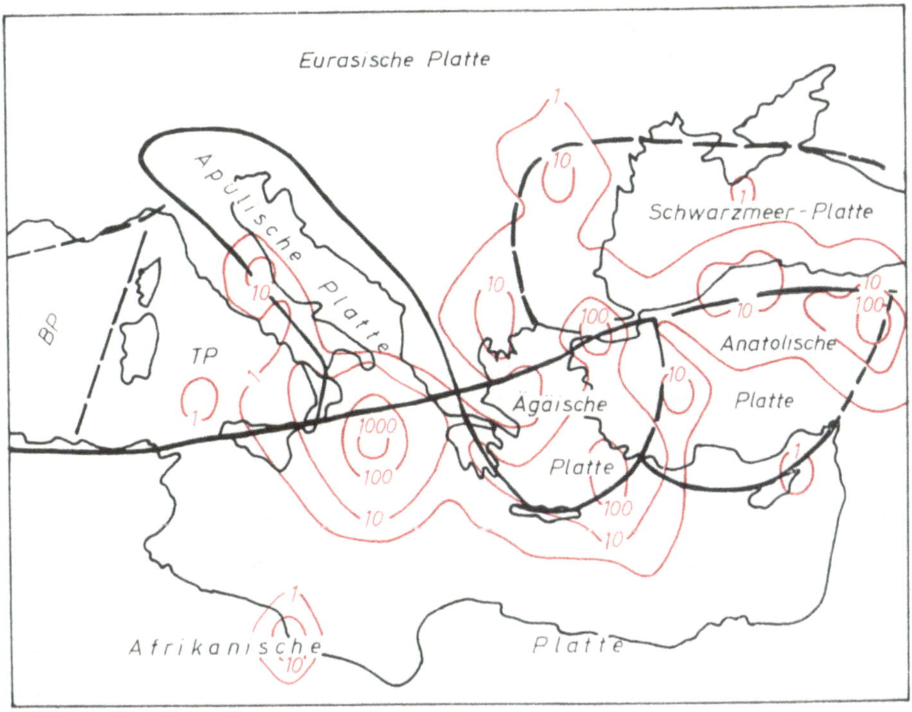

TAFEL VIII: Platteneinteilung und seismische Energiefreisetzung in Südeuropa (nach LOMNITZ, 1974). Angaben in 10^8 Jkm^{-2}/Jahr.

BP: Balearen Platte; TP: Tyrrhenische Platte

TAFEL VII: Seismizität der Erde (nach LOMNITZ, 1974)
seismische Energiefreisetzung

gelb: $< 10 \times 10^8$ J km^{-2}/Jahr; rot: $\geq 10 \times 10^8$ J km^{-2}/Jahr

7.2. Quellenmodelle

7.2.1. Punktquellen als Modell für einen Erdbebenherd

Das einfachste mathematische Modell für einen Erdbebenherd ist die Punktquelle im homogenen, isotropen, ideal-elastischen und unendlich ausgedehnten Medium.

Betrachten wir eine punktförmige Einzelkraft $F(\omega)$, die in x_3-Richtung wirkt und deren Zeitabhängigkeit durch eine Überlagerung harmonischer Funktionen bestimmt wird. Die Berechnung der Bodenbewegung $\boldsymbol{u}(\boldsymbol{r}, \omega)$ erfolgt durch Lösung der inhomogenen Bewegungsdifferentialgleichung (z. B. PILANT, 1979). Das Verschiebungsfeld setzt sich aus verschiedenen Komponenten zusammen, die mit unterschiedlichen Potenzen von $1/r$ (r = Entfernung Quelle – Beobachtungspunkt) abklingen. Werden die Glieder mit quadratischer und höherer Potenz vernachlässigt, so spricht man von der sogenannten Fernfeldnäherung. Überschlagsmäßig gilt hierfür folgende Beziehung:

$$\frac{\omega \cdot r}{v_p}; \frac{\omega \cdot r}{v_s} \gg 1. \tag{7.1}$$

Für die Verschiebungskomponenten ergeben sich für die Fernfeldnäherung unter Verwendung von Kugelkoordinaten r, θ, φ folgende Ausdrücke (vgl. Abb. 7.1):

$$u_r^p = F(\omega) \cdot \cos\theta \frac{e^{ik_p r}}{r\, 4\pi \cdot \varrho \cdot v_p^2}, \tag{7.2}$$

$$u_\Theta^s = -F(\omega) \sin\theta \frac{e^{ik_s r}}{r\, 4\pi \cdot \varrho \cdot v_s^2} \tag{7.3}$$

mit $k_p = \dfrac{\omega}{v_p}$ und $k_s = \dfrac{\omega}{v_s}$.

Diese Lösungen entsprechen seismischen P- und S-Wellen mit sphärischen Wellenfronten. Sie werden von der Quelle mit einem definierten Abstrahlmuster ausgesendet, das durch die winkelabhängigen Amplitudenfaktoren in (7.2) und (7.3) bestimmt wird (vgl. Abb. 7.1). Diese Abstrahlcharakteristik ist bei der Untersuchung des Herdmechanismus ein wichtiges Mittel zur Identifizierung des Herdprozeßtyps. So basiert die Herdflächenlösung von Erdbeben (s. Kapitel 7.3) auf der Analyse der Abstrahlcharakteristik mit Hilfe der Polarität von seismischen Welleneinsätzen.

Kompliziertere Kräftesysteme kann man durch Überlagerung von Einzelkräften erzeugen, wobei dem Konzept von Kräftedipolen eine besondere Bedeutung zukommt: Zwei punktförmige Kräfte $\boldsymbol{F}$, die in den Punkten $\boldsymbol{r}_{io}$ und $\boldsymbol{r}_{io} - \varepsilon \cdot \boldsymbol{\nu}_i$ in entgegengesetzter Richtung ($\boldsymbol{\nu}_i$ – Einheitsvektor) wirken, bilden die einfachste und anschaulichste Form eines Dipols, wobei gefordert wird,

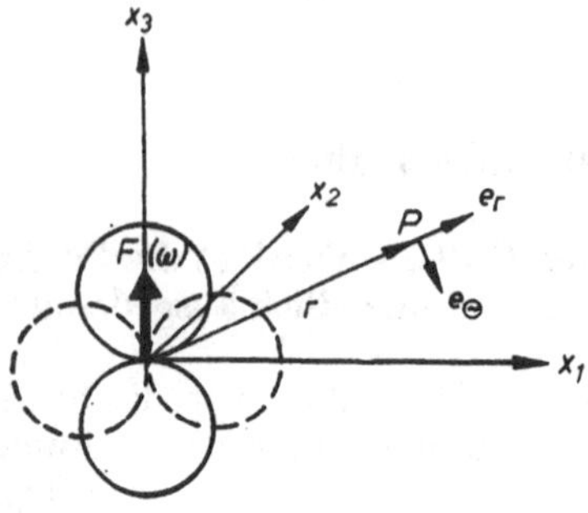

Abb. 7.1. Abstrahlcharakteristik von P- (———) und S- (— —) Wellen für eine harmonische Einzelkraft $F(\omega)$ im homogenen, isotropen Vollraum

daß der Abstand ε zwischen den Angriffspunkten der beiden Kräfte gegen Null geht, das Produkt $\varepsilon \cdot |F|$ jedoch einen konstanten Wert behält.

$$\varepsilon \cdot |F| = M_0 \tag{7.4}$$

ist das seismische Moment M_0, das in diesem Fall anschaulich als das Produkt von Kraft und Kraftarm gedeutet werden kann. Gleichung (7.4) läßt sich verallgemeinern, wenn man unterschiedliche Orientierungen des Kraftvektors und des Verbindungsvektors $\boldsymbol{v}_i$ der Kräfte zuläßt. Die Rolle des seismischen Momentes wird in diesem Fall durch den Momenttensor M_{jk} übernommen:

$$M_{jk} = M_0\, e_j \cdot v_k; \qquad j, k = 1, 2, 3, \tag{7.5}$$

e_j – Einheitsvektor in Kraftrichtung.

Bei der Analyse des Momenttensors lassen sich einige für das Verständnis von Herdvorgängen interessante Spezialfälle unterscheiden:

Spezialfall 1: $j = k$

Die Diagonalelemente des Tensors beschreiben Dipole ohne Drehmoment. Diese werden im folgenden Dipole genannt.

Die einzelnen Komponenten sind in Abb. 7.2 dargestellt.

Spezialfall 2: $j \neq k$

Die Nichtdiagonalelemente beschreiben Kräftepaare mit Drehmoment; diese werden im folgenden Kräftepaare genannt.

Die Richtung der Kräfte steht senkrecht auf dem Verschiebungsvektor (s. Abb. 7.2).

Spezialfall 3:

Der Tensor M_{jk} kann in einen symmetrischen und einen antisymmetrischen Anteil zerlegt werden

$$M_{jk} = M_{(jk)} + M_{[jk]}; \tag{7.6}$$

dabei gilt:

$$M_{(jk)} = \frac{1}{2}(e_j v_k + e_k v_j) \quad \text{und} \tag{7.7}$$

$$M_{[jk]} = \frac{1}{2}(e_j v_k - e_k v_j). \tag{7.8}$$

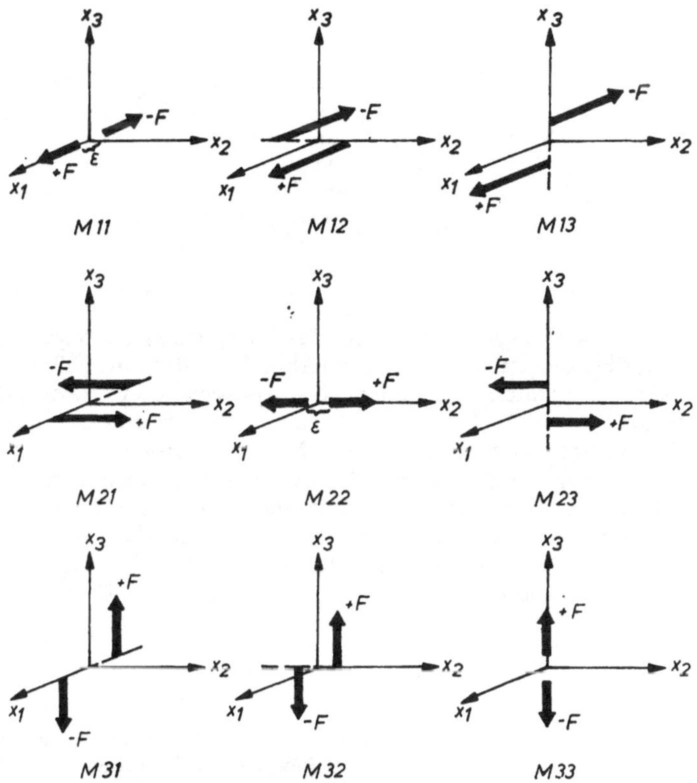

Abb. 7.2. Matrix der Komponenten des Momenttensors M_{jk}
(nach Aki und Richards, 1980).
$j = k$: Kräftedipole ohne Drehmoment,
$j \neq k$: Kräftepaare mit Drehmoment

Die Komponenten des symmetrischen Anteils $M_{(jk)}$ bilden für $j \neq k$ ein Dipolpaar, dessen Kräfte senkrecht aufeinander stehen und koplanar sind. Da die beiden Momente entgegengesetzt gerichtet sind, verschwindet das Gesamtdrehmoment (s. Abb. 7.3).

Die Entscheidung, welches Kräftemodell als Äquivalent einer Erdbebenquelle angesehen werden kann, ist mit Hilfe der Abstrahlcharakteristik grundsätzlich möglich. Allerdings ist die Lösung nur in Ausnahmefällen eindeutig, da es verschiedene Kräftesysteme gibt, die die gleiche Wellenabstrahlung erzeugen. So kann beispielsweise das Fernfeld eines Tripels von senkrecht aufeinander stehenden Dipolen als Modell für eine kugelsymmetrische Abstrahlung bei Explosionen verwendet werden.

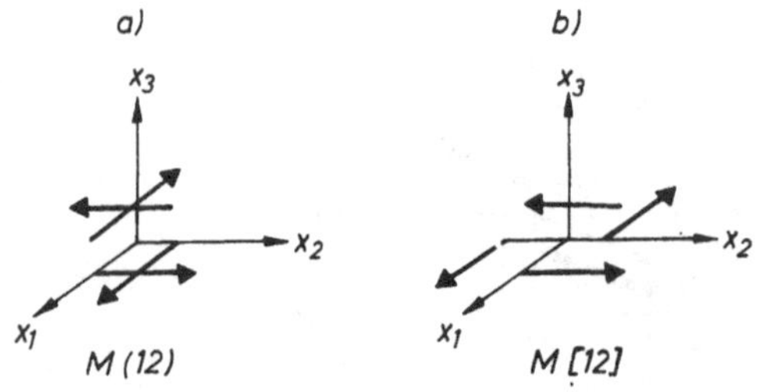

Abb. 7.3. a) Komponenten des symmetrischen Anteils $M_{(jk)}$ des Momenttensors für $j \neq k$: Kräftepaare ohne Gesamtdrehmoment,
b) Komponenten des antisymmetrischen Anteil $M_{[jk]}$ des Momenttensors für $j \neq k$: Kräftepaare mit Gesamtdrehmoment

In der Seismologie sind Kräftesysteme zur Beschreibung des Herdvorganges von großer Bedeutung, die aus einem Kräftepaar (Abb. 7.4) oder einer Überlagerung von 2 senkrecht aufeinander stehenden Kräftepaaren (double couple) (Abb. 7.5) bestehen. Die Abstrahlcharakteristik für P-Wellen unterscheidet sich (bis auf einen konstanten Faktor) nicht von der eines einfachen Kräftepaares. Erst die Einbeziehung der S-Wellen-Polarität erlaubt es, zwischen diesen beiden Kräftesystemen zu unterscheiden. Zahlreiche Untersuchungen von Herdmechanismen unterstützen die Annahme eines doppelten Kräftepaares, das auch wegen des Verschwindens des Gesamtdrehmomentes den physikalischen Gleichgewichtsbedingungen vor und nach Auslösung eines Erdbebens besser entspricht.

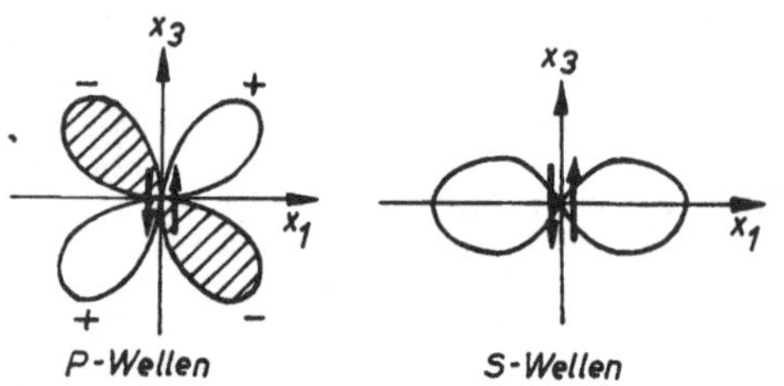

Abb. 7.4. Abstrahlcharakteristik für ein Kräftepaar mit Moment.
+ Ausschlagrichtung des P-Welleneinsatzes entspricht einer Kompression,
− Ausschlagrichtung des P-Welleneinsatzes entspricht einer Dilatation.

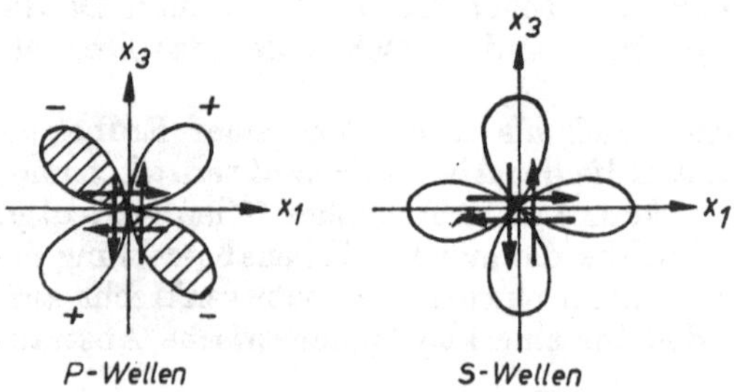

Abb. 7.5. Abstrahlcharakteristik für ein doppeltes Kräftepaar (double couple)

7.2.2. Ausgedehnte Quellen

Die Beobachtung von flachen Erdbeben und deren Wirkung auf die Erdoberfläche zeigt, daß die Bruchfläche eines tektonischen Erdbebens stets eine bestimmte Ausdehnung hat und von einer relativen Verschiebung zweier benachbarter Erdkrustenblöcke begleitet ist. Diese ist in der unmittelbaren Nähe der Verwerfung am größten und klingt mit zunehmender Entfernung von der tektonischen Störung kontinuierlich ab. Ein derartiges Verschiebungsmuster bezeichnet man als elastische *Dislokation*. Es läßt sich zeigen, daß jede Dislokation durch ein Kräftesystem ersetzt werden kann, das die gleiche Wellenabstrahlung wie die Dislokation zeigt. Betrachtet man beispielsweise eine Scherdislokation mit einer infinitesimal kleinen Scherfläche, so erhält man als äquivalentes Kräftesystem ein doppeltes Kräftepaar (double couple).

Diese Äquivalenz gibt die Berechtigung dafür, daß man auch bei einem Dislokationsprozeß von einem seismischen Moment sprechen darf, das ursprünglich nur für Kräftesysteme definiert war.

Burridge und Knopoff (1964) geben in ganz allgemeiner analytischer Form den Zusammenhang zwischen der Dislokation $u_i(\xi_i, t)$, (ξ_i – Koordinatensystem in der Verwerfungsfläche Σ) und der äquivalenten Kraftdichte f_k' an:

$$f_k' = \int_\Sigma d\Sigma(\xi_i) \cdot n_j[u_i(\xi_l, t)] \cdot c_{ijkm}(\xi_l)\, \delta_m(x_i - \xi_i), \tag{7.9}$$

n_j – Normalenvektor auf der Fläche;

$$\delta_m(x_i - \xi_i) = \frac{\partial}{\partial x_m} \delta(x_1 - \xi_1) \cdot \delta(x_2 - \xi_2) \cdot \delta(x_3 - \xi_3), \tag{7.10}$$

c_{ijkm} – elastische Konstanten; $\delta(x_1 - \xi_1)$ – Diracsche Deltafunktion. (Zur Vereinfachung der Darstellung wurde die Einsteinsche Summenkonvention verwendet.)

Diese Äquivalenz von Dislokationen und Kräftepaaren ist die theoretische Grundlage für die Bestimmung von Herdparametern und für die Untersuchung des Herdmechanismus. Gleichzeitg wird damit nachträglich die Berechtigung gegeben, isolierte Kräfte bzw. Kräftesysteme als Herdmodelle zu verwenden. Beim Übergang zu einer ausgedehnten Quelle müssen die unterschiedlichen Entfernungen zwischen den einzelnen Quellpunkten und dem Beobachtungspunkt sowie eine endliche Bruchgeschwindigkeit in Rechnung gesetzt werden. Wenn die Dislokation entlang der Verwerfungsfläche als raum- und zeitabhängige Funktion vollständig bekannt ist, dann ist die elastische Verschiebung im gesamten Medium berechenbar (z.B. Aki und Richards, 1980). Damit wird es möglich, die in den Seismogrammen beobachteten Bodenbewegungen mit den Bewegungen der Bodenpartikel entlang der Verwerfungsfläche zu verknüpfen.

In Analogie zur Punktquelle lassen sich auch bei einer ausgedehnten Quelle Nahfeld- und Fernfeldbedingungen unterscheiden. Ist die Entfernung zwischen Quelle und Registrierort ein Mehrfaches der Wellenlänge, dann gilt die Fernfeldnäherung für das seismische Verschiebungsfeld (Vernachlässigung aller Terme, in denen $1/r$ in höherer als erster Potenz enthalten ist).

Die mit P- bzw. S-Wellen verbundenen Fernfeldverschiebungsvektoren u_i lassen sich mit der orts- und zeitabhängigen Dislokation $[u]$ auf der Verwerfungsfläche Σ in folgender Form verknüpfen.

$$u_i(r, t) \sim \iint_{\Sigma} \left[\dot{u}_k(\xi_l, t) - \frac{r}{c}\right] \mathrm{d}\Sigma \tag{7.11}$$

(vgl. z.B. AKI und RICHARDS, 1980),
c – Geschwindigkeit der Wellenausbreitung, ξ_1, ξ_2 – Koordinatensystem auf Σ (vgl. Abb. 7.6), $[\dot{u}_k]$ – Dislokationsgeschwindigkeit.
Eine detailliertere Analyse dieser Relation (7.11) liefert einige interessante Erkenntnisse:

- Die entscheidende Größe, die die Fernfeldverschiebung beeinflußt, ist die Dislokationsgeschwindigkeit $[\dot{u}_k(\xi_l, t)]$.
- Aus Fernfeldbeobachtungen lassen sich keine Details über die seismische Quelle ableiten, deren Dimensionen kleiner als die kürzesten, im Seismogramm interpretierbaren Wellenlängen sind. Eine vollständige Beschreibung der Dislokationsfunktion $[u_k(\xi_l, t)]$ ist also aus Fernfeldbeobachtungen allein nicht möglich, sie erfordert die gemeinsame Interpretation von Fernfeld- und Nahfeldbeobachtungen.

Da in der Regel keine Beobachtungen im Nahfeld vorhanden sind, bietet es sich an, die seismische Quelle und den Herdvorgang durch solche Parameter (Herdparameter) zu charakterisieren, die sich aus aus Fernfeldbeobachtungen bestimmen lassen. Dieses sind:

- Geometrie und Dimensionen der Bruchfläche: Ein häufig benutztes Modell geht von einer rechteckigen Bruchfläche aus. Dabei wird die Bruchfläche vereinfacht als Rechteck mit der Länge L und der Breite w (nach engl. width) angesehen.
- Bruchgeschwindigkeit v: Sie gibt an, mit welcher Geschwindigkeit sich ein Bruch auf der Bruchfläche ausbreitet.
  In der Regel wird davon ausgegangen, daß der Bruch an einem Punkt bzw. längs einer Linie beginnt.
  Bei Annahme einer rechteckigen Bruchfläche gibt es folgende Möglichkeiten der Bruchausbreitung:

unilateral-unidirektional	(Abb. 7.6a)
bilateral-unidirektional	(Abb. 7.6b)
unilateral-bidirektional	(Abb. 7.6c)
bilateral-bidirektional	(Abb. 7.6d)

  Dislokationsfunktion (Herdzeitfunktion): Sie gibt an, wie die Verschiebung eines Punktes während des Bruchvorganges zeitlich abläuft. In der Regel setzt man hierfür eine Rampen- oder Exponentialfunktion (s. Abb. 7.7) an. Hieraus leiten sich zwei Herdparameter ab:
- die permanente (bleibende) Dislokation D für $t \to \infty$

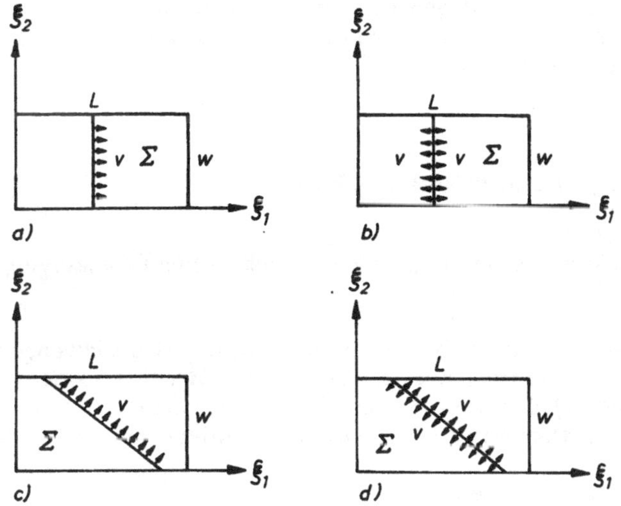

Abb. 7.6. Bruchausbreitung entlang einer rechteckigen Verwerfungsfläche,
a) unilateral-unidirektional, b) bilateral-unidirektional,
c) unilateral-bidirektional, d) bilateral-bidirektional

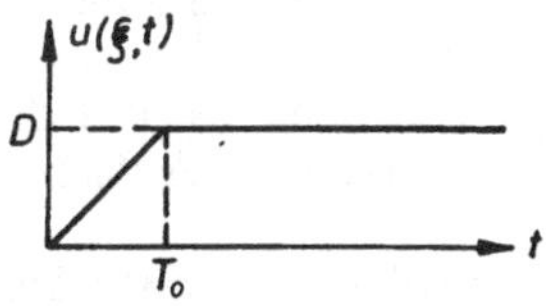

Abb. 7.7. Definition der Anstiegszeit T_0

– die Anstiegszeit T_0. Sie entspricht der Zeit, die notwendig ist, um die endgültige Dislokation eines gegebenen Punktes zu erreichen. In vielen Modellberechnungen wird angenommen, daß T_0 etwa der Laufzeit der Bruchfront über die halbe Bruchbreite entspricht, d. h. $T_0 \sim w/2v$

Mit den 5 Parametern Herdlänge L, Herdbreite w, Bruchgeschwindigkeit v, permanente Dislokation D und Anstiegszeit T_0 läßt sich aus der Analyse von Fernfeldbeobachtungen der seismische Herd charakterisieren. Dieses 5-Parameter-Modell einer rechteckigen Bruchfläche wurde eingehend von HASKELL (1964, 1966) untersucht. Es wird daher oft auch als HASKELL-Modell bezeichnet.

Aus der Äquivalenz von Dislokationen und Kräftepaaren läßt sich auch für eine räumlich ausgedehnte Quelle ein seismisches Moment M_0 wie folgt definieren:

$$M_0 = \mu \cdot A \cdot D \qquad \text{mit} \qquad A = L \cdot w, \tag{7.12}$$

μ = Schermodul.

An Stelle einer rechteckigen Bruchfläche wird vielfach auch eine kreisförmige Bruchfläche angenommen. Da die Herdparameter modellabhängig sind, ändern sich allerdings die Ergebnisse.

7.3. Bestimmung von Herdparametern

Als Ausgangsdaten für die Bestimmung von Parametern zur Beschreibung des Herdmechanismus stehen zur Verfügung:

- Geländebeobachtungen.
  Bei starken oberflächennahen Erdbeben ist es möglich, aus Beobachtungen an der Erdoberfläche die Richtung und die Länge eines Bruches sowie die bleibende Verschiebung (Dislokation) zu bestimmen. Derartige Beobachtungen bildeten den Ausgangspunkt für theoretische Untersuchungen zum Herdmechanismus.
- Instrumentelle Registrierungen (Seismogramme).
  In den registrierten Seismogrammen sind Informationen über den seismischen Herd enthalten. In der Entwicklung der Untersuchungen zum Herdmechanismus (s. z.B. zusammenfassende Darstellung bei Udias, 1980) benutzte man zunächst solche Größen, die unmittelbar aus dem Seismogramm abzulesen sind. Hierzu gehören neben der Amplitude und der Periode auch die Polarität des ersten Einsatzes der verschiedenen Wellen. Aus der Analyse der azimutalen Verteilung der Polarität entwickelte sich die Methodik der Herdflächenlösung zur Bestimmung der Richtung eines Bruches und des Verschiebungstyps (z.B. Horizontalverschiebung, Abschiebung, Aufschiebung, Vertikalverschiebung).

Der nächste Schritt war die Ableitung spektraler Kenngrößen aus dem Amplitudenspektrum von seismischen Registrierungen.

Auf der Basis bestimmter Modellvorstellungen können Aussagen über die Energie, die Herddimensionen und den Spannungsabfall gemacht werden. Die Behandlung von Herdproblemen auf der Grundlage der Spektren, insbesondere von Fernfeldbeobachtungen, entwickelte sich, seitdem in den 60er Jahren leistungsfähige Rechner und numerische Methoden zur Verfügung standen.

7.3.1. Herdflächenlösung (fault plane solution)

Die Bestimmung der räumlichen Lage der Bruchfläche, des tektonischen Regimes und des Spannungsregimes geht von der Analyse der in Abschnitt 7.2 beschriebenen Abstrahlcharakteristik einer seismischen Quelle aus, die ein bestimmtes Muster in der azimutalen Verteilung der Polarität des ersten Einsatzes seismischer Wellen hervorruft. Die theoretische Grundlage bildet die

Äquivalenz von Scherdislokation und doppeltem Kräftepaar einer Punktquelle (s. Abschnitt 7.2).

Bei einem solchen Kräftesystem (vgl. Abb. 7.8) tritt ein charakteristisches Abstrahlmuster mit jeweils zwei Knotenlinien (Nodallinien) für P- und S-Wellen auf. Aus den Beobachtungen von Raumwellen können also zwei gleichberechtigte Verwerfungsflächen abgeleitet werden. Eine Entscheidung, welche die eigentliche Bruchfläche ist, muß durch zusätzliche Annahmen oder Erkenntnisse getroffen werden.

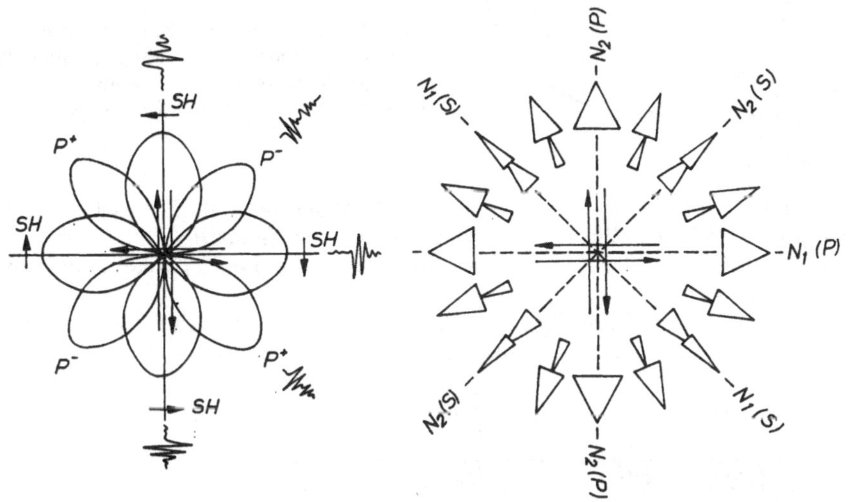

Abb. 7.8. Abstrahlmuster und Nodallinien (N) von P- und S-Wellen für ein doppeltes Kräftepaar (double couple)

Bereits Omori (1905) und Galitzin (1909) erkannten, daß der erste Einsatz der P-Welle eine unterschiedliche Polarität haben kann (Kompression oder Dilatation). In breitem Umfang entwickelte Byerly (s. z.B. Byerly, 1926) die Methodik der Herdflächenbestimmung. Zur Darstellung benutzte er eine Äquatorialprojektion. Hasegawa (1930) und Koning (1942) entwickelten das Konzept der Herdkugel. Das Grundprinzip besteht darin, daß man sich um eine punktförmige Quelle eine Kugel (Herdkugel) gelegt denkt, wobei der Radius dieser Kugel so klein ist, daß das Medium innerhalb der Kugel durch eine einheitliche seismische Geschwindigkeit charakterisiert ist (s. Abb. 7.9). Ein vom Herd abgehender seismischer Strahl läßt sich auf der Herdhalbkugel (obere und untere Halbkugel) als Projektion des Azimut- und Abtauchwinkels darstellen. Diese beiden Größen werden zusammen mit der Polarität des Einsatzes als Ausgangsdaten benötigt.

Koning (1942) benutzte auch als erster die in der Tektonik und Mineralogie weit verbreitete stereographische Projektion des Wulffschen Netzes, um die

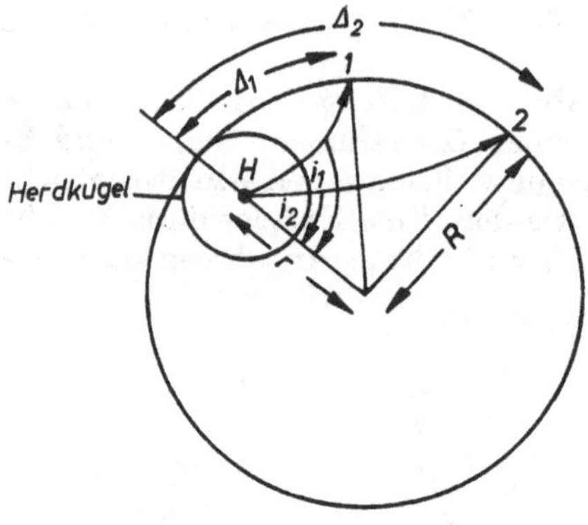

Abb. 7.9. Herdkugel und Emergenzwinkel i für zwei Beobachtungspunkte 1 und 2. H: Herd; R: Erdradius; r: Abstand Erdmittelpunkt – Mittelpunkt der Herdkugel

Herdkugel auf eine Ebene zu projizieren. Ritsema (s. z. B. Ritsema, 1955) entwickelte diese Methodik weiter, so daß heute fast ausschließlich die stereographische Projektion der unteren Herdhalbkugel für die Herdflächenbestimmung benutzt wird.

Bei der praktischen Durchführung wird zunächst für das zu untersuchende Erdbeben eine Datenliste in folgender Form aufgestellt:

Station	P-Welle SP	LP	S-Welle SH	SV	Δ	A	i_d
	D(C)	D(C)	L(R)	+(−)			

SP, LP – kurzperiodische bzw. langperiodische Registrierung, C – Kompression D – Dilatation, L, R – Ausschlagrichtung der SH-Welle (auf der E- und N-Komponente), + — – Ausschlagrichtung der SV-Welle (auf der Z-Komponente), Δ – Epizentralentfernung in Grad, A – Azimut, i_d – Abtauchwinkel.

Die Ermittlung der Polarität des ersten Einsatzes ist in vielen Fällen vor allem bei kurzperiodischen P-Wellen unsicher. Es ist daher zu empfehlen, langperiodische Registrierungen zu benutzen.

Der Abtauchwinkel i_d hängt von der Geschwindigkeitsverteilung zwischen dem Herd und der Registrierstation ab. Er bestimmt sich zu

$$\sin i_d = \frac{R\, v_n\, s}{r \cdot 111{,}1}, \tag{7.13}$$

R – Erdradius, v_n – Geschwindigkeit im Bereich der Herdkugel, s – slowness – $dt/d\Delta = 1/v^*$, r – Abstand Erdmittelpunkt – Mittelpunkt der Herdkugel.

Ritsema (1955) hat auf der Grundlage der Jeffreys-Bullen Laufzeitkurven Tabellen für den Abtauchwinkel in Abhängigkeit von der Entfernung und der Herdtiefe zusammengestellt (i_d-Δ-Kurven).

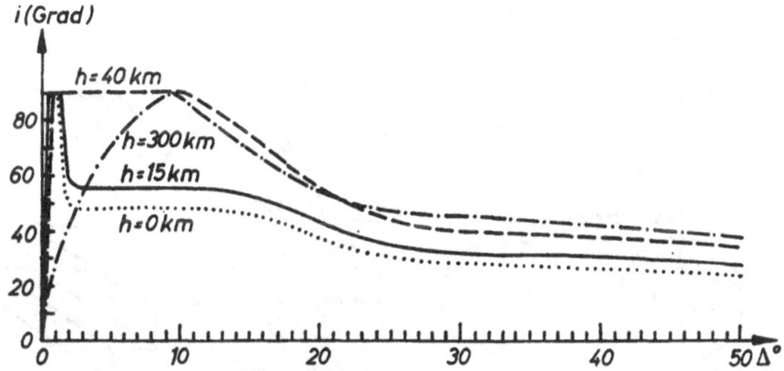

Abb. 7.10. Abtauchwinkel i in Abhängigkeit von der Entfernung und der Herdtiefe (aus SCHICK, 1972)

In Abb. 7.10 ist der Verlauf des Abtauchwinkels dargestellt. Man erkennt, daß für oberflächennahe Beben im Nahbereich sehr erhebliche Fehler bei der Bestimmung von i_d auftreten können. Für Flachbeben empfiehlt es sich daher, erst Stationen mit einer Entfernung über 300 km für die Bestimmung der Herdflächenlösung zu benutzen.

Die graphische Bestimmung der Herdfläche kann in einzelne Schritte zerlegt werden:

- Zunächst werden die Daten der Seismogrammauswertung für die einzelnen Stationen aufgetragen. Dabei wird das Azimut als Winkelkoordinate und der Abtauchwinkel als Radiuslänge dargestellt. Als Ergebnis erhält man ein Verteilungsmuster von Kompression und Dilatation.
- Konstruktion der ersten und zweiten Herdfläche mit Hilfe eines WULFFschen Netzes durch Trennung der Quadranten mit ungleichem Vorzeichen sowie Konstruktion der Pole dieser Herdflächen.
- Verbindung der Pole durch die Äquatoriallinie, die senkrecht zu den Herdflächen verläuft. Die Schnittlinien der Äquatorialfläche mit den beiden Herdflächen markieren die Richtung der Dislokationsvektoren (s. auch Abb 7.12).
- Das Zentrum des Dilatations- bzw. des Kompressionsquadranten bezeichnet die Achse der maximalen Druck- bzw. Zugspannung (P und T in Abb. 7.12).

In ähnlicher Weise können auch die Vorzeichen von SH- und SV-Wellen sowie die Amplituden von P- und S-Wellen für die Festlegung von Herdflächen genutzt werden.

Für die Bestimmung der Herdflächenlösung durch Auswertung der Polarität des ersten Einsatzes sind möglichst zahlreiche Stationen in allen Azimuten erforderlich. Dies ist in vielen Fällen jedoch nicht möglich.

Um auch bereits aus den Registrierungen einer oder nur weniger Stationen

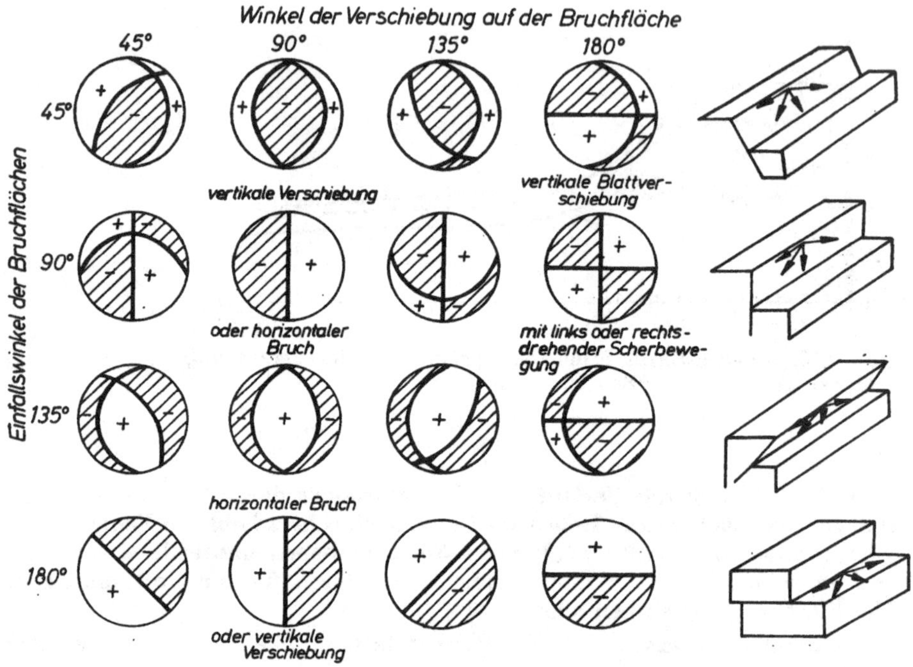

Abb. 7.11. Orientierung der Herdflächen für unterschiedliche Einfallswinkel der Bruchfläche und unterschiedliche Winkel der Verschiebung auf der Bruchfläche, + Kompression; — Dilatation (nach PEARCE, 1977)

eine Aussage über die mögliche Herdflächenlage machen zu können, bietet es sich an, theoretische Seismogramme für bestimmte Herdflächenorientierungen und Bewegungsvorgänge entlang der Verwerfung zu berechnen und diese mit Registrierungen zu vergleichen. Es hat sich dabei besonders bewährt, die Amplituden der P-, pP- und sP-Phasen zu nutzen. In Abb. 7.11 ist nach PEARCE (1977) zusammengestellt, welche typischen Abstrahlmuster in Abhängigkeit von dem Einfallen der Bruchfläche und vom Verschiebungswinkel auf der Bruchfläche auftreten können:

Zeile 1

Die Verwerfungsfläche fällt mit einem Winkel von 45° ein. Der Winkel, unter dem sich die Bewegung auf der Fläche vollzieht, variiert. Bei diesen Typen handelt es sich um Abschiebungsvorgänge (normal fault). Das Abstrahlmuster 2 ist ein reines Abschiebungsregime. Abstrahlmuster 1 und 3 sind kombinierte Abschiebungs- (dip-slip-) und Horizontal (strike-slip-) Bewegungen. 4 ist eine reine Horizontalverwerfung.

Zeile 2

Die Verwerfungsfläche steht senkrecht. Fall 2 ist eine reine Vertikalbewegung, Fall 4 eine reine Horizontal- (strike-slip) Bewegung; die Fälle 1 und 3 sind wieder kombinierte Bewegungen.

Zeile 3

Die Verwerfungsfläche fällt mit 135° ein, es herrscht ein Überschiebungsregime. Im Fall 2 erfolgt die Überschiebung senkrecht zum Streichen der Bruchfläche.

Zeile 4

Die Verschiebungsfläche liegt horizontal.

Die Beispiele zeigen eine große Vielfalt von Abstrahlungsmustern in Abhängigkeit vom Einfallswinkel, von der Streichrichtung und der Dislokationsrichtung. Je nachdem, welche Fläche man als Bruchfläche oder als Hilfsfläche bezeichnet, ergeben sich andere Bewegungsvorgänge. Besonders deutlich ist dies bei den Fällen 2.2 und 4.2 zu erkennen. Für das gleiche Abstrahlmuster erhält man entweder Blattverschiebung (strike-slip) an einer vertikalen Störungszone oder eine Blockverschiebung an einer horizontal liegenden Bruchfläche. Auch beim Fall 2.4 führt eine Vertauschung von Bruch- und Hilfsfläche zu einer rechtsdrehenden oder einer linksdrehenden Scherbewegung.

In Abb. 7.12 ist als Beispiel einer Herdflächenlösung die Analyse des Erdbebens vom 4. November 1975 in der Wetterau (südwestlich des Vogelsbergs, BRD) dargestellt (aus Neugebauer und Tobias, 1977). Die Bruchfläche streicht NW-SE und fällt mit 50° ein.

7.3.2. Direktivitätsfunktion

Jeder Bruch läßt sich als Summe von Elementarbrüchen approximieren, wobei jeder Elementarbruch als Punktquelle angesehen werden kann, die einen Elementarimpuls aussendet. Da sich der Bruch mit einer endlichen Geschwindigkeit (der Bruchausbreitungsgeschwindigkeit) ausbreitet, kommt es zu der aus der Akustik bekannten Erscheinung des Dopplereffektes. Ben-Menahem (1961) entwickelte die Theorie der Abstrahlung seismischer Wellen von einer sich mit endlicher Geschwindigkeit bewegenden Quelle. In Richtung der sich ausbreitenden Bruchfront werden sich die einzelnen Elementarimpulse konstruktiv überlagern, damit ist in dieser Richtung eine deutliche Frequenzerhöhung zu beobachten. Entgegengesetzt zur Bruchausbreitungsrichtung kommt es zu einer Frequenzerniedrigung. In Abb. 7.13 sind die Impulsformen in Abhängigkeit vom Winkel zwischen Bruchausbreitungsrichtung und Beobachtungsstation für ein synthetisches Beispiel (nach Schick, 1968) dargestellt. Das Spektrum der von einer sich bewegenden Quelle ausgesandten Welle wird also eine deutliche Azimutabhängigkeit aufweisen, wobei eine Abhängigkeit von der Bruchlänge L und dem Quotienten $q = c/v$ auftritt (c – Wellengeschwindigkeit; v – Bruchausbreitungsgeschwindigkeit).

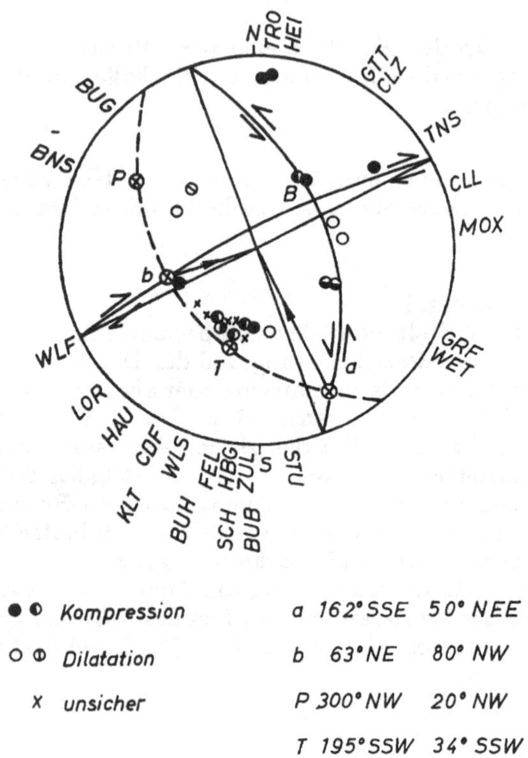

Abb.7. 12. Herdflächenlösung des Erdbebens vom 4. 11. 1975 in der Wetterau (südwestlich des Vogelsberges, BRD) nach NEUGEBAUER und TOBIAS (1977)
a – Herdfläche; *b* – Hilfsfläche; *P* – Achse der größten Hauptspannung (Kompression); *T* – Achse der geringsten Hauptspannung (Dehnung)

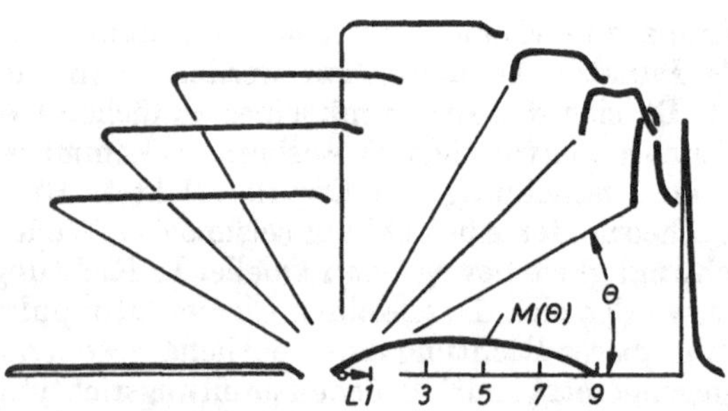

Abb. 7.13. Änderung der Impulsform und der Maximalamplitude $M(\Theta)$ bei Abstrahlung von einem eindimensional ausgedehnten Herd (aus SCHICK, 1968)

In der Abbildung 7.14 wird deutlich, wie unterschiedlich die Spektren für verschiedene Impulsformen aussehen können. Für den Fall $c = v$ kommt es in Bruchausbreitungsrichtung zu einer konstruktiven Interferenz, während in entgegengesetzter Richtung destruktive Interferenzen mit deutlichen Minima im Spektrum auftreten.

Um den Einfluß der Impulsform zu eliminieren, bildet man den Quotienten der Spektren von zwei Stationen, die möglichst diametral zur Bruchausbreitungsrichtung liegen. Damit erhält man die sogenannte ***Direktivitätsfunktion*** (vgl. Abb. 7.14)

$$\mathrm{Di} = \frac{(q + \cos\theta)}{(q - \cos\theta)} \; \frac{\sin\left[\dfrac{L \cdot \omega}{2c}(q - \cos\theta)\right]}{\sin\left[\dfrac{L \cdot \omega}{2c}(q + \cos\theta)\right]}; \tag{7.14}$$

$q = c/v$, c – Wellengeschwindigkeit von Oberflächenwellen, v – Bruchausbreitungsgeschwindigkeit, θ – Winkel zwischen Bruchausbreitungsrichtung und Registrierstation, L – Bruchlänge, ω – Frequenz.

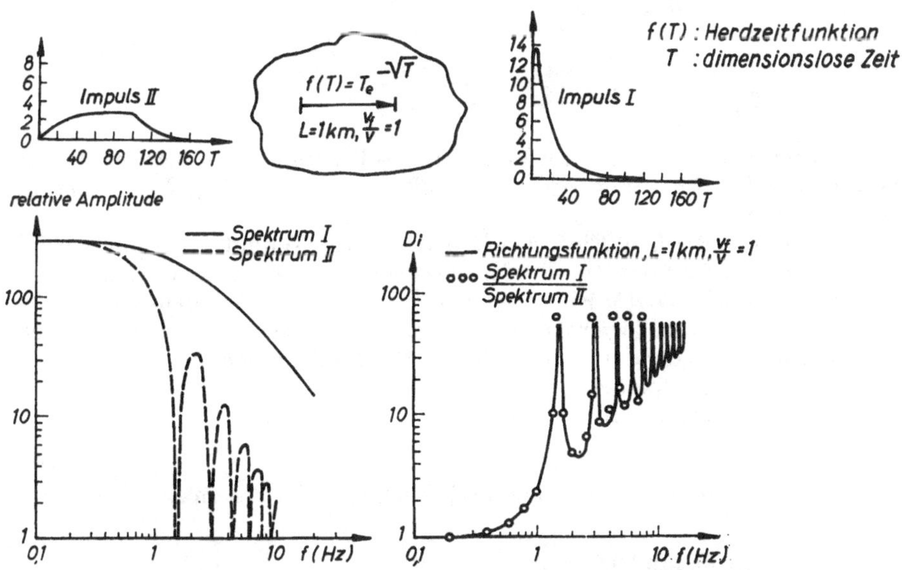

Abb. 7.14. Impulsform, Spektrum und Direktivitätsfunktion für die angegebenen Herdparameter (aus SCHICK, 1968)

Zur Bestimmung von L und v kann man die beobachtete Direktivitätsfunktion mit theoretischen Kurven vergleichen, wobei durch eine trial-and-error-Methodik eine optimale Anpassung zwischen beiden Kurven erreicht werden kann. Es ist auch möglich, die Bruchlänge L aus der Eckfrequenz zu bestimmen und damit unmittelbar die Bruchausbreitungsgeschwindigkeit zu bestimmen.

7.3.3. Seismisches Moment, Eckfrequenz und abgeleitete Herdparameter

Für das HASKELL-Modell mit einem sich in x_1-Richtung unilateral ausbreitenden Bruch der Länge L, der Tiefenerstreckung w, der Herdfläche $A = wL$, der Bruchgeschwindigkeit v und einer rampenförmigen Herdzeitfunktion mit der Anstiegszeit T_0 wird die spektrale Amplitudendichte der Verschiebung im Fernfeld für beliebige Beziehungen zwischen Bruchausbreitungsrichtung und Beobachtungsstation durch folgenden Ausdruck beschrieben:

$$|u(\omega)| = \frac{\mu D L w}{4\pi \varrho r c^3} R_{\Theta,\varphi} \frac{\sin\left(\frac{\omega T_0}{2}\right)}{\frac{\omega T_0}{2}} \frac{\sin \omega T_L}{\omega T_L} \frac{\sin \omega T_w}{\omega T_w}; \tag{7.15}$$

$$T_w = \frac{w}{2} \frac{\sin\theta \sin\varphi}{c},$$

$$T_L = \frac{L}{2} \left(\frac{\sin\theta \cos\varphi}{c} - \frac{1}{v}\right),$$

μ – Schermodul, D – Gesamtdislokation, ϱ – Dichte, r – Entfernung Quelle – Station, c – Fortpflanzungsgeschwindigkeit (P- oder S-Welle), $R_{\Theta,\varphi}$ – Abstrahlcharakteristik.

Aus den spezifischen Eigenschaften der $\sin x/x$-Funktion ergibt sich der komplizierte Verlauf des Amplitudenspektrums mit dem Auftreten zahlreicher Nullstellen (s. Abb. 7.15). Eine Glättung mit Hilfe von Geradenästen bei Verwendung einer doppellogarithmischen Darstellung ist erforderlich. So bieten sich zur Beschreibung des Amplitudenspektrums 3 Größen an:

- Höhe des Spektralplateaus für $\omega \to 0$:
  Aus (7.15) ergibt sich für $\omega \to 0$

  $$4\pi \varrho r c^3 \Omega_0 / R_{\Theta,\varphi} = \mu D L w, \tag{7.16}$$

  Ω_0: Amplitudenniveau des langperiodischen Teils des Spektrums von P- bzw. S-Wellen

  $$(\Omega_0 = \lim_{\omega \to 0} [u_i(x_i, \omega)]).$$

  Entsprechend der Definition (7.12) gilt

  $$M_0 = \mu D L w. \tag{7.17}$$

  Damit ergibt sich eine Verknüpfung zwischen der Höhe des Spektralniveaus und dem seismischen Moment M_0.
- Abfall des Fernfeldspektrums im hochfrequenten Teil mit einer negativen Potenz der Frequenz. Die Größe der Potenz ist ein wichtiger Indikator für den Typ und den zeitlichen Ablauf des Herdprozesses.
  Für eine endliche Länge der Bruchfläche und eine endliche Anstiegszeit T_0

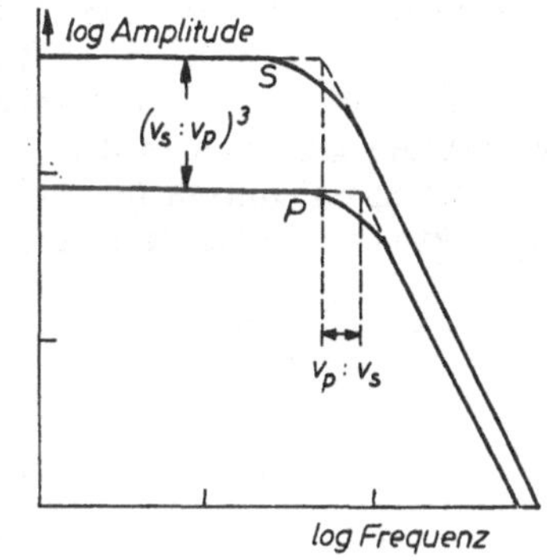

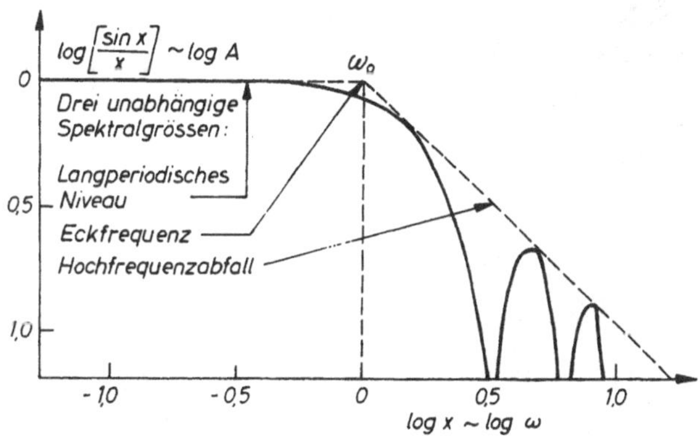

Abb. 7.15. Schematische Darstellung des Amplitudenspektrums der Fernfeldverschiebung

ergibt sich im Falle einer unidirektionalen Bruchausbreitung ein Abfall des hochfrequenten Anteils des Amplitudenspektrums der Fernfeldverschiebung, der proportional zu ω^{-2} ist. Berücksichtigt man noch die endliche Breite der Bruchfläche, so ist der spektrale Abfall proportional zu ω^{-3}.

- Der Schnittpunkt der hochfrequenten und niederfrequenten Asymptoten des Amplitudenspektrums. Er wird als *Eckfrequenz* ω_c (corner frequency) bezeichnet. Diese Frequenz ist eng mit der Größe der Herdfläche verbunden. In Abhängigkeit von der Geometrie der Herdfläche und der Herdzeitfunktion können mehrere Eckfrequenzen auftreten.

Für eine rechteckige Herdfläche mit der Länge L und der Breite w sind T_w und T_L die Zeiten, unter denen ein Beobachter die Bruchausbreitung in Richtung der Länge und der Breite des Bruches sieht. Für den Spezialfall einer Sprungfunktion als Herdzeitfunktion ergibt sich die Gesamtdauer des Signals zu

$$T = 2\,|T_L| + 2\,|T_w|. \tag{7.18}$$

Im Amplitudenspektrum äußern sich diese Zeiten in charakteristischer Weise.

In Abb. 7.16 ist das Spektrum der Fernfeldverschiebung für ein HASKELL-Modell mit bilateraler Bruchausbreitung dargestellt (nach SAVAGE, 1972). Die beiden oberen Spektren sind das P- (volle Kreise) und S- (offene Kreise) Spektrum für ein Verhältnis $L/w = 100$. Das Spektrum läßt sich in drei Bereiche zerlegen, in denen die Einhüllende durch Geraden mit unterschiedlicher Neigung approximiert werden kann. Die Schnittpunkte dieser Geraden werden durch die Zeiten T_L und T_w bestimmt.

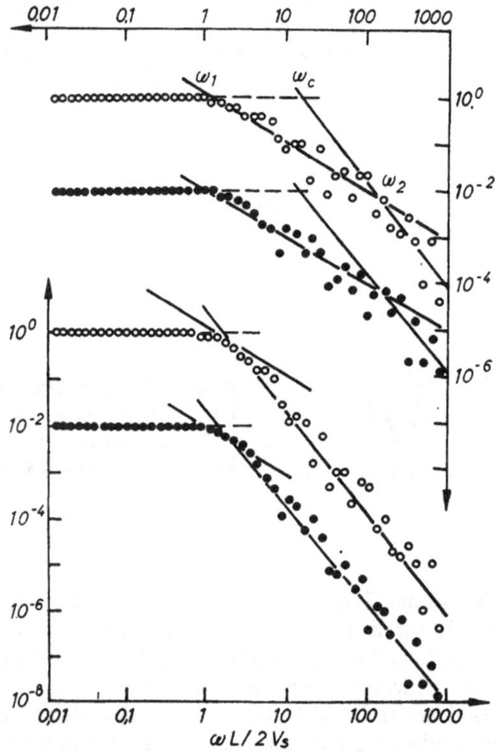

Abb. 7.16. Spektrum der Fernfeldverschiebung für ein HASKELLmodell mit bilateraler Bruchausbreitung (nach SAVAGE, 1972)

Für die beiden Eckfrequenzen ω_1 und ω_2 gilt

$$\omega_1 = \mathrm{Min}\left(\left|\frac{1}{T_L}\right|, \left|\frac{1}{T_w}\right|\right). \tag{7.19a}$$

$$\omega_2 = \mathrm{Max}\left(\left|\frac{1}{T_L}\right|, \left|\frac{1}{T_w}\right|\right). \tag{7.19b}$$

Im unteren Teil der Abb. 7.16 sind das P- und S-Spektrum für ein Verhältnis $L/w = 1$ dargestellt.

Bei gleichem oder nur wenig unterschiedlichem T_L und T_w kann daher nur eine mittlere Eckfrequenz ω_c bestimmt werden

$$\omega_c = \frac{1}{\sqrt{|T_L \cdot T_w|}}. \tag{7.20}$$

Damit ist es prinzipiell möglich, aus den Eckfrequenzen ω_1, ω_2 bzw. ω_c die Herddimensionen zu bestimmen. Es können hierzu sowohl die P-Wellen als auch die S-Wellen verwendet werden.

Die Beziehung zwischen Eckfrequenz und Herddimensionen sind von den Abstrahlwinkeln, der Bruchgeschwindigkeit v und der Richtung der Bruchausbreitung abhängig. Damit ergibt sich eine deutliche Azimutabhängigkeit der Eckfrequenz. In Abb. 7.17 ist diese für das Modell eines vertikalen dip-slip-Bruches mit unilateraler Scherdislokation dargestellt. Für S-Wellen ist die Azimutabhängigkeit wesentlich stärker ausgeprägt als für P-Wellen.

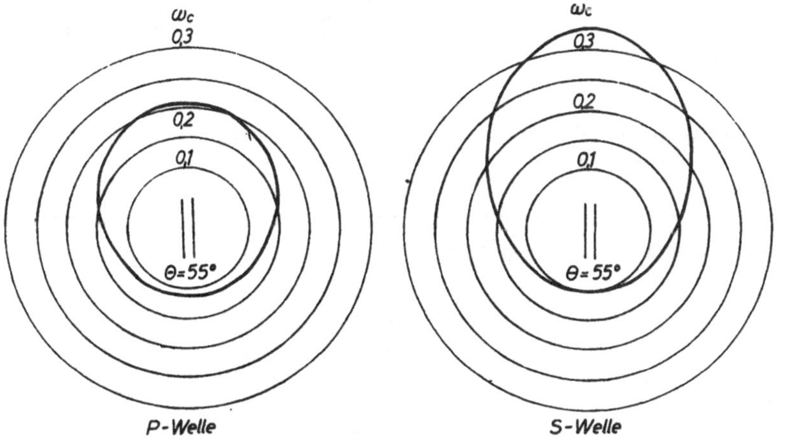

Abb. 7.17. Azimutabhängigkeit der Eckfrequenz für das Modell eines vertikalen Dip-Slip-Bruches mit unilateraler Scherdislokation

In der Praxis stehen meist nicht genügend Registrierungen aus den verschiedenen Azimuten zur Verfügung. Es ist daher zweckmäßig, mittlere Werte einzusetzen. Die Mittelung der Eckfrequenz über alle möglichen Richtungen liefert unter der plausiblen Annahme $v = 0{,}9\, v_s$ einen analytischen Zusammenhang zwischen den Bruchdimensionen und der Eckfrequenz

$$\omega_{c(p)} = 2{,}9\, v_p/\sqrt{L \cdot w}. \tag{7.21}$$

$$\omega_{c(s)} = 14{,}8\, v_s/\sqrt{L \cdot w}. \tag{7.22}$$

Die Ergebnisse hängen jedoch von dem benutzten Modell ab.

SATO und HIRASAWA (1973) geben für eine kreisförmige Herdfläche folgende Beziehungen an:

$$\omega_{c(p)} = \frac{c_p \cdot v_p}{r} \quad \text{für P-Wellen}, \tag{7.23}$$

$$\omega_{c(s)} = \frac{c_s \cdot v_s}{r} \quad \text{für S-Wellen}, \tag{7.24}$$

c_s und c_p sind Funktionen der Bruchgeschwindigkeit. In Tab. 7.1 ist eine Übersicht über Ergebnisse verschiedener Autoren gegeben (nach SAVAGE, 1972; HANKS, WYSS, 1972; MADARIAGA, 1976). Diese aus dem Amplitudenspektrum abgeleiteten Größen bilden die wichtigsten Ausgangsgrößen zur Bestimmung von Herdparametern, die die Herdgeometrie (Bruchlänge L und Bruchbreite w bzw. Radius der Bruchfläche) und die bleibende Dislokation D beschreiben.

Es muß jedoch beachtet werden, daß diesen Herleitungen die einschränkenden Bedingungen der Dislokationstheorie (kinematisches Modell) und bestimmter Annahmen über die Geometrie der Herdfläche zugrunde liegen (z.B. HASKELL-Modell).

Tabelle 7.1. Eckfrequenzen und Bruchdimensionen für verschiedene Herdmodelle

S-Welle	P-Welle
HASKELL ($v_p/v_s = 0{,}9$) (s. auch SAVAGE, 1972)	
$\omega_1 = 3{,}6\, v_s/L$	$\omega_1 = 1{,}2\, v_p/L$
$\omega_2 = 4{,}1\, v_s/w$	$\omega_2 = 2{,}4\, v_p/w$
$\omega_c^2 = 14{,}8\, v_s^2/A$	$\omega_c^2 = 2{,}9\, v_p^2/A$
BRUNE (1970)	
$\omega_1 = 4{,}7\, v_s/L$	$\omega_1 = 4{,}7\, v_p/L$
$\omega_2 = 4{,}7\, v_s/L\, (1{,}6 - 0{,}6\, \varepsilon)/\varepsilon$	$\omega_2 = (4{,}7\, v_p/L)\, (1{,}6 - 0{,}6\, \varepsilon)/\varepsilon$
$\omega_c^2 = (17{,}2\, v_s^2/A)\, (1{,}6 - 0{,}6\, \varepsilon)/\varepsilon$	$\omega_c^2 = (17{,}2\, v_p^2/A)\, (1{,}6 - 0{,}6\, \varepsilon)/\varepsilon$
HANKS, WYSS (1972)	
$\omega_c = 2{,}34\, v_s/r$	$\omega_c = 2{,}34\, v_p/r$
BERCKHEMER, JACOB $v_p/v_s = 0{,}9$	
$\omega_c = 2{,}5\, v_s/L$	$\omega_c = 1{,}5\, v_p/L$
$\omega_c^2 = 5{,}0\, v_s^2/A$	$\omega_c^2 = 1{,}7\, v_p^2/A$
MADARIAGA (1976)	
$\omega_c = 1{,}3\, v_s/r$ ($v = 0{,}9\, v_s$, gemittelt über alle Richtungen)	$\omega_c = 2{,}0\, v_s/r$

Das Verhältnis von bleibender Dislokation D und Herdlänge L gibt die Deformationsänderung Δe oder den Deformationsabfall (Strain Drop) im Herd wieder. Unter Beachtung der Proportionalität von Deformation und Spannung kann man schreiben

$$\begin{aligned}\Delta\sigma &= C\mu\Delta e \\ &= C\mu\frac{D}{L}.\end{aligned} \tag{7.25}$$

$\Delta\sigma$ wird als Spannungsabfall (Stress Drop) bezeichnet und als Differenz zwischen der Spannung σ_0 im Herd vor dem Erdbeben und der Spannung σ_1 im Herd nach dem Erdbeben definiert

$$\Delta\sigma = \sigma_0 - \sigma_1. \tag{7.26}$$

Auf diesem Weg läßt sich eine Größe einführen, die die Spannungsverhältnisse im Herd beschreibt, obgleich in dem kinematischen Modell die Spannung nicht enthalten ist.

C in (7.25) ist ein Geometriefaktor, der von dem gewählten Bewegungsvorgang abhängt. Für typische Bruchgeometrien gilt:

- kreisförmige Brüche ($L \to r$)

$$C = 7\pi/16; \tag{7.27}$$

- Horizontalverwerfungen (Strike-Slip-Verwerfungen)

$$C = 2/\pi; \tag{7.28}$$

- Abschiebungen (Dip-Slip-Bewegungen)

$$C = \frac{4(\lambda + \mu)}{\pi(\lambda + 2\mu)}, \tag{7.29}$$

λ und μ: LAMÉsche Konstanten.

Weitere die Spannungsverhältnisse charakterisierende Größen sind (s. BRUNE, 1970):
die mittlere Spannung

$$\bar{\sigma} = (\sigma_0 + \sigma_1)/2 \tag{7.30}$$

und die effektive Spannung

$$\sigma_{\text{eff}} = \sigma_0 - \sigma_f; \tag{7.31}$$

σ_f ist dabei die mittlere Reibungsspannung.
Während des Bruchvorganges wird Arbeit ΔW geleistet, die der Änderung der Deformationsenergie entspricht.

Die gesamte freiwerdende Energie ist

$$E = \Delta W = DA\,(\sigma_0 + \sigma_1)/2 = DA\bar{\sigma} \tag{7.32}$$

oder

$$E = \Delta W = \frac{LA\,\Delta\sigma\bar{\sigma}}{C\mu}. \tag{7.33}$$

Die Gesamtenergie, die während des Bruchvorganges freigesetzt wurde, setzt sich aus folgenden Bestandteilen zusammen:

$$E = E_s + E_r + E_p\,; \tag{7.34}$$

E_s – freigesetzte seismische Energie, E_r – Energie, die für die Brucharbeit benötigt bzw. in Wärme umgewandelt wurde, E_p – Änderung der potentiellen Energie durch Arbeit gegen die Schwerkraft bzw. in deren Richtung (Hebung und Senkung).

Die freigesetzte seismische Energie wird bestimmt zu

$$\begin{aligned} E_s &= \frac{1}{\eta}(\sigma_0 + \sigma_1 - 2\sigma_f)\,DA \\ &= \frac{1}{\eta}E\,; \end{aligned} \tag{7.35}$$

σ_f – mittlere Reibungsspannung. η wird als der seismische Wirkungsgrad bezeichnet. Er dürfte in der Regel zwischen 0,01 und 0,1 liegen, so daß 1 bis 10% der Gesamtenergie in Form seismischer Energie abgestrahlt werden.

Unter Beachtung der Beziehungen für E, E_s und M_0 kann folgende Relation abgeleitet werden:

$$E_s/M_0 = \eta\bar{\sigma}/\mu. \tag{7.36}$$

Das Produkt $\eta\bar{\sigma}$ wird als scheinbare Spannung bezeichnet. Eine Bestimmung der beiden Einzelgrößen η und $\bar{\sigma}$ ist ohne zusätzliche Informationen nicht möglich.

Aus den obigen Gleichungen folgt:

$$\Delta W = E = AD\sigma = \frac{L}{C\mu}A\Delta\sigma\bar{\sigma} = LA(\sigma_0^2 - \sigma_1^2)/2C\mu, \tag{7.37}$$

$$M_0 = \mu AD = LA\Delta\sigma/C = \mu \cdot \Delta W/\bar{\sigma}. \tag{7.38}$$

Unter Beachtung der Werte von C für einen kreisförmigen Bruch, eine Strike-Slip- bzw. eine Dip-Slip-Bewegung ergeben sich folgende Ausdrücke für den Spannungsabfall, die Energie und das seismische Moment (nach Kanamori und Anderson, 1975).

	Kreis	Rechteck	
		Strike-Slip	Dip-Slip
Spannungsabfall	$\frac{7}{16}\pi\mu\frac{D}{r}$	$\frac{2}{\pi}\mu\frac{D}{w}$	$\frac{4(\lambda+\mu)}{\pi(\lambda+2\mu)}\mu\frac{D}{w}$
Energie	$\frac{16}{7\mu}r^3\Delta\sigma\bar{\sigma}$	$\frac{\pi}{2\mu}w^2L\,\Delta\sigma\cdot\bar{\sigma}$	$\frac{\pi(\lambda+2\mu)}{4(\lambda+\mu)}w^2L\cdot\Delta\sigma\bar{\sigma}$
Moment	$\frac{16}{7}\Delta\sigma r^3$	$\frac{\pi}{2}\Delta\sigma w^2L$	$\frac{\pi(\lambda+2\mu)}{4(\lambda+\mu)}\Delta\sigma w^2L$

7.4. Verknüpfungsbeziehungen zwischen den einzelnen Herdparametern (Scaling Laws)

Für die Umrechnung zwischen den einzelnen Herdparametern gibt es eine große Anzahl empirischer Beziehungen. Eine zentrale Rolle spielt dabei die Verknüpfung der verschiedenen Herdparameter mit der Magnitude und dem seismischen Moment. Dabei geht es vor allem um die Frage, ob es einheitliche Relationen über einen breiten Magnituden- (d.h. Energie-) Bereich gibt. Dahinter steht die Frage, ob die Physik des Materialbruches sowohl für große als auch für sehr kleine Beben gleich ist. Immer stärker werden auch die regionalen Variationen der Verknüpfungsbeziehungen untersucht.

Die Verknüpfungsrelationen werden als Skalierungsgesetze (engl. Scaling Laws) bezeichnet.

Wesentliche Untersuchungen sind u.a. von Aki (1967, 1972a, 1980; Brune, 1968, 1970; Chinnery, 1969; Gutenberg und Richter, 1956; Hanks und Wyss, 1972; Haskell, 1964, 1966, 1969; Kanamori und Anderson, 1975; Geller, 1976; Ohnaka, 1978; Tsuboi, 1956 durchgeführt worden (s. auch Tab. 7.2).

7.4.1. Seismisches Moment – Magnitude

Die Magnitude ist der am weitesten verbreitete und am einfachsten zu bestimmende Herdparameter.

Kanamori und Anderson (1975) führen zur Ableitung der Beziehungen zwischen Magnitude und seismischem Moment folgende Relationen ein (s. auch Geller, 1976):

$$w/L = C_1 = \text{const.}, \tag{7.39}$$

$$D/L = C_2 = \text{const.}, \tag{7.40}$$

$$\frac{v_s \cdot T_0}{L} = C_3 = \text{const.} \tag{7.41}$$

Die erste Relation bedeutet die Geometriekonstanz von L und w. Für die in Tab. 7.2 angeführten Daten gilt diese Beziehung weitgehend (s. Abb. 7.18 nach Geller, 1976). Es folgt, daß die Bruchlänge im Mittel etwa doppelt so groß ist wie die Tiefenerstreckung eines Bruches

$$L \approx 2w. \tag{7.42}$$

Die zweite Relation bedeutet unter Beachtung der Gleichung

$$\varDelta\sigma = C\mu \frac{D}{L}$$

einen konstanten Stress Drop bzw. Strain Drop. Die letzte Beziehung bedeutet eine konstante effektive Spannung.

Tabelle 7.2. Herdparameter für einige Erdbeben (nach GELLER, 1976; s. auch KANAMORI und ANDERSON, 1975)

Beben	Datum	M_s	m_b	M_0 ($\times 10^{27}$ dyn cm)	L (km)	w (km)	D (m)	T_0 (sec)	v (km/s)	$\Delta\sigma$ (bar)
1 Kanto	01. 09. 1923	8,2	–	7,6	130	70	2,1	7	–	21
2 Tango	27. 03. 1927	7,75	–	0,46	35	13	3	6	2,3	115
3 Nord Izu	25. 11. 1930	7,1	–	0,2	20	11	3	–	–	150
4 Saitama	21. 09. 1933	6,75	–	0,068	20	10	1	2	2,3	59
5 Sanriku	02. 03. 1933	8,3	–	43	185	100	3,3	7	3,2	42
6 Long Beach	11. 03. 1933	6,25	–	0,028	30	15	0,2	2	2,3	7
7 Imperial Valley	19. 05. 1940	7,1	–	0,48	70	11	2	–	–	55
8 Tottori	10. 09. 1943	7,4	–	0,36	33	13	2,5	3	2,3	99
9 Tonankai	07. 12. 1944	8,2	–	15	120	80	3,1	–	–	39
10 Mikawa	12. 01. 1945	7,1	–	0,087	12	11	2,2	–	–	140
11 Nankaido	20. 12. 1946	8,2	–	15	120	80	3,1	–	–	39
12 Fukui	28. 06. 1948	7,3	–	0,33	30	13	2	2	2,3	100
13 Tokach-Oki	04. 03. 1952	8,3	–	17	180	100	1,9	–	–	17
14 Kern County	21. 07. 1952	7,7	–	2	60	18	4,6	1	–	140
15 Fairview	16. 12. 1954	7,1	–	0,13	36	6	2	–	–	100
16 Chile	22. 05. 1960	8,3	–	2400	800	200	21	–	3,5	91
17 Kitamino	19. 08. 1961	7,0	–	0,09	12	10	2,5	2	3,0	170
18 Wasaka Bay	27. 03. 1963	6,9	–	0,033	20	8	0,6	2	2,3	40
19 Nordatlantik I	03. 08. 1963	6,7	6,1	0,12	32	11	1	–	–	44
20 Kurilen	13. 10. 1963	8,2	5,7	75	250	140	3	–	3,5	28
21 Nordatlantik II	17. 11. 1963	6,5	5,9	0,038	27	9	0,48	–	–	24
22 Spanien	15. 03. 1964	7,1	6,2	0,13	95	10	0,42	–	1,4	11
23 Alaska	28. 03. 1964	8,5	6,2	520	500	300	7	–	3,5	22

24 Niigata	16. 06. 1964	7,4	6,1	3,2	80	30	3,3	–	–	66
25 Rat Islands I	04. 02. 1965	7,9	6,0	140	500	150	2,5	–	4,0	17
26 Rat Islands II	30. 03. 1965	7,5	5,7	3,4	50	80	1,2	–	–	33
27 Parkfield	28. 06. 1966	6,4	5,3	0,032	26	7	0,6	0,7	2,7	32
28 Aleuten	04. 07. 1966	7,2	6,2	0,226	35	12	1,6	–	–	64
29 Truckee	12. 09. 1966	5,9	5,4	0,0083	10	10	0,3	–	–	20
30 Peru	17. 10. 1966	7,5	6,3	20	80	140	2,6	–	–	41
31 Borrego	09. 04. 1968	6,7	6,1	0,063	33	11	0,58	–	–	22
32 Tokachi-Oki	16. 05. 1968	8,0	5,9	28	150	100	4,1	–	3,5	37
33 Saitama	01. 07. 1968	5,8	5,9	0,019	10	6	0,92	1	3,4	100
34 Portugal	28. 02. 1969	8,0	7,3	5,5	80	50	2,5	–	–	53
35 Kurilen	11. 08. 1969	7,8	7,1	22	180	85	2,9	–	3,5	28
36 Gifu	09. 09. 1969	6,6	5,5	0,035	18	10	0,6	1	2,5	35
37 Peru	31. 05. 1970	7,8	6,6	10	130	70	1,6	–	2,5	28
38 San Fernando	09. 02. 1971	6,6	6,2	0,12	20	14	1,4	1	2,4	62
39 Nemuro-Oki	17. 06. 1973	7,7	6,5	6,7	60	100	1,6	–	–	35
40 Türkei	22. 07. 1967	7,1	6,0	0,83	80	20	1,7	–	–	32
41 Iran	31. 08. 1968	7,3	5,9	1	80	20	2,1	–	–	38

M_s: Oberflächenwellenmagnitude; m_b: Raumwellenmagnitude; M_0: Seismisches Moment; L: Herdlänge; w: Herdbreite; D: Dislokation; T_0: Anstiegszeit; v: Bruchausbreitungsgeschwindigkeit; $\Delta\sigma$: Spannungsabfall

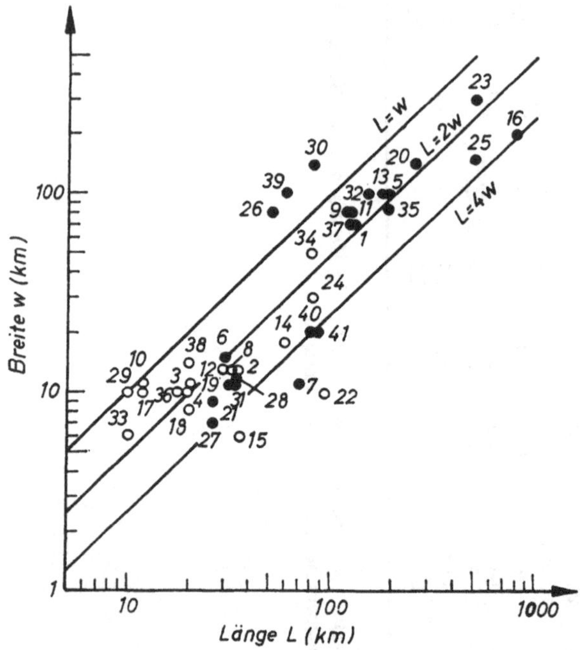

Abb. 7.18. Beziehung zwischen Bruchlänge und Tiefenerstreckung (Breite) von Brüchen (aus GELLER, 1976). Die Nummern beziehen sich auf die Erdbeben in Tab. 7.2. Offene Kreise: Intraplatten-Beben, geschlossene Kreise: Interplatten-Beben

Unter Beachtung dieser drei Relationen gilt für die Oberflächenwellenmagnitude für $\omega_s = 2\pi/T_s$ ($T_s = 20$ s) näherungsweise

$$M_s \sim \log DLw \left| \frac{\sin \omega_s \frac{T_0}{2}}{\omega_s \frac{T_0}{2}} \; \frac{\sin \frac{\omega_s}{2} T'_L}{\frac{\omega_s}{2} T'_L} \right|. \tag{7.43}$$

In dieser Gleichung sind die Größen T_0 (Anstiegszeit der Herdzeitfunktion) und $T'_L = L/v$ (Bruchzeit) von besonderer Bedeutung. KANAMORI und ANDERSON (1975) haben T'_L und T_0 gegenübergestellt (s. Abb. 7.19).

$$M_s \sim \begin{cases} \log L^2 \text{ für } T_0 < \frac{T_s}{\pi} \text{ und } \frac{L}{v} > \frac{T_s}{\pi} \\ \log L^2 \text{ für } T_0 > \frac{T_s}{\pi} \text{ und } \frac{L}{v} < \frac{T_s}{\pi} \\ \log L \text{ für } T_0 > \frac{T_s}{\pi} \text{ und } \frac{L}{v} > \frac{T_s}{\pi} \\ \log L^3 \text{ für } T_0 < \frac{T_s}{\pi} \text{ und } \frac{L}{v} < \frac{T_s}{\pi}. \end{cases} \tag{7.44}$$

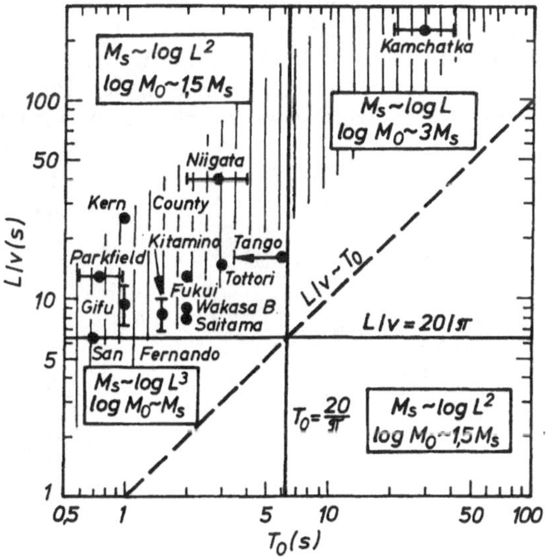

Abb. 7.19. Beziehung zwischen Anstiegszeit der Herdzeitfunktion T_0 und der Bruchzeit $T'_L = L/v$ (nach KANAMORI und ANDERSON, 1975)

Daraus folgt, daß in den meisten Fällen

$$M_s \sim \log L^2 \tag{7.45}$$

angenommen werden kann. Da gleichzeitig gilt, daß

$$M_0 \sim L^3 \tag{7.46}$$

ist, so folgt, daß

$$\log M_0 \sim 3/2\, M_s \tag{7.47}$$

ist (s. auch GELLER, 1976).

Diese Beziehung gilt aber nicht für den gesamten Magnitudenbereich. Für kleine Beben ist anzusetzen:

$$M_s \sim \log L^3, \qquad \text{d.h.} \qquad \log M_0 \sim M_s. \tag{7.48}$$

Für sehr starke Beben mit langen Anstiegszeiten gilt

$$M_s \sim \log L, \qquad \text{d.h.} \qquad \log M_0 \sim 3 M_s \tag{7.49}$$

In Abb. 7.20 sind nach GELLER diese Beziehungen für die in Tab. 7.2 aufgeführten Erdbeben dargestellt.

Für die Beziehungen M_0 und M_s lassen sich also folgende Verknüpfungen angeben (s. GELLER, 1976):

$$\begin{aligned}
\log M_0 &= M_s + 18{,}89 && \text{für } M_s < 6{,}76\\
\log M_0 &= 3/2\, M_s + 15{,}51 && \text{für } 6{,}76 < M_s < 8{,}12\\
\log M_0 &= 3 M_s + 3{,}33 && \text{für } 8{,}12 < M_s < 8{,}22\\
M_s &= 8{,}22 && \text{für } \log M_0 > 28.
\end{aligned}$$

Dies bedeutet, daß M_s ein Maximum bei 8,22 erreicht, wenn log M_0 etwa 28 wird. Wenn also $M_0 > 10^{28}$ wird, so ist die Magnitude kein geeigneter Parameter mehr, die Größe eines Erdbebens zu beschreiben. Es ist daher zu empfehlen, das seismische Moment zur Grundlage für die Beurteilung der Stärke eines Erdbebens zu machen. Aus Abb. 7.20 ist ferner abzuleiten, daß für die Beziehung zwischen Anstiegszeit und Bruchzeit etwa folgender Ausdruck gilt:

$$T'_L = L/v = 10\, T_0. \tag{7.50}$$

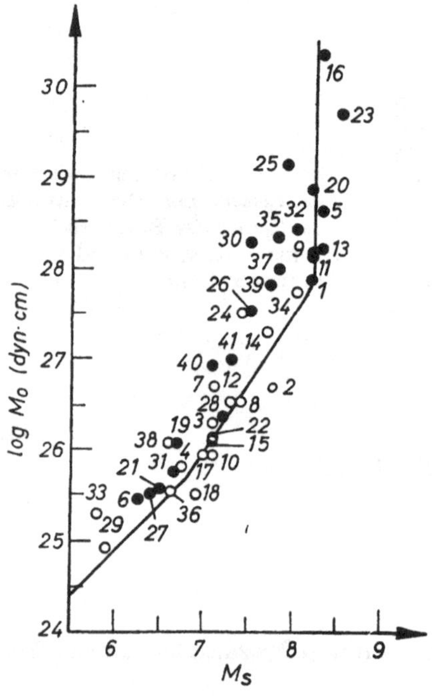

Abb. 7.20. Beziehung zwischen Oberflächenwellenmagnitude M_s und seismischem Moment M_0 (nach GELLER, 1976). Die Nummern beziehen sich auf die Erdbeben in Tab. 7.2. Offene Kreise: Intraplatten-Beben; geschlossene Kreise: Interplatten-Beben

7.4.2. Seismisches Moment – Energie

Die Gesamtenergie, die während des Bruchvorganges freigesetzt wird, setzt sich zusammen aus folgenden Komponenten:

$$E = E_s + E_r + E_p.$$

Für die seismisch abgestrahlte Energie E_s gilt

$$E_s = \eta E = \eta\, \Delta W = \frac{\eta}{\mu} M_0 \bar{\sigma} \sim \eta \bar{\sigma} \cdot L^3. \tag{7.51}$$

E_s ist also proportional der 3. Potenz der Bruchlänge.

Zum seismischen Wirkungsgrad η können nur Abschätzungen gegeben werden.

Nach KANAMORI und ANDERSON (1975) läßt sich ansetzen

$$\eta = \frac{\bar{\sigma}D - \sigma_f D}{\bar{\sigma}D} = \frac{\bar{\sigma} - \sigma_f}{\bar{\sigma}}; \tag{7.52}$$

$\bar{\sigma}$ – mittlere Spannung,
σ_f – Reibungsspannung.

Unter der Voraussetzung $\sigma_1 = \sigma_f$ gilt

$$\eta = \frac{\bar{\sigma} - \sigma_1}{\bar{\sigma}} = \frac{\varepsilon}{2 - \varepsilon} = \frac{1 - \sigma_f/\sigma_0}{1 + \sigma_f/\sigma_0}. \tag{7.53}$$

$$\varepsilon = 1 - \sigma_f/\sigma_0 = \Delta\sigma/\sigma_0 \tag{7.54}$$

wird als statischer relativer (fractional) Spannungsabfall bezeichnet. Nach Beziehung (7.53) ergibt sich ein Zusammenhang zwischen dem seismischen Wirkungsgrad η und σ_f/σ_0. In Tab. 7.3 sind nach KANAMORI und ANDERSON (1975) Wertepaare dafür angegeben. Zu ähnlichen Beziehungen kommt auch YAMASHITA (1979). Der seismische Wirkungsgrad ist abhängig von dem Quotienten σ_f/σ_0 sowie von dem Verhältnis von Bruchausbreitungsgeschwindigkeit und Scherwellengeschwindigkeit (Abb. 7.21). Der seismische Wirkungsgrad ist proportional dem Verhältnis von v/v_s und nimmt mit steigendem σ_f/σ_0 ab.

Tabelle 7.3. Beziehung zwischen η und σ_f/σ_0

η	σ_f/σ_0
1,0	0
0,67	0,2
0,43	0,4
0,25	0,6
0,11	0,8
0,053	0,9
0,026	0,95
0,005	0,99

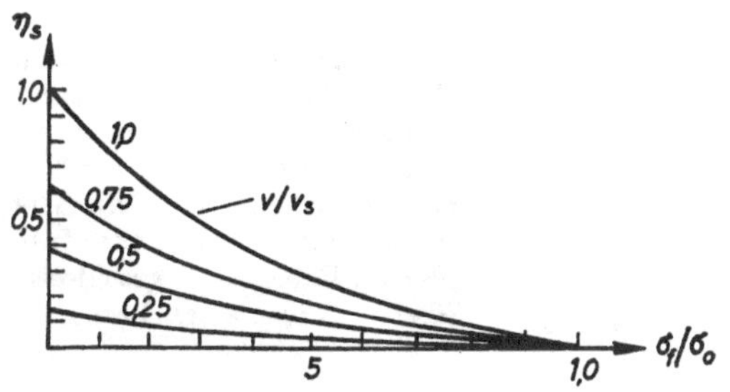

Abb. 7.21. Beziehung zwischen dem seismischen Wirkungsgrad und dem Quotienten σ_f/σ_0 für verschiedene Werte von Bruchausbreitungsgeschwindigkeit v/Scherwellengeschwindigkeit v_s

YAMASHITA (1979) gibt für $v = v_s$ folgende Beziehung an

$$E_s \approx 0{,}23\, \Delta\sigma^2\, Lw^2/\mu. \tag{7.55}$$

Sie ist im Ergebnis vergleichbar mit der Magnituden-Energie-Relation, wie sie GUTENBERG und RICHTER (1956) mit

$$\log E_s = 1{,}5\, M_S + 11{,}8 \tag{7.56}$$

ableiten.

Vergleichbare Werte erhält auch OHNAKA (1978) mit seiner vereinfachten Relation

$$E_s = \frac{M_0 D}{L}. \tag{7.57}$$

7.4.3. Bruchfläche – Magnitude

In der Literatur gibt es eine Vielzahl von Beziehungen zwischen der Magnitude und der Größe der Bruchfläche. Dabei schwanken die Werte z. T. erheblich. Dies ist vor allem darauf zurückzuführen, daß die Begriffsbestimmung nicht einheitlich ist. So wird von einigen Autoren das Gebiet auftretender Nachbeben als Bruchfläche angenommen, was sicherlich nicht ganz richtig ist (s. z.B. UTSU und SEKI, 1954; BÅTH und DUDA, 1964).

Das seismische Moment und die Herddimensionen (L und w bzw. r) können durch verschiedene Verfahren ermittelt werden. Für die in Tab. 7.2 aufgeführten Beben haben KANAMORI und ANDERSON (1975) den Zusammenhang zwischen M_0 und der Herdfläche A dargestellt (s. Abb. 7.22) (s. auch AKI, 1980).

OHNAKA (1978) hat verschiedene in der Literatur auftauchende Beziehungen zwischen Magnitude und Herdfläche zusammengestellt. Es sind (s. auch

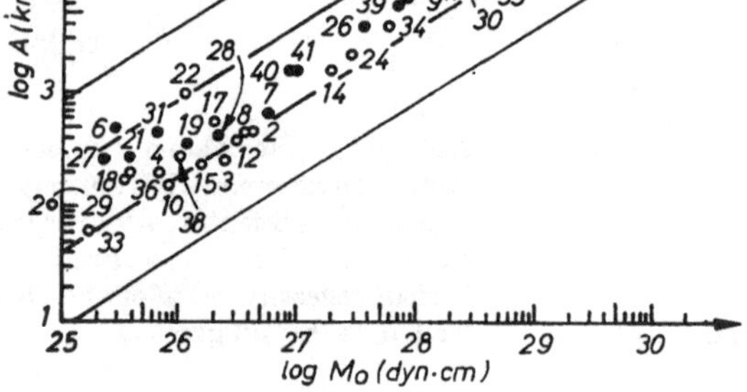

Abb. 7.22. Beziehung zwischen Herdfläche A und seismischem Moment M_0 (nach KANAMORI und ANDERSON, 1975). Die Nummern beziehen sich auf die Beben in Tab. 7.2. Offene Kreise: Intraplatten-Beben; geschlossene Kreise: Interplatten-Beben

Abb. 7.23)

$\log A\ (\text{km}^2) = 1{,}02\ M_s - 4{,}01$ (Utsu und Seki, 1954)

$\log A = 1{,}21\ M_s - 5{,}05$ (Båth und Duda, 1964)

$\log A = 1{,}7\ M_s - 9{,}6$ (Berckhemer, 1962)

$\log A = 0{,}60\ M_s - 1{,}31$ (Chinnery, 1969)

$\log A = (1{,}39 \pm 0{,}12)\ M_s - (6{,}86 \pm 2{,}33)$ (Ohnaka, 1978)

$\log A = M - 4{,}07$ (Sato, 1979)

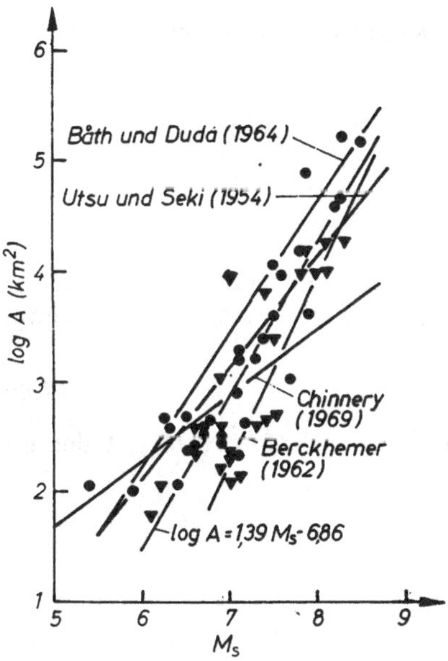

Abb. 7.23. Zusammenstellung einiger empirischer Beziehungen zwischen Herdfläche A und Magnitude M_s (nach Ohnaka, 1978)

Geller (1976) leitet aus dem Haskell-Modell verschiedene Abschnitte für die Magnituden-Herdflächen-Relation ab:

$\log A = 2/3\ M_s - 2{,}28$ für $M_s < 6{,}76$

$\log A = M_s - 4{,}53$ für $6{,}76 < M_s < 8{,}12$

$\log A = 2\ M_s - 12{,}65$ für $8{,}12 < M_s < 8{,}22$

für $A \approx 6080\ \text{km}^2$ gilt $M_s = \text{konst.} = 8{,}22$.

7.4.4. Herdradius – Magnitude – Seismisches Moment

Der Herdradius wird in der Regel aus der Eckfrequenz bestimmt. Zur Beziehung zwischen Herdlänge L (km) und Magnitude M seien folgende Beziehungen angeführt:

Tocher (1958) leitete für starke Beben eine Beziehung

$$M = 2/3 \log L + 5{,}8 \tag{7.58}$$

ab. Diese Relation gilt etwa für den Bereich, für den

$$M_s \sim \log L \text{ (s. Kanamori und Anderson, 1975)}$$

angenommen werden kann.

Generell dürfte eine Beziehung von der Form

$$M_s = 2 \log L + C; \ (3 < C < 4{,}2) \tag{7.59}$$

gelten (s. z.B. Schick, 1968).

Dies entspricht dem Bereich, für den Kanamori und Anderson (1975)

$$M_s \sim \log L^2 \text{ bzw. } \log L^3$$

ableiteten.

7.4.5. Dislokation – Magnitude

In Abb. 7.24 sind Wertepaare für die Dislokation in Abhängigkeit von der Magnitude dargestellt (nach Ohnaka, 1978). Ohnaka gibt folgenden empirischen Zusammenhang an:

$$\log D \text{ (cm)} = 0{,}57\, M - 1{,}92. \tag{7.60}$$

Im Bereich zwischen $6 < M < 8$ entspricht diese Relation recht gut der Beziehung von Chinnery (1969).

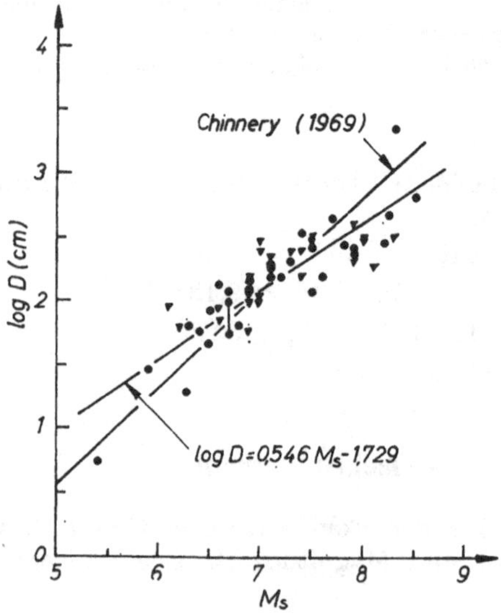

Abb. 7.24. Beziehung zwischen Dislokation D und Magnitude M_s (nach Ohnaka, 1978)

7.4.6. Herdparameter für schwache Ereignisse und regionale Variationen

Im Zusammenhang mit der systematischen Untersuchung der seismischen Gefährdung mit lokalen Stationsnetzen werden in zunehmendem Maße auch Herdparameter von schwachen natürlichen und induzierten seismischen Ereignissen untersucht (s. z.B. GIBOWICZ u.a., 1977; CHOUET u.a., 1978; AKI und CHOUET, 1975).

CHOUET u.a. (1978) haben mit Hilfe der Codawellenanalyse schwache Beben in Japan, Kalifornien und auf Hawaii untersucht. Die Beziehungen zwischen den einzelnen Herdparametern zeigen dabei deutliche regionale und lokale Variationen. Unterschiede treten auch für die Herdparameter bei starken Beben auf. So weist z.B. NORTH (1977) auf systematische Differenzierungen zwischen dem Mittelmeerraum und anderen Herdgebieten hin. Zukünftig wird der weiteren detaillierten Untersuchung lokaler Variationen der Herdparameter und der Scaling Laws eine besondere Bedeutung zukommen.

7.5. Dynamische Prozesse bei der Bruchbildung

Die bisherigen Betrachtungen zum Herdmechanismus und die Bestimmung der Herdparameter erfolgten auf der Grundlage der kinematischen Theorie (Verschiebungstheorie). Hierbei kann die Raum-Zeit-Abhängigkeit der Quellfunktion beliebig gewählt werden, eine Verbindung zur Physik des Bruchprozesses ist nicht gegeben. Andererseits ist die kinematische Theorie die Grundlage für die Verknüpfung zwischen der Verschiebung im Herd und der beobachteten Bodenbewegung an einem beliebigen Punkt und damit für die Ableitung von Parametern, die die seismische Quelle charakterisieren. Da seismische Registrierungen die einzige Informationsquelle über die im Herd vorgehenden Prozesse sind, wird die Herdparameterbestimmung mit Hilfe der kinematischen Theorie auch weiterhin ihre Bedeutung haben. Es zeigt sich jedoch immer mehr, daß für eine detaillierte Analyse seismischer Registrierungen und für die Einschätzung der seismischen Gefährdung Kenntnisse über die Physik des Bruchprozesses unter den Bedingungen, wie sie in der Erdkruste und im oberen Erdmantel vorliegen, notwendig sind. Damit ergibt sich vor allem die Frage nach physikalisch begründeten Quellfunktionen $[u_i(\xi_i, t)]$, die Frage also nach der Entstehung, der Ausbreitung und der Beendigung des Bruchvorganges.

Untersucht man diese Dynamik des Bruchvorganges, so führt das zu dynamischen Modellen des Herdmechanismus (Bruch- oder Stress-Drop-Modelle).

Von entscheidender Bedeutung für den Bruchausbreitungsprozeß sind vor allem die Spannungsverhältnisse an der Spitze eines sich ausbreitenden Bruches.

Im Spitzenbereich kommt es zu einer sehr starken Spannungskonzentrationen. Nach der Bruchtheorie von GRIFFITH (1920) ergibt sich für die Dehnungsspannung an der Bruchspitze folgender Wert:

$$\sigma_T = 2\sigma \sqrt{L/r_k}, \tag{7.61}$$

r_k – Krümmungsradius im Bereich der Bruchspitze, L – Bruchlänge, σ – Dehnungsspannung normal zum Bruch. Bei sehr kleinen Krümmungsradien wird damit die Dehnungsspannung in der Bruchspitze sehr groß.

Zum Verständnis der Prozesse um die Bruchspitze ist es wichtig, verschiedene Grundtypen der Verschiebung zu unterscheiden (s. Abb. 7.25). Denkt man sich eine Bezugsebene senkrecht zu der als Gerade angenommenen Bruchfront, so lassen sich folgende Möglichkeiten unterscheiden. Erfolgt die Verschiebung in der angenommenen Bezugsebene, so handelt es sich um den in-plane-Typ. Dabei kann die Verschiebung entweder parallel (Fall 1) oder senkrecht (Fall 2) zur Bruchebene erfolgen. Im Fall 3 erfolgt die Verschiebung senkrecht zur Bezugsebene (anti-plane-Typ).

In der bruchmechanischen Literatur werden die Probleme der Bruchausbreitung und der Bedingungen an der Bruchspitze eingehend diskutiert (s. z.B. zusammenfassende Bemerkungen bei PATERSON, 1978). Von der Bruchmechanik her lassen sich zwei Aspekte unterscheiden:

- die Untersuchung der lokalen Spannungsverteilung in der Umgebung der Bruchspitze und der Beziehungen zwischen dieser und dem äußeren Spannungsfeld. Man bezeichnet derartige Untersuchungen als Spannungsintensitätsanalyse (Stress intensity analysis).
- Untersuchung der Reaktion des Materials auf den Spannungszustand in der Bruchspitze und Ermittlung kritischer Bruchparameter.

Bei der Spannungsintensitätsanalyse lassen sich die einzelnen Spannungs- und Verschiebungskomponenten als Produkt einer räumlichen Verteilungsfunktion auffassen, die unabhängig von der wirkenden Spannung ist, und einem Skalierungsfaktor, der nur von der wirkenden Spannung und der Bruchlänge abhängt (s. auch PATERSON, 1978).

Der Skalierungsfaktor wird als Spannungsintensitätsfaktor bezeichnet. Für die σ_{zz} Spannungskomponente im Fall 2 für Punkte in der Nähe der Bruchspitze ergibt sich z.B. folgende Lösung (s. PATERSON, 1978)

$$\sigma_{zz} = \sigma \sqrt{\frac{c}{2x}}. \tag{7.62}$$

Hierbei sind: $2c$ die Bruchlänge, x die Entfernung von der Bruchspitze und σ die anliegende äußere Spannung normal zum Bruch. Die Beziehung (7.62) läßt sich folgendermaßen umschreiben:

$$\sigma_{zz} = \frac{\sigma \sqrt{\pi c}}{\sqrt{2\pi x}}. \tag{7.63}$$

Der Faktor $1/\sqrt{2\pi x}$ ist die Verteilungsfunktion entlang der x-Achse und $K = \sigma \sqrt{\pi c}$ der Skalierungsfaktor oder Spannungsintensitätsfaktor. Eine um-

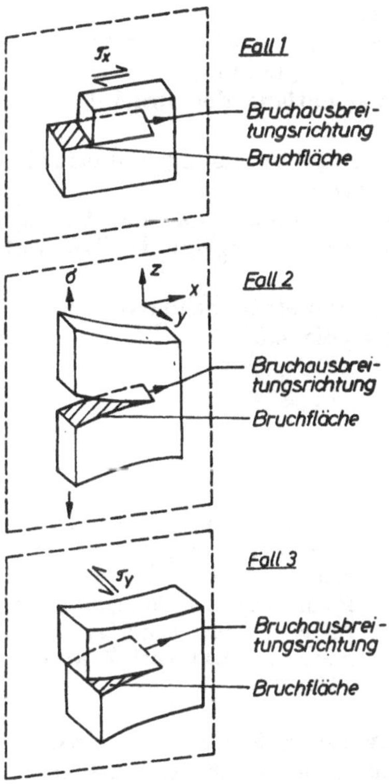

Abb. 7.25. Grundformen der Verschiebung an der Bruchspitze.
Fall 1: Verschiebung in der Bezugsebene (in-plane) und parallel zur Bruchfläche;
Fall 2: Verschiebung in der Bezugsebene (in-plane) und senkrecht zur Bruchfläche;
Fall 3: Verschiebung senkrecht zur Bezugsebene (anti-plane)

fassende Darstellung geben PARIS und SIH (1965), SIH und LIEBOWITZ (1968), ESHELBY (1971).

Der Spannungsintensitätsfaktor ist also ein Maß für die Belastung, die an der Bruchspitze wirksam ist. Mit seiner Hilfe kann die mechanische Situation an der Bruchspitze beschrieben werden.

Ein Bruch wird sich dann ausbreiten, wenn eine gewisse kritische Belastung an der Bruchspitze erreicht wird. Das Bruchkriterium läßt sich daher in Form des kritischen Spannungs-Intensitäts-Faktors ausdrücken.

Dieser ist ein Materialparameter, der von der Materialart, der Textur und Struktur des Materials, dem Druck und der Temperatur abhängt. Der zeitliche Verlauf der Spannung an einem gegebenen Punkt auf der Bruchfläche ist schematisch in Abb. 7.26 dargestellt.

Nach YAMASHITA (1976) sind folgende Größen zu unterscheiden:

σ_0 – Anfangsspannung. Sie ist eine Funktion des Ortes und der tektonischen Spannung bei tektonischen Erdbeben bzw. der Überlagerung von tektonischer Spannung und regionaler Zusatzspannung bei induzierten seismischen Ereignissen.

σ_1 – Spannung nach Abschluß des Bruchvorganges.

σ_g – Gleitreibungsspannung. Sie wird auch als dynamische oder kinetische Reibungsspannung bezeichnet. Es ist diejenige Spannung, die erforderlich ist, um einen kontinuierlichen Gleitvorgang entlang der Bruchfläche zu gewährleisten.

σ_b – Statische Reibungsspannung. Sie ist diejenige Spannung, die erforderlich ist, um den Bruchvorgang in Gang zu setzen.

σ_{bo} – Differenz zwischen der statischen Reibungsspannung und der Anfangsspannung. Häufig wird diese Differenz als Bruchfestigkeit des Materials bezeichnet.

Entsprechend σ_g und σ_b werden μ_g und μ_b als der statische und dynamische (oder kinetische) Koeffizient der Reibung unterschieden.

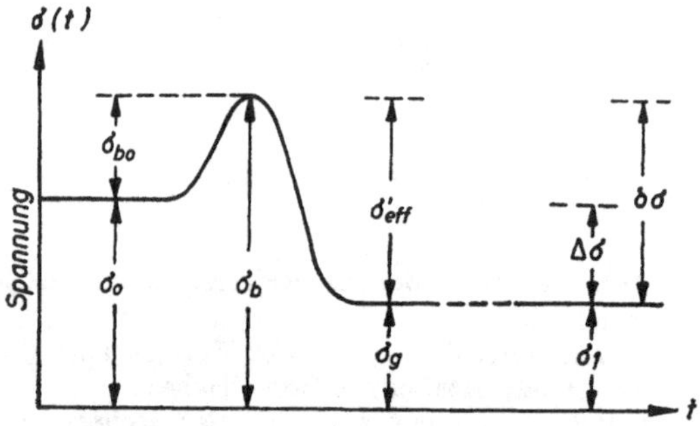

Abb. 7.26. Schematische Darstellung der Zeitabhängigkeit der Spannung an einem gegebenen Punkt auf der Bruchfläche bei Annahme einer endlichen Bruchgeschwindigkeit (nach YAMASHITA, 1976)

Aus Abb. 7.26 ist abzuleiten, daß der Bruchvorgang dort einsetzt, wo durch lokale Effekte σ_0 so stark angehoben wird, daß σ_{bo} überschritten wird. Ob die Bruchausbreitung sich fortsetzt oder nicht, hängt von folgenden Faktoren ab:

- von der Höhe der tektonischen Anfangsspannung,
- von der dynamischen Spannungskonzentration an der Bruchspitze (crack tip),
- von der Reibung.

Bei dem dynamischen Bruchausbreitungsprozeß ist die Spannung in der Bruchspitze wesentlich größer als die mittlere tektonische Ausgangsspannung σ_0. Es ist daher notwendig, einen sogenannten dynamischen Spannungsabfall zu definieren, der durch folgende Beziehung gegeben ist:

$$\delta\sigma = \sigma_b - \sigma_1, \tag{7.64}$$

während für den statischen Spannungsabfall gilt

$$\Delta\sigma = \sigma_0 - \sigma_1. \tag{7.65}$$

In der Regel ist

$$\sigma_b > \sigma_0. \tag{7.66}$$

Damit gilt auch

$$\delta\sigma > \Delta\sigma. \tag{7.67}$$

Hieraus ergibt sich, daß der tatsächliche Spannungsabfall größer ist als der aus dem seismischen Moment und der Herddimension abgeleitete Spannungsabfall.

Für die praktische Untersuchung der Spannungsverteilung in der Umgebung der Bruchspitze wird in der Regel von der linearen Elastizitätstheorie ausgegangen. Es ist aber zu beachten, daß im Bereich der Bruchspitze und auf der gesamten Bruchfläche nicht-lineare, plastische Vorgänge nicht ausgeschlossen werden können.

So gibt es Ansätze dafür, daß die Gleitreibung σ_g während des Bruchprozesses vor allem durch Temperaturerhöhung beim Bruchvorgang abfällt (s. z.B. SIBSON, 1977).

In Abb. 7.27 sind die möglichen Beziehungen schematisch dargestellt. Eine zeitliche Änderung der Gleitreibung hätte unmittelbaren Einfluß auf die Größe der seismisch freigesetzten Energie, da für den seismischen Wirkungsgrad η folgende Beziehung gilt

$$\eta = (\bar{\sigma} - \bar{\sigma}_g)/\bar{\sigma}; \tag{7.68}$$

$\bar{\sigma}$: mittlere Spannung; $\bar{\sigma}_g$: mittlere Gleitreibungsspannung.

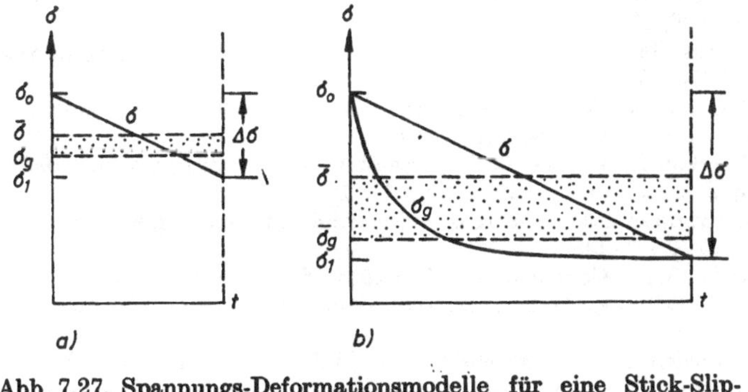

Abb. 7.27. Spannungs-Deformationsmodelle für eine Stick-Slip-Bewegung. a) σ_g bleibt konstant; b) σ_g nimmt während des Bruchvorganges ab. Punktiert: Maß für die seismisch freigesetzte Energie (nach SIBSON, 1977)

Aus Abb. 7.27 wird unmittelbar sichtbar, daß die seismisch wirksame Energie umso größer wird, je geringer der Wert für $\bar{\sigma}_g$ ist. Damit wird auch der Spannungsabfall $\Delta\sigma$ größer, da die Beziehung gilt

$$\Delta\sigma = 2\left(\sigma_0 - \frac{\bar{\sigma}_g}{1-\eta}\right). \tag{7.69}$$

Die Behandlung dynamischer Herdmodelle von Erdbeben steht insgesamt noch am Anfang. Es sind eingehende Untersuchungen über die Raum-Zeit-Abhängigkeit der Spannungen, sowie der Materialparameter im Bereich der Bruchspitze und auf der Bruchfläche erforderlich.

Immer stärker rückt dabei die Behandlung komplexer Herdmodelle in den Vordergrund. Aus der detaillierten Analyse seismischer Registrierungen wird deutlich, daß die meisten Erdbeben aus komplexen, multiplen Ereignissen bestehen. Bei der Diskussion spielt die Rauhigkeit (Asperities) der Bruchfläche mit Bereichen hoher Spannungskonzentration bzw. hohen Spannungsabfalls eine besondere Rolle. Entlang der Bruchfläche sind auch Bereiche erfaßt worden, die nicht brechen, über die die Bruchausbreitung hinüberspringt. Dies führte zur Formulierung des Barrierenmodells (s. z. B. AKI, 1980; DAS und AKI, 1977).

7.6. Literatur

AKI, K.: Scaling law of seismic spectrum. J. Geophys. Res. **72** (1967), 1217–1231.

AKI, K.: Scaling law of earthquake source time function. Geophys. J. R. astron. Soc. **31** (1972a), 3–25.

AKI, K.: Earthquake mechanism. In: RITSEMA, A. R. (Ed.): The upper mantle. Tectonophysics **13** (1972b), 423–446.

AKI, K.: Re-evaluation of stress drop and seismic energy using a new model of earthquake faulting. In: ALLEGRE, C., J. (Ed.): Source mechanism and earthquake prediction. Editions CNRS Paris 1980, 23–50.

AKI, K.; CHOUET, B.: Origin of coda waves: source, attenuation, and scattering effects. J. Geophys. Res. **80** (1975), 3322–3342.

AKI, K.; RICHARDS, P. G.: Quantitative Seismology. Theory and Methods. Volume II W. H. Freeman and Company, San Francisco, 1980.

BÅTH, M.; DUDA, S.: Earthquake volume, fault plane area, seismic energy, strain, deformation and related quantities. Ann. Geofis. (Rom) **17** (1964), 353–368.

BEN-MENAHEM, A.: Radiation of seismic surface waves from finite moving sources. Bull. Seism. Soc. Am. **51** (1961), 401–435.

BEN-MENAHEM, A.; SINGH, S. J.: Computation of models of elastic dislocations in the earth. In: BOLT, B. A. (Ed.): Methods in Computational Physics Vol. 12. Academic Press 1972, 299–375.

BERCKHEMER, H.: Die Ausdehnung der Bruchfläche im Erdbebenherd und ihr Einfluß auf das seismische Wellenspektrum. Gerlands Beitr. Geophys. **71** (1962), 5–26.

BRUNE, J. N.: Seismic moment, seismicity and rate of slip along major fault zones. J. Geophys. Res. **73** (1968), 777–784.

BRUNE, J. N.: Tectonic strain and the spectra of seismic shear waves from earthquakes. J. Geophys. Res. **75** (1970), 4997–5009.

BURRIDGE, R.; KNOPOFF, L.: Body force equivalents for seismic dislocations. Bull. Seism. Soc. Am. **54** (1964), 1875–1888.

BYERLY, P.: The Montana earthquake of June 28, 1925. Bull. Seism. Soc. Am. **16** (1926), 209–265.

CHINNERY, M. A. Earthquake magnitude and source parameters. Bull. Seism. Soc. Am. **59** (1969), 1969–1982.

CHOUET, B.; AKI, K.; TSUJIURA, M.: Regional variation of the scaling law of earthquake source spectra. Bull. Seism. Soc. Am. **68** (1978), 49–79.

DAS, S.; AKI, K.: Fault plane with barriers: a versatile earthquake model. J. Geophys. Res. **82** (1977), 5658–5670.

DOUGLAS, A.: Seismic source identification: a review of past and present research efforts.

In: Husebye, E. S.; Mykkeltveit, S. (Eds.): Identification of seismic sources – earthquake or underground explosion, 1–48. D. Reidel Publ. Comp. 1981.

Eshelby, J. D.: Fracture mechanics. Sci. Progr. **59** (1971), 161–179.

Galitzin, B.: Zur Frage der Bestimmung des Azimuts des Epizentrums eines Bebens. Assoc. Intern. de Seismologie (1909), 132–141.

Geller, R. J.: Scaling relations for earthquake source parameters and magnitudes. Bull. Seism. Soc. Am. **66** (1976), 1501–1523.

Gibowicz, S. J.; Cichowicz, A.; Dybel, T.: Seismic moment and source size of mining tremors in Upper Silesia, Poland. Acta Geophys. Pol. **25** (1977), 201–218.

Griffith, A. A.: The phenomena of rupture and flow in solids. Phil. Trans. R. Soc., Ser. A **221** (1920), 163–198.

Gutenberg, B.; Richter, C. F.: Seismicity of the earth. Princeton Univ. Press 1954.

Gutenberg, B.; Richter, C. F.: Earthquake magnitude, intensity, energy, and acceleration (Second paper). Bull. Seism. Soc. Am. **46** (1956), 105–145.

Hanks, T. C.; Wyss, M.: The use of body-wave spectra in the determination of seismic source parameters. Bull. Seism. Soc. Am. **62** (1972), 561–589.

Hasegawa, M.: Die erste Bewegung bei einem Erdbeben. Gerlands Beitr. Geophys. **27** (1930), 102–125.

Haskell, N. A.: Total energy and energy spectral density of elastic wave radiation from propagating faults. 1. Bull. Seism. Soc. Am. **54** (1964), 1811–1842.

Haskell, N.: Total energy and energy spectral density of elastic wave radiation from propagating faults. 2. Bull. Seism. Soc. Am. **56** (1966), 125–140.

Haskell, N. A.: Elastic displacements in the near-field of a propagating fault. Bull. Seism. Soc. Am. **54** (1969), 369–376.

Honda, H.: The mechanism of the earthquakes. Sci. Rep. Tohoku Univ., 5th. Series, Geophysics **9** (1957a) Supplement, 1–46.

Honda, H.: The mechanism of the earthquakes. In: Hodgson, J. H.: The mechanism of faulting with special reference to the fault plane work. Publ. Dom. Obs. Ottawa **20** (1957b), 295–340.

Kanamori, H.; Anderson, D. L.: Theoretical basis of some empirical relations in seismology. Bull. Seism. Soc. Am. **65** (1975), 1073–1096.

Knopoff, L.: The nature of the earthquake source. In: Husebye, E. S., Mykkeltveit, S. (Eds.): Identification of seismic sources-earthquake or underground explosion, 49–69. D. Reidel Publ. Comp. 1981.

Knopoff, L.; Mouton, J. O.: Can one determine seismic focal parameters from the far-field radiation? Geophys. J. R. astron. Soc. **42** (1975), 591–606.

Koning, L. P. G.: On the mechanism of deep focus earthquakes. Gerlands Beitr. Geophys. **59** (1942), 159–197.

Kostrov, B. V.: Mechanika očaga tektoničeskogo zemletrjasenija. Izd. Nauka, Moskva 1975.

Madariaga, R.: The dynamics of an expanding circular fault. Bull. Seism. Soc. Am. **66** (1976), 639–666.

Madariaga, R.: Implications of stress-drop models of earthquakes for the inversion of stress-drop from seismic observations. Pure appl. Geophys. **115** (1977a), 301–316.

Madariaga, R.: A dynamic stress drop model of a rectangular fault. Geophys. J. R. astron. Soc. **51** (1977b), 625–651.

Madariaga, R.: Dynamics of seismic sources. In: Husebye, E. S.; Mykkeltveit, S. (Eds.): Identification of seismic sources – earthquake or underground explosion, 71–96. D. Reidel Publ. Comp. 1981.

Neugebauer, H. J.; Tobias, E.: A study of the Echzell/Wetterau earthquake of November 4, 1975. J. Geophys. **43** (1977), 751–760.

NORTH, R. G.: Seismic moment, source dimension and stress associated with earthquakes in the Mediterranean and Middle East. Geophys. J. R. astron. Soc. **48** (1977), 137–161.

OHNAKA, M.: Earthquake-source parameters related to magnitude. Geophys. J. R. astron. Soc. **55** (1978), 45–66.

OMORI, F.: Similarity of seismic motions originating at neighbouring centres. Earthq. Invest. Com. Publ. Tokyo **21** (1905), 9–52.

PARIS, P. C.; SIH, G. C.: Stress analysis of cracks. In: Fracture toughness testing and its applications. Am. Soc. Test. Mat. Spec. Tech. Publ. **381** (1965), 30–81.

PATERSON, M. S.: Experimental rock deformation – the brittle field. Springer-Verlag Berlin-Heidelberg, New York 1978.

PEARCE, R. G.: Fault plane solutions using relative amplitudes of P and pP. Geophys. J. R. astron. Soc. **50** (1977), 381–394.

PILANT, W. L.: Elastic waves in the earth. Elsevier Publ. Comp. Amsterdam, Oxford, New York 1979.

RITSEMA, A. R.: The fault-plane technique and the mechanism in the focus of the Hindu Kush earthquakes. The Indian J. of Met. and Geophys. **6** (1955), 1–10.

RIZNIČENKO, JU. V. (Ed.): Issledovanija po fizike zemletrjasenii. Izd. Nauka, Moskva 1976.

SATO, R.: Theoretical basis on relationships between focal parameters and earthquake magnitude. J. Phys. Earth **27** (1979), 353–372.

SATO, T.; HIRASAWA, T.: Body wave spectra from propagating shear cracks. J. Phys. Earth **21** (1973), 415–431.

SAVAGE, J. C.: Relation of corner frequency to fault dimensions. J. Geophys. Res. **77** (1972), 3788–3795.

SCHICK, R.: Untersuchungen über die Bruchausdehnung und Bruchgeschwindigkeit bei Erdbeben mit kleinen Magnituden ($M < 4$). Z. f. Geophys. **34** (1968), 267–286.

SCHICK, R.: Erdbeben als Ausdruck spontaner Tektonik. Geol. Rdsch. **61** (1972) 3, 896–914.

SIBSON, R. H.: Kinetic shear resistance, fluid pressures and radiation efficiency during seismic faulting. Pure appl. Geophys. **115** (1977), 387–400.

SIH, G. C.; LIEBOWITZ, H.: Mathematical theories of brittle fracture. In: LIEBOWITZ, H. (Ed.): Fracture Vol. II, 67–190. Academic Press New York 1968.

TOCHER, D.: Earthquake energy and ground breakage. Bull. Seism. Soc. Am. **48** (1958), 147–153.

TSUBOI, C.: Earthquake energy, earthquake volume, aftershock area and strength of the earth's crust. J. Phys. Earth **4** (1956), 63–66.

UDÍAS, A.: Development of earthquake source mechanism studies. Publ. Inst. Geophys. Pol. Acad. Sc., A-10 (142) (1980), 7–32.

UTSU, T.; SEKI, A.: A relation between the area of aftershock region and the energy of main shock. J. Seism. Soc. Japan **7** (1954), 233–240.

WYSS, M.: Derivation of rupture area and stress-drop from body wave displacement spectra and the relative material strength in deep seismic zones. Phil. Trans. R. Soc. London A **274** (1973), 361–368.

WYSS, M.; HANKS, T. C.: The source parameters of the San Fernando earthquake inferred from teleseismic body waves. Bull. Seism. Soc. Am. **62** (1972), 591–602.

WYSS, M.; MOLNAR, P.: Efficiency, stress drop, apparent stress, effective stress and frictional stress of Denver, Colorado, earthquakes. J. Geophys. Res. **77** (1972), 1433–1438.

YAMASHITA, T.: On the dynamical process of fault motion in the presence of friction and inhomogeneous initial stress. Part I, Rupture propagation. J. Phys. Earth **24** (1976), 417–444.

YAMASHITA, T.: Energy balance of fault motions, and radiated seismic energy and seismic efficiency of shallow earthquakes. J. Phys. Earth **27** (1979), 171–187.

8. Seismische Gefährdung [1])

8.1. Einführung

In dem Maße, wie sich die Wirtschaft eines Landes entwickelt, sich Ballungsräume bilden, industrielle Großkomplexe, Staudämme, Kernkraftwerke und andere hochtechnisierte Anlagen errichtet werden, wächst ihre Empfindlichkeit und Störanfälligkeit (sog. Verletzbarkeit) gegenüber äußeren Einflüssen, zu denen auch die Schwingungsbelastung durch Erdbeben zu rechnen ist.

Es entwickelte sich in den letzten Jahren international eine völlig neue Einstellung zum Lastfall „Erdbeben", womit weitreichende Schlußfolgerungen für die Bau- und Städteplanung sowie das Bauingenieurwesen verbunden waren. Daneben wurde auch immer deutlicher, daß mit der Erdbebengefährdung komplizierte psychologische und soziale Gesichtspunkte verknüpft sind. Eine derartige Neubewertung ist nicht nur in den seismisch aktiven Gebieten der Erde zu beobachten, sie gilt auch für Gebiete, in denen zerstörende Erdbeben sehr selten sind und spezielle Sicherheitsmaßnahmen bisher keine oder kaum Beachtung fanden.

Da es nicht möglich ist, Erdbeben zu verhindern, ergibt sich die Notwendigkeit, Maßnahmen einzuleiten, um Verluste unter der Bevölkerung und materielle Schäden zu vermeiden oder zumindest zu verringern. Vom Stand der Technik her ist es grundsätzlich möglich, sämtliche Bauten erdbebenresistent auszulegen und objektspezifisch entsprechend der Wichtigkeit des Gebäudes weitere Sicherheitszuschläge zu berücksichtigen (in Abhängigkeit von seinem Gefährdungspotential, von der Personenzahl im Gebäude sowie von der zu fordernden Funktionstüchtigkeit nach einem Erdbeben).

Ein umfassender, absoluter Erdbebenschutz ist jedoch sehr kostenaufwendig und wirtschaftlich in der Regel nicht zu verantworten. Dies gilt vor allem auch für wirtschaftlich wenig entwickelte Länder in seismisch aktiven Regionen. Auf Grund der häufig unzulänglichen Bauweise von Häusern sind die Erdbebenwirkungen hier in der Regel besonders katastrophal. In diesen Ländern sollte daher angestrebt werden, Häuser und andere Bauwerke mit möglichst einfachen Mitteln so zu errichten und zu verstärken, daß ein hinreichender

[1]) Autor: G. Grünthal.

Erdbebenschutz entsprechend der jeweiligen Erdbebengefahr gewährleistet ist. Bezüglich der elementaren Grundlagen hierzu siehe IAEE (1980a und b).

Die hauptsächlichen im Zusammenhang mit Erdbeben auftretenden Gefährdungsfaktoren sind (IAEE, 1980a):
- Bodenerschütterungen verschiedener Stärke,
- permanente Bodenverschiebungen entlang von Brüchen,
- unterschiedliche Bodensetzungen, Landrutsche, Lawinen, Bodenverflüssigung,
- Tsunamis, Überschwemmungen durch zerstörte Dämme,
- Brände, die von bebenzerstörten Gebäuden ausgehen.

Einen Überblick über die hauptsächlichen gesellschaftlichen Aspekte der Erdbebengefährdung, Tsunamis ausgenommen, vermittelt Abb. 8.1. Mit dieser Zusammenstellung wird deutlich, welche weitreichenden naturwissenschaftlichen, ökonomischen und gesellschaftlichen Probleme mit dem Auftreten von Erdbeben verbunden sind.

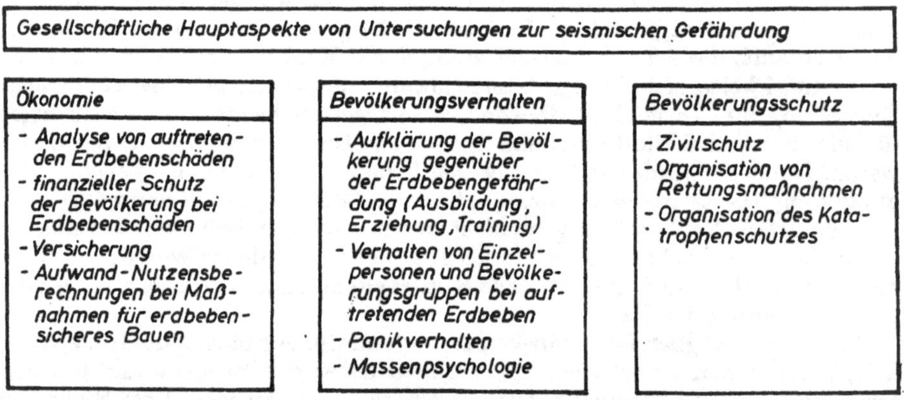

Abb. 8.1. Gesellschaftliche Aspekte der Erdbebengefährdung (nach Final Report of the Intergovernmental Conference on the Assessment and Mitigation of Earthquake Risk, UNESCO 1976)

Unter dem Begriff „Seismische Gefährdung" versteht man generell die Wahrscheinlichkeit des Auftretens potentiell zerstörender seismischer Bodenbewegungen (Strong-Motion-Bewegungen) an einem bestimmten Ort in einem bestimmten Zeitintervall. Entsprechend dem Grad der abgeleiteten Bebengefährdung für einen Standort werden Konstruktionskriterien für eine erdbebenresistente Bauweise festgelegt. Die kartenmäßige Darstellung der seismischen Gefährdung (s. Kapitel 8.4.5.) liefert wesentliche Grundlagen für die Standortplanung. Im allgemeinen Sprachgebrauch werden die Begriffe „Gefährdung" und „Risiko" oftmals nicht eindeutig angewandt.

In Anlehnung an die Empfehlung der UNDRO[1])-Expertengruppe für die Analyse der Verletzbarkeit durch Naturkatastrophen im Ergebnis ihrer Tagung vom 9. bis 12. Juli 1979 in Genf sind die Begriffe im Zusammenhang mit Naturkatastrophen wie folgt zu gebrauchen:

Gefährdung H (Hazard)	Wahrscheinlichkeit des Auftretens eines Naturphänomens mit Katastrophenpotential in einem definierten Gebiet und in einer definierten Zeiteinheit
Verletzbarkeit V (Vulnerability)	Verlustgrad ($0 \leq V \leq 1$) infolge eines Naturphänomens; 0: keine Schäden, 1: Totalschaden bzw. -verlust.
Spezifisches Risiko SR	Erwarteter Verlustgrad infolge eines bestimmten Naturphänomens mit der Eintreffenswahrscheinlichkeit H_i; Produkt von Gefährdung und Verletzbarkeit $SR_i = V \cdot H_i$
Risikoelemente RE	Sämtliche gefährdete Elemente innerhalb eines bestimmten Gebietes: z.B. Zahl der Personen, Wert des Eigentums (persönlich und gesellschaftlich), Niveau der ökonomischen Aktivität (einschließlich öffentlicher Dienstleistungen).
Risiko R	Erwarteter summarischer Verlust (erwartete Anzahl von Toten, Verletzten, Wert der Verluste durch Sachschäden, Wert des Verlustes infolge der Unterbrechung der ökonomischen Aktivitäten) infolge eines bestimmten Naturphänomens, z.B. Erdbeben. Das Risiko ist das Produkt aus spezifischem Risiko und Summe der Risikoelemente $$R_i = H_i \cdot \sum_{j=i}^{n} RE_j V_j$$
Kumulatives Risiko CR	Erwarteter summarischer Verlust infolge m unterschiedlicher potentieller katastrophaler Naturphänomene, z.B. Erdbeben, Unwetter, Überflutungen, Vulkanausbrüche, Landrutsche, Dürre usw. $$CR_{ij} = \sum_{i=1}^{n} \sum_{j=1}^{m} RE_{ij} \cdot V_{ij} \cdot H_i$$

Die seismische Gefährdung, d.h. die Wahrscheinlichkeit für das Auftreten einer bestimmten Erschütterungsstärke in einem bestimmten Zeitintervall, kann also für ein gegebenes Gebiet hoch sein, während das seismische Risiko, d.h. die Wahrscheinlichkeit für das Auftreten von Schäden, durchaus niedrig ist, wenn das Gebiet unbesiedelt und unbebaut ist. Die seismische Gefährdung läßt sich nicht beeinflussen oder verändern; das seismische Risiko kann dagegen durch geeignete Maßnahmen verringert werden.

Neben den natürlichen, tektonischen Erdbeben gibt es auch solche, die durch die ingenieurtechnische Tätigkeit des Menschen verursacht oder ausgelöst werden (induzierte Erdbeben). Diese haben andere ursächliche Gesetzmäßigkeiten und werden bei der Bestimmung der seismischen Gefährdung nicht zusammen mit den tektonischen Beben behandelt.

[1]) United Nations Disaster Relief Co-Ordinator.

Während Angaben zur seismischen Gefährdung Wahrscheinlichkeitsaussagen sind, orientiert die Erdbebenvorhersage auf eine eindeutige Angabe von zukünftigen Beben hinsichtlich Ort, Zeit und Stärke. Die Begriffe Erdbebengefährdung und Erdbebenvorhersage haben also eine unterschiedliche Bedeutung.

Die Abschätzung der Möglichkeiten des Auftretens von Sekundäreffekten, die durch Erdbeben ausgelöst werden (z. B. bleibende Bodendeformationen in Form von unterschiedlicher Bodensetzung, Landrutsche, Liquefaktion (Bodenverflüssigung), Tsunamis, u. a.), bedarf spezieller Untersuchungen (s. z. B. Wiegel, 1970; Lomnitz und Rosenblueth, 1976) und ist nicht Gegenstand der weiteren Betrachtungen.

8.2. Makroseismik

8.2.1. Gegenstand und Bedeutung makroseismischer Untersuchungen

Schon seit dem Altertum gibt es Berichte über Wahrnehmungen von Menschen über aufgetretene Gebäudeschäden und landschaftsverändernde Vorgänge bei Erdbeben. Unter dem Begriff Makroseismik versteht man

- die systematische Sammlung aller Beobachtungen von Personen in dem von einem Erdbeben fühlbar erschütterten Gebiet (Schüttergebiet),
- die systematische Erfassung von Art und Umfang von Bauwerksschäden sowie Landschaftsveränderungen (z. B. Bergrutsche, Riß- und Spaltenbildung),
- die Quantifizierung der Stärke dieser nichtinstrumentellen seismischen Effekte und ihre kartenmäßige Darstellung.

Die makroseismische Bemessungsgröße der Stärke von Erdbebeneffekten ist die Intensität. Dieser Parameter kann als integraler Ausdruck für die bei einem Erdbeben auftretende Bodenbeschleunigung, Bodenverrückungsgeschwindigkeit und Dauer der Erschütterung betrachtet werden. Die exakte Bestimmung dieser ingenieurseismologisch wichtigen Größen (s. 8.3) ist zwar mit speziellen Meßgeräten möglich, ihre flächenmäßige Erfassung während eines Bebens würde aber ein außerordentlich dichtes Beobachtungsnetz erfordern.

Besonders in Gebieten, in denen mit Abständen von einigen Jahrzehnten oder gar Jahrhunderten schadenbringende Erdbebenerschütterungen auftreten, wäre eine detaillierte Analyse der Stärke der Erschütterungen mit einem Netz solcher Meßsysteme kostenmäßig nicht vertretbar. Einige einzelne Registriergeräte reichen in der Regel, um die punktuellen instrumentellen Daten mit den bei großer Besiedlungsdichte flächenhaft verteilten nicht-instrumentellen makroseismischen Daten in Beziehung zu bringen. Makroseismische und instrumentelle Beobachtungen müssen und können sich somit ergänzen. Dabei ist zu betonen, daß sich die Intensität und die Intensitätsverteilung relativ einfach und ohne großen Aufwand bestimmen lassen.

Der internationale Trend zur Installation möglichst dicht verteilter seismologischer Stationen mit z.T. überaus empfindlichen Seismographen führte in der Vergangenheit in einigen Ländern zunächst zu einer Reduzierung makroseismischer Untersuchungen. Mit der zunehmenden volkswirtschaftlichen Bedeutung der Bestimmung der Erdbebengefährdung erfuhr die Makroseismik im letzten Jahrzehnt wieder eine deutliche Aufwertung.

Hierfür sind vor allem zwei Gründe verantwortlich:

- Die Abnahme der Erschütterungsintensität mit der Entfernung vom Epizentrum ist ein wesentlicher Parameter für Berechnungen der seismischen Gefährdung. Von besonderer Bedeutung ist dabei die Erfassung systematischer untergrundbedingter erschütterungsverstärkender oder -vermindernder Eigenschaften des zu untersuchenden Gebietes.
- Untersuchungen zur Erdbebengefährdung sind um so zuverlässiger, je längere Beobachtungszeiten über Erdbeben den Berechnungen zugrunde liegen. Daher müssen auch alle verfügbaren Daten aus der „vorinstrumentellen" Zeit berücksichtigt werden, bei denen es sich aber stets um makroseismische Angaben handelt.

Die Bedeutung einiger Grundbegriffe wie makroseismisches Epizentrum und Hypozentrum sowie Isoseiste ist der schematischen Darstellung in Abb. 8.2 zu entnehmen. Das makroseismische Epizentrum ist der Mittelpunkt des am stärksten erschütterten Gebietes (pleistoseistes Gebiet)[1]. Zwischen der Lage des instrumentell und makroseismisch bestimmten Epizentrums können Abweichungen auftreten, da das instrumentelle Epizentrum die Projektion des Punktes auf die Erdoberfläche ist, an dem der Bruchvorgang begann. Dieser Punkt kann jedoch am Rande des pleistoseisten Gebietes liegen.

8.2.2. Makroseismische Intensitätsskalen

Der erste bekannte Versuch, die Erdbeben nach ihrer Stärke zu klassifizieren, findet sich bei dem Piemonteser Kartographen Gastaldi im Jahre 1564 (s. Sieberg, 1923). Aber erst im 19. Jahrhundert begann mit den Arbeiten von Egen (1828) über das Rheinische Erdbeben im Februar 1828 und mit der Auswertung des Bebens vom 16. Dezember 1857 in Süditalien durch Mallet (1858, 1862) eine zielgerichtete wissenschaftliche Sammlung von Wahrnehmungen der Bevölkerung bei Erdbeben.

Egen und Mallet unterteilten die Intensität der Schütterwirkungen der Beben in 5 Grade, sie legten damit ihren Arbeiten eine Intensitätsskala zugrunde. Ihre Beobachtungsergebnisse stellten sie in Karten dar und umschlossen Gebiete gleicher Intensität der Schütterwirkungen durch Linien

[1]) pleiston (griech.) = das Stärkste.

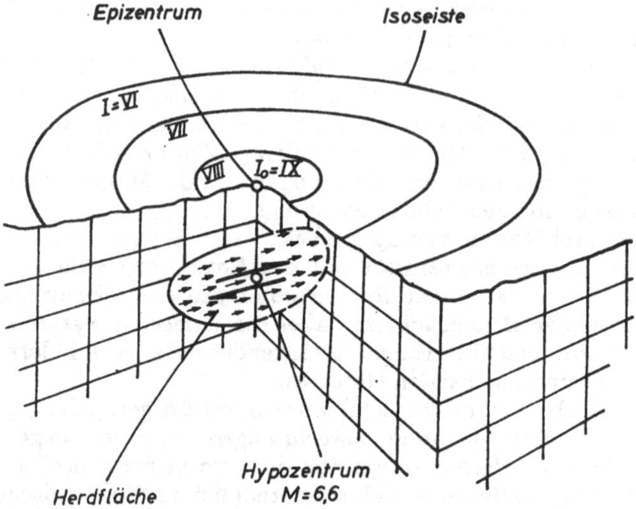

Abb. 8.2. Schema zur Erläuterung makroseismischer und Herd-Parameter: makroseismisches Hypozentrum, Herdfläche (kurze Pfeile schematisch für Vektoren der Herddislokation) Magnitude M, makroseismisches Epizentrum, Epizentralintensität I_0, Isoseisten verschiedener Intensitäten I

(Isoseisten) und erhielten so Isoseistenkarten der Beben. Im Herdgebiet (Epizentrum) werden die größten Intensitäten beobachtet, mit zunehmender Entfernung vom Epizentrum nehmen sie ab (s. Abb. 8.2).

Mit den Arbeiten von Egen und Mallet begann die Entwicklung der Makroseismik als beschreibende Wissenschaft der Auswirkungen von Beben auf Menschen und Konstruktionen sowie der Veränderungen an der Erdoberfläche. Schon bald nach Erscheinen der Arbeiten von Mallet wurden verbesserte Skalen eingeführt, die die Schütterwirkungen detaillierter beschreiben und für einzelne Länder speziell modifiziert wurden. Insgesamt sind mehr als 50 Skalen vorgeschlagen worden. Zusammenfassungen und Bibliographien hierzu geben z.B. Davison (1921, 1933), Sieberg (1923), Bychovskij (1936; zitiert bei Martin 1936), Gorškov und Šenkareva (1958), Barosh (1969) sowie Šebalin (1975).

Einige der wichtigeren dieser Intensitätsskalen sind die 10teilige Forel-Skala (1880), die ebenfalls 10teilige DeRossi-Forel-Skala (1883), die noch bis 1970 in der Schweiz benutzt wurde, und die 10teilige Mercalli-Skala (1897) (siehe bezüglich dieser Skalen Sieberg, 1923). Diese 10teiligen Skalen beschreiben die Bebeneffekte nur recht grob und erlauben keine genügende Unterscheidung der stärksten Schütterwirkungen. Auf Vorschlag von Cancani wurde daher im Jahre 1901 der 10. Grad der Mercalli-Skala unterteilt und die Skala um zwei Grade erweitert (MERCALLI-CANCANI-Skala). SIEBERG (1912) überarbeitete diese Skala; als MERCALLI-CANCANI-SIEBERG-Skala (MCS-Skala) fand sie eine weite Verbreitung.

In der MCS-Skala sind die verschiedenen Wirkungen der Bebenerschütterungen recht ausführlich beschrieben, so daß es mit dieser Skala möglich wurde, die Intensitätsgrade aus den makroseismischen Beobachtungen sicherer als bisher anzugeben.

OMORI (1900) führte eingehende Untersuchungen zur Einschätzung der Erschütterungsstärken von Erdbeben in Japan durch. Er unterteilte die Stärke der Erdbebenwirkungen in 7 Grade. Dieses Konzept einer 7teiligen makroseismischen Skala ist in Japan mit der 1949 als offizielle Standard-Intensitätsskala eingeführten JMA-Skala (Japan Meteorological Agency) beibehalten worden (KAWASUMI, 1951).

In Europa und in den USA hat die MCS-Skala wiederholt Modifizierungen und Präzisierungen erfahren. Sie betreffen im wesentlichen den Wortlaut der Beschreibungen der einzelnen Stärkegrade. Wichtig ist dabei die Erfassung der Bebenwirkungen bei verschiedenen Bautypen und Bauweisen, sowie in Abhängigkeit von der Größe und dem Zustand der Bauwerke. Ein Beben wird beispielsweise an einem Gebäude aus Stahlbeton andere Wirkungen hervorrufen als an einem Gebäude aus normalem Mauerwerk.

WOOD und NEUMANN legten 1931 eine den besonderen Verhältnissen in den USA angepaßte Variante der MCS-Skala vor. Diese sogenannte Modifizierte-MERCALLI-Skala (MM-Skala) wird heute in den USA und einer Anzahl weiterer Länder verwandt. Eine andere Version der MCS-Skala schlug MEDVEDEV (1953) vor, die in der Sowjetunion als GEOFIAN-Skala (Geofizičeskij Institut Akademia Nauk SSR) Eingang in die praktischen Erdbebenbewertungen fand.

Auf der Grundlage der MCS-Skala, der GEOFIAN-Skala und der MM-Skala entwarfen MEDVEDEV, SPONHEUER und KÁRNÍK 1962 eine weiterentwickelte seismische Intensitätsskala. Sie wurde 1974 offiziell als MSK-64-Skala eingeführt (SPONHEUER, 1965). Diese Skala gilt für die Mehrzahl der europäischen Staaten als verbindlich. Tabelle 8.1 gibt eine Kurzfassung dieser Skala nach PAVONI (1977). Weiterentwickelte Versionen der MSK-64-Skala sind von MEDVEDEV (1977, 1978) als MSK-76- und MSK-78-Skala vorgelegt worden. Vorschläge für eine erneute Aktualisierung der MSK-Skala erfolgten 1980 durch eine internationale Expertengruppe. Der volle Wortlaut der MSK-Skala entsprechend dieser Aktualisierungsempfehlung ist als Anhang I diesem Kapitel beigefügt.

Solange sich international keine einheitliche Intensitätsskala durchgesetzt hat, ist es für den Vergleich makroseismischer Daten verschiedener Länder wichtig zu wissen, wo und in welcher Zeitspanne nach welcher Skala bemessen wurde oder wird und wie sich die Intensitätsgrade der einzelnen Skalen zueinander verhalten. Einen Vergleich der wichtigsten Skalen (MSK, MM, RF, JMA) gibt Abb. 8.3, zusammengestellt nach Angaben bei ŠEBALIN (1975) sowie SÄGESSER und MAYER-ROSA (1978). Die Skalen MSK und MCS stimmen laut Definition der Stärkegrade weitgehend überein; in der makroseismischen Praxis

Tabelle 8.1. Kurzfassung der MSK-64-Skala (PAVONI, 1977)

Grad	Stärke	Wirkungen auf		
		Personen	Gebäude	Natur
I	unmerklich	nicht verspürt		
II	sehr leicht	vereinzelt verspürt		
III	leicht	vor allem von ruhenden Personen deutlich verspürt		
IV	mäßig stark	in Häusern allgemein verspürt, aufweckend	Fenster klirren	
V	ziemlich stark	im Freien allgemein verspürt	Verputz an Häusern bröckelt ab, hängende Gegenstände pendeln, Verschieben von Bildern	
VI	stark	erschreckend	Kamine und Verputz beschädigt	vereinzelt Risse im feuchten Boden
VII	sehr stark	viele flüchten ins Freie	mäßige Schäden, vor allem an schlechten Gebäuden, Kamine fallen herunter	vereinzelt Erdrutsche an steilen Abhängen
VIII	zerstörend	allgemeiner Schrecken	viele alte Häuser erleiden Schäden, Rohrleitungsbrüche	Veränderungen in Quellen, Erdrutsche an Straßendämmen
IX	verwüstend	Panik	starke Schäden an schwachen Gebäuden, Schäden auch an gut gebauten Häusern, Zerbrechen von unterirdischen Rohrleitungen	Bodenrisse, Bergstürze, viele Erdrutsche
X	vernichtend	allgemeine Panik	Backsteinbauten werden zerstört	Verbiegen von Eisenbahnschienen, Abgleiten von Lockerböden an Hängen, Aufstau neuer Seen
XI	Katastrophe		nur wenige Gebäude halten Stand, Rohrleitungen brechen	umfangreiche Veränderungen des Erdbodens, Flutwelle
XII	große Katastrophe		Hoch- und Tiefbauten werden total zerstört	tiefgreifende Umgestaltung der Erdoberfläche, Flutwellen

z. B. der 20er Jahre wurden jedoch die Beobachtungen nach der MCS-Skala häufig höher bewertet (bis zu 1°) als heute unter Verwendung der MSK-Skala (Sponheuer und Grünthal, 1981).

Skala	Intensitätsgrade
MSK-64	2 | 3 | 4 | 5 | 6 | 7 | 8 | 9 | 10 | 11 | 12
MM	1 | 2 | 3 | 4 | 5 | 6 | 7 | 8 | 9 | 10 | 11 | 12
RF	2 | 3 | 4 | 5 | 6 | 7 | 8 | 9 | 10
JMA	1 | 2 | 3 | 4 | 5 | 6 | 7

Abb. 8.3. Vergleich einiger Intensitätsskalen (nach Šebalin, 1975; Sägesser und Mayer-Rosa, 1978)

In den Skalen finden die Wirkungen seismischer Wellen auf Hochhäuser noch keine Berücksichtigung. Besonders im peripheren Schüttergebiet starker Beben werden jedoch Erdbeben in Hochhäusern intensiver wahrgenommen als in herkömmlichen flachen Ziegelbauten. Diese Erscheinung wird als Hochhauseffekt bezeichnet. Dabei ist zu beobachten, daß die Intensität der Bebenwahrnehmungen mit der Stockwerkszahl zunimmt. Um Beobachtungen in Hochhäusern für die makroseismische Bewertung nutzen zu können, müssen die Intensitätsangaben aus Hochhäusern reduziert werden. Dabei werden die Intensitätsbewertungen aus dem 5. bis 9. Stockwerk um 0,5° und die aus dem 10. und höheren Stockwerken um 1° verringert. Häufig wird auch pro Stockwerk ein Wert von 0,1° abgezogen. Das dynamische Verhalten der Bauwerke ist die Ursache für die Intensitätsverstärkung. Besonders deutlich sind die Intensitätsunterschiede zwischen Hochhäusern und normalen flachen Bauten in größerer Epizentralentfernung, wo relativ langperiodische Wellen vorherrschen, die etwa der Eigenperiode T von Hochhäusern ($T \approx 0{,}1\, n$; n – Stockwerksanzahl; Zilch 1974)[1]) entsprechen und dadurch diese zum Schwingen anregen. In geringer Epizentralentfernung sind die höherfrequenten Anteile im Spektrum der Bodenbewegungen noch stark ausgeprägt, so daß auch kleinere Gebäude mit ihrer niedrigeren Eigenperiode angeregt werden; der Hochhauseffekt macht sich daher in Herdnähe kaum bemerkbar.

8.2.3. Regionale Untersuchung der Schütterwirkungen

Untersuchungen der regionalen Erschütterungsauswirkungen von Erdbeben setzen die systematische Erfassung der beobachtbaren Erdbebeneffekte voraus.

Beschädigungen an Bauwerken und Veränderungen in der Landschaft im Epizentralgebiet von Schadenbeben sollten möglichst durch erfahrene Seismologen oder Ingenieurseismologen begutachtet werden. Mit Unterstützung der lokalen Presse und gezielten Umfrageaktionen mittels spezieller Frage-

[1]) siehe bezüglich detaillierter Formeln zur Berechnung der Eigenperiode z. B. in: DIN 4149 (1981); IAEE (1980b).

bögen können die Beobachtungen der Bevölkerung erfaßt werden. Diese sind die Grundlage für die Bestimmung der regionalen Verbreitung besonders der unteren Intensitätsgrade (III bis VI). Der in der DDR vom Zentralinstitut für Physik der Erde der AdW der DDR benutzte Fragebogen ist als Anhang II diesem Kapitel beigefügt.

Die Intensitätsangaben schwanken in der Regel innerhalb eines Ortes. Um die regionale Verteilung der Schütterwirkung eines Bebens darzustellen, mittelt man daher alle Angaben für einen Ort. Dieser Mittelwert wird in einer Intensitätskarte durch vereinheitlichte Symbole dargestellt.

Die Isoseisten werden vereinbarungsgemäß so gezogen, daß die Isoseiste z.B. des 5. Grades alle Orte mit der Intensität 5° möglichst dicht umschließt. Da das Datenmaterial meist lückenhaft ist (bedingt z.B. durch unterschiedliche Besiedlungsdichte), ist die Linienführung durchaus subjektiv.

Während für die Darstellung der regionalen Verteilung der Schütterwirkung mittlere Angaben über die beobachteten Intensitäten in den einzelnen Orten genügen, ist es für die Standort- und Städteplanung notwendig, die Gesetzmäßigkeiten der Intensitätsverteilung innerhalb eines bestimmten Gebietes zu kennen. Die systematische Erfassung lokaler Intensitätsanomalien, die durch wechselnde Untergrundbedingungen verursacht werden, ist Aufgabe der seismischen Mikrozonierung.

Einige Beispiele der Schütterwirkung von Erdbeben verdeutlichen typische Merkmale und Besonderheiten.

Beispiel 1: Erdbeben vom 6. März 1872 bei Ronneburg-Schmölln (Mitteldeutsches Erdbeben)

Die beobachteten Intensitäten und die Isoseisten dieses vermutlich stärksten Erdbebens auf dem Territorium der DDR in den letzten 500 Jahren sind in Abb. 8.4 dargestellt. Im Epizentralgebiet traten Intensitäten von 7,5° der MSK-Skala auf (zahlreiche Schornsteine stürzten ein, Mauern erhielten Risse und Spalten). Die Karte verdeutlicht, daß die Intensitäten nicht konzentrisch vom Epizentrum aus abfallen und die Verteilung der einzelnen Intensitätsgrade innerhalb der Schütterfläche nicht homogen ist.

Sehr markant ist das Auftreten von „Inseln“ erhöhter Intensität im Elbe-Gebiet von Dresden bis Meißen sowie zwischen Torgau und Annaburg an der Schwarzen Elster. Solche Intensitätsanomalien lassen sich in nahezu allen detaillierten Isoseistenkarten finden. Die Zonen erhöhter Intensität sind vorwiegend an Gebiete mit Lockersedimentbedeckung und hohem Grundwasserstand sowie hoher Grundwasserergiebigkeit gebunden.

Beispiel 2: Vogtlandbeben vom 5. März 1903

Abb. 8.5 zeigt die Schütterfläche eines der stärksten Stöße des Erdbebenschwarmes im Februar/März 1903 im Vogtland.

Im Herdgebiet tritt eine mehr oder weniger konzentrische Intensitätsabnahme auf. Sehr auffällig ist die Streckung der 5°- und 4°-Isoseiste entlang des Erzgebirgs-Südabbruches. Dieses Gebiet ist durch mächtige tertiäre und pleistozäne Lockersedimente charakterisiert. Die Zone erhöhter Intensitäten zieht sich bis in den Elbtalgraben hinein, wo ebenfalls junge Flußsedimente auftreten. Im Gegensatz dazu wurde das Beben in den meist auf Festgestein (Granit, Gneis) gegründeten Orten im Osterzgebirge mit deutlich geringeren Intensitäten wahrgenommen.

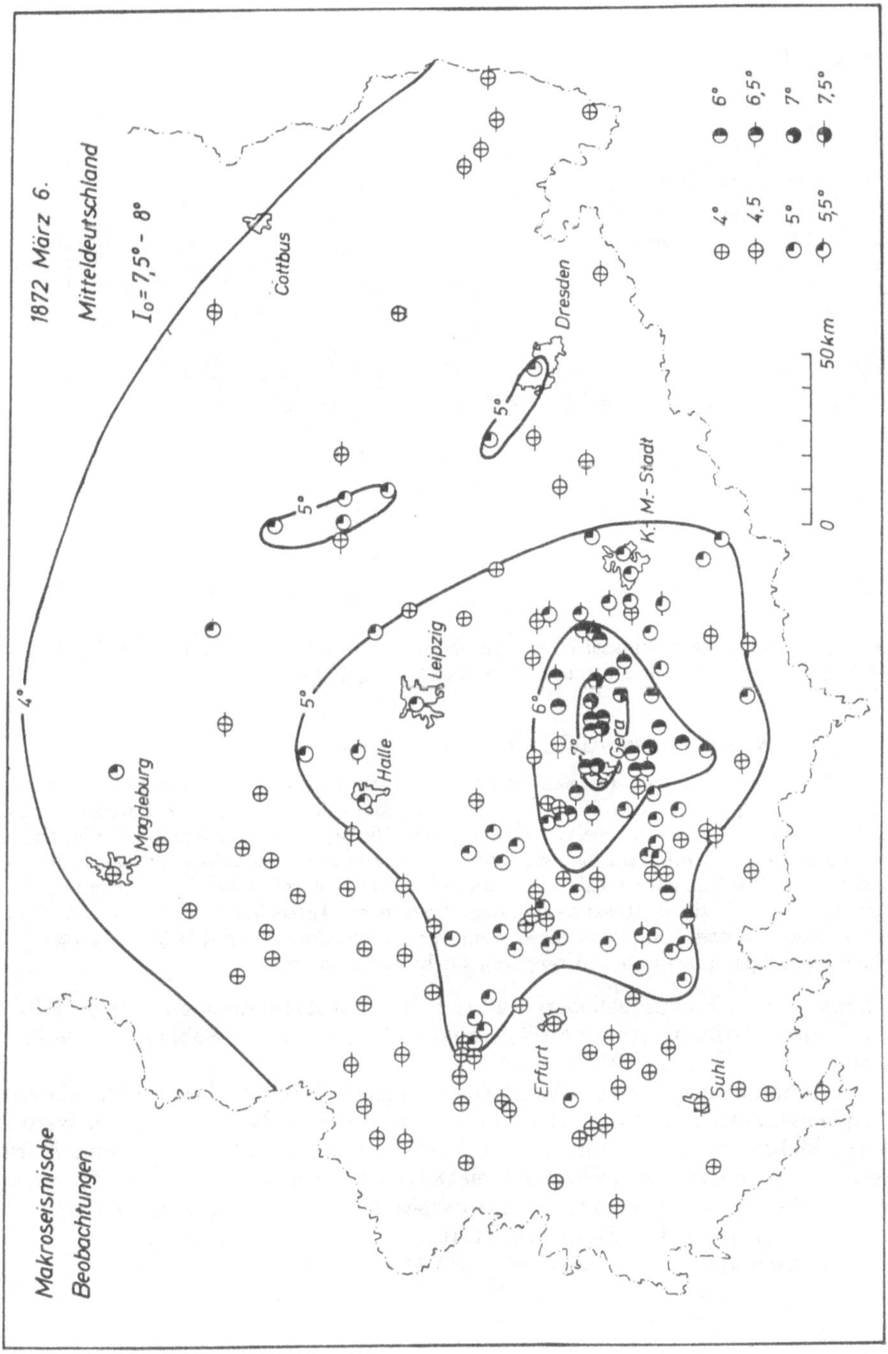

Abb. 8.4. Beobachtete Intensitäten und Isoseisten des Mitteldeutschen Erdbebens vom 6. März 1872 auf dem Gebiet der heutigen DDR (nach SPONHEUER und GRÜNTHAL, 1981)

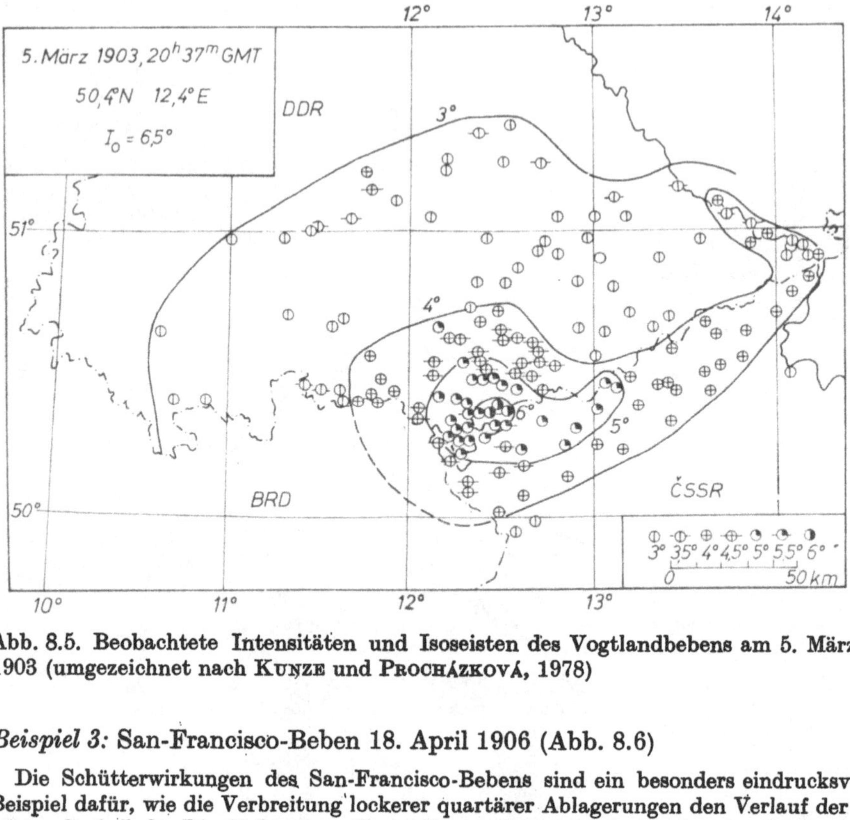

Abb. 8.5. Beobachtete Intensitäten und Isoseisten des Vogtlandbebens am 5. März 1903 (umgezeichnet nach KUNZE und PROCHÁZKOVÁ, 1978)

Beispiel 3: San-Francisco-Beben 18. April 1906 (Abb. 8.6)

Die Schütterwirkungen des San-Francisco-Bebens sind ein besonders eindrucksvolles Beispiel dafür, wie die Verbreitung lockerer quartärer Ablagerungen den Verlauf der Isoseisten beeinflußt. Die 9°-Isoseiste (ROSSI-FOREL-Skala) folgt als schmaler Schlauch der San-Andreas-Verwerfung, an der während des Bebens auf einer Länge von etwa 300 km horizontale Verschiebungen auftraten, die lokal Beträge von 4 bis 5 m erreichten. Das Schüttergebiet bis zur 6°-Isoseiste flankiert die höheren Intensitäten entlang dieser Herdfläche, löst sich aber dann von dieser Zone und erstreckt sich in das Great Valley mit seinen mächtigen quartären und tertiären Lockersedimenten.

Diese Beispiele verdeutlichen, daß sich Intensitätsanomalien in vielen Fällen durch den Aufbau der oberflächennahen geologischen Schichten erklären lassen.

Bei Beben in bestimmten Herdgebieten treten darüber hinaus deutliche azimutale Unterschiede in der Abstrahlung seismischer Energie auf. So werden starke Beben in den Ostalpen stets besonders weit nach Norden und Nordwesten wahrgenommen, während nach Osten die Isoseisten auffallend gestaucht sind. Diese Asymmetrie untersuchte bereits SUESS (1873, 1885). Er nahm an, daß die Wellenenergie entlang von Störungen, die die Alpen transversal durchqueren, nach Norden getragen wird (SUESS prägte daher den Begriff Trans-

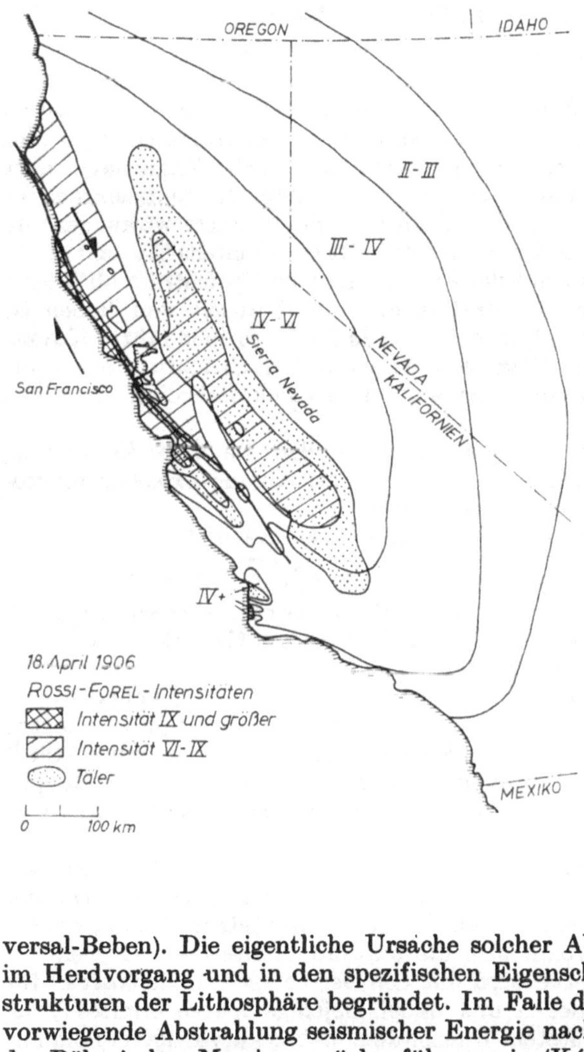

Abb. 8.6. Isoseisten des San-Francisco-Bebens vom 18. April 1906 (umgezeichnet nach Richter, 1958)

versal-Beben). Die eigentliche Ursache solcher Abstrahlanomalien ist jedoch im Herdvorgang und in den spezifischen Eigenschaften tiefreichender Blockstrukturen der Lithosphäre begründet. Im Falle der Ostalpenbeben dürfte die vorwiegende Abstrahlung seismischer Energie nach Norden auf Eigenschaften des Böhmischen Massivs zurückzuführen sein (Kárník u.a., 1978). Noch auffallender ist die Asymmetrie der Energieabstrahlung bei den mitteltiefen Beben der Vrançea-Zone in Rumänien (Herdtiefe etwa 100 km). Die Schütterwirkungen des Bebens vom 3. März 1977 reichten in Nord- bis Nordostrichtung etwa dreimal so weit wie nach Süden. Das Beben wurde noch nördlich Leningrad mit 3° MSK und in Moskau mit 4° MSK gespürt. Einige Autoren nehmen an, daß starke Vrançea-Beben den weitgehend homogenen Block der Osteuropäischen Tafel als Ganzes zum Schwingen anregen.

8.2.4. Einfluß der Herdtiefe auf Schütterwirkungen und Abminderungskoeffizient der Intensität

Neben dem geologischen Bau übt die Herdtiefe der Beben einen wesentlichen Einfluß auf die Stärke der makroseismischen Schütterwirkungen aus. Beben mit gleicher seismischer Energiefreisetzung (gleiche Magnitude), aber unterschiedlicher Herdtiefe unterscheiden sich in ihrer Epizentralintensität und im Gradienten der horizontalen Änderung der Schütterwirkungen. Je flacher der Herd liegt, desto größer ist die Epizentralintensität und desto schneller nimmt die Intensität mit der Entfernung vom Epizentrum ab. Dieser Zusammenhang zwischen Intensitätsabnahme und Herdtiefe von Beben ist seit langem bekannt und gut untersucht. Bereits im Jahre 1906 führte Kövesligethy (1907) auf der Grundlage von Arbeiten von Cancani (1904) eine Beziehung zwischen beiden Parametern ein, um aus makroseismischen Größen die Herdtiefe zu berechnen.

Sponheuer (1960) entwickelte dieses Verfahren, das eine breite Anwendung fand, weiter. Dabei zeigte sich eine gute Übereinstimmung zwischen makroseismisch und instrumentell bestimmten Herdtiefen.

Die Beziehung nach Kövesligethy bzw. Sponheuer lautet:

$$I_0 - I = 3 \log (\sqrt{D^2 + h^2}/h) + 3\alpha \log e (\sqrt{D^2 + h^2} - h), \tag{8.1}$$

wobei I_0 = Epizentralintensität, I = Intensität in der Epizentralentfernung D (km), D = Isoseistenradius der Intensität I, h = Herdtiefe (km), α = Abminderungskoeffizient der Intensität (km^{-1}).

Die Intensitätsabnahme $I_0 - I$ läßt sich graphisch in Abhängigkeit vom Isoseistenradius darstellen. Für einen konstanten Abminderungskoeffizienten erhält man Kurvenscharen für verschiedene Herdtiefen. Sponheuer (1960) veröffentlichte einen Satz solcher Kurvenscharen. Abb. 8.7 zeigt ein Beispiel für verschiedene Herdtiefen und einen Abminderungskoeffizienten von α = 0,001 km^{-1}.

Zur makroseismischen Herdtiefenbestimmung werden die mittleren Isoseistenradien aus der Isoseistenkarte eines Bebens durch Planimetrieren der jeweiligen Schütterflächen bestimmt. Die Radien D_n der Intensitäten I_n werden über $I_0 - I_n$ aufgetragen, womit sich die mittlere Intensitätsabnahmekurve des Bebens ergibt. Diese Kurve wird mit den berechneten Modellkurven für verschiedene h und α verglichen und dabei diejenige Kurve ermittelt, die am besten mit der beobachteten Intensitätsabnahmekurve übereinstimmt. In die Kurvenschar der Abb. 8.7 wurden die Isoseistenradien der Schütterwirkungen des Mitteldeutschen Bebens vom 6. März 1872 eingetragen; es kann eine Herdtiefe von 8 bis 9 km und ein Abminderungskoeffizient von $\alpha \approx$ 0,001 km^{-1} abgeleitet werden.

Der makroseismische Abminderungskoeffizient liegt für Beben in Mitteleuropa mit Herden in 6 bis 20 km Tiefe gewöhnlich bei 0,001 bis 0,005 km^{-1}. Bei sehr flachen Beben (Herdtiefe $<$5 km Tiefe) tritt eine stärkere Dämpfung auf (α bis 0,05 km^{-1}). Die Abminderungskoeffizienten für Beben in Süd- und

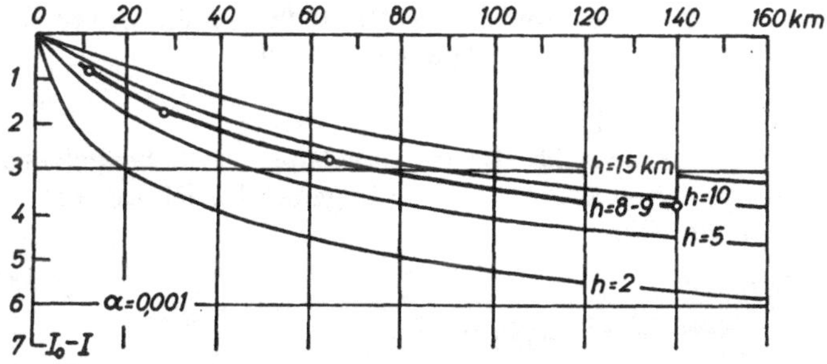

Abb. 8.7. Intensitätsabminderungskurven für verschiedene Herdtiefen h ($\alpha = 0{,}001$) (nach SPONHEUER, 1960); starke Linie: Intensitätsabnahme des Mitteldeutschen Bebens vom 6. März 1872 ($I_0 = 7{,}5°$ bis 8°)

Mittelitalien weisen auf eine deutlich höhere Dämpfung in der dortigen Erdkruste hin. Werte zwischen 0,01 und 0,07 km^{-1} werden in diesem Gebiet beobachtet (SPONHEUER, 1960).

Aus richtungsabhängigen Intensitätsabminderungen kann ein vom Azimut abhängiger Abminderungskoeffizient angegeben werden. Die Untersuchung der makroseismischen Intensitätsabminderung ist für die seismische Zonierung und damit für die Einschätzung der seismischen Gefährdung von besonderer Bedeutung.

8.2.5. Beziehungen zwischen Intensität und Magnitude

Intensität und Magnitude sind zwei Bemessungsgrößen für die Stärke eines Erdbebens. Die Angabe einer Intensität setzt voraus, daß das Beben in bewohnten oder bebauten Gebieten stattfand (nur sehr große Intensitäten können allein aus Veränderungen der Landschaft abgeleitet werden). Die Magnitude kann dagegen für jedes beliebige Beben aus instrumentellen Registrierungen bestimmt werden.

Die Magnitude ist jedoch für Untersuchungen zur Bebengefährdung allein nicht ausreichend, sie erlaubt keine Aussage über das Schadensausmaß bei Beben. Beispielsweise hatte das verheerende Beben von Agadir (Marokko) am 29. Februar 1960 nur eine Magnitude von etwa 5,5. Wegen der geringen Herdtiefe (3 km) und der Lage des Hypozentrums direkt unter der dicht bevölkerten Stadt entstanden Schäden der Intensität 10°. Etwa 12000 Todesopfer waren zu beklagen. Andererseits verursachen viele sehr starke, aber tiefe Beben in schwach besiedelten Gebieten kaum Schäden.

Schon bald nach Einführung des Konzepts der Magnitude wurde daher der Zusammenhang zwischen der Epizentralintensität I_0 und der Magnitude M

eines Bebens untersucht (GUTENBERG und RICHTER, 1942; 1956). Unter Berücksichtigung der Herdtiefe ergibt sich in allgemeiner Form:

$$M = AI_0 + B \log h + C. \tag{8.2}$$

Die Parameter A, B und C variieren für die verschiedenen Erdbebengebiete.

Für Beben in Mitteleuropa leitet KÁRNÍK (1968) folgende Beziehung ab:
ohne Berücksichtigung der Herdtiefe:

$$M = 0{,}63\, I_0 + 0{,}5 \tag{8.3a}$$

mit Berücksichtigung der Herdtiefe h (in km)

$$M = 0{,}5\, I_0 + \log h + 0{,}35. \tag{8.3b}$$

Zusammenstellungen von Magnituden-Intensitäts-Beziehungen, geordnet nach Ländern und Regionen, wurden von KÁRNÍK (1968) sowie AMBRASEYS (1974) veröffentlicht.

8.3. Ingenieurseismologie

Unter Ingenieurseismologie wird der Zweig der Seismologie verstanden, der dem für die erdbebensichere Bauweise verantwortlichen Ingenieur die nötigen physikalischen Daten über die potentiell zerstörend wirkenden Bodenbewegungen (Strong-Motion) bei Erdbeben liefert. Das Erdbebeningenieurwesen dagegen ist eine ingenieurtechnische Disziplin, die sich mit der Bemessung und Konstruktion erdbebensicherer Bauwerke beschäftigt und dazu die von der Ingenieurseismologie bereitgestellten seismologischen Ausgangsgrößen verwendet. Hierzu gehört die Untersuchung der Boden-Bauwerk-Wechselwirkung, der dynamischen Belastbarkeit und des Schwingungsverhaltens von Strukturelementen.

Für Gebäude oder Anlagen, bei denen besondere Sicherheitsanforderungen gelten (insbesondere Kernkraftwerke), werden zwei Grenzen zulässiger Lastwerte festgelegt; ein unterer Belastungsgrenzwert, bis zu dem eine absolute Funktionstüchtigkeit der Objekte zu gewährleisten ist, und eine obere Lastschwelle, bei der Schäden zugelassen werden, die jedoch keine Gefährdung von Mensch und Umwelt nach sich ziehen dürfen. Die betroffenen Anlagen müssen erforderlichenfalls stillgelegt werden. Der untere Belastungswert wird durch das sog. Bemessungserdbeben (Design-Erdbeben) charakterisiert, für das i. allg. eine mittlere Wiederholungsperiode von 100 Jahren bzw. eine Eintreffenswahrscheinlichkeit von 10^{-2} zugrunde gelegt wird. Der obere Belastungsgrenzwert ergibt sich aus dem maximalen Berechnungserdbeben (Safety Shutdown Earthquake), dem eine Wiederholungsperiode von 10000 Jahren bzw. eine Eintreffenswahrscheinlichkeit von 10^{-4} zugeordnet wird. Bezüglich der verschiedenen Bemessungskriterien sei auf spezielle Definitionen z. B. bei USAEC (1973), AECL (1974), Bureau of Reclamations (1974), MINENERGO (1979) verwiesen.

8.3.1. Ingenieurseismologische Grundgrößen

Die Bewertung der Schadenswirkung eines Erdbebens in Form der makroseismischen Intensität ist für eine qualitative Einschätzung der Stärke eines Bebens ausreichend, wenn keine geeigneten instrumentellen Aufzeichnungen vorliegen.

Für quantitative statische und dynamische Berechnungen und Modellierungen des Verhaltens von Bauwerken sind Intensitätsangaben jedoch unzureichend. Jedes Bauwerk stellt ein schwingungsfähiges System dar, das in Abhängigkeit von der eigenen Resonanzfrequenz auf dynamische Belastungen durch Erdbebenwellen entsprechend deren Frequenzinhalt unterschiedlich reagiert. Um die Wirkungen eines Erdbebens in ingenieurtechnisch nutzbare Parameter umzusetzen, muß die spektrale Zusammensetzung und die Polarisation der seismischen Wellen beachtet werden.

Die ingenieurseismologischen Grundgrößen zur physikalischen Beschreibung von Bodenerschütterungen sind:

- die Bodenverrückung (Bodenverschiebung, Bodenbewegung) d in cm (d von engl. displacement)
- die Bodenverrückungsgeschwindigkeit (Bodenschwinggeschwindigkeit, Bodengeschwindigkeit) v in cm/s (v von engl. velocity)
- die Bodenbeschleunigung a in cm/s^2 oder in Teilen der Schwerebeschleunigung $g \approx 1000$ cm/s^2 (a von engl. acceleration).

Bei der praktischen Berechnung der ingenieurseismologischen Grundgrößen wird stets von der Beschleunigungsaufzeichnung (Akzellerogramm) ausgegangen und durch ein- bzw. zweimalige Integration und Nullinienkorrektur (Bestimmung der Integrationskonstanten) die Bodenschwinggeschwindigkeit und die Bodenverschiebung berechnet (bezüglich derartiger Routineverfahren s. z. B. TRIFUNAC und LEE, 1973). Der umgekehrte Weg, die Beschleunigung aus der Bodengeschwindigkeit durch zweimalige Differentiation zu berechnen, führt zu numerischen Instabilitäten.

In Abb. 8.8 werden als Beispiel das Akzellerogramm sowie die berechnete Bodenverrückungsgeschwindigkeit und die Bodenbewegung des starken Erdbebens in Oberitalien (Friuli) vom 6. Mai 1976, $20^h 00^m 15^s$ GMT an der Station Tolmezzo dargestellt (Epizentralentfernung etwa 15 km). Deutlich sind die Frequenzunterschiede der Zeitfunktionen von a, v und d.

Für die Belange des Ingenieurwesens ist es erforderlich, starke Bodenbewegungen, die Schäden an Gebäuden verursachen können, instrumentell zu registrieren. Mit den üblichen Seismometern ist das nicht möglich. Es wurden daher spezielle Seismometer mit sehr geringer Vergrößerung (0- bis 100fach) entwickelt, die als Strong-Motion-Geräte oder Akzellerographen bezeichnet werden, weil sie in der Regel als Beschleunigungsmesser ausgelegt sind.

Das erste systematische Strong-Motion-Meßprogramm begann 1928 im Rahmen der Untersuchungen des „United States Coast and Geodetic Survey“. Die ersten Aufzeichnungen schadenverursachender Bodenbewegungen waren die des Long-Beach-Erdbebens

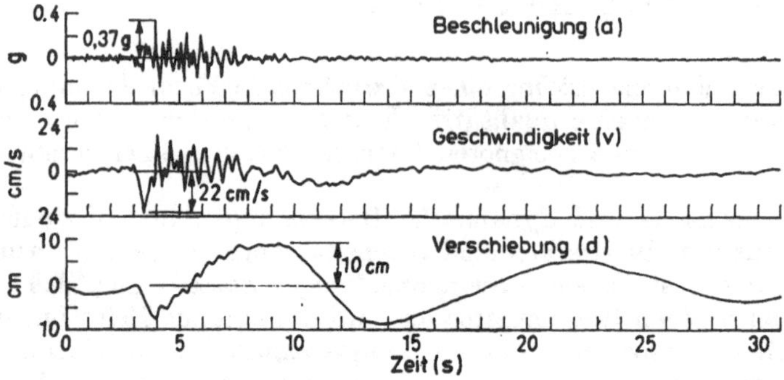

Abb. 8.8. Beschleunigungsaufzeichnung (a) des Friuli-Erdbebens (N-Italien) am 6. Mai 1976 um $20^h00^m12{,}6^s$ GMT ($M = 6{,}5$, $I_0 = 9$ bis 10°, $h = 10$ km) an der Meßstation Tolmezzo (etwa 15 km Entfernung zum makroseismischen Epizentrum) sowie berechnete Bodenschwinggeschwindigkeiten (v) und Bodenverschiebungen (d); Dauer des Starkausschlages $\tau^* = 8$ s; nach CNELENEL (1976)

(Kalifornien) vom 10. März 1933 ($M = 6{,}3$; maximale aufgezeichnete Beschleunigung 0,19 g in einem etwa 15 km von der Herdfläche entfernten Registrierpunkt) (HOUSNER, 1970). Der große Schaden, den dieses Beben verursachte, und die erhaltenen brauchbaren Beschleunigungsaufzeichnungen im Epizentralgebiet bei diesem Beben waren Anlaß, Vorschriften für erdbebensicheres Bauen in Kalifornien einzuführen. Seit dieser Zeit entwickelten sich die Ingenieurseismologie und das Erdbebeningenieurwesen sprunghaft. Während des El-Centro-Bebens (Kalifornien) vom 18. Mai 1940 ($M = 7{,}0$) gelang es, maximale Beschleunigungswerte von 0,33 g in etwa 6 km Herdentfernung aufzuzeichnen (HOUSNER, 1970). Bis zum Parkfield-Erdbeben (Kalifornien) vom 27. Juni 1966 ($M = 5{,}6$; max. aufgezeichnete Beschleunigung von 0,50 g in etwa 70 m Entfernung von der Bruchfläche des Erdbebens) (HOUSNER, 1970) waren dies die stärksten registrierten Beschleunigungswerte. Sie stellten bis zur zweiten Hälfte der 60er Jahre eine wesentliche Berechnungsgrundlage für das Erdbebeningenieurwesen dar und dienten als Modell der Nah-Feld-Bodenbewegungen. Weitere sehr starke Bodenbeschleunigungen wurden bei folgenden Beben registriert:

- 1,25 g beim San-Fernando-Erdbeben in Kalifornien am 9. Februar 1971, $M = 6{,}6$ Herdentfernung etwa 6 km, am Registrierpunkt Pacoima Dam (MURPHY, 1973).
- 1,33 g beim Gazli-Erdbeben (Usbekistan) am 17. Mai 1976, 10 km Herdentfernung, $M = 7{,}0$ (ŠTEINBERG u. a., 1977; HARTZELL, 1980). Im Gegensatz zu den vorher genannten Beispielen, wo die größte Beschleunigung in einer Horizontalkomponente auftrat, wurde dieser Wert auf der Vertikalkomponente gemessen.
- 1,74 g (vertikal) beim Imperial-Valley-Erdbeben (Kalifornien) am 15. Oktober 1979, $M = 6{,}6$, etwa 1 km von der Bruchfläche (USGS Open-File Report 79 - 1654, 1979; SWANGER u. a., 1981).

In den ersten 30 Jahren der Geschichte der Strong-Motion-Seismologie beschränkten sich die Messungen auf relativ wenige Akzellerographenstationen vornehmlich in den West-Küsten-Staaten der USA. Da Strong-Motion-Aufzeichnungen die Grundlage aller fundierten ingenieurseismologischen Aussagen sind, begann man in den 60er und 70er Jahren in verschiedenen anderen stark erdbebengefährdeten Gebieten, Akzellerographen zu installieren, mit denen eine Reihe quantitativer Informationen über Erschütterungsparameter bei Erdbeben erhalten wurden. Die direkte Auswertung der Registrierungen brachte

Tabelle 8.2.

grundlegende Meßgröße:

Bodenbeschleunigung a
abhängig von seismischen Herdparametern (seismisches Moment M_0; Spannungsabfall $\Delta\sigma$) und ingenieurseismologisch relevanten Parametern (Entfernung D; Intensität I; Magnitude M; Frequenz ω; Periode T; Untergrundtyp s)

Datenbearbeitung:

– Zeitreihe	$a = f(t)$	Integration → $v = f(t)$	Integration → $d = f(t)$
	↓	↓	↓
– Fourierspektrum	$a = f(T)$	$v = f(T)$	$d = f(T)$
– Verhaltensspektrum	$\ddot{x} = f(T)$	$\dot{x} = f(T)$	$x = f(T)$
↓ Verallgemeinerung			
– Design-Spektrum			

Aufstellung von Parameterrelationen:

– Intensitätsrelationen	$a = f(I)$	$v = f(I)$
– Dämpfung maximaler und mittlerer Werte von	$a = f(D)_{M,s}$	$v = f(D)_{M,s}$
– maximale und mittlere Spektralwerte von	$a = f(T)_{M,Ds,}$	$v = f(T)_{M,D,s}$
– Dauer der starken Bodenerschütterungen	$\tau_a = f(D)_M$	
– vorherrschende Periode	$T_{\mathrm{dom}(s,v,d)} = f(D)_M$	

vor allem Aussagen über die maximale Beschleunigung $a_{\max}$ (Peak Acceleration), die maximale Bodenverrückungsgeschwindigkeit $v_{\max}$ und die maximale Bodenbewegung $d_{\max}$.

Trotz der gewachsenen Zahl von Beschleunigungsmeßstationen, die es jetzt in einigen Ländern gibt, behalten die makroseismische Untersuchung und die Bestimmung der Intensität ihre große Bedeutung. Gerade am Standort von Strong-Motion-Seismographen ist es erforderlich, umfassende und objektive Beurteilungen der makroseismischen Wirksamkeit eines Bebens durchzuführen.

Nur so können die für praktische Belange sehr wichtigen Zusammenhänge zwischen den beschreibenden makroseismischen Größen und den instrumentellen Meßwerten untersucht werden.

Einen Überblick über die ingenieurseismologischen Parameter und Parameter-Beziehungen gibt Tab. 8.2.

8.3.2. Beziehungen zwischen der Intensität und den ingenieurseismologischen Grundgrößen

So alt wie die klassischen Intensitätsskalen sind die Versuche, die rein phänomenologische, beschreibende Größe der makroseismischen Intensität durch physikalische Parameter auszudrücken. So gab HOLDEN im Jahre 1888 die Stärke eines Bebens als Einheit der Arbeit in kpm an. MENDENHALL (zitiert bei SIEBERG, 1904) berechnete die Leistung des Charleston-Bebens von 1886 (USA) in Pferdestärken. Er erhielt einen Wert von $1{,}3 \cdot 10^{12}$ PS.

Für den Bauingenieur bietet das d'ALEMBERTsche Prinzip: Trägheitskraft = Masse × Beschleunigung eine Grundlage, die kräftemäßige Beanspruchung von Bauwerken einer bestimmten Masse bei Erdbeben zu berechnen. Die bei Erdbeben auftretende Bodenbeschleunigung wurde daher im Erdbebeningenieurwesen der gebräuchliste Erschütterungsparameter.

Erste Überlegungen, die Bebenwirkungen in Form von Beschleunigungswerten anzugeben, finden sich ebenfalls bei HOLDEN (1888; Zitat bei DAVISON, 1921). Weitere Arbeiten stammen von OMORI (1900). Er wertete die Zerstörungswirkungen des Mino-Owari-Bebens vom 28. Oktober 1891 aus und klassifizierte die Bebenschäden nicht nur beschreibend, sondern auch hinsichtlich der größten aufgetretenen Bodenbeschleunigungen. Da Beschleunigungsmeßgeräte zur damaligen Zeit noch nicht zur Verfügung standen, wurden die Beschleunigungswerte indirekt aus den Kräften berechnet, die nötig sind, Grabsteine, Denkmäler usw. zum Umstürzen zu bringen. Die Geschwindigkeit der Bodenbewegung berechnete man aus der Weite, bis zu der ein Gegenstand während eines Bebens fortgeschleudert wurde (bezüglich dieser klassischen Verfahren vgl. SIEBERG, 1904; IKEGAMI und KISHINOUYE, 1946). Auch die von GALITZIN (1912) vorgeschlagene dynamische Skala makroseismischer Erschütterungen geht von dem Kippverhalten unterschiedlich dimensionierter Parallelepipeda aus. Im Jahre 1904 ordnete CANCANI jedem der 12 makroseismischen Intensitätsgrade einen Bereich von Beschleunigungswerten zu. Die CANCANIschen Beschleunigungswerte folgen nahezu einer geometrischen Reihe mit dem Quotienten 2, d. h., sie verdoppeln sich von Intensitätsgrad zu Intensitätsgrad, woraus sich die in der klassischen seismologischen Literatur übliche Bezeichnung „CANCANIsches Gesetz“ ableitet.

Nach den Arbeiten von HOLDEN, OMORI (1900) und CANCANI (1904) gab KÖVESLIGETHY (1907) erstmals einen formelmäßigen Zusammenhang zwischen

Intensität und Beschleunigung in folgender Form an:

$$\log a = \frac{I}{3} - 1{,}13 \qquad a \text{ in cm/s}^2. \tag{8.4}$$

Die Beziehungen von McAdie (1915; s. Davison, 1933 und Martin, 1936), McAdie (1930), von Oldham (1926, s. Ambraseys, 1974) sowie spätere japanische Werte (Ishimoto, 1932) gehören zu den klassischen Beschleunigungsskalen, die ohne instrumentelle Registrierungen aufgestellt wurden. In den nachfolgenden Jahren wurde eine Vielzahl weiterer Beziehungen zwischen Beschleunigungswerten und makroseismischen Intensitätsgraden veröffentlicht. Gutenberg und Richter (1942, 1956) geben z. B. an:

$$\log a = \frac{I}{3} - \frac{1}{2}. \tag{8.5}$$

Weitere Beziehungen sind der Abb. 8.9 zu entnehmen.

Erstaunlich ist, daß die „klassischen" Werte von Holden, Omori oder McAdie den neueren und instrumentell abgesicherten Angaben recht nahe kommen. Aber auch die modernen Relationen sind nur ein grober Richtwert mit einer Standard-Abweichung von 60 bis 70% von den mittleren Werten. Für viele Routineaufgaben genügt es, einen linearen Zusammenhang zwischen Intensität und Beschleunigung anzunehmen. Folgende Beziehungen haben sich bewährt (s. Trifunac und Brady, 1975).

$$\left.\begin{aligned} \log a_{\text{vert.}} &= 0{,}30\, I_{\text{MM}} - 0{,}18 \\ \log a_{\text{horiz.}} &= 0{,}30\, I_{\text{MM}} + 0{,}014 \end{aligned}\right\}: \quad IV \leqq I_{\text{MM}} \leqq X. \tag{8.6}$$

Von Bedeutung ist die Kenntnis der maximal möglichen Bodenbeschleunigung, die bei Erdbeben auftreten kann. Auf Grund theoretischer Überlegungen dürfte diese bei 2 g liegen (Ambraseys, 1974). In Abb. 8.10 sind die im Zeitraum von 1933 bis 1973 gemessenen maximalen Bodenbeschleunigungswerte in Abhängigkeit von der am Meßstandort beobachteten Intensität dargestellt (Ambraseys, 1974). Für die einzelnen Intensitätsgrade können die maximalen Beschleunigungswerte um nahezu zwei Größenordnungen differieren. Damit wird deutlich, daß die maximale Beschleunigung nicht unmittelbar das Zerstörungspotential eines Erdbebens charakterisiert. Den Streubereich umgrenzt Šebalin (1975) durch die Beschleunigungswerte, die bei bestimmten Intensitäten auf jeden Fall überschritten werden, und durch die wahrscheinliche Obergrenze möglicher Werte (s. Abb. 8.9).

Die Ursache für die starke Streuung liegt vor allem in der unterschiedlichen Entfernung der Meßpunkte vom Herd, in den verschiedenen geologischen Untergrundbedingungen, in lokalen Besonderheiten und unterschiedlichen Herdmechanismen der Beben. So können bei relativ schwachen Beben in sehr geringer Entfernung vom Herd ungewöhnlich starke Beschleunigungswerte auftreten (z. B. Parkfield-Erdbeben: 0,5 g bei $M = 5{,}6$ in etwa 70 m Herdentfernung).

Ambraseys (1975, 1978), Murphy und O'Brien (1977) sowie Idriss (1978)

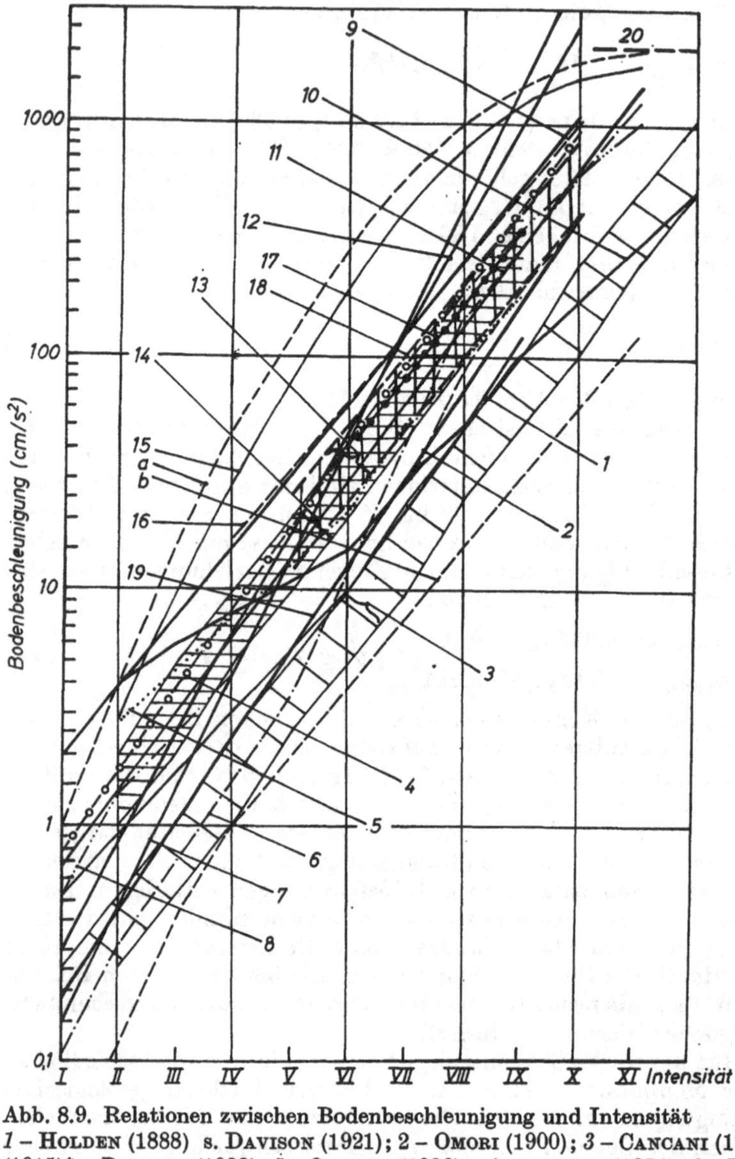

Abb. 8.9. Relationen zwischen Bodenbeschleunigung und Intensität
1 – Holden (1888) s. Davison (1921); 2 – Omori (1900); *3* – Cancani (1904); *4* – McAdie (1915)* s. Davison (1933); *5* – Oldham (1926) s. Ambraseys (1974); *6* – Ishimoto (1932)*; *7* – Peterschmitt (1950) s. Ambraseys (1974); *8* – Kawasumi (1951)*; *9* – Neumann (1954); *10* – Sawarenski und Kirnos (1960); *11* – Gutenberg und Richter (1956); *12* – Hershberger (1956)*; *13* – Medvedev und Sponheuer (1969); *14* – Okamoto (1973); *15* – Šebalin (1975) *a* – obere, *b* – untere Grenze;

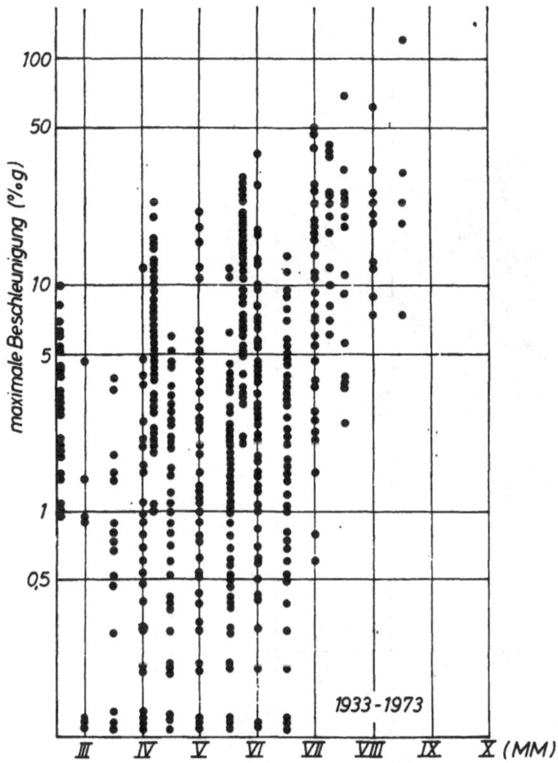

Abb. 8.10. Gemessene maximale Beschleunigungen in Abhängigkeit von beobachteten Intensitäten am Meßstandort (Messungen im Zeitraum 1933–1973) nach AMBRASEYS (1974)

weisen ferner darauf hin, daß die in Südeuropa gemessenen Beschleunigungswerte bei gleicher makroseismischer Intensität etwa um den Faktor 2 bis 3 höher sind als die entsprechenden Werte in Japan und in den USA.

Für den Zusammenhang zwischen berechneter Bodengeschwindigkeit v und Intensität liegen nur wenige Daten vor (s. Abb. 8.11). Die stärksten möglichen Werte für die Bodengeschwindigkeit werden bei 150 cm/s erwartet (AMBRASEYS

16 – TRIFUNAC und BRADY (1975)*; *17* – NAZAROV und DARBINJAN (1975)*; *18* – MEDVEDEV (1977); *19* – MURPHY und O'BRIEN (1977)*; *20* – AMBRASEYS (1974)**

*: Mittel aus angegebenem Wertebereich
**: zu erwartende maximal mögliche Bodenbeschleunigung

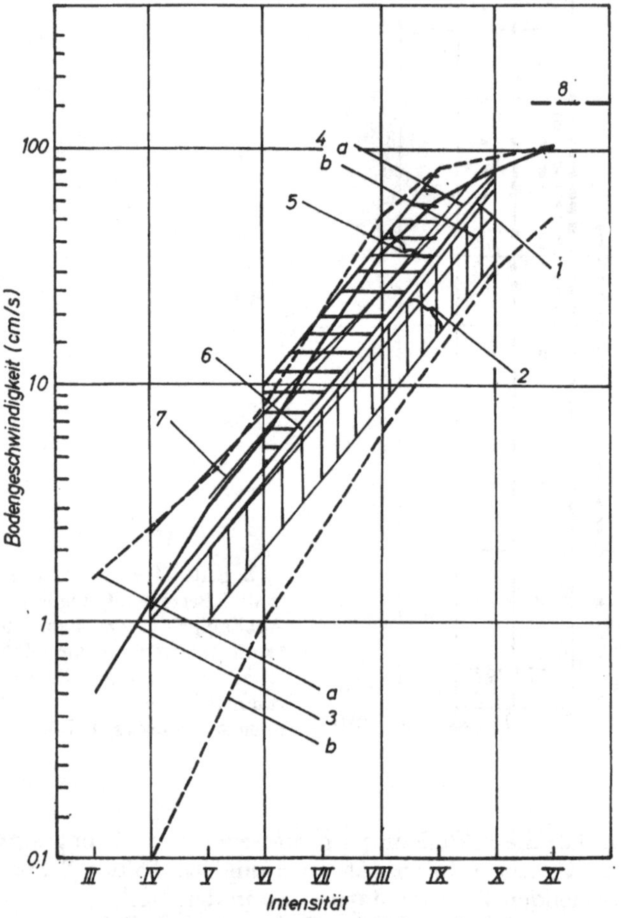

Abb. 8.11. Relationen zwischen Bodenschwinggeschwindigkeit und Intensität

1 – Neumann (1960); *2* – Medvedev und Sponheuer (1969); *3* – Šebalin (1975); *a* – obere; *b* – untere Grenze; *4* – Trifunac und Brady (1975)*; *a* – Horizontalkomponente; *b* – Vertikalkomponente; *5* – Nazarov und Darbinjan (1975) *6* – Medvedev (1977); *7* – Espinosa (1977); *8* – Ambraseys (1974)**

*; ** s. Abb. 8.9

1974). Die Beziehung zwischen Bodenverschiebung und Intensität ist in Abb. 8.12 nach Angaben von NAZAROV und DARBINJAN (1975) sowie TRIFUNAC und BRADY (1975) dargestellt.

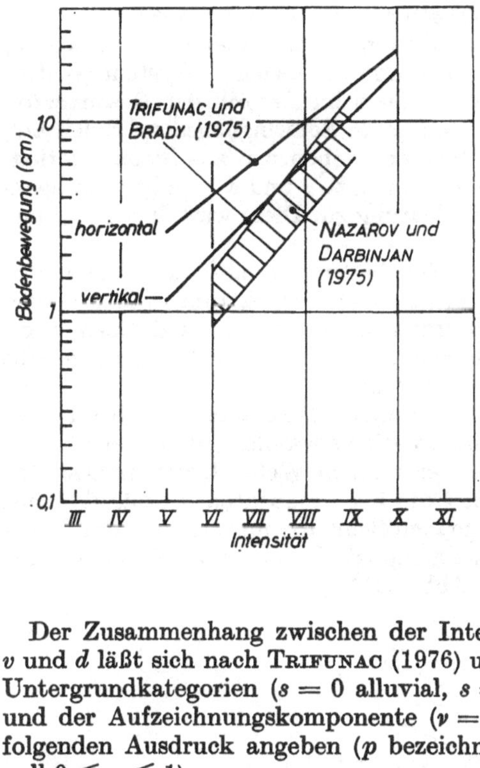

Abb. 8.12. Relationen zwischen Bodenbewegung und Intensität

Der Zusammenhang zwischen der Intensität I_{MM} und den Parametern a, v und d läßt sich nach TRIFUNAC (1976) unter Berücksichtigung verschiedener Untergrundkategorien ($s = 0$ alluvial, $s = 2$ Festgestein, $s = 1$ intermediär) und der Aufzeichnungskomponente ($\nu = 0$ horizontal, $\nu = 1$ vertikal) durch folgenden Ausdruck angeben (p bezeichnet das gewünschte Vertrauensintervall $0 \leqq p \leqq 1$):

$$\log \begin{Bmatrix} a_{\max}, p \\ v_{\max}, p \\ d_{\max}, p \end{Bmatrix} = \mathrm{a}p + \mathrm{b}I_{MM} + \mathrm{c} + \mathrm{d}s + \mathrm{e}\nu + \mathrm{f}I_{MM}^2; \tag{8.7}$$

	a	b	c	d	e	f
a_{max}	0,942	0,459	−0,047	0,0141	−0,27	−0,014
v_{max}	0,883	0,288	−1,411	0,014	−0,286	0,000
d_{max}	0,913	0,006	−0,690	−0,059	−0,186	0,019

8.3.3. Spektrale Darstellung der ingenieurseismologischen Grundgrößen

Alle Gebäude und Konstruktionen stellen schwingungsfähige Systeme dar, die durch eine bauwerkstypische Eigenfrequenz sowie bestimmte Dämpfungsparameter charakterisiert sind. Das Verhalten dieser Schwingungssysteme kann durch mechanische Ersatzmodelle simuliert werden. Dabei ist zu beachten, daß Bauwerk und Untergrund ein gemeinsames Schwingungssystem (Boden-Bauwerk-Wechselwirkung) bilden. Wird dieses im Bereich der Resonanzfrequenzen zum Schwingen angeregt, treten große Schwingungsamplituden auf, die zu Schäden am Bauwerk führen können. Neben den aus Strong-Motion-Registrierungen erhaltenen Maximalwerten von a, v und d kommt ihrer spektralen Zusammensetzung eine große Bedeutung zu. Diese wird durch folgende Faktoren beeinflußt:

- Der seismische Herdprozeß erzeugt eine bestimmte spektrale Zusammensetzung der abgestrahlten Erdbebenwellen (Herdspektrum), die u. a. von den speziellen Herdparametern (Herdlänge, Magnitude und Spannungsabfall) abhängt. Relativ geringer Spannungsabfall im Herd verursacht geringe Beschleunigungswerte und umgekehrt.
- Das Übertragungsmedium „Erde" (vor allem Erdkruste und oberer Erdmantel = Lithosphäre) verändert durch seine speziellen Filtereigenschaften das abgestrahlte Herdspektrum der seismischen Welle. Durch anelastische Energieverluste (Absorption) werden die hochfrequenten Anteile des seismischen Wellenspektrums stärker gedämpft als die niederfrequenten Komponenten. Mit wachsender Quellentfernung ist also eine systematische spektrale Verschiebung festzustellen (s. Abb. 8.13).

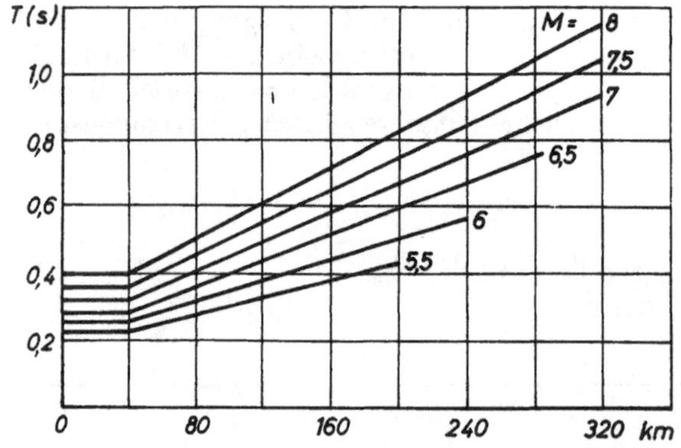

Abb. 8.13. Dominierende Periode der maximalen Bodenbeschleunigung auf Festgestein in Abhängigkeit von Magnitude und Herdentfernung (nach SEED u.a., 1968)

- Die Eigenschaften des unmittelbaren Standortuntergrundes können das Spektrum nochmals in erheblichem Maße verändern. Besonders stark ist die Beeinflussung, wenn lockere, grundwasserführende Schichten mit einer

Mächtigkeit zwischen 10 und 100 bis 200 m über einem festen, schallharten Untergrund liegen.
Innerhalb der Lockersedimentschicht kommt es zwischen der Erdoberfläche und dem festen Untergrund zur Ausbildung von Sekundärwellen (z.B. multiple Reflexionen). Die konstruktive Überlagerung dieser Sekundärwellen führt zu Amplitudenüberhöhungen im Bereich der Resonanzfrequenzen der Lockerschichten, wobei Vergrößerungen der Amplituden um einen Faktor von bis zu 10 auftreten können (s. Abb. 8.14). Dieser Effekt wird als Bodenverstärkung bezeichnet.

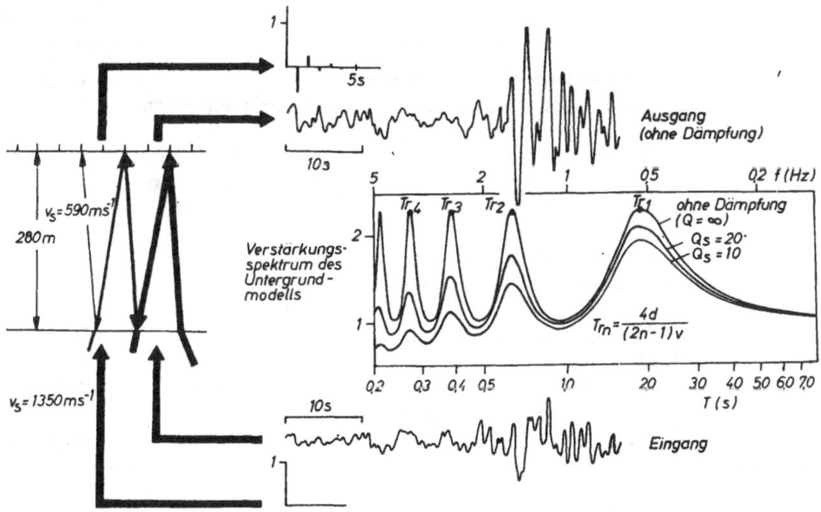

Abb. 8.14. Schema zur Interpretation der Bodenverstärkung (Berechnungen für senkrechten Einfall)

Laterale Variationen der Tiefenlage und der physikalischen Eigenschaften des festen Untergrundes sowie das Relief der Erdoberfläche beeinflussen zusätzlich die spektrale Zusammensetzung der Erdbebenwellen.

Für die erdbebenresistente Auslegung von Gebäuden ist zu untersuchen, wie die anregende Bodenbewegung auf Gebäude wirkt. Ein Bauwerk kann dabei als gedämpfter Schwinger aufgefaßt werden. Als Modell dient ein Rahmenschwinger mit einem Freiheitsgrad, dessen Reaktion auf eine Anregung berechnet wird. Die Bewegungsgleichung der erzwungenen Schwingung eines solchen Schwingers lautet:

$$\ddot{y}(t) + 2\beta\omega_0\,\dot{y}(t) + \omega_0^2\,y(t) = -a(t)\,. \tag{8.8}$$

$y(t)$ – Auslenkung; $a(t)$ – Bodenbeschleunigung; β – Dämpfung, sie wird im Ingenieurwesen im allgemeinen in Prozent der kritischen Dämpfung, die sich für den Grenzfall der Aperiodizität ergibt ($\beta = 100\%$), angegeben; ω_0 – Eigenfrequenz der ungedämpften freien Schwingung.

Tabelle 8.3 gibt eine Übersicht über Dämpfungswerte verschiedener Konstruktionstypen.

Tabelle 8.3. Dämpfungswerte verschiedener Konstruktionstypen (nach NEWMARK und HALL, 1978)

Spannungsbeanspruchungsgrad	Typ und Zustand der Konstruktion	Prozent kritischer Dämpfung
Bereich zulässiger Spannung, nicht mehr als etwa die halbe Fließbeanspruchung	a) lebenswichtige Rohrleitungen	1– 2
	b) geschweißter Stahl, Spannbeton, guter Stahlbeton (nur schwache Rißbildungen)	2– 3
	c) Stahlbeton mit beträchtlicher Rißbildung	3– 5
	d) verschraubter und/oder genieteter Stahl, Holzkonstruktionen mit genagelten oder verschraubten Elementen	3– 7
an oder gerade unter der Fließgrenze	a) lebenswichtige Rohrleitungen	2– 3
	b) geschweißter Stahl, Spannbeton (ohne vollständigen Verlust der Vorspannung)	5– 7
	c) Spannbeton ohne Vorspannungsverlust	7–10
	d) Stahlbeton	7–10
	e) verschraubter und/oder genieteter Stahl, Holzkonstruktionen mit verschraubten Elementen	10–15
	f) Holzkonstruktionen mit genagelten Elementen	15–20

Betrachtet man nun ein System von solchen Schwingern mit unterschiedlichen Eigenfrequenzen der einzelnen Schwinger, so erhält man durch Zusammensetzen der maximalen Schwingungsreaktion jedes Einzelschwingers die spektrale Schwingungsreaktion des Gesamtschwingersystems. Die maximale Reaktion (auch als Antwort oder Verhalten bezeichnet) linearer Einmassenschwinger mit einem Freiheitsgrad auf eine gegebene Beschleunigungszeitfunktion als Funktion von Eigenperiode und Dämpfung sämtlicher betrachteter Schwinger wird als Antwort- oder Verhaltensspektrum (engl. response spectrum) bezeichnet. Abb. 8.15 zeigt schematisch, wie aus der Beschleunigungsaufzeichnung das Antwortspektrum z.B. für die Geschwindigkeit gewonnen wird. Die maximale Verschiebungsantwort des Schwingersystems ist ein Maß für die Spannung im Federelement, die maximale Geschwindigkeitsantwort ist ein Maß für die im Federelement gespeicherte Energie. Die maximale Beschleunigungsantwort charakterisiert die am Federelement angreifende Kraft.

Die Verhaltensspektren der Verschiebung S_d, der Schwinggeschwindigkeit

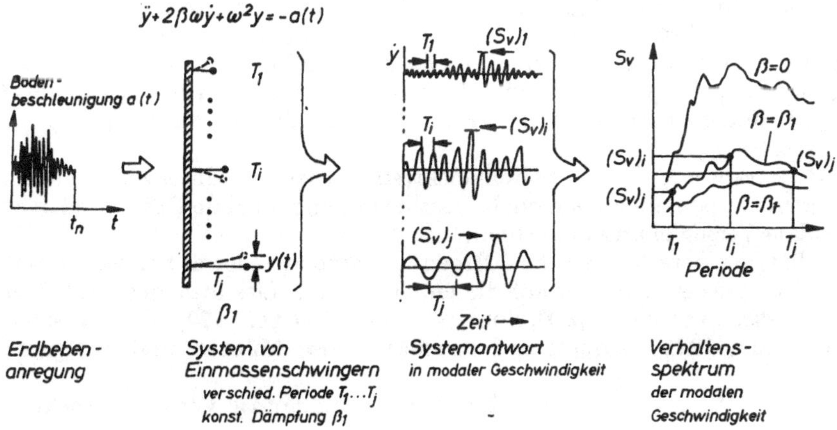

Abb. 8.15. Schematische Darstellung zur Erläuterung der Ableitung von Verhaltensspektren (nach CHERRY, 1974)

S_v und Beschleunigung S_a werden mit Hilfe der DUHAMEL-Integrale für verschiedene ω_0 und β berechnet, von denen jeweils der Betrag des Maximalwertes während des Zeitverlaufes ermittelt wird (siehe auch Schema der Abb. 8.15). Somit erhält man für eine Beschleunigungsanregungsfunktion $a(t)$ eine Schar von Antwortspektren für verschiedene Dämpfungen.

$$S_d(\beta, \omega_0) = y_{\max} = \frac{1}{\omega_0} \left| \int_0^{t_n} a(t) \, e^{-\omega_0\beta(t_n-t)} \cdot \sin \omega_0 (t_n - t) \, dt \right|_{\max} \tag{8.9a}$$

$$S_v(\beta, \omega_0) = \dot{y}_{\max} = - \left| \int_0^{t_n} a(t) \, e^{-\omega_0\beta(t_n-t)} \cdot \cos \omega_0 (t_n - t) \, dt \right|_{\max} \tag{8.9b}$$

$$S_a(\beta, \omega_0) = (\ddot{y} + a)_{\max} = \omega_0 \left| \int_0^{t_n} a(t) \, e^{-\omega_0\beta(t_n-t)} \cdot \sin \omega_0 (t_n - t) \, dt \right|_{\max} \tag{8.9c}$$

Auf Grund der Gleichheit der Integrale für die Verschiebung und Beschleunigung ergibt sich

$$\frac{T}{2} S_a = \frac{2}{T} S_d. \tag{8.10}$$

In Erweiterung dieser Symmetrie wurde das sogenannte Pseudo-Geschwindigkeits-Verhaltensspektrum S_{pv} definiert:

$$S_{pv}(\beta, \omega_0) = \left| \int_0^{t_n} a(t) \, e^{-\omega_0\beta(t_n-t)} \cdot \sin \omega_0 (t_n - t) \, dt \right|_{\max}. \tag{8.11}$$

$$\frac{T}{2} S_a = S_{pv} = \frac{2}{T} S_d. \tag{8.12}$$

Die Spektren S_v und S_{pv} differieren für die meisten Strong-Motion-Aufzeichnungen für $T \ll t_n$ nur geringfügig. Aus diesem Grunde wird in der Praxis darauf verzichtet, beide Spektren gesondert zu behandeln. Weiterhin kann gezeigt werden, daß das Geschwindigkeits-Verhaltensspektrum S_v für $\beta = 0$ und $t \geqq t_n$ mit dem Fourier-Spektrum $F_a(T)$ der Bodenbeschleunigung $a(t)$ übereinstimmt.

Die Spektralwerte der Verhaltensspektren werden im Unterschied zu den gemessenen Größen auch als modale Beschleunigung, modale Geschwindigkeit und modale Verschiebung bezeichnet.

Bezüglich der detaillierten Grundlagen zur Methodik der dynamischen Erdbeben-Verhaltens-Analyse sei auf die entsprechende Literatur des Erdbebeningenieurwesens verwiesen (z. B. Solnes, 1974; Wiegel, 1970; Newmark und Rosenblueth, 1971; Clough und Penzien, 1975; Müller und Keintzel, 1978).

Die Abb. 8.16 zeigt ein Beispiel von Beschleunigungs-Verhaltensspektren

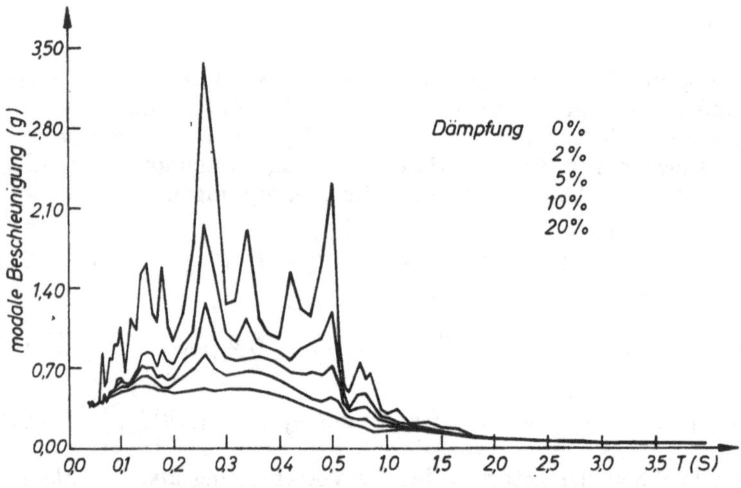

Abb. 8.16. Friuli-Erdbeben 1976: Beschleunigungs-Verhaltensspektren an der Station Tolmezzo (s. Abb. 8.8.), Stationsuntergrund Fels (nach CNEL-ENEL, 1976)

der Aufzeichnungen vom Friuli-Erdbeben 1976. Die Einzelspektren sind charakterisiert durch ein kompliziertes Bild von relativen Amplitudenmaxima und -minima. Erst durch Mittelung und Glättung von Spektren mit gleichen Randbedingungen (Magnitude, Herdentfernung, Untergrund) erhält man verallgemeinerungsfähige Spektralaussagen. Ein inzwischen klassisches Beispiel des prinzipiellen Verlaufs der Spektren S_a, S_v und S_d für Beben der Magnitude etwa 7 in Herdentfernungen von etwa 10 bis 40 km im Periodenbereich von

0 bis 3 s und für verschiedene Dämpfungswerte zeigt Abb. 8.17. Auf Grund der Symmetrieeigenschaften von S_a, S_v und S_d können diese drei Spektren gemeinsam auf speziellem dreifachem Logarithmenpapier dargestellt werden (s. Abb. 8.18). Derartige idealisierte Spektren (in Abhängigkeit von Magnitude, Herdentfernung und Untergrundtyp) werden als Entwurfsspektren (design spectrum) bezeichnet und bilden eine wesentliche Arbeitsgrundlage für das Erdbebeningenieurwesen.

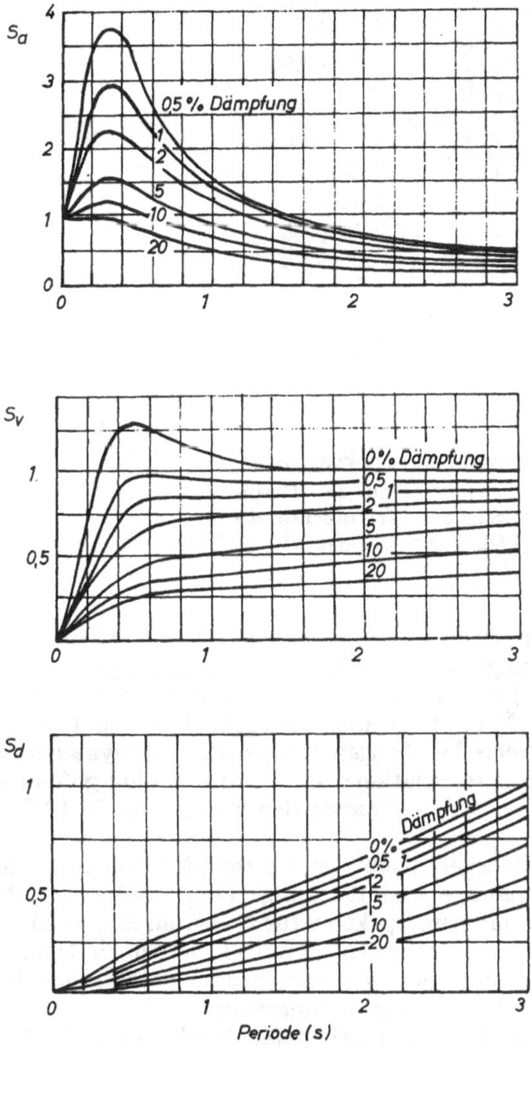

Abb. 8.17. Normierte Antwortspektren der Beschleunigung S_a, Geschwindigkeit S_v und Verschiebung S_d (nach HOUSNER, 1970)

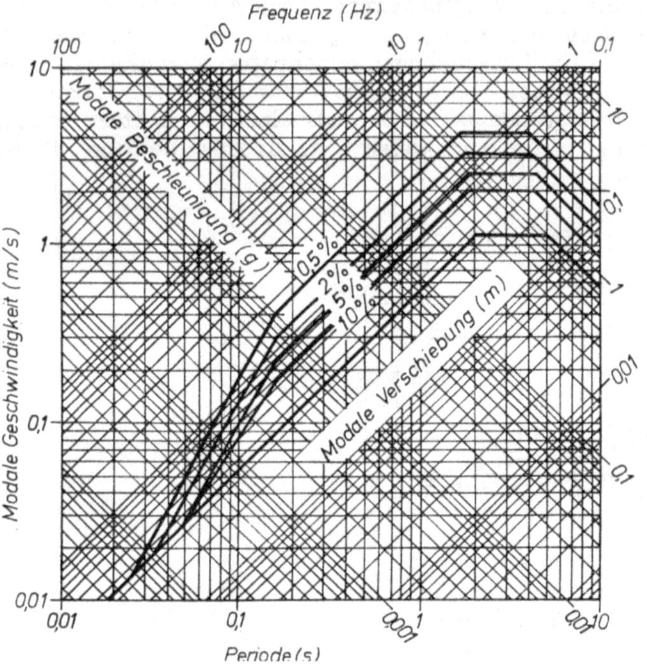

Abb. 8.18. Design-Spektrum, repräsentativ für die Gebäudebelastungen bei Lockergesteinsgründungen während des Friuli-Erdbebens am 6. Mai 1976 im Epizentralgebiet (Vertrauensintervall 75%) nach Newmark (1973), aus Glausner u.a. (1976)

Das Konzept des Verhaltensspektrums hat sich im Erdbebeningenieurwesen bewährt, da es die wesentlichen Eigenschaften der Anregungsfunktion (Amplitude und Frequenzinhalt) mit denen der Gebäude (Eigenperiode und Dämpfung) vereinigt. Gemittelte Verhaltens- bzw. Designspektren sind in der Praxis die wesentliche seismologische Ausgangsgröße für baudynamische Berechnungen. Diese Methode hat international breite Anwendung gefunden (siehe Zusammenstellung der verschiedenen nationalen Baunormen in IAEE, 1980b).

Seit etwa Mitte der 70er Jahre liegen ausreichend Strong-Motion-Aufzeichnungen vor, um zumindest vorläufige und für einige ausgewählte Gebiete statistisch hinreichend gesicherte mittlere Spektren für Beben im Magnitudenbereich von $M = 4{,}5$ bis 7,5, für Epizentralentfernungen von 0 bis 200 km sowie für verschiedene Untergrundtypen s anzugeben ($s = 0$: alluviales Lockermaterial, $s = 2$: Fels, $s = 1$ Gründungen intermediären Typs).

Trifunac (1976) und McGuire (1978a) erarbeiteten hierfür einfache Methoden zur Darstellung von FOURIER-Amplitudenspektren mit gewünschtem Vertrauensintervall p $(0 < p < 1)$.

Abb. 8.19 und 8.20 zeigen einige Amplitudenspektren der Bodenbeschleunigung nach TRIFUNAC (1976), abgeleitet aus 182 Dreikomponentenaufzeichnungen von 46 Beben mit Herdtiefen von etwa 10 bis 18 km. Die FOURIER-Amplitudenspektren der Beschleunigung werden mit ansteigender Magnitude größer und verbreitern sich zu niedrigen Frequenzen.

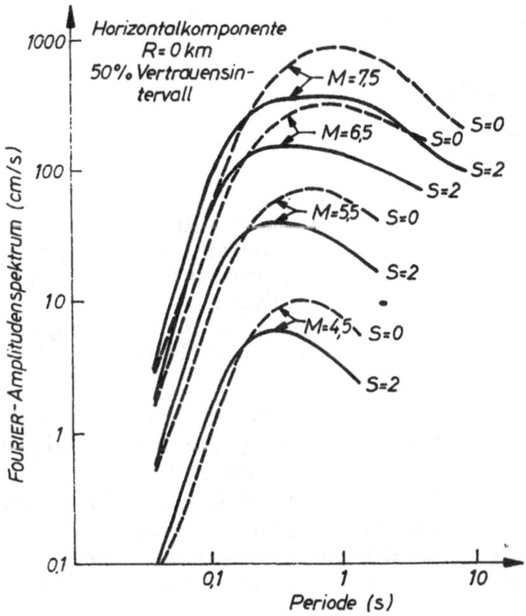

Abb. 8.19. Amplitudenspektren der horizontalen Beschleunigungen im Epizentralgebiet von Beben der Magnituden 4,5 bis 7,5 auf Lockerböden ($s = 0$) und Festgestein ($s = 2$); nach TRIFUNAC (1976)

Der Einfluß des Untergrundes zeigt eine deutliche Frequenzabhängigkeit. Für Perioden kleiner 0,2 s werden größere Amplituden auf festem Untergrund beobachtet, während für Perioden größer 0,2 bis 0,5 s die Spektralwerte auf lockerem Untergrund im Mittel etwa um den Faktor 2 größer sind als auf Festgestein.

Eingehend untersuchten SEED u.a. (1974) den Einfluß des Untergrundes auf die Form des Beschleunigungsverhaltensspektrums. Sie unterscheiden vier Untergrundtypen:

1. felsiger Untergrund,
2. steife, bindige Böden (mit Mächtigkeiten kleiner als etwa 50 m),
3. tiefe kohäsionslose Böden (mit Mächtigkeiten größer als etwa 80 m),
4. Böden, die sich aus weichen bis mittelbindigen Tonen/Lehmen in Verbindung mit Schichten aus Sanden oder Kiesen zusammensetzen.

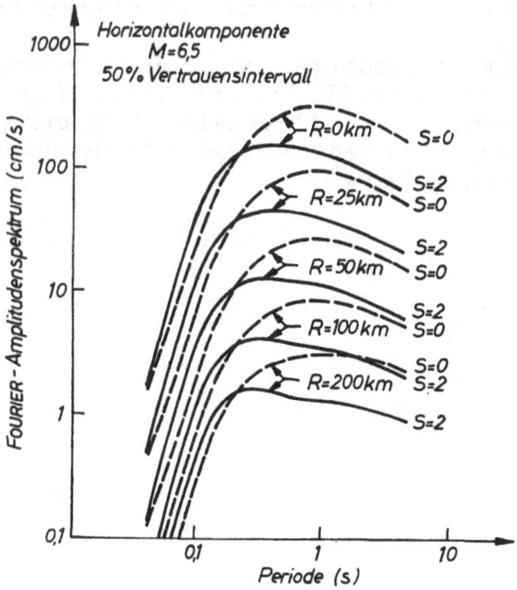

Abb. 8.20. Amplitudenspektren der horizontalen Beschleunigungen in Epizentraldistanzen von 0, 25, 50, 100 und 200 km auf Lockerböden ($s = 0$) und Festgestein ($s = 2$); nach TRIFUNAC (1976)

Abb. 8.21 zeigt die gemittelten Verhaltensspektren für Beben der Magnitude 6,5 in etwa 8 km Herdentfernung. In Abb. 8.22 sind die Spektren für Beben mit der Magnitude 6,5 in 32 km bzw. $M = 7{,}5$ in 56 km Entfernung dargestellt. Aus den abgebildeten Spektren wird deutlich, daß in geringer Epizentralentfernung große Amplituden (mit Ausnahme der weichen Böden) im hochfrequenten Bereich ($T < 0{,}5$ s) auftreten. Mit zunehmender Entfernung vom Herd wird der Einfluß der Dämpfung deutlich. Bei weichem Untergrund wird der Dämpfungseffekt durch die Bodenverstärkung innerhalb bestimmter

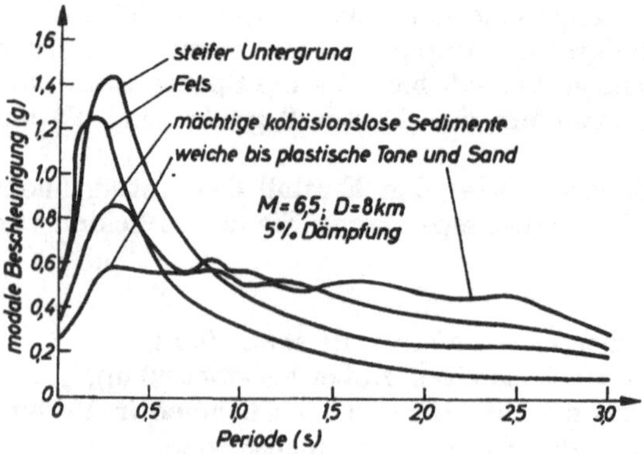

Abb. 8.21. Antwortspektren der horizontalen Beschleunigungen von Beben der Magnitude 6,5 in etwa 8 km Herdentfernung auf unterschiedlichem Untergrund (nach SEED u.a., 1974)

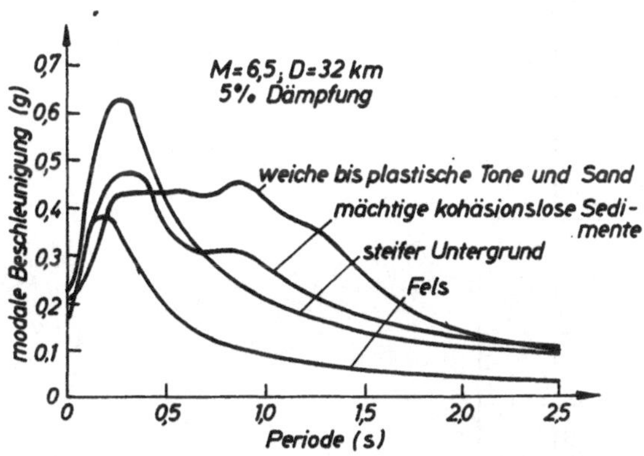

Abb. 8.22. Antwortspektren der horizontalen Beschleunigungen von Beben der Magnitude 6,5 in etwa 32 km Herdentfernung (nach SEED u.a., 1974)

Periodenbereiche kompensiert, so daß gegenüber den Amplituden auf felsigem Untergrund eine relative Amplitudenvergrößerung zu beobachten ist. Mit Ausnahme des unmittelbaren Epizentralgebietes gilt, daß im Periodenbereich von 0,5 bis 1,5 s die Amplituden um so größer sind, je weicher der Untergrund ist.

Im Zusammenhang mit der spektralen Betrachtung der Bodenerschütterungen sei auf die Empfindlichkeit des Menschen gegenüber Schwingungen hingewiesen. Wie aus Abb. 8.23 hervorgeht, hat der Mensch sein Empfindlichkeitsmaximum bei Frequenzen von 5 Hz. Dies ist gerade der Bereich, in dem im Epizentralgebiet schwacher bis mittelstarker Beben die größten Beschleunigungsamplituden auftreten. Die „Verstärkungscharakteristik“ des Menschen paßt sich also gut dem spektralen Angebot schwacher, lokaler makroseismischer Erschütterungen an.

Zur Klassifizierung der Stärke der Bebenerschütterungen besonders bei elastischen Konstruktionen schlug HOUSNER zunächst die sogenannte Spektralintensität SI vor

$$SI = \int_{1,5\,\mathrm{s}}^{2,5\,\mathrm{s}} S_v(T, \beta)\, \mathrm{d}T \tag{8.13}$$

Durch Integration über die Phase des stärksten Ausschlages der Bodenbeschleunigung erhält man als Parameter zur Beschreibung der Stärke der Erschütterungen den RS-Wert (RS – root square):

$$\mathrm{RS} = \left[\int_0^{t_n} (a(t))^2\, \mathrm{d}t\right]^{1/2} \tag{8.14}$$

bzw. den RMS-Wert (RMS – root mean square):

$$\mathrm{RMS} = \frac{1}{t_n}\left[\int_0^{t_n} (a(t))^2\, \mathrm{d}t\right]^{1/2}. \tag{8.15}$$

Diese Parameter (HOUSNER, 1970) haben sich allerdings in der Ingenieurseismologie nur in beschränktem Maße durchsetzen können.

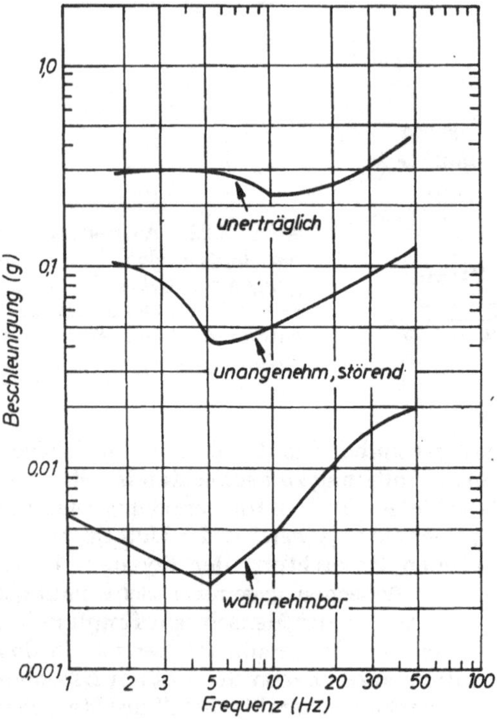

Abb. 8.23. Empfindlichkeitscharakteristik des Menschen gegenüber Schwingungen (aus DAVENPORT, 1972)

8.3.4. Dauer der starken Bodenerschütterungen

Eine einmalige Stoßamplitude großer Spitzenbodenbeschleunigung hat auf Bauwerke bzw. auf die makroseismische Intensität nur geringen Einfluß. Vielmehr sind für das Schadensausmaß wiederholte Schwingungsanregungen mit Beschleunigungen oberhalb eines kritischen Wertes (etwa 0,05 bis 0,1 g) ausschlaggebend.

Die Schadenswirkung eines Erdbebens ist also weitgehend davon abhängig, wie lange bzw. wie oft Beschleunigungsstöße oberhalb des kritischen Wertes auf Bauwerke einwirken. Die Dauer der starken Bodenerschütterungen ist somit neben der Amplitude der Erschütterungen der wichtigste Parameter zur Charakterisierung des Zerstörungspotentials von Bebenerschütterungen. Sie wird durch folgende Faktoren beeinflußt:

- Mit zunehmender Magnitude werden die Herdfläche und damit die Dauer des Bruchvorganges größer.
- Setzt sich ein Erdbeben aus mehreren innerhalb weniger Sekunden aufein-

anderfolgenden Ereignissen zusammen (multiple Erdbeben), so kommt es zu einer Vergrößerung der Dauer starker Bodenerschütterungen.
- Mit zunehmender Entfernung vom Herd kommt es zum Auseinanderfließen der unterschiedlichen Wellentypen und damit zur Ausdehnung der Dauer der starken Bodenerschütterungen.

Abb. 8.24 zeigt den Zusammenhang zwischen Magnitude M, Herdlänge L_0 (nach HOUSNER, 1970) und Dauer des Herdprozesses τ_0, wobei τ_0 der Quotient aus L_0 und dem Durchschnittswert der Bruchausbreitungsgeschwindigkeit v_B ist ($v_B \approx 0{,}8\ v_S$; v_S – Scherwellengeschwindigkeit im betreffenden Gestein). In der Abbildung ist ferner die Dauer der starken Bodenerschütterungen τ^* in Herdentfernungen D, die etwa der Herdlänge L_0 entsprechen, dargestellt (nach Daten bei ŠEBALIN, 1975). τ^* ist hierbei als der Zeitabschnitt definiert, innerhalb dessen Amplituden größer 1/3 bis 1/5 des Maximalwertes auftreten. Die Dauer der starken Bodenerschütterungen in Abhängigkeit von Magnitude

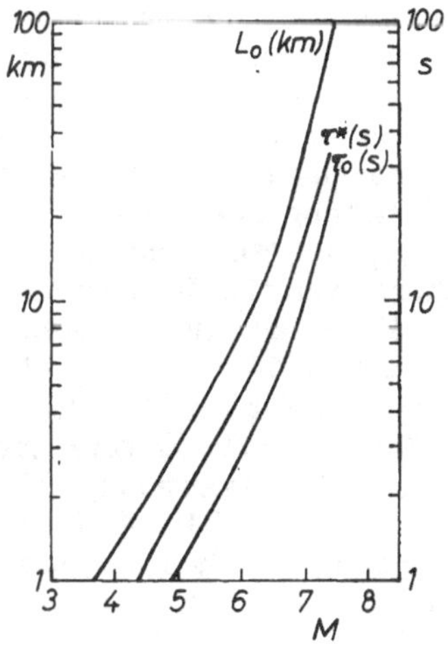

Abb. 8.24. Zusammenhang zwischen Magnitude M und Herdlänge L_0 (nach HOUSNER, 1970), zwischen M und der Dauer des Herdprozesses τ_0 sowie zwischen M und der Dauer der starken Bodenerschütterungen τ^* (nach Daten bei ŠEBALIN, 1975) in Herdentfernungen D von etwa L_0

Tabelle 8.4. Dauer der starken Bodenbewegung (s) (nach ŠEBALIN, 1975)

D	M							
km	3,3–3,9	4,0–4,6	4,7–5,3	5,4–6,0	6,1–6,7	6,8–7,4	7,5–8,1	8,2
3– 7	0,5	1	2	3	5	—	—	—
7– 15	0,8	1,5	2	4	7	10	15	—
15– 30	1,0	1,5	3	5	9	14	20	30
30– 60	1,0	2	3	6	12	20	40	50
60–120	—	2	4	7	14	30	60	100
120–250	—	—	8	8	16	40	90	200

und Herdentfernung ist in Tab. 8.4 dargestellt. Den Zusammenhang zwischen der makroseismischen Intensität und der Dauer des Starkausschlages von Beschleunigung, Geschwindigkeit und Verrückung in Abhängigkeit vom geologischen Untergrund untersuchten Trifunac und Westermo (1977).

8.3.5. Amplitudenabnahme der ingenieurseismologischen Grundgrößen mit der Entfernung

Sichere Kenntnisse über die Amplitudenabnahme von Beschleunigung (a), Geschwindigkeit (v) und Verschiebung (d) sind für die Berechnung von Karten der seismischen Zonierung, in die diese Grundgrößen als Parameter eingehen, von entscheidender Bedeutung. Untersuchungen zur Amplitudenabnahme beziehen sich in der Regel auf mittlere Spitzenwerte der Grundgrößen – weniger auf maximal zu erwartende Werte.

Langperiodische Wellen werden schwächer gedämpft als die kürzerperiodischen Wellen. Durch die Inhomogenitäten des geologischen Ausbreitungsmediums der seismischen Wellen treten z.T. deutliche azimutale und regionale Unterschiede in der Amplitudenabnahme mit zunehmender Epizentralentfernung auf. Daher ist es erforderlich, für Untersuchungen zur seismischen Zonierung die für die betreffende Region gültige Beziehung zu ermitteln.

Eine Vielzahl empirischer Relationen zwischen a_{max}, der Magnitude M und der Herdentfernung D sind in den letzten Jahrzehnten veröffentlicht worden. Zusammenfassungen geben z.B. Seed u.a. (1968), Donovan (1973), Ambraseys (1974), Schnabel und Seed (1973), McGuire (1974, 1976, 1978b), Trifunac und Brady (1976). Dabei treten Unterschiede für die Beschleunigung bis zu einer Größenordnung auf. Zahlreiche Autoren (z.B. Esteva und Rosenblueth, 1963, 1964; Esteva, 1970; Mickey, 1971; Davenport, 1972; Esteva und Villaverde, 1974; Orphal und Lahoud, 1974; McGuire, 1974; Donovan, 1973, 1974) stellen den Zusammenhang zwischen der maximalen Amplitude von a, v und d sowie M und D durch folgende empirische Relation dar:

$$\log (a, v, d) = \mathrm{b}_1 + \mathrm{b}_2 M + \mathrm{b}_3 \log D. \tag{8.16}$$

Diese Relationen sind zumeist aus Daten von Erdbeben an der Westküste der USA abgeleitet. Nach Orphal und Lahoud (1974) ergeben sich für die Parameter b_1, b_2 und b_3 folgende Werte (nach kalifornischen Daten):

	b_1	b_2	b_3
a (g)	−1,181	0,40	−1,39
v (cm/s)	−0,139	0,52	−1,34
d (cm)	−1,327	0,57	−1,18

Für Beben des alpidischen Gürtels (von den Azoren bis Pakistan) geben Chiaruttini und Siro (1980) folgende Werte an:

a (g)	b_1	b_2	b_3
alpidischer Gürtel	−0,11	0,50	−0,98
Friuli	0,00	0,39	−0,90

Den Einfluß unterschiedlicher Untergrundbedingungen auf die Amplitudenabnahme untersuchten z.B. SEED u.a. (1976), TRIFUNAC und BRADY (1976), CHIARUTTINI und SIRO (1980). Da diese Autoren keine einheitliche Klassifizierung der Untergrundtypen verwenden, sind ihre Resultate nur teilweise vergleichbar. Nach SEED u.a. (1976) sind die Amplituden für Beben der Magnitude 6,5 bis zur Herdentfernung von etwa 30 km auf felsigem Untergrund generell am größten. Auf steifen Böden sind sie nur geringfügig kleiner (etwa Faktor 0,8), während die Amplituden auf lockeren, nichtbindigen Böden um den Faktor 0,6 kleiner sind. In größerer Entfernung als 30 km sind die Amplituden auf felsigem Untergrund stets kleiner als auf nichtfelsigem. In Epizentralentfernungen von 200 bis 300 km sind die Amplituden auf lockerem, nichtbindigem Untergrund im Mittel um den Faktor 3,5 bis 4 größer als auf anstehendem Festgestein.

Bei der Darstellung von Amplitudenabnahmecharakteristika in Abhängigkeit von der Magnitude ist zu unterscheiden zwischen dem maximal zu erwartenden Spitzenwert, der in der Regel während eines Bebens nur einmal auftritt, und den Amplituden, die mehrfach auftreten und somit für ingenieurtechnische Fragestellungen von Belang sind.

Die Abb. 8.25 und 8.26 zeigen „mittlere Maxima" der Amplitudenabnahme der Beschleunigung bzw. der Geschwindigkeit mit der Entfernung. Eine Zusammenstellung entsprechender „maximaler Spitzenwerte" gibt ŠEBALIN (1975).

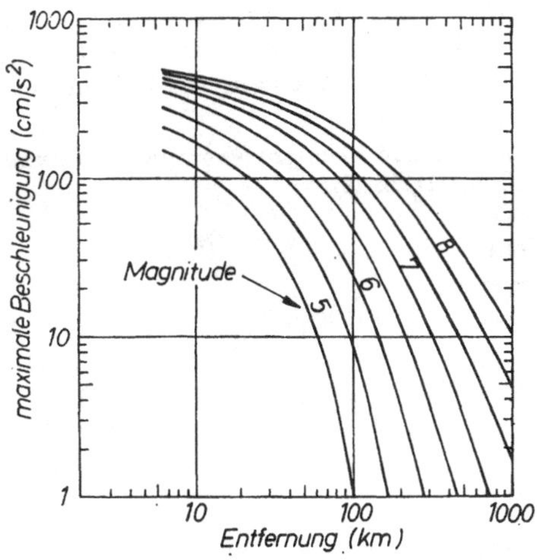

Abb. 8.25. Amplitudenabnahme „mittlerer" Spitzenwerte der Beschleunigung mit der Herdentfernung in Abhängigkeit von der Magnitude M (aus IAEE, 1980)

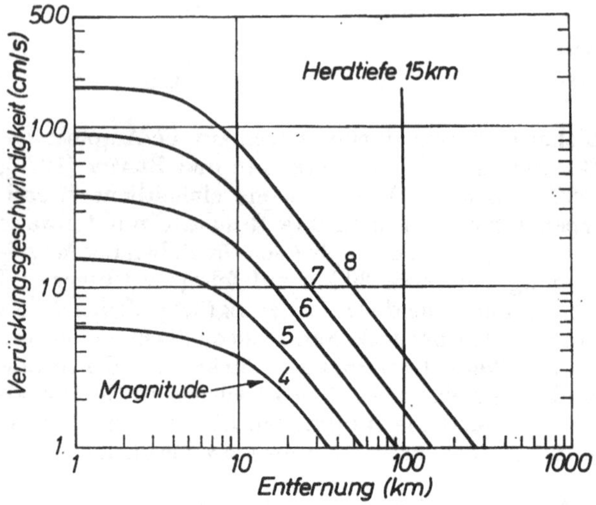

Abb. 8.26. Amplitudenabnahme „mittlerer" Spitzenwerte der Verschiebungsgeschwindigkeit mit der Herdentfernung in Abhängigkeit von der Magnitude M (aus ALGERMISSEN, u.a., 1976)

8.4. Erdbebenstatistik und seismische Zonierung[1])

Die Bebentätigkeit der Erde bietet ausreichend Datenmaterial zur statistischen Bearbeitung (s. Tab. 8.5).

Allerdings ist die Verteilung der Erdbeben hinsichtlich Ort, Zeit und Stärke nicht gleichmäßig. Der weitaus größte Teil der Erdbeben tritt innerhalb der durch die Plattentektonik bestimmten Erdbebengürtel auf, während weite Gebiete der Erde nahezu aseismisch sind. Jedem Beben liegt zwar eine strenge kausale Bestimmtheit zugrunde, diese ist jedoch nicht oder nur wenig bekannt,

Tabelle 8.5. Langjähriges Mittel für das Auftreten von Erdbeben pro Magnitudenintervall M (nach SCHNEIDER, 1975; Earthq. Inf. Bull. 9 (1977), S. 22)

Magnitude (M_s)	Erdbeben pro Jahr
8,5–8,9	0,3
8,0–9,4	1,1
7,5–7,9	3,1
7,0–7,4	15
6,5–6,9	56
6,0–6,4	210

[1]) unter Mitwirkung von E. RUGE.

so daß zumindest die relativ seltenen starken Erdbeben als zufällige Ereignisse anzusehen sind. Starken Beben folgen in der Regel zahlreiche Nachbeben, die ursächlich mit dem Hauptbeben verknüpft und damit nicht zufällig sind.

Gegenwärtig werden zahlreiche Untersuchungen durchgeführt, um Gesetzmäßigkeiten der zeitlichen und räumlichen Verteilung von Erdbeben zu erfassen, um so Gebiete zu erkennen, in denen sich ein stärkeres Erdbeben „vorbereitet". Bei sinnvoller Verknüpfung gesicherter deterministischer Randbedingungen ist die Möglichkeit gegeben, den Zufall „Erdbeben" quantitativ in Form einer Wahrscheinlichkeitsaussage seines Eintreffens zu erfassen. Erdbebenstatistik bedeutet also die Untersuchung der energetischen, zeitlichen und räumlichen Verteilung von Erdbeben sowie deren wahrscheinlichkeitstheoretische Analyse.

8.4.1. Energetische Verteilung von Erdbeben

Magnituden-Häufigkeits-Relation

Ende der dreißiger – Anfang der vierziger Jahre wurden in Japan und in den USA unabhängig voneinander empirische Beziehungen der Magnitudenverteilung von Erdbeben entwickelt (Ishimoto und Iida, 1939; Gutenberg und Richter, 1944). International wird vorwiegend die Magnituden-Häufigkeits-Darstellung nach Gutenberg und Richter verwandt. Es wird dabei davon ausgegangen, daß der Logarithmus der Anzahl N von Erdbeben innerhalb einer bestimmten Magnitudenklasse linear von der Magnitude M abhängig ist

$$\log N(M) = \mathrm{a} - \mathrm{b}M. \tag{8.17}$$

Der Parameter a ist ein Maß für die Intensität der seismischen Aktivität, der Parameter b wird durch das Verhältnis der Anzahl der starken und der schwachen Beben bestimmt.

b schwankt zwischen 0,3 und 1,8. Die Größe von b steht in enger Beziehung zu den seismotektonischen bzw. physikalischen Bedingungen der jeweiligen Herdregion (Mogi, 1962; Scholz, 1968; Wyss, 1973). In Regionen mit kleinen b-Werten (das bedeutet relativ wenige Beben mit kleiner Magnitude) weisen die Beben in der Regel einen hohen Spannungsabfall auf und umgekehrt. Auch zwischen dem Grad der tektonischen Heterogenität einer Region und dem b-Wert scheint ein Zusammenhang zu bestehen. So ist der b-Wert um so größer, je stärker ein Gesteinsvolumen durch Brüche als potentielle Herdflächen zerlegt ist.

Zeitliche Änderungen der seismischen Aktivität, wie sie in vielen Regionen beobachtet werden, sind oftmals mit zeitlichen b-Wert-Variationen verbunden. Diese können über Perioden von einigen Jahren erfolgen; detaillierte Untersuchungen von Nachbebenserien haben b-Wert-Änderungen innerhalb von einigen Tagen und sogar im Laufe von einigen Stunden nachgewiesen (Grünthal

u. a., 1983). Bezüglich der Zusammenstellung von statistischen Schätzverfahren für die Parameter a und b sei auf RUGE (1981) verwiesen.

Die Relation (8.17) ist im allgemeinen nur innerhalb eines bestimmten Magnitudenbereiches $M_1 < M < M_2$ gültig.

Betrachtet man an Stelle der Anzahl der Beben mit der Magnitude M die Anzahl der Beben mit der Magnitude $\geqq M$, so erhält man die kumulative Form der Magnituden-Häufigkeits-Relation.

Die Beobachtungsdaten lassen sich in vielen Fällen besser durch eine nichtlineare Funktion approximieren. Hierzu werden andere Formen der Magnituden-Häufigkeits-Verteilung vorgeschlagen (s. z. B. MERZ und CORNELL, 1973; PURCARU, 1975). Allgemein kann man schreiben

$$\log N(M) = \mathrm{a} - \mathrm{b}M + \gamma(M - M_1)^q. \tag{8.18}$$

Die Magnituden-Häufigkeits-Relation läßt sich auch in der Form angeben (s. z. B. LOMNITZ, 1974):

$$N(M) = \alpha\, \mathrm{e}^{-\beta M}. \tag{8.19}$$

α und β sind mit a bzw. b der kumulativen Magnituden-Häufigkeits-Relation in folgender Weise verknüpft:

$$\ln \alpha = \ln 10 \cdot \mathrm{a}, \tag{8.20}$$

$$\beta = \ln 10 \cdot \mathrm{b}. \tag{8.21}$$

Statistische Modelle

In der Magnituden-Häufigkeits-Verteilung kann die Magnitude M als stetige Zufallsgröße aufgefaßt werden. Damit ist es möglich, eine Verteilungsfunktion der Zufallsgröße M anzugeben und die Wahrscheinlichkeit P dafür zu berechnen, daß die Magnitude eines beliebigen Bebens einen bestimmten Magnitudenwert nicht überschreitet. Es hat sich bewährt, die Magnituden-Häufigkeits-Relation als ein exponentielles Wahrscheinlichkeitsmodell aufzufassen. Es gilt

$$F(m) = P(M < m) = 1 - \exp(-\beta m), \tag{8.22}$$

wobei m die Realisierung von M bedeutet.

Die Wahrscheinlichkeitsdichtefunktion f als 1. Abteilung der Verteilungsfunktion F ist

$$f(m) = \beta \mathrm{e}^{-\beta m}. \tag{8.23}$$

Kompliziertere Verteilungsmodelle wurden vorgeschlagen, um Abweichungen vom exponentiellen Modell zu minimieren (s. z. B. MERZ und CORNELL, 1973). In allgemeiner Form können diese Modelle angegeben werden mit

$$P(M < m) = \frac{1}{C}\,(1 - \exp(-\beta(m - m_1) - \gamma(m - m_1))^q, \tag{8.24}$$

wobei C eine Normierungsgröße darstellt:

$$C = 1 - \exp(-\beta(m_1 - m_2) - \gamma(m_1 - m_2))^q.$$

Bezüglich weiterer statistischer Modellierungsverfahren (z.B. KOLMOGOROV-Prozeß) sei auf LOMNITZ (1974) sowie LOMNITZ und ROSENBLUETH (1976) verwiesen.

8.4.2. Zeitliche Verteilung von Erdbeben

Für die Analyse der Bebentätigkeit in einem Gebiet ist es erforderlich, Art und Weise einer möglichen zeitlichen Abhängigkeit von Beben zu untersuchen. Eine der ersten mathematisch-statistischen Modellierungen der zeitlichen Verteilung von Beben einer Region wurde von WANNER (1937) vorgenommen. Er benutzte hierfür die POISSON-Verteilung, die eine Unabhängigkeit der Ereignisse voraussetzt, sowie die von POLYA erweiterte POISSON-Verteilung für abhängige Ereignisse. Trotz der Unvollständigkeit der ihm zur Verfügung stehenden Datensätze stellte er eine befriedigende Übereinstimmung zwischen beobachteter und berechneter Verteilung fest.

Die POISSON-Verteilung bestimmt die Wahrscheinlichkeit P für das Auftreten von N Erdbeben mit Magnituden größer M innerhalb des Zeitintervalls Δt zu

$$P(N = n, \Delta t) = \frac{(\alpha \Delta t)^n}{n!} \exp - \alpha \Delta t, \quad n = 0, 1, 2, \ldots, \tag{8.25}$$

wobei α die mittlere Auftretenshäufigkeit von Beben größer M ist.

Die Unabhängigkeit der einzelnen Erdbeben kann jedoch nicht vorausgesetzt werden. In der Regel treten Erdbeben in Form von Gruppen, Folgen oder Serien, als Vor-, Haupt- oder Nachbeben auf, wobei innerhalb der Nachbebenserien oftmals ein dominierender starker Nachstoß erfolgt. Ferner treten Bebenschwärme und multiple Bebenfolgen auf. Eine befriedigende mathematische Beschreibung der in der Natur in so verschiedener Weise auftretenden Bebentätigkeit kann nur unter Anwendung spezieller statistischer Modelle erfolgen.

Bezüglich einiger Schätzverfahren für Nachbebenserien sowie weiterer spezieller statistischer Modelle für das Auftreten von Beben sei auf zusammenfassende Darstellungen bei LOMNITZ (1974) sowie LOMNITZ und ROSENBLUETH (1976) hingewiesen. Dennoch besitzt das POISSON-Modell für die Bestimmung der Bebengefährdung als erste Näherung eine zentrale Bedeutung, da es bei geringem mathematischem Aufwand gerade die zeitliche Verteilung der relativ seltenen starken Beben gut beschreibt, die für die Einschätzung der Bebengefährdung besonders wichtig sind.

8.4.3. Statistische Modelle für das Auftreten starker Erdbeben

Die Bestimmung der mittleren Wiederholungsperioden T von bestimmten Bebenstärken, für $T = 50$, 100, 1000 und mehr Jahre, ist von zentraler Bedeutung für praktische Anwendungen der Bebenstatistik. Hierzu ist die Verteilungsfunktion G der maximalen Beben innerhalb vorgegebener Zeitintervalle Δt zugrunde zulegen. Zur Behandlung dieses Problems gibt es zwei prinzipielle Wege.

a) *Extremwerteverteilung unter Voraussetzung der* Poisson-*Verteilung und eines Exponentialmodells der Magnitudenhäufigkeit*

Ausgehend von einem möglichst kompletten Bebenkatalog der zu untersuchenden Region und unter der Voraussetzung, daß sich die zeitliche Verteilung der Erdbeben durch ein Poisson-Modell und die energetische Verteilung durch eine Exponential-Verteilung beschreiben lassen, kann die Verteilungsfunktion G unmittelbar berechnet werden. Für die Wahrscheinlichkeit, daß die Anzahl der Erdbeben mit einer Magnitude $M < m$ gleich n ist, gilt allgemein

$$P(N_M < m = n) = \frac{(F(m)\alpha \, \Delta t)^n}{n!} \exp\left(-F(m)\alpha \, \Delta t\right). \tag{8.26}$$

Betrachtet man jetzt die Verteilungsfunktion G der Extremwerte und fragt nach der Wahrscheinlichkeit dafür, daß die maximale Magnitude $M_{\max}$ innerhalb eines vorgegebenen Zeitintervalls Δt einen vorgegebenen Wert m nicht überschreitet, so gilt

$$G(m) = P(M_{\max} < m) \tag{8.27}$$

$$= \sum_{j=0}^{\infty} \frac{(F(m)\,\alpha\,\Delta t)^j}{j!} \exp\left(\alpha F(m)\,\Delta t\right) \tag{8.28}$$

$$= \exp\left(-\alpha\,\Delta t(1 - F(m)\right). \tag{8.29}$$

Für $\Delta t = 1$ und unter Nutzung der Beziehung (8.19) folgt

$$G(m) = \exp\left(-\alpha \exp(-\beta m)\right). \tag{8.30}$$

Für sehr kleine Eintreffenswahrscheinlichkeiten (etwa $<0{,}05$) gilt für die zugehörige Überschreitenswahrscheinlichkeit die Näherung

$$P(M > m) \approx \alpha\,\Delta t\,(1 - F(m)). \tag{8.31}$$

Betrachten wir nun die Wahrscheinlichkeit dafür, daß eine exponential-verteilte Zufallsgröße kleiner als ihr Erwartungswert ist. $\lambda = \frac{1}{T}$ sei die mittlere jährliche Auftretensrate für Ereignisse einer bestimmten Größe. Unter der Voraussetzung der Poisson-Verteilung folgt, daß die zeitlichen Abstände zwischen den Ereignissen exponential-verteilt sind. Der Erwartungswert der Abstände ist $1/\lambda = T$. Die Wahrscheinlichkeit dafür, daß der Abstand $\leqq T$ ist, d. h., daß ein Ereignis der betrachteten Größe gerade mit seiner mittleren Wiederholungsperiode eintrifft, ist

$$P\,(\text{Abstand} \leqq T) = 1 - \mathrm{e}^{-\lambda \cdot 1/\lambda} = 1 - \mathrm{e}^{-1} = 0{,}633.$$

b) *Extremwertverteilung nach* GUMBEL

Je weiter Bebenkataloge zeitlich zurückreichen, um so unvollständiger werden zwangsläufig die Daten über die vielen schwachen Ereignisse erfaßt sein. Nur die stärksten Beben in Zeitintervallen von einem oder mehr Jahren dürften in Abhängigkeit von der seismischen Aktivität der zu untersuchenden Region vollständiger vorliegen. Allein unter Verwendung dieser Extrema kann auf der Grundlage der Extremwerttheorie nach GUMBEL deren Verteilungsfunktion bestimmt werden. Von folgenden Annahmen ist lediglich auszugehen:

- die in der Vergangenheit vorherrschenden Bedingungen sollen auch für die Zukunft gelten,
- die beobachteten Maximalwerte innerhalb eines bestimmten Zeitintervalls sollen unabhängig sein,
- das Verhalten der Extrema in der Zukunft soll dem in der Vergangenheit ähnlich sein.

GUMBEL (s. z.B. GUMBEL, 1958) zeigte, daß jede beliebige Extremwertverteilung G zu einer der drei folgenden asymptotischen Verteilungen konvergiert:

Typ I: $$G^I(y_i) = \exp(-\alpha \exp(-\beta y_i)). \qquad (8.32)$$

α und β sind Parameter, die Variable y_i ist in beiden Richtungen unbegrenzt.

Typ II: $$G^{II}(y_i) = \exp\left(-\left(\frac{u-\varepsilon}{y_i-\varepsilon}\right)^q\right) q > 0;\ y_i \geqq \varepsilon;\ u > \varepsilon \geqq 0. \qquad (8.33)$$

ε ist die untere Schranke der Extrema, q und u sind Parameter.

Typ III: $$G^{III}(y_i) = \exp\left(-\left(\frac{w-y_i}{w-u}\right)^q\right) q > 0;\ y_i \leqq w;\ u < w. \qquad (8.34)$$

w ist die obere Grenze der Extrema.

Für Betrachtungen zur Erdbebengefährdung sind lediglich die Typen I und III wichtig; dem Typ III kommt wegen der Existenz einer maximalen Magnitude die größte seismologische Bedeutung zu.

Zur Anwendung der Extremwertmethode sind innerhalb der Beobachtungsreihe die jeweils maximalen Ereignisse y von n Zeitintervallen der Länge τ aufzulisten, der Größe nach zu ordnen und jedem der Extremwerte eine Rangfolgenummer j zuzuweisen. Die Intervallänge τ (z.B. 1, 5 oder 10 Jahre) kann um so kürzer sein, je größer die seismische Aktivität des Gebietes ist. Eine Schätzung $\tilde{G}$ für $G_\tau\ (y_j)$ ergibt sich zu

$$G_\tau(y_j) = \frac{j}{n+1}. \qquad (8.35)$$

Für jedes der sortierten Extrema wird der zugehörige Wert für $\tilde{G}_\tau(y_j)$ berechnet; y_j wird auf der Ordinate und $-\ln\ (-\ln \tilde{G}_\tau(y_j))$ auf der Abszisse aufgetragen.

Die Überschreitenswahrscheinlichkeit ist

$$P_\tau\ (M > y_j) = 1 - G_\tau(y_j). \qquad (8.36)$$

Aus der für Intervalle τ bestimmten Wahrscheinlichkeit G_τ folgt die jährliche Wahrscheinlichkeit G aus der τ-ten Wurzel von G_τ. Die mittlere Wiederholungsperiode T (mittleres Intervall in Jahren zwischen Erdbeben mit $M > y_j$) ist näherungsweise gleich dem Reziprokwert der jährlichen Überschreitenswahrscheinlichkeit

$$T = \frac{1}{1 - G(y)}. \tag{8.37}$$

Aus der Form der Verteilung der Extrema folgt die Wahl des Ausgleichs entweder nach dem Typ I oder dem Typ III. In Zweifelsfällen entscheiden statistische Gütetests über die Wahl des günstigsten Typs. Die Extremwertstatistik nach der GUMBEL-I-Verteilung fand eine breite Anwendung in der statistischen Bearbeitung von Erdbeben (einige der ersten Arbeiten sind z.B. NORDQUIST, 1945; GAJSKIJ und KATOK, 1965; EPSTEIN und LOMNITZ, 1966).

8.4.4. Abschätzung des maximalen Bebens einer Region

Für jede Region existiert eine maximale Magnitude M_{max} bzw. Intensität I_{max}. Ihre Bestimmung hat für die Einschätzung der Bebengefährdung eine außerordentliche Bedeutung. Die Größe der maximalen Magnitude hängt vor allem von drei Faktoren ab:
- von dem Vermögen der Gesteinsschichten der Erdkruste und des oberen Erdmantels, Spannungen zu akkumulieren,
- vom Auftreten und der Art von Brüchen sowie von dem Grad der Zerlegung der Erdkruste durch Brüche,
- vom Spannungszustand und von der Größe des Volumens, das in die Spannungsakkumulation einbezogen ist.

Die Abschätzung der Magnitude des stärksten möglichen Bebens einer Region ist nicht einfach. Es gibt hierfür nur begrenzt verläßliche Näherungsansätze. Grundsätzlich sollten jedoch mehrere unabhängige Methoden herangezogen werden. Einige mögliche Wege zur Abschätzung der maximalen Magnitude oder Epizentralintensität werden im folgenden zusammengestellt (s. auch SCHENKOVÁ und KÁRNÍK, 1974; KÁRNÍK und ALGERMISSEN, 1978).

Bestimmung von M_{max} aus der Magnituden-Häufigkeits-Relation

Ist in der Magnituden-Häufigkeits-Relation unter Zugrundelegung langer Beobachtungszeiträume (größer als 500 Jahre) ein Umbiegen oder Abknicken der Kurve zu erkennen, so weist dies auf einen Sättigungseffekt hin und deutet an, daß die größten in die Betrachtung einbezogenen Magnitudenwerte nahe der oberen Magnitudengrenze der untersuchten Region liegen. Allerdings muß dieser Effekt nicht generell auftreten.

Es kann angenommen werden, daß im Falle sehr langer Beobachtungsreihen (möglichst über mehrere Aktivitätszyklen) die größte beobachtete Magnitude oder Intensität dicht an der oberen Magnitudenschranke liegt und daß die maximale Magnitude etwa eine halbe Magnitudeneinheit größer ist als die maximal beobachtete Magnitude. Die maximale Intensität würde danach etwa 1 Grad über der maximal beobachteten liegen.

Bestimmung von M_{max} mit Hilfe der Extremwertstatistik

Die Verteilung der Extrema vom Typ III strebt asymptotisch einem oberen Grenzwert zu. Sie wird damit der Existenz einer maximalen Magnitude für jede Region in vielen Fällen besser gerecht als ein geradliniger Ausgleich nach der Verteilung vom Typ I.

Für die Untersuchung der Bebengefährdung ist daher die Verteilung vom Typ III besonders interessant. Sie erlaubt es, die Stärke des maximalen Erdbebens einer Region für eine unendlich große Wiederholungsperiode zu berechnen. Für praktische Zwecke ist eine Abschätzung der maximalen Magnitude für eine endliche Wiederholungsperiode (z.B. 10000 Jahre) zugrunde zu legen. Ein Anwendungsbeispiel für die GUMBEL-III-Statistik wird in Abb. 8.27 für die Erdbeben auf dem Territorium der DDR seit 1500 gegeben (s. GRÜNTHAL, 1981). Der Beobachtungszeitraum von 480 Jahren wurde in 48 10-Jahres-Intervalle eingeteilt und das jeweils maximale Erdbeben pro Intervall in Form seiner Epizentralintensität I_0 ermittelt. Es ist deutlich, daß der gekrümmte Ausgleich der Beobachtungsdaten durch die Verteilung vom Typ III eine

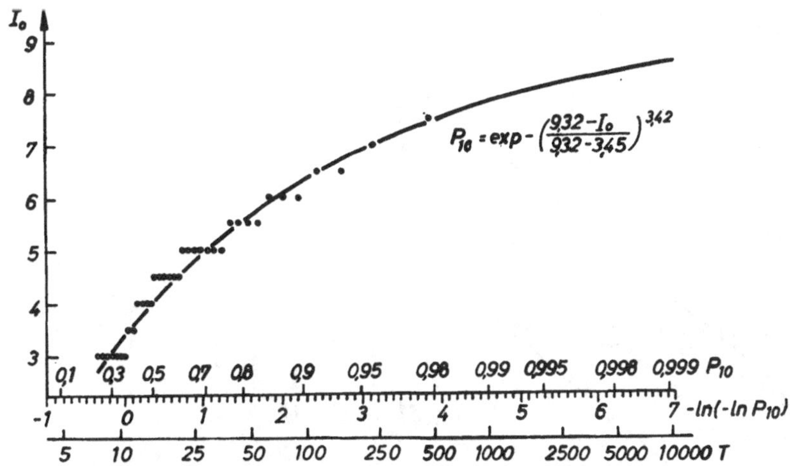

Abb. 8.27. Anwendung der GUMBEL-III-Statistik auf die Beben des Territoriums der DDR seit 1500;
Wahrscheinlichkeit P, daß die maximale Intensität in 10 Jahren bestimmte Epizentralintensitäten I_0 nicht überschreitet, sowie zugehörige mittlere Wiederholungsperiode T (nach GRÜNTHAL, 1981)

weitaus bessere Annäherung ergibt als der geradlinige Ausgleich vom Typ I. Die theoretische obere Grenze der Extrema wurde nach der Methode der kleinsten Quadrate zu $w = 9{,}32$ bestimmt. Wird ein Beben mit der Wiederholungsperiode von 10000 Jahren als das maximale berechnete Beben definiert, so folgt als maximale Intensität ein Wert von etwa 8,5°.

Bestimmung von M_{max} aus der BENIOFF-*Kurve*

Als BENIOFF-Kurven (BENIOFF, 1951a, b) wird die Darstellung der kumulativen Spannungsfreisetzung innerhalb einer Region mit der Zeit verstanden.

$$\Sigma E_i^{1/2} = f(t) \quad (= f(\log t) \text{ für Nachbebenserien}). \tag{8.38}$$

E_i ist die Energie, die mit den einzelnen Beben der Region freigesetzt wird. Auf Grund stark vereinfachter Zusammenhänge führte BENIOFF die Proportionalität zwischen Spannungsfreisetzung und der Wurzel der Bebenenergie ein. Obwohl dieser Zusammenhang nur begrenzt gültig ist, sind derartige Kurven geeignet, den generellen Trend der seismischen Aktivität zu untersuchen. Bei genügend langen Beobachtungsreihen können mit den BENIOFF-Kurven deutlich Epochen hoher und schwacher Bebenaktivität einer seismischen Region erfaßt werden.

Abb. 8.28 zeigt die BENIOFF-Kurve für das Territorium der DDR seit 1500

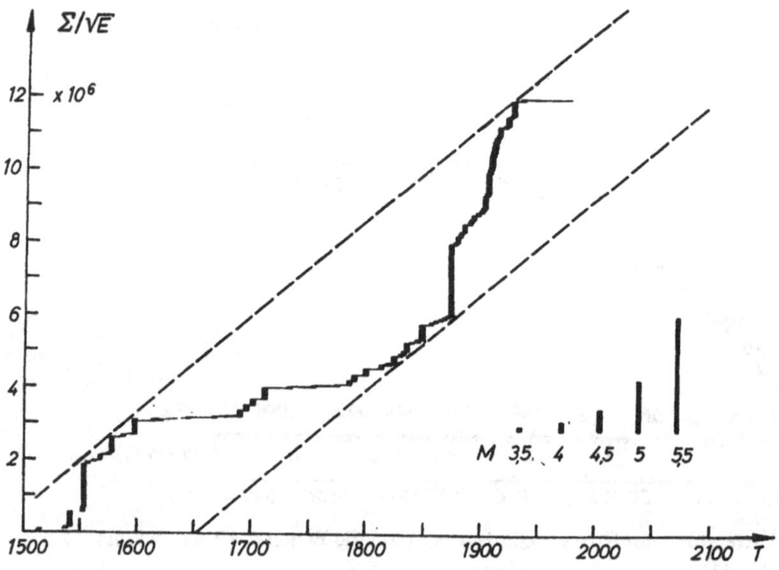

Abb. 8.28. Freisetzung seismischer Spannungen (BENIOFF-Kurve) auf dem Territorium der DDR seit 1500 ohne Berücksichtigung des Vogtländischen Schwarmerdbebengebietes (nach GRÜNTHAL, 1981)

(Grünthal, 1981). Bei Betrachtung von Zeiträumen, die sich über mehrere Aktivitätsepochen erstrecken, ist in der Regel zu beobachten, daß die Spannungsfreisetzung innerhalb eines „Schlauches“ zwischen einer oberen und unteren Schranke erfolgt. Es kann davon ausgegangen werden, daß der Abstand zwischen der oberen und der unteren Schranke den maximal möglichen Energiesprung und damit die maximale Magnitude innerhalb der untersuchten Region bestimmt. Aus Abb. 8.28 ergibt sich für das Gebiet der DDR somit eine maximale Magnitude von 5,7. Dieser Wert stimmt recht gut mit dem Ergebnis überein, das aus der Anwendung der Extremwertstatistik erhalten wurde. Das stärkste beobachtete Beben im untersuchten Gebiet am 6. März 1972 hatte eine Magnitude von etwa 5,2 bzw. eine maximale Intensität von 7,5° (s. Sponheuer und Grünthal, 1981). Erwartungsgemäß sind die aus der Extremwertstatistik und der Benioff-Kurve erhaltenen Maximalwerte etwa eine halbe Magnitudeneinheit bzw. etwa 1 Grad größer als die beobachteten Maximalwerte.

Bestimmung von M_{max} aus der Größe aktiver tektonischer Brüche

Zwischen der Magnitude und der Größe der Herdfläche gibt es regional unterschiedliche Zusammenhänge (s. Acharya, 1980). Die maximal mögliche Größe einer Herdfläche ist wiederum verknüpft mit der Gesamtausdehnung des aktiven tektonischen Bruches, an dem ein maximales Beben ausgelöst werden kann. Šebalin (1971), Drimmel (1979), Ryall und van Wormer (1980) u. a. geben empirische Beziehungen zwischen maximaler Magnitude und der Länge L (in km) rezent aktiver tektonischer Brüche an:

$$M_{max} = 2 \log L + 1{,}7 \qquad \text{(Drimmel, 1979)}, \tag{8.39}$$

$$1{,}4 + 1{,}8 \log L \leqq M_{max} \leqq 2 \log L + 2 \qquad \text{(Šebalin, 1971)}. \tag{8.40}$$

Die Relation nach Drimmel liegt innerhalb des von Šebalin angegebenen Streubereiches. Als Zusatzbedingung ist neben der Längserstreckung auch die Tiefenerstreckung der seismisch aktiven Schicht h_s (in km) einzubeziehen (Šebalin, 1971)

$$M \leqq 4 \log h_s + 2{,}5. \tag{8.41}$$

Allerdings existieren keine einheitlichen und objektiven Kriterien zur eindeutigen Festlegung der Gesamtlänge einer Störungszone. Möglicherweise können die sicher nachweisbaren weitgehend geradlinigen Abschnitte, die keine nennenswerten Lücken oder Versetzungen aufweisen, als die eigentlichen Bereiche der vermutlich stärksten Beben innerhalb einer Störungszone angesehen werden. Dabei wird allerdings von der ungünstigen, risikovergrößernden (konservativen) Annahme ausgegangen, daß die Störungszone potentiell seismisch aktiv ist (s. z. B. auch Greensfelder, 1973; Kiremidjian und Shah, 1975).

Bestimmung von $\hat{M}_{\max}$ mit Hilfe der komplexen Analyse geologischer, tektonischer und geophysikalischer Daten

In der UdSSR wurden Algorithmen entwickelt, um aus der komplexen Analyse geologischer, tektonischer und geophysikalischer Daten mit Hilfe von Mustererkennungsmethoden die maximale Magnitude zu bestimmen (s. z. B. Borisov u. a., 1975, 1976; Bune u. a., 1974a, b, 1975, 1980; Bune und Gorškov 1980).

Hierzu sind zuerst für ein „Eichgebiet“, in dem ähnliche seismotektonische Bedingungen vorliegen wie im zu untersuchenden Gebiet, Funktionen φ_i für jeden betrachteten Parameter x_i zu ermitteln, die den Einfluß des betreffenden Parameters auf die maximale Magnitude widerspiegeln. Die wesentlichsten Parameter sind:

- rezente Tektonik,
- rezente Krustenbewegungen,
- Neogen-Quartär-Vulkanismus,
- Strukturelle Inhomogenitäten,
- Länge von Longitudinalbrüchen,
- Typen von Transversalbrüchen,
- Kreuzungsbereiche von Brüchen,
- seismische Aktivität,
- horizontale Gradienten isostatischer Anomalien.

Weiterhin werden auch folgende Parameter benutzt:

- horizontaler Gradient des Reliefs des konsolidierten Fundaments,
- Gradient des Oberflächenreliefs,
- Schweranomalien,
- strukturell-tektonische Inhomogenitäten,
- Kreuzungsbereiche rezent aktiver Brüche.

Aus der Summation aller n Parameterfunktionen für das in Gitterbereiche aufgegliederte Untersuchungsgebiet folgt die maximale Magnitude für jede Gitterzelle zu

$$M_{\max} = Z\left[\sum_{i=1}^{n} \varphi_i(x_i)\right]. \tag{8.42}$$

8.4.5. Seismische Zonierung

Das Ziel einer seismischen Zonierung ist die kartenmäßige Darstellung der seismischen Gefährdung (auch seismische Zonierungskarten genannt); in den Karten wird die Wahrscheinlichkeit für das Auftreten einer bestimmten Erschütterungsstärke dargestellt.

Aussagen über das Eintreffen künftiger Erdbeben können aus der bisher beobachteten Erdbebentätigkeit in dem zu untersuchenden Gebiet abgeleitet werden. Diese Aussagen sind um so sicherer, je besser und je weiter in die Vergangenheit zurückreichend die Seismizität bekannt ist. Instrumentelle Daten über Erdbeben liegen jedoch für einzelne Gebiete der Erde erst seit etwa 1900 und weltweit seit etwa 1920 vor. Dieser Zeitraum ist für eine gesicherte Einschätzung über das Auftreten künftiger Beben entschieden zu kurz. Demzufolge kommt der Verlängerung der Beobachtungsreihe in die „vorinstrumentelle" Zeit, aus der lediglich makroseismische, von der Bevölkerung beobachtete Effekte, vorliegen, eine außerordentliche Bedeutung zu. Die aus makroseismischen Angaben abgeleiteten und aus instrumentellen Registrierungen bestimmten Parameter müssen allerdings einen möglichst homogenen Datensatz bilden. Dabei ist zu beachten, daß Zuverlässigkeit und Vollständigkeit makroseismischer Daten abnehmen, je weiter die Beben zeitlich zurückliegen.

Aus dem Raum-Zeit-Verhalten der Bebentätigkeit (einschließlich Mikrobebentätigkeit) sowie unter Hinzuziehen nichtseismologischer Ausgangsdaten (insbesondere Angaben zur Neotektonik, aber auch geologische, tektonische, geodätische und geomorphologische Daten) können Herdregionen (gegebenenfalls Herdlinien) abgegrenzt werden, in denen gleiche Charakteristika der seismischen Aktivität vorliegen sollen. Die Abgrenzung der einzelnen Herdgebiete ist sorgfältig durchzuführen, da mögliche Herdorte künftiger Beben zu berücksichtigen sind.

In Abb. 8.29 ist als Beispiel die Abgrenzung von seismischen Regionen auf dem Territorium der DDR dargestellt. Nördlich der Region I wurde keinerlei seismische Aktivität beobachtet. Die Region V ist das Vogtländische Schwarmbebengebiet und weist den größten seismischen Energiefluß auf. Die Region IV wurde auf Grund der beobachteten Konzentration der seismischen Aktivität abgegrenzt. Im Unterschied zu Region V treten allerdings hier keine Schwarmbeben auf. Die Regionen II und III haben eine mittlere seismische Aktivität.

Die b-Werte der Magnituden-Häufigkeits-Relation betragen für die Regionen II bis IV etwa 0,7, während in der Region V die Schwarmbebentätigkeit einen anomal hohen b-Wert von 1,35 verursacht (Grünthal, 1981).

Für jedes Herdgebiet wird die Magnituden- (oder Epizentralintensität-) Häufigkeits-Relation aufgestellt und die maximale Magnitude abgeschätzt, die wesentlich die Eintreffenswahrscheinlichkeit für Werte kleiner 10^{-3} beeinflußt.

Die hauptsächlichen Ausgangsdaten für eine seismische Zonierung sind also:

- ein Katalog der Erdbeben des zu untersuchenden Gebietes sowie der Herdregionen, von denen das Untersuchungsgebiet mit einer vorzugebenden Erschütterungsstärke betroffen werden kann;
- die Geometrie der Herdregionen, die Magnituden-Häufigkeitsverteilung und die erwartete maximale Magnitude in den einzelnen Regionen;
- mathematische Modelle der zeitlichen und energetischen Verteilung der betrachteten Beben;
- die Amplitudenabnahme-Relation des jeweiligen Erschütterungsparameters

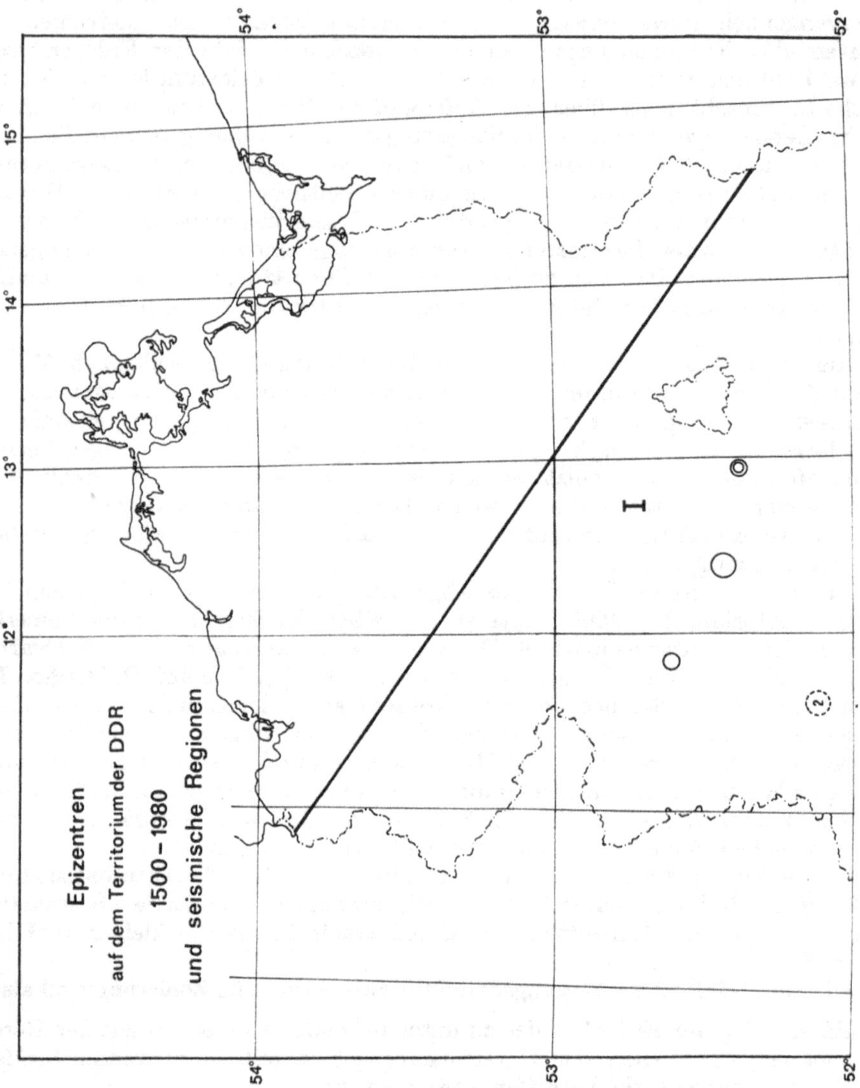

Abb. 8.29. Epizentrenkarte des Territoriums der DDR sowie Einteilung in seismische Regionen (nach GRÜNTHAL, 1981)

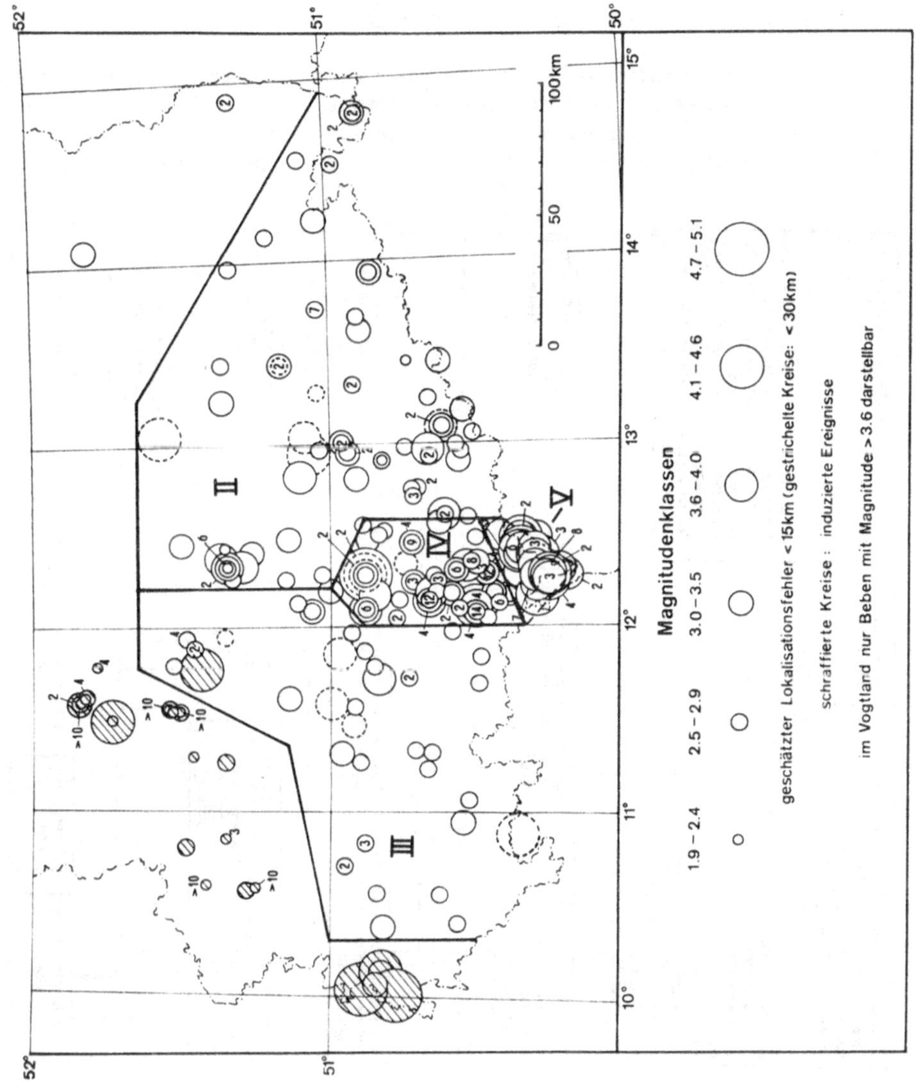

52°
51°
50°
10°
11°
12°
13°
14°
15°
0 50 100km
II
III
IV
V
Magnitudenklassen
1.9 - 2.4
2.5 - 2.9
3.0 - 3.5
3.6 - 4.0
4.1 - 4.6
4.7 - 5.1
geschätzter Lokalisationsfehler < 15km (gestrichelte Kreise: < 30km)
schraffierte Kreise: induzierte Ereignisse
im Vogtland nur Beben mit Magnitude > 3.6 darstellbar

(Intensität, Beschleunigung oder Schwinggeschwindigkeit) mit der Entfernung.

Die einzelnen Schritte zur Bestimmung der Erdbebengefährdung und deren Verknüpfung sowie die gesellschaftliche Nutzung der gewonnenen Gefährdungsaussagen sind schematisch in Abb. 8.30 dargestellt.

Erste Aussagen über die seismische Gefährdung können bereits aus Karten

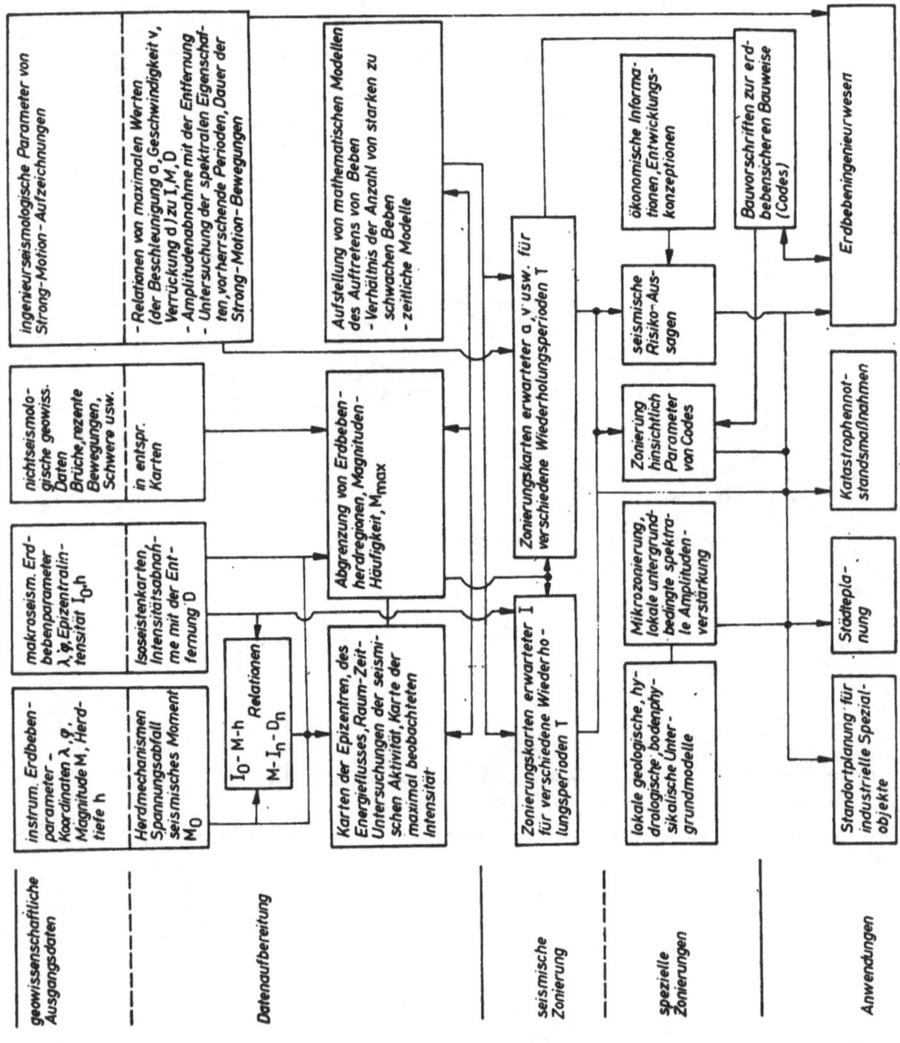

Abb. 8.30. Schema der Untersuchungsmethodik zur Erdbebengefährdung

der maximalen beobachteten Intensitäten abgeleitet werden. In ihnen sind die Schütterwirkungen von Beben innerhalb eines Gebietes für einen bestimmten Zeitraum unter Angabe der jeweils maximal aufgetretenen örtlichen Intensität dargestellt. Derartige Karten können dahingehend interpretiert werden, daß die maximale Intensität der letzten Jahrhunderte in einem Gebiet mit großer Wahrscheinlichkeit in den nächsten Jahrzehnten nicht überschritten wird. Beispiele sind die von Kárník (1971) zusammengestellten Karten der maximal beobachteten und maximal erwarteten Intensität für Europa, Nordafrika und den Nahen Osten sowie die Karte der seit 1500 beobachteten maximalen Intensitäten auf dem Territorium der DDR (Grünthal, 1981).

Beruhen solche Karten auf Daten aus kurzen Beobachtungszeiträumen (weniger als etwa 100 Jahre), so ist ihre Aussagekraft als Gefährdungskarte eingeschränkt, da in Gebieten, die auf solchen Karten durch niedrige Intensitäten ausgewiesen sind, die Wahrscheinlichkeit relativ groß ist, daß dort in Zukunft stärkere Beben als in der Beobachtungszeit auftreten können. Karten der maximal erwarteten Intensität erhält man durch Extrapolation der beobachteten makroseismischen Effekte unter Berücksichtigung rezent aktiver Störungszonen. Abschnitte solcher Störungszonen mit relativ geringer Intensität können mit großer Wahrscheinlichkeit als Orte künftiger Beben angesehen werden.

Karten der maximal beobachteten, erwarteten oder berechneten Intensitäten geben lediglich Auskunft über die regionale Verteilung der prinzipiell möglichen seismischen Gefahr. Weitergehende quantitative Aussagen zum Gefährdungspotential sind jedoch erforderlich. Hierzu gehören Angaben, mit welcher Wahrscheinlichkeit welcher Grad von Erschütterungen in einem bestimmten Gebiet oder an einem Standort während der geplanten Standzeit von Bauten zu erwarten ist. Derartige Karten der Eintreffenswahrscheinlichkeit von Erschütterungen können auf der Grundlage verschiedener Parameter berechnet werden. Liegen für das Untersuchungsgebiet genügend Aufzeichnungen der Bodenbeschleunigung oder der Bodenverrückungsgeschwindigkeit für verschiedene Magnitudenklassen und verschiedene Epizentralentfernungen vor, so sollten diese sogenannten dynamischen Parameter in die Kartendarstellung eingehen.

Für Gebiete ohne gesicherte Kenntnis über Relation zwischen Beschleunigung, Magnitude und Herdentfernung (s. Formel 8.16) sollte die Intensität als Parameter verwandt werden. Eine Umrechnung von Intensitäten in Beschleunigungen bringt zu große Unsicherheiten mit sich und sollte Karten der seismischen Zonierung nicht zugrunde gelegt werden. Kartenmäßig werden entweder die jährliche Überschreitenshäufigkeit bzw. die Wiederholungsperiode für eine vorgegebene Intensität (6°, 7°, 8° oder 9°) oder die Intensität für feste Wiederholungsperioden (50, 100, 500, 1000, ... Jahre) dargestellt.

Für konkrete Standortaussagen sind die Zonierungskarten hinsichtlich der lokalen Untergrundbesonderheiten am Standort zu präzisieren, die kleinräumige, z.T. beträchtliche Variationen der Erschütterbarkeit zur Folge haben können.

Dies führt zu Karten der seismischen Mikrozonierung, in denen eine detaillierte Untergliederung von Standorten oder Stadtgebieten vorgenommen wird. Die seismische Mikrozonierung erfordert die Untersuchung der lokalen, untergrundbedingten, spektralen Amplitudenverstärkung der Bodenerschütterungen auf Grund detaillierter geologischer, hydrologischer und bodenphysikalischer Untergrundmodelle sowie unter Berücksichtigung topographischer Effekte für die einzelnen Standorte oder Stadtgebiete.

Weitere spezielle Zonierungen können hinsichtlich von Parametern der Bauvorschriften zur erdbebensicheren Bauweise (Seismic Design Zoning Maps for Building Codes) durchgeführt werden. Bezieht man ökonomische Parameter und mathematische Verlustmodelle ein, so ergeben sich Aussagen zum seismischen Risiko.

Die Berechnung der seismischen Gefährdung bestimmter Gebiete und die seismische Zonierung erfordern einen erheblichen Aufwand. In der internationalen Literatur werden verschiedene Zonierungsmethoden vorgeschlagen.

Zonierungsmethode nach Rizničenko

Das zu untersuchende Gebiet wird in ein Punktraster unterteilt. Zur Zonierung werden für jeden Punkt sämtliche Einwirkungen von Beben aus den umgebenden Herdgebieten zusammengefaßt. Rizničenko (1966) führt hierfür den Begriff der Erschütterbarkeit $B(I)$ an einem Punkt x_0 ein, die er als mittlere Häufigkeit des Auftretens von Intensitäten gleich oder größer einem vorgegebenen Wert definiert.

Zonierungsmethode nach Cornell

Von prinzipiell ähnlichen Grundgedanken wie Rizničenko gehen Cornell (1968, 1971) sowie Merz und Cornell (1973) aus. In allgemeinster Form kann ihre Methode mit Hilfe des totalen Wahrscheinlichkeitstheorems dargestellt werden (McGuire, 1976).

Grundlage für die Berechnung der Eintreffenswahrscheinlichkeiten sind die Poisson-Verteilung des zeitlichen Auftretens von Beben, die exponentielle Magnituden-Häufigkeits-Verteilung sowie die für das betreffende Gebiet gültige Relation der Intensitätsabnahme (bzw. Abnahme der Beschleunigungs- oder Verrückungsgeschwindigkeit) mit der Entfernung (s. Abb. 8.31).

Zur numerischen Berechnung wird das zu untersuchende Gebiet in Herdregionen und, sofern möglich, in Linienquellen, die markanten tektonischen Brüchen entsprechen, eingeteilt. Es wird angenommen, daß die Epizentren der Beben innerhalb einer Herdregion flächenmäßig gleichverteilt sind und die mittlere Auftretensrate zeitlich konstant ist.

Diese Berechnungen werden für alle vorgegebenen Rasterpunkte im Untersuchungsgebiet ausgeführt und daraus die Zonierungskarten konstruiert.

Anwendungen dieser Methodik in Europa sind z. B. die Zonierungskarten der Schweiz (Sägesser und Mayer-Rosa, 1978), des westlichen Teils der Tschechoslowakei (Schenk u. a., 1981) sowie der DDR (Schenk u. a., 1982).

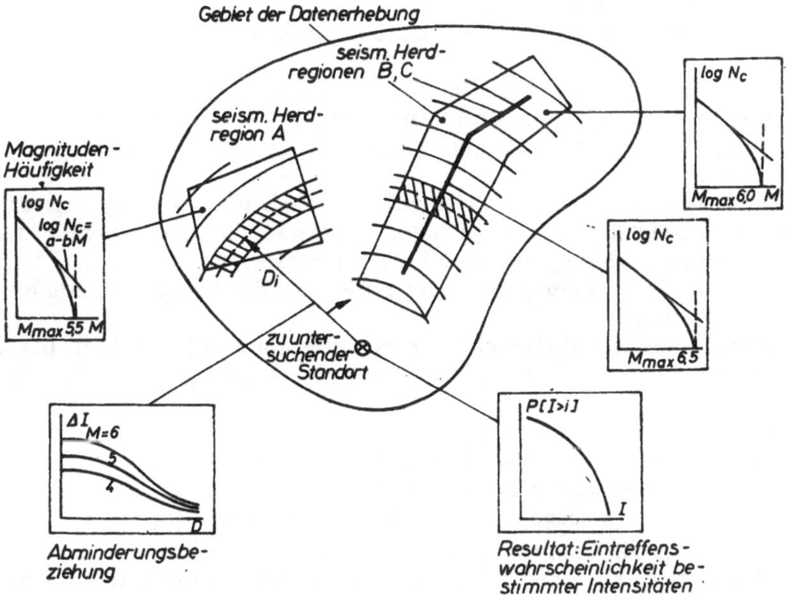

Abb. 8.31. Schema zur Berechnung der seismischen Gefährdung nach der CORNELL-Methodik (in Anlehnung an SÄGESSER und MAYER-ROSA, 1978)

Konzept der seismischen Zonierung in der UdSSR

Die Abgrenzung von Quellgebieten künftiger starker Erdbeben ist für die seismische Zonierung sehr wichtig, bildet aber ein schwieriges Problem, das nur in komplexer Analyse geologischer, tektonischer, geodätischer und geophysikalischer Daten in Verbindung mit Seismizitätsuntersuchungen bearbeitet werden kann. In der UdSSR sind grundlegende Untersuchungen von den Gruppen um BORISOV, BUNE, REISNER, ŠOLPO (s. z.B. BUNE 1978; BUNE u.a., 1974a, b, 1975, 1980; BORISOV u.a., 1975, 1976), KEILIS-BOROK (s. z.B. GEL'FAND u.a., 1972. 1974, 1976; KEILIS-BOROK u.a., 1982) sowie FEDOTOV (1974) durchgeführt worden. Eine zusammenfassende Darstellung ist bei BUNE und GORŠKOV (1980) zu finden.

Die Verfahrensweise wird von BUNE (1978) in 10 Etappen gegliedert:

1. Intensive Bearbeitung seismologischer Daten

   Hierzu gehören die Anfertigung von Erdbebenkatalogen, von Atlanten mit Isoseistenkarten, Epizentrenkarten, Karten der maximalen beobachteten Intensität, Untersuchung der Magnituden-Häufigkeits-Relationen, Korrelationsuntersuchungen von I, M, h, α (makroseismischer Abminderungskoeffizient).

2. Auswertung gravimetrischer Daten
   Korrelation von Schwere und horizontalem Schweregradienten mit der Seismizität
3. Auswertung geophysikalischer Daten zur Erdkrustenstruktur mit dem Ziel der Ableitung von Herdgebieten nach geophysikalischen Daten
4. Auswertung geologisch-tektonischer, geomorphologischer und geodätischer Daten
   Ableitung eines Schemas der seismischen Gefährdung aus Karten der tektonischen Gliederung, der jüngsten tektonischen Bewegungen, der rezenten Erdkrustenbewegungen und deren Gradienten
5. Ableitung von Herdgebieten künftiger Beben aus der komplexen Analyse der Punkte 1. bis 4.
6. Seismische Zonierung auf Grund der Ergebnisse aus den Punkten 1. bis 5. Berechnung von Karten der Eintreffenswahrscheinlichkeit bestimmter Intensitäten
7. Analyse von Strong-Motion-Daten
8. Zonierungskarte nach der Methode von RIZNIČENKO
9. Berechnung des seismischen Risikos, Kostenanalysen
10. Regionalisierung nach seismo-tektonischen Gesichtspunkten.

Nach dieser Methodik wurden seismische Zonierungskarten für einzelne seismisch gefährdete Gebiete der UdSSR berechnet und in einer Karte für das Gesamtgebiet der UdSSR zusammengefaßt (s. BUNE und GORŠKOV, 1980).

Anhang I

Makroseismische Intensitätsskala MSK (MEDVEDEV-SPONHEUER-KÁRNÍK) aktualisierte Version von 1980[1])

Klassifikation der Skala

Bautypen (nicht erdbebenfest)

A: Bauten aus unbearbeiteten Feldsteinen, schlecht gearbeitete ländliche Bauten, Bauten aus luftgetrockneten Ziegeln (Adobe), Lehmbauten;

B: normale Ziegelbauten, Großblockbauten, Fachwerkbauten, Bauten aus behauenen Feldsteinen;

C: vorgefertigte Beton- und Stahlbetonskelett-Bauweise, vorgefertigte Großplattenbauweise, gut gearbeitete Holzhäuser

---

[1]) nach: Report on the Ad-hoc Panel Meeting of Experts on Up-dating of the MSK-64 Seismic Intensity Scale, Jena (G.D.R.), 10–14 March 1980. Gerlands Beitr. Geophys. **90** (1981), 261–268.

Definition der Anzahl

einzelne, wenige: unter 10%
viele: 20 bis 50%
die meisten: mehr als 60%

Einteilung der Bauschäden

Kategorie 1: leichte Beschädigungen
– feine Risse im Verputz; Abbröckeln kleiner Putzteile
Kategorie 2: mäßige Beschädigungen
– kleine Mauerrisse; größere Putzteile fallen ab; Abfall von Dachziegeln; Risse an Schornsteinen; Teile von Schornsteinen fallen ab
Kategorie 3: starke Beschädigungen
– große und tiefe Mauerrisse; Abbrechen von Schornsteinen
Kategorie 4: Zerstörungen
– Spalten im Mauerwerk; Bauteile können einstürzen; einzelne Bauteile verlieren ihren Zusammenhang; Einsturz von Innenwänden und Wandfüllungen des Skeletts
Kategorie 5: Totalschaden
– völliger Einsturz von Gebäuden

Einteilung der Skala

a) Personen und Umgebung
b) Bauten
c) Natur

Intensitätsgrade

I. Unmerklich

a) Die Intensität der Erschütterung liegt unterhalb der Fühlbarkeitsgrenze; das Beben wird nur mittels Seismographen nachgewiesen und aufgezeichnet.
b) –
c) –

II. Kaum merklich (sehr leicht)

a) Die Erschütterung wird nur von einzelnen ruhenden Personen in Häusern, besonders in den oberen Stockwerken, gespürt.
b) –
c) –

III. Schwach

a) Das Erdbeben wird in Gebäuden von wenigen Personen wahrgenommen, im Freien nur bei günstigen Umständen. Die Erschütterung ist schwach. Aufmerksame Beobachter bemerken ein leichtes Schwingen hängender Gegenstände, etwas stärker in den oberen Stockwerken.
b) –
c) –

IV. Größtenteils beobachtet

a) Das Beben wird in Gebäuden von vielen, im Freien von wenigen Personen verspürt. Vereinzelt erwachen Schlafende. Schrecken wird nicht hervorgerufen. Die Erschütterung ist mäßig. Fenster, Türen und Geschirr klirren und klappern. Fußböden und Holzwände knarren. Möbelstücke beginnen zu erzittern. Hängende Gegenstände pendeln leicht. Flüssigkeiten in offenen Gefäßen schwingen leicht. In stehenden Autos ist die Erschütterung zu bemerken.

b) –

c) –

V. Stark

a) Das Beben wird in Gebäuden von den meisten, im Freien von vielen beobachtet. Viele Schlafende erwachen, vereinzelt fliehen Personen ins Freie. Tiere werden unruhig. Das gesamte Gebäude erzittert merklich. Freihängende Gegenstände pendeln erheblich. Bilder verschieben sich. Pendeluhren bleiben gelegentlich stehen. Wenig standfeste Gegenstände können umfallen oder verschoben werden. Offene Türen und Fenster schlagen auf und zu. Flüssigkeiten aus gut gefüllten Behältern laufen in kleinen Mengen über. Die Erschütterung ist stark; zuweilen dem Fallen eines schweren Gegenstandes im Gebäude ähnlich.

b) Schäden der Kategorie 1 in einzelnen Bauten vom Typ A sind möglich.

c) Vereinzelt ändert sich die Wasserergiebigkeit von Quellen.

VI. Leichter Schaden

a) Von den meisten in Häusern und im Freien befindlichen Personen gefühlt. Viele Personen in Häusern werden erschreckt und fliehen ins Freie. Einzelne Personen verlieren ihr Gleichgewicht. Haustiere brechen aus ihren Ställen aus. In einigen Fällen können Geschirr und Gläser zerbrechen und Bücher herabfallen. Unter Umständen können Möbel von der Stelle gerückt werden und kleine Turmglocken anschlagen.

b) Bei einzelnen Gebäuden vom Typ B und vielen vom Typ A entstehen Schäden der Kategorie 1, bei einzelnen Bauten vom Typ A Schäden der Kategorie 2.

c) In einzelnen Fällen sind Risse bis zu 1 cm in feuchtem Boden möglich; in gebirgigem Gelände gelegentlich Erdrutsche; Veränderungen der Ergiebigkeit von Quellen und des Wasserstandes in Brunnen werden beobachtet.

VII. Gebäudeschäden

a) Die meisten Personen erschrecken und flüchten ins Freie. Viele bemerken Schwierigkeiten beim Stehen. Die Erschütterung wird von Personen in fahrenden Autos bemerkt. Große Glocken schlagen an.

b) Bei vielen Gebäuden vom Typ C entstehen Schäden der Kategorie 1, bei vielen Häusern vom Typ B Schäden der Kategorie 2. Viele Häuser vom Typ A erleiden Schäden der Kategorie 3, einzelne der Kategorie 4. In einzelnen Fällen Rutschungen an Fahrdämmen an steilen Hängen. Örtlich Risse in Straßen und Steinmauern.

c) In Gewässern werden Wellen aufgeworfen und das Wasser durch aufgewirbelten Schlamm getrübt. Brunnen ändern ihren Wasserstand; die Wasserergiebigkeit von Quellen ändert sich. In einzelnen Fällen setzt bei trockenen Quellen die Wasserführung wieder ein, oder es versiegen Quellen. Vereinzelt gleiten kiesige oder sandige Uferteile ab.

VIII. Zerstörungen an Gebäuden

a) Allgemeine Furcht; einige Personen fallen in Panik; auch autofahrende Personen werden verwirrt. Hin und wieder brechen Zweige von Bäumen ab. Selbst schwere Möbel werden von der Stelle gerückt und teils umgestürzt. Teilweise werden Hängelampen beschädigt.

b) Viele Gebäude vom Typ C erleiden Schäden der Kategorie 2, vereinzelt der Kategorie 3. Viele Gebäude vom Typ B erleiden Schäden der Kategorie 3 und einzelne der Kategorie 4. Viele Gebäude vom Typ A erleiden Schäden der Kategorie 4 und einzelne der Kategorie 5. Denkmäler und Statuen werden verschoben bzw. verdrehen sich, Grabsteine fallen um. Steinmauern stürzen ein.
c) Kleine Erdrutsche in Vertiefungen und an Straßendämmen an steilen Böschungen; Risse im Boden bis zu einigen Zentimetern Breite. Neue Wasserreservoirs entstehen. Zuweilen füllen sich wieder trockene Brunnen, andere versiegen. In vielen Fällen ändern sich die Wasserergiebigkeit und der Wasserstand in Brunnen.

IX. Allgemeine Gebäudeschäden

a) Allgemeine Panik; beträchtliche Schäden an Möbeln; Tiere rennen durcheinander und schreien.
b) Viele Gebäude vom Typ C erleiden Schäden der Kategorie 3, einzelne der Kategorie 4. Viele Gebäude vom Typ B zeigen Schäden der Kategorie 4, einzelne der Kategorie 5. Viele Gebäude vom Typ A haben Schäden der Kategorie 5. Denkmäler und Statuen stürzen um. Wasserreservoirs können schwere Schäden zeigen. In einzelnen Fällen werden Eisenbahnschienen verbogen und Straßendämme beschädigt.
c) Im Schwemmland von Flüssen wird häufig Austreten von Wasser, Sand und Schlamm beobachtet. Bodenrisse bis zu 10 cm Breite entstehen, an Hängen und Flußufern können diese über 10 cm breit werden; weiterhin eine große Zahl kleiner Bodenrisse. Bergstürze, viele Erdrutsche und Schlammflüsse; große Wellen auf Wasserflächen.

X. Allgemeine Gebäudezerstörungen

b) Viele Gebäude vom Typ C erleiden Schäden der Kategorie 4, einzelne der Kategorie 5. Viele Gebäude vom Typ B zeigen Schäden der Kategorie 5, die meisten vom Typ A stürzen ein (Kategorie 5). Wasserdämme, Deiche und Brücken können schwere bis bedrohliche Schäden zeigen. Eisenbahnschienen werden leicht gebogen. Im Straßenpflaster und Asphalt entstehen wellenartige Stauchungen.
c) Im Boden zeigen sich Risse von einigen Dezimetern Breite, zuweilen bis zu 1 m. Parallel zu Wasserläufen entstehen breite Spalten. Lockerboden gleitet von den Hängen ab. An Flußufern und Steilküsten sind beträchtliche Landrutsche möglich; in Küstengegebieten Sand- und Schlammverschiebungen; aus Kanälen, Seen und Flüssen wird Wasser aufs Land geworfen. Neue Seen entstehen.

XI. Katastrophe

b) Zerstörung (Kategorie 4) der meisten und völliger Einsturz (Kategorie 5) von vielen Gebäuden vom Typ C. Sogar bestkonstruierte Brücken und Dämme können zerstört werden; Eisenbahnschienen werden größtenteils verbogen oder verschoben; Straßen werden unbrauchbar. Unterirdische Rohrleitungen werden zerstört.
c) Es entstehen beträchtliche Veränderungen des Erdbodens durch breite Risse und Spalten sowie durch horizontale und vertikale Bewegungen; zahlreiche Landrutsche und Bergstürze. Die Intensität des Erdbebens bedarf besonderer Untersuchungen.

XII. Landschaftsverändernd

b) Praktisch alle Hoch- und Tiefbauten werden schwer beschädigt oder zerstört.
c) Die Erdoberfläche wird tiefgreifend umgestaltet. Beträchtliche Bodenrisse mit großen vertikalen und horizontalen Verschiebungen sowie ausgedehnte Bergstürze und Uferabbrüche werden beobachtet. Wasserfälle entstehen, Flüsse ändern ihren Lauf. Die Intensität des Bebens bedarf besonderer Untersuchungen.

Anhang II

Auszug aus dem Fragebogen des Zentralinstituts für Physik der Erde der AdW der DDR für Bevölkerungsbefragungen zur Erfassung makroseismischer Angaben.

AKADEMIE DER WISSENSCHAFTEN DER DDR

Zentralinstitut für Physik der Erde

1500 Potsdam, Telegrafenberg

Fragebogen für die Beobachtung von Erdbeben

Um eine vollständige Ausfüllung und baldige Rücksendung wird gebeten.

---

1. Haben Sie kürzlich ein Erdbeben verspürt?

Wenn nein, kreuzen Sie Kästchen 1 an.

Wenn ja, kreuzen Sie Kästchen 2 an und vervollständigen bitte den Fragebogen.

1 ☐ nicht verspürt wann: .... Monat: ....
2 ☐ verspürt Uhrzeit (24-Stunden-Zeit) .... Stunden .... Minuten
wo: zu Haus ☐ auf Arbeit ☐ oder anderswo: ....
Ort (mit Postleitzahl) ....
Straße ....
Kreis ....

---

2. **Wo befanden Sie sich während des Erdbebens?** (bitte ankreuzen)

In einem Gebäude ☐: Wieviele Stockwerke hat das Gebäude? ☐☐ (Anzahl
In welchem Stockwerk befanden Sie sich? ☐☐ angeben)
Von welcher Bauart ist das Gebäude?
Fachwerk ☐ Ziegel ☐ Plattenbauweise ☐
Naturstein ☐ Beton ☐ andere ....

Im Freien ☐: Waren Sie innerhalb ☐ oder außerhalb ☐ des Ortes?

---

3. Wurde das Erdbeben sitzend ☐, stehend ☐, liegend ☐,
schlafend, wobei Sie vom Erdbeben wach wurden ☐,
oder anderweitig .... wahrgenommen?

---

4. **Angaben zu Besonderheiten der Lage des**

Beobachtungsortes: Tal ☐ Hang ☐ Ufer ☐
zum Untergrund: Fels ☐ Sumpf ☐ unbestimmt ☐

---

5. **Was verspürten Sie?**

a) langsames Schwanken ☐ kurzer Ruck ☐
hatten Sie Schwindelgefühl ☐ Zittern ☐
unbestimmt ☐

b) Geräusche ☐ ja ☐ nein welche:

c) Dauer der Bewegungen: plötzlich, scharf ☐ kurz (etwa 5 sec) ☐
lang (mehr als 10 sec) ☐ andere Angaben: ....

6. **Welche Wirkungen übte die Erschütterung aus?**

a) **im Haus**

Zittern / Pendeln	frei hängender Gegenstände (Lampen)	☐ ja ☐ nein / ☐ ja ☐ nein	
Klappern / Pendeln / Auf- und Zuschlagen	von Türen	☐ ja ☐ nein / ☐ ja ☐ nein / ☐ ja ☐ nein	
Verschieben / Umfallen	von kleinen Gegenständen	☐ ja ☐ nein / ☐ ja ☐ nein	
Klappern / Verrutschen	von Wandbildern	☐ ja ☐ nein / ☐ ja ☐ nein	
Wasserbewegungen / Überschwappen	von Aquarien	☐ ja ☐ nein / ☐ ja ☐ nein	
wurden Tiere unruhig		☐ ja ☐ nein	
Anschlagen von Glocken		☐ ja ☐ nein	

Klirren von	Geschirr / Fenstern	☐ ja ☐ nein / ☐ ja ☐ nein
Bewegung von	Gardinen / Pflanzen	☐ ja ☐ nein / ☐ ja ☐ nein
Knistern / Knarren von	Dielen / Wänden / Balken	☐ ja ☐ nein / ☐ ja ☐ nein / ☐ ja ☐ nein
dem Fallen eines schweren Gegenstandes im Hause ähnlich		☐ ja ☐ nein
Zittern / Schwanken / Verrücken / Umstürzen	von Möbelstücken	☐ ja ☐ nein / ☐ ja ☐ nein / ☐ ja ☐ nein / ☐ ja ☐ nein
entsprechende Möbelstücke angeben:		

b) **Gebäudeschäden** (Ihnen bekannt gewordene):

Nein ☐
Ja ☐ wo? Ort .... Str. .... Gebäudeart ....
welche?:

feine Risse im Verputz	☐	Abfall von Dachziegeln	☐
herabgefallene Putzteile	☐	Abbrechen von Schornsteinteilen	☐
kleine Mauerrisse	☐	große, tiefe Mauerrisse	☐
Risse in Schornsteinen	☐	Einsturz von Gebäudeteilen	☐

c) **Veränderungen im Freien:** (z.B. Bodenrisse, Erdrutsche, Felsstürze; an Brunnen oder Gewässern: Wasserstand, Trübung, Wellen)

Nein ☐
Ja ☐ – welche?: ....

7. **Haben andere Bürger des Ortes das Erdbeben wahrgenommen?**

einzelne ☐ wenige (etwa 5%) ☐
viele (20–50%) ☐ die meisten (mehr als 60%) ☐

8. Haben Sie bereits früher ein Erdbeben gespürt? ☐ ja ☐ nein
Haben Sie Ihr Wohnhaus verlassen? ☐ ja ☐ nein
Haben andere Bürger Gebäude verlassen? ☐ ja ☐ nein ☐ unbekannt

9. Wurden schwächere Erdbeben vorher oder nachher verspürt? ☐ ja ☐ nein
wann: mit welchen Wirkungen (ausführliche Angaben bitte auf ein Beiblatt):

10. Schildern Sie bitte weitere Veränderungen oder außergewöhnliche Vorkommnisse im Zusammenhang mit dem Erdbeben.
Wohnanschrift: ....
....

Wir danken Ihnen und bitten um schnelle Rücksendung.

8.5. Literatur

ACHARYA, H. K.: Regional variations in the rupture length-magnitude relationships. Proc. 7th World Conf. Earthqu. Eng., Vol. 1, 193–196, Istanbul 1980.

AECL, Practice, DG-00-01040-1, Supersedes TDS I-93, Rev. 2, 1974.

ALGERMISSEN, S. T.; PERKINS, D. M.: A technique for seismic zoning, general consideration and parameters. Proc. Intern. Conf. on Microzonation for Safer Construction, Research and Application, Seattle, Wash., 1972. Vol. II865–878, 1972.

ALGERMISSEN, S. T.; PERKINS, D. M.; ISHERWOOD, W.; GORDON, D.; REAGOR, G.; HOWARD, C.: Seismic risk evaluation of the Balkan Region. Proc. Seminar on Seismic Zoning Maps 27 Oct. – 4 Nov. 1975, Vol. II 173–219, Skopje 1976.

AMBRASEYS, N. N.: Notes on engineering seismology. In: SOLNES, J. (Ed.): Engineering seismology and earthquake engineering, NATO Advanced Study Institutes Series E, No. 3, 33–54. Noordhoff, Leiden, 1974.

AMBRASEYS, N. N.: The correlation of intensity with ground motion. Proc. XIV General Ass. E.S.C. 1974 Trieste, 335–341, Berlin 1975.

AMBRASEYS, N. N.: Preliminary analysis of European strong motion data 1965–1978. Bull. E. A. E. E. **4** (1978), 17–37.

BAROSH, P. J.: Use of seismic intensity data to predict the effects of earthquakes and underground nuclear explosions in various geological settings. U. S. Geol. Survey Bull. (1969) 1279, 93 S.

BÅTH, M.: Zum Studium der Seismizität von Fennoskandia. Gerlands Beitr. Geophys. **81** (1972) 3, 213–226.

BENIOFF, H.: Colloquium on plastic flow and deformation within the earth. Trans. Am. Geophys. Union **32** (1951a), 508–514.

BENIOFF, H.: Global strain accumulation and release as revealed by great earthquakes. Bull. Geol. Soc. Am. **62** (1951b), 331–338.

BORISOV, B. A.; REISNER, G. I.; ŠOLPO, V. N.: Vydelenije sejsmoopasnych zon v al'pijskoj skladčatoj oblasti (po geologičeskim dannym), Nauka, Moskva 1975.

BORISOV, B. A.; REISNER, G. I.; ŠOLPO, V. N.: Tectonics and maximum magnitudes of earthquakes. Tectonophysics **33** (1976), 167–185.

BUNE, V. I.: The new elements on the map of seismic zoning. Boll. di Geofisica XX (1978) 78, 102–109.

BUNE, V. I.; GITIS, V. G.; KALENIK, V. N.; ŠČUKIN, J. K.: Prognoz maksimalnych magnitud zemletrjaceny po komplekcy geologo-geofisičeskich dannych. Detal'noje sejsmičeskoje rajonirovanie, 111–119. Nauka, Moskva 1980.

Bune, V. I.; Gorškov, G. P. (Hrsg.): Sejsmičeskoje rajonirovanije territorii SSSR, Metodičeskije osnovy i regional'noje opisanije karty 1978 g. 307 S., Nauka, Moskva 1980.

Bune, V. I.; Turbovič, I. T.; Borisov, B. A.; Gitis, V. G.; Reisner, G. I.; Jurkov, E. F.: O metodike vyjavlenija svjasi magnitudy zemletrjasenij s tektoničeskim parametrami rajona. Dokl. AN SSSR 214 (1974a) 3, 553–556.

Bune, V. I., u.a.: Metodičeskije rekomendacii po sejsmičeskomu rajonirovaniju territorii SSSR. Voprosy inženernoj sejsmologii (1974b) 16, 185–208.

Bune, V. I.; Turbovič, I. T.; Borisov, B. A., u.a.: Metod prognozirovanija maksimal'noj magnitudy zemletrjsenij. Fizika Zemli (1975) 10, 31–43.

Bureau of Reclamations: Design criteria for concrete arch and gravity dams. Eng. Monograph 19, Denver Col. 1974.

Cancani, A.: Sur l'emploi d'une double échelle sismique des intensités, empirique et absolute. Gerlands Beitr. Geophys., Ergänzungsband **2** (1904), 281–283.

Cherry, S.: Earthquake ground motions: Measurement and characteristics. In: Solnes, J. (Ed.): Engineering seismology and earthquake engineering. 87–124. Noordhoff – Leiden 1974.

Chiaruttini, C.; Siro, L.: The correlation of peak ground horizontal acceleration with magnitude, distance and seismic intensity for Friuli, Ancona, Italy and the Alpide Belt. Vorabdruck des Vortrages auf der 17. Generalvers. d. ESC, Budapest 1980.

Clough, R. W.; Penzien, J.: Dynamics of structures. Mc Graw-Hill New York 1975.

CNEL-ENEL: Contribution to the study of Friuli earthquake of May 1976, CNEL-ENEL Publ., Rom, 1976.

Cornell, C. A.: Engineering seismic risk analysis. Bull. Seism. Soc. Am. **58** (1968), 1583–1606.

Cornell, C. A.: Probabilistic analysis of damage to structures under seismic load. In: Howells, D. A.; Haigh, I. P.; Taylor, C. (Eds.): Dynamic waves in civil engineering. Wiley-Intersc., London 1971.

Davenport, A.: A statistical relationship between shock amplitude magnitude and epicentral distance and its application to seismic zoning. Eng. Sc. Res. Rep. BLWT-4-72, Univ. of Western Ontario, London, Ontario 1972.

Davison, Ch.: On scales of seismic intensity and on the construction and use of isoseismal lines. Bull. Seism. Soc. Am. **11** (1921), 95–129.

Davison, Ch.: Scales of seismic intensity: Supplementary paper. Bull. Seism. Soc. Am. **23** (1933), 158–165.

DIN 4149: Bauten in deutschen Erdbebengebieten, Lastannahmen, Bemessung und Ausführung üblicher Hochbauten. Teil 1, April 1981, 14 S.

Donovan, N. C.: Earthquake hazard for buildings. U. S. Nat. Bur. Stand., Build. Sc. ser., 46, 1973.

Donovan, N. C.: A statistical evaluation of strong motion data including the February 9, 1971, San Fernando earthquake. Proc. 5th World Conf. Earthq. Eng. (Rome 1973), Vol. 1 (1974), 1252–1261.

Drimmel, J.: On the assessment of maximum earthquakes in the Alps and adjacent areas. Tectonophysics **55** (1979), T1–T5.

Egen, P. N. P.: Über das Erdbeben in den Rhein- und Niederlanden vom 23. Februar 1828. Poggendorfs Ann. Phys. Chem. **18** (1828).

Epstein, B.; Lomnitz, C.: A modell for the occurrence for large earthquakes. Nature **211** (1966) 5052, 954–956.

ESPINOSA, A. F.: Particle-velocity attenuation relations: San Fernando earthquake of February 9, 1971. Bull. Seism. Soc. Am. **67** (1977), 1195–1214.

ESTEVA, L.: Seismic risk and seismic design input. In: HANSEN, R. J. (Ed.): Seismic design of nuclear power plants. M. I. T. Press 1970.

ESTEVA, L.; ROSENBLUETH, E.: Espectros de tremblores a distancias moderadas y grandes. Primeras Journadas Chilenas de Sismol. e Ingen. Antisism. **1**, 1963 BI 5–1/29.

ESTEVA, L.; ROSENBLUETH, E.: Espectros de tremblores a distancias moderadas y grandes. Bol. Soc. Mex. Ing. Sismica **2** (1964), 1–18.

ESTEVA, L.; VILLAVERDE, R.: Seismic risk, design spectra, and structural reliability. Proc. 5th World Conf. Earthqu. Eng. Rome 1973 Vol. II (1974), 2586–2596.

FEDOTOV, S. A.: Realizacija dolgosročnovo seismičeskovo prognoza dlja tichookeanskoj fokal'noj zony i beregov kurilo-kamčatskoj dugi na 1965–1970 gg. i utočnenyj prognoz na 1971–1975 gg. In: Sejsmičnost' i sejsmičeskij prognoz, svojstva verchnej mantii i ich svjaz' s vulkanizmom na Kamčatke. 101–108. Nauka, Novosibirsk 1974.

GAJSKIJ, V. N.; KATOK, A. P.: Primenenie teorii ekstremal'nych značěnij dlja ocenki povtorjaemosti sil'nych zemletrjasenij. Dinamika zemnoj kory 9–13. Nauka, Moskva 1965.

GALITZIN, B.: Über eine dynamische Skala zur Schätzung von makroseismischen Bewegungen. Verh. Intern. Seismolog. Assoc. Manchester 1911, 178–196. Budapest 1912.

GEL'FAND, I. M.; GUBERMAN, Š. A.; IZVEKOVA, M. L.; KEILIS-BOROK, V. I.; RANZMAN, E. I.: O kriterijach vycokoj sejsmičnosti. Dokl. AN SSSR, **202** (1972) 6, 1317–1320.

GEL'FAND, I. M.; GUBERMAN, Š. A.; ZIDKOV, M. P.; KEILIS-BOROK, V. I.; RANZMAN, E. I.; ROTVAIN, K. M.: Raspoznavanije mest vozmožnovo vozniknovenija sil'nych zemletrjasenij. Č 3: Slučaj, kogda granicy dizjunktivnych uzlov neizvestny. Vyčisl. Sejsmol. (1974) 7, 41–64.

GEL'FAND, I. M.; GUBERMAN, Š. A.; KEILIS-BOROK, V. I.: Uslovija vozniknovenija sil' nych zemletrjasenij. Vyčisl. Sejsmol. (1976) 9, 3–91.

GLAUSNER, E.; GUGERLI, H.; HEIMGÄRTNER, E.; RAST, B.; SÄGESSER, R.: Das Erdbeben in Friaul vom 6. Mai 1976 – Beanspruchung und Beschädigung von Bauwerken. Schweiz. Bauzeitung **38** (1976), 3–21.

GORŠKOV, G. P.; ŠENKAREVA, G. H.: O korreljacii sejsmičeskich skal. Tr. Inst. Fiz. Zemli, AN SSR (1958) 168, 44–64.

GREENSFELDER, R. W.: A map of maximum expected bedrock acceleration from earthquakes in California. Calif. Division of Mines and Geology Rep. 1973.

GRÜNTHAL, G.: Zur Seismizität des Territoriums der DDR. Gerlands Beitr. Geophys. **90** (1981), 202–211.

GRÜNTHAL, G.; HURTIG, E.; RUGE, E.: Time dependence of statistical parameters: the aftershock sequence of the Friuli, Northern Italy, 1976 earthquake and a section of the Montenegro, Yugoslavia, earthquake series 1979. Earthqu. Predict. Res. **2** (1982) 1, 275–285

GUMBEL, E. J.: Statistics of extremes. Columbia Univ. Press 1958.

GUTENBERG, B.; RICHTER, C. F.: Earthquake magnitude, intensity, energy and acceleration. Bull. Seism. Soc. Am. **32** (1942), 163–191.

GUTENBERG, B.; RICHTER, C. F.: Frequency of earthquakes in California. Bull. Seism. Soc. Am. **34** (1944), 185–188.

GUTENBERG, B.; RICHTER, C. F.: Earthquake magnitude, intensity, energy and acceleration (Second Paper). Bull. Seism. Soc. Am. **46** (1956), 105–145.

HARTZELL, S.: Faulting process of the May 17, 1976 Gazli, USSR earthquake. Bull. Seism. Soc. Am. **70** (1980), 1715–1736.

HERSHBERGER, J.: A comparison of earthquake accelerations with intensity ratings. Bull. Seism. Soc. Am. **46** (1956), 317–320.

HOUSNER, G. W.: Strong ground motion. Design spectrum. In: WIEGEL, R. L. (Ed.): Earthquake engineering, 75–106, Prentice-Hall 1970.

IAEE: Basic concepts of seismic codes, Vol. I: Seismic zoning for building codes and basic concepts for non-engineered construction. Vol. II: Basic concepts of seismic codes for engineered construction. International Association for Earthquake Engineering, Tokyo 1980a.

IAEE: Earthquake resistant regulations – a world list 1980, 845pp. u. Supplement, 109pp., International Association for Earthquake Engineering, Tokyo 1980b.

IDRISS, I. M.: Characteristics of earthquake ground motions. ASCE Earthquake Eng. Soil. Dyn. Conf. and Exhib. Pasadena, Calif., 1151–1265, 1978.

IKEGAMI, R.; KISHINOUYE, F.: A study on the overturning of rectangular columns. Bull. Earthqu. Res. Inst. Tokyo **24** (1946), 11–18.

ISHIMOTO, M.: Echelle d'intensité sismique et acceleration maxima. Bull. Earthquake Res. Inst. Tokyo **10** (1932), 614–626.

ISHIMOTO, M.; IIDA, K.: Observation sur les séismes enregistrés par le microseismographe construit dernièrement. Bull. Earthqu. Res. Inst. Tokyo **17** (1939), 443–478.

KÁRNÍK, V.: Seismicity of the European Area – Part 1. Academia Prague 1968, Part 2, Academia Prague 1971.

KÁRNÍK, V.; ALGERMISSEN, S. T.: Seismic zoning. In: The assessment and mitigation of earthquake risk, 11–47, UNESCO Paris 1978.

KÁRNÍK, V.; PROCHÁZKOVÁ, D.; SCHENKOVÁ, Z.; RUPRECHTOVÁ, L.; DUDEK, A.; DRIMMEL, J.; SCHMEDES, E.; LEYDECKER, G.; ROTHÉ, J. P.; GUTERCH, B.; LEWANDOWSKA, H.; MAYER-ROSA, D.; CVIJANOVIČ, D.; KUK, V.; GIORGETTI, F.; GRÜNTHAL, G.; HURTIG, E.: Map of isoseismals of the main Friuli earthquake of 6 May 1976. Pure Appl. Geophys. **116** (1978), 1307–1313.

KAWASUMI, H.: Measures of earthquake danger and expectancy of maximum intensity throughout Japan as infered from the seismic activity in historical times. Bull. Earthquake Res. Inst. Tokyo **29** (1951), 469–482.

KEILIS-BOROK, V. I.; KRONROD, T. L.; MOLČAN, G. M.: Seismičeskij risk dlja krupnejšich gorodov mira (predvaritel'naja ocenka). Vyčisl. Sejsmol. (1982) **14**, 82–96.

KIREMIDJIAN, A. S.; SHAH, H. C.: Seismic hazard mapping of California. The John A. Blume Earthquake Eng. Center Stanford Rep. No. 21, 1975.

KÖVESLIGETHY, R. v.: Seismischer Stärkegrad und Intensität der Beben. Gerlands Beitr. Geophys. **8** (1907), 22–29.

KUNZE, A.; PROCHÁZKOVÁ, D.: Makroseismische Karte des Bebens vom 5. März 1903, 20^h37^m GMT, 50,4° N, 12,4° E, M = 4,9. In: PROCHÁZKOVÁ, D.; KÁRNÍK, V. (Eds.): Atlas of isoseismal map – Central and Eastern Europe, Prague 1978.

LOMNITZ, C.: Global tectonics and earthquake risk. Development in Geotectonics 5. Elsevier Amsterdam 1974.

LOMNITZ, C.; ROSENBLUETH, E. (Eds.): Seismic risk and engineering decisions, developments in Geotectonical Engineering 15, Elsevier Oxford-New York 1976.

MALLET, E.: On the facts and theory of earthquake phenomena. II. Rep. Brit. Assoc. for the Advanc. in Sc., London Meeting 1858.

MALLET, R.: Great Neapolitan earthquake of 1857. The first principles of observational seismology. Chapman and Hall, London 1862.

MARTIN, H.: Die Grundlagen zur Beurteilung von Verkehrserschütterungen. Z. Geophys. **12** (1936), 322–338.

McAdie, A.: A serviceable scale for earthquake intensity. East. Sect. Seismol. Soc. Am., Proc. of the 1930 Meeting, 54–56, Washington 1930.

McGuire, R. K.: Seismic structural response risk analysis, incorporating peak response regressions on earthquake magnitude and distance. M. I. T., Dept. Civ. Eng., Res.-Rep. R 74-51, 371 S., 1974.

McGuire, R. K.: FORTRAN computer program for seismic risk analysis. U. S. Geol. Survey, Open-File Report 76-67, 1976.

McGuire, R. K.: A simple method for estimating Fourier amplitude spectra of horizontal ground acceleration. Bull. Seism. Soc. Am. **68** (1978a), 803–822.

McGuire, R. K.: Seismic ground-motion parameter relations. J. Geotechn. Div., ASCE, **104** (1978b) GT 4, 481–490.

Medvedev, S. V.: Novaja sejsmičeskaja škala. Tr. Geofiz. Inst. AN SSR (1953) 21, 148 S.

Medvedev, S. V.: Seismic intensity scale MSK-76. Publ. Inst. Geophys. Pol. Acad. Sci. A-6 **117** (1977), 95–102.

Medvedev, S. V.: Opredelenije intensivnosti zemletrjasenij. Vopr. inžen. Sejsmol. (1978) 19, 108–116.

Medvedev, S. V.; Sponheuer, W.: Scale of seismic intensity. Proc. 4th World Conf. Earthquake Eng., Vol. A-2, 143–153, Santiago, Chile 1969.

Merz, H. A.; Cornell, C. A.: Seismic risk analysis based on a quadratic magnitude-frequency law. Bull Seism. Soc. Am. **63** (1973), 1999–2006.

Mickey, W. V.: Strong motion spectra. Earthquake Notes **42** (1971), 5–8.

MINENERGO: Vremennye normy projektirovanija atomnych energetičeskich ustanovok dlja sejsmičeskich rajonov. Ministerstvo Energetiki i Elektrifikacii SSR VSN-15-78 Moskau 1979.

Mogi, K.: Study of the elastic shocks caused by fracture of heterogeneous materials and its relation to the earthquake phenomena. Bull. Earthquake Res. Inst. Tokyo **40** (1962), 125–173.

Müller, P.; Keintzel, E.: Erdbebensicherung von Hochbauten. Verl. W. Ernst & Sohn, Berlin, München, Düsseldorf 1978.

Murphy, L. M. (Ed.): San Fernando, California, Earthquake of February 9, Vol. III. Geolog. and Geophysical Studies. US Dep. of Commerce Wash. D. C. 1973.

Murphy, J. R.; O'Brien, L. J.: The correlation of peak ground acceleration amplitude with seismic intensities and other physical parameters. Bull. Seism. Soc. Am. **67** (1977), 877–915.

Nazarov, A. G.; Darbinjan, S. S.: Škala dlja opredelenija intensivnosti sil'nych zemletrjasenij na količestvennoj osnove. In: Sejsmičeskaja škala i metody izmerenija sejsmičeskoj intensivnosti, 40–79, Nauka, Moskva 1975.

Neumann, F.: Earthquake intensity and related ground motion. Univ. Press, Seattle, Wash. 1954.

Neumann, F.: A broad formular for estimating earthquake forces on oscillators. Proc. 2nd World Conf. Earthquake Eng., Vol. 2, 850, 1960.

Newmark, N.: A study of vertical and horizontal earthquake spectra. Consulting Engineer Services, Directorate of Licensing, U. S. Atomic Energy Comm. WASH-1255, Wash. D.C. April 1973.

Newmark, N. M.; Hall, W. J.: Earthquake-resistant design of nuclear power plants. In: The assessment and mitigation of earthquake risk, 198–218, UNESCO, Paris 1978.

Newmark, N. M.; Rosenblueth, E.: Fundamentals of earthquake engineering. Prentice-Hall 1971.

Nordquist, J. M.: Theory of largest values applied to earthquake magnitudes. Trans. Am. Geophys. Union **26** (1945), 29–31.

OKAMOTO, S.: Introduction to earthquake engineering. John Wiley, New York 1973.

OMORI, F.: Seismic experiments on the fracturing and overturning of columns. Publ. Earthqu. Investig. Comm. in Foreign Languages, Tokyo **4** (1900), 69–141.

ORPHAL, D. L.; LAHOUD, J. A.: Prediction of peak ground motion from earthquakes. Bull. Seism. Soc. Am. **64** (1974), 1563–1574.

PAVONI, N.: Zur Seismizität der Erde und der Schweiz. Mitt. d. Schweiz. Ges. f. Boden- u. Felsmechanik **97** (1977), 1–13.

PERKINS, D. M.: Prospects for the use of geological data in United States hazard maps. Boll. di Geofis. XX (1978) 78, 180–187.

PURCARU, G.: A new magnitude-frequency relation for earthquakes and a classification of relation types. Geophys. J. R. astron. Soc. **42** (1975), 61–79.

RICHTER, C. F.: Elementary Seismology. San Francisco 1958.

RIZNIČENKO, J. V.: Rasčet sotrjasajemosti toček zemnoj poverchnosti ot zemletrjasenija okružajušči oblasti. Fizika Zemli (1966) 5, 16–32.

RUGE, E.: New parameters describing the seismic activity – a statistical interpretation of the frequency-magnitude data. Vortrag Int. Symp. „Physical and Geodynamical Processes in Earthquake Focal Regions". Potsdam 1981.

RYALL, A. S.; VAN WORMER, J. D.: Estimation of maximum magnitude and recommended seismic zone changes in the Western Great Basin. Bull. Seism. Soc. Am. **70** (1980), 1573–1581.

SÄGESSER, R.; MAYER-ROSA, D.: Erdbebengefährdung in der Schweiz. Schweiz. Bauzeitung **96** (1978), 107–123.

SAWARENSKI, E. F.; KIRNOS, D. P.: Elemente der Seismologie und der Seismometrie. Akademie-Verlag Berlin 1960.

SCHENK, V.; GRÜNTHAL, G.; SCHENKOVÁ, Z.: Seismic hazard assessment for the GDR. Paper presented at the 18. General Ass. Europ. Seismol. Comm. Leeds (England), Aug. 23.–27., 1982.

SCHENK, V.; SCHENKOVÁ, Z.; KÁRNÍK, V.: Seismic hazard assessment in the Bohemian massif. Proc. 2nd Int. Symp. on the Analysis of Seismicity and on Seismic Hazard, Liblice, May 18.–23., 1981. Vol. II, 531–544, Prague 1981.

SCHENKOVÁ, N.; KÁRNÍK, V.: Sravnenie metodov opredelnija maksimalnych vozmožnych zemletrjasenij. Fizika Zemli (1974) 11, 118–125.

SCHNABEL, P. B.; SEED, H. B.: Acceleration in rock for earthquakes in the Western United States. Bull. Seism. Soc. Am. **63** (1973), 501–516.

SCHNEIDER, G.: Erdbeben, Entstehung – Ausbreitung – Wirkung. Enke Stuttgart 1975.

SCHOLZ, C. H.: The frequency-magnitude relation of micro-fracturing in rock and its relation to earthquakes. Bull. Seism. Soc. Am. **58** (1968), 399–416.

ŠEBALIN, N. V.: O predel'noj magnitude i predel'noj ball'nosti zemletrjasenija. Fizika Zemli (1971) 6, 12–20.

ŠEBALIN, N. V.: Ob ocenke sejsmičeskoj intensivnosti. In: Sejsmičeskaja škala i metody izmerenija sejsmičeskoj intensivnosti 87–109, Nauka, Moskva 1975.

SEED, H. B.; IDRISS, I. M.; KIEFER, F. W.: Characteristics of rock motion during earthquakes. EERC-Rep. No. 68-5, 1968.

SEED, H. B.; MURARKA, R.; LYSMER, J.; IDRISS, I. M.: Relationships of maximum acceleration, maximum velocity, distance from source, and local site conditions for moderately strong earthquakes. Bull. Seism. Soc. Am. **66** (1976), 1323–1342.

SEED, H. B.; UGAS, C.; LYSMER, J.: Site-dependent spectra for earthquake-resistant design. EERC-Rep. No. 74–12 (1974).

SIEBERG, A.: Handbuch der Erdbebenkunde. Vieweg u. Sohn, Braunschweig, 1904.

SIEBERG, A.: Über die makroseismische Bestimmung der Erdbebenstärke. Gerlands Beitr. Geophys. **11** (1912), 227–239.

SIEBERG, A.: Erdbebenkunde. Gustav Fischer Verlag, Jena 1923.

SOLNES, J. (Ed.): Engineering Seismology and Earthquake Engineering. NATO Adv. Study Inst. Ser. E – No. 3, Noordhoff-Leiden, 1974.

SPONHEUER, W.: Methoden zur Herdtiefenbestimmung in der Makroseismik. Freib. Forschungsh. C 88 (1960), 117 S.

SPONHEUER, W.: Bericht über die Weiterentwicklung der seismischen Skala. Veröff. Inst. f. Geodyn. Jena (1965) 8, 21 S.

SPONHEUER, W.; GRÜNTHAL, G.: Reinterpretation of the Central German earthquake of March 6, 1872 using the MSK-scale and conclusion for its up-dating. Gerlands Beitr. Geophys. **90** (1981), 220–224.

ŠTEINBERG, V. V.; PLETNEV, K. G.; GRAIZER, V. M.: Akselerogramma kolebanii grunta pri razrušitelnom gazliiskom zemletrjasenii 17 maja 1976 g. Sejsmostoikoe stroitelstvo (1977) 1, 45–61.

SUESS, E.: Die Erdbeben Niederösterreichs. Denkschr. d. Kaiserl. Akad. d. Wiss., Math. Nat. Kl. Wien **33** (1873), 61–98.

SUESS, E.: Das Antlitz der Erde. P. 1. Prag u. Leipzig 1885.

SWANGER, H. J.; DAY, S. M.; MURPHY, J. R.; GUNZMANN, R.: State-of-the-art study concerning near field earthquake ground motion. U. S. Nucl. Regul. Comm. NUREG/GR – 1978 (1981).

TRIFUNAC, M. D.: A note on the range of peak amplitudes of recorded accelerations, velocities and displacements with respect to the modified Mercalli intensity scale. Earthqu. Notes **47** (1976), 9–24.

TRIFUNAC, M. D.; BRADY, A. G.: On the correlation of seismic intensity scales with the peaks of recorded strong ground motion. Bull. Seism. Soc. Am. **65** (1975), 139–162.

TRIFUNAC, M. D.; BRADY, A. G.: Correlations of peak acceleration, velocity and displacement with earthquake magnitude, distance and site conditions. Int. J. Earthqu. Eng. Struct. Dyn. **4** (1976) 5, 455–471.

TRIFUNAC, M. D.; LEE, V.: Routine computer processing of strong motion accelerograms. Earthqu. Eng. Res. Lab., EERL 73-03, Pasadena, Calif. 1973.

TRIFUNAC, M. D.; WESTERMO, B.: A note on the correlation of frequency-dependent duration of strong earthquake ground motion with the modified Mercalli intensity scale and the geologic conditions at the recording stations. Bull. Seism. Soc. Am. **67** (1977), 917–927.

USAEC: Federal Register, **38** No. 218, Washington 1973.

WANNER, E.: Zur Statistik von Erdbeben. Gerlands Beitr. Geophys. **50** (1937), 85–99 und 223–228.

WIEGEL, R. L. (Ed.): Earthquake Engineering. Prentice-Hall 1970.

WOOD, H. O.; NEUMANN, F.: Modified Mercalli intensity scale of 1931. Bull. Seism. Soc. Am. **21** (1931), 277–283.

WYSS, M.: Towards a physical understanding of the earthquake frequency distribution. Geophys. J. R. astron. Soc. **31** (1973), 341–359.

ZILCH, K.: Bemessung von Bauwerken gegen Erdbebenbelastungen. Die Bautechnik (1974) 5, 145–155.

9. Induzierte Seismizität[1]

9.1. Überblick

Die ingenieurtechnische Tätigkeit des Menschen kann den Spannungszustand in der Nähe der Erdoberfläche so beeinflussen, daß erdbebenartige Erscheinungen hervorgerufen werden, die man als induzierte seismische Ereignisse (induzierte Seismizität) bezeichnet. Selbst in weitgehend aseismischen Gebieten (z.B. Bergbaugebiete in Südafrika) können auf diese Weise sogar starke Erdbeben verursacht werden. Auf Grund der erheblichen Gefährdung, die von derartigen seismischen Ereignissen z.B. für die Sicherheit im Bergbau oder die Standsicherheit von Talsperren ausgeht, sind in vielen Ländern die Prozesse, die zum Auftreten von induzierten Erdbeben führen, eingehend untersucht worden. Induzierte Erdbeben wurden bisher in folgendem Zusammenhang beobachtet:

- bei der Füllung von Talsperren sowie bei kurzfristigen Spiegelschwankungen von Talsperren,
- bei bergmännischen Arbeiten unter Tage,
- beim Aufschluß und Betrieb von tiefen und übertiefen Tagebauen und Steinbrüchen,
- bei dem Verpressen von Flüssigkeiten in Tiefbohrungen (z.B. bei sekundären Entölungsmaßnahmen, beim Verpressen von Ab- und Schadwässern, bei der geothermischen Energiegewinnung),
- bei dem Entzug von Flüssigkeiten (Öl, Wasser) und Gas aus dem Untergrund, wobei in vielen Fällen z.T. erhebliche Senkungserscheinungen zu beobachten sind,
- im Gefolge von unterirdischen Kernexplosionen.

---

[1]) Autor: E. Hurtig.

9.2. Talsperreninduzierte Seismizität

9.2.1. Überblick über talsperreninduzierte seismische Ereignisse

Das Auftreten von seismischen Ereignissen beim Bau und Betreiben von Talsperren kann eine erhebliche Gefährdung für die Staumauer und damit für die Siedlungen unterhalb der Talsperre darstellen.

Dies gilt um so mehr, als in vielen Ländern Großprojekte für den Bau hoher Staudämme mit großem Stauvolumen sowohl für die Energieerzeugung als auch für die Wasserregulierung und Bewässerung vorgesehen sind. In Tab. 9.1 ist ein Überblick über aus der Literatur bekannte Beispiele für talsperreninduzierte seismische Ereignisse gegeben (ergänzt nach SIMPSON, 1976; GOUGH, 1978; CASTLE u.a., 1980).

In der Regel wird eine *Zunahme* der Seismizität bei dem Aufstau von Talsperren beobachtet, es gibt aber auch Hinweise auf eine *Verringerung* der Seismizität vor allem in seismisch aktiven Gebieten.

Wohl zum ersten Mal wurden talsperreninduzierte Erdbeben am Marathonstaudamm in Griechenland im Jahre 1931 beobachtet. 1938 ereigneten sich am gleichen Damm zwei starke Erdbeben mit einer Magnitude über 5. Auch am Oued Fodda Damm in Algerien wurde zwischen Januar und Mai 1933 eine Reihe von Beben gespürt. Die seismische Aktivität hörte dann aber an diesem Damm völlig auf.

Der Hooverdamm (Lake Mead) in den USA ist das gewissermaßen klassische Beispiel für eine talsperreninduzierte Seismizität. Der Aufstau hinter dem 145 m hohen Hooverdamm begann 1935. Bis 1937 wurden etwa 100 Erdstöße gespürt. Die seismische Aktivität erreichte 1939 mit einem Beben der Magnitude 5 ein Maximum. Seitdem nahm die Aktivität ab, Mikrobeben mit einer Magnitude unter 1 werden aber auch jetzt noch registriert.

Diese wenigen Beispiele schienen zunächst nicht typisch zu sein, denn noch 1958 schrieb RICHTER, daß Lake Mead „represents a local condition. Similar shocks were not observed in tests at other reservoirs“.

Am 10. Dezember 1967 ereignete sich dann im Bereich der Koyna-Talsperre in dem als bebenfrei angesehenen Gebiet der westlichen indischen Halbinsel ein Beben mit der Magnitude 6,4, bei dem etwa 200 Menschen ums Leben kamen, über 1500 verletzt und mehrere tausend obdachlos wurden. Zugleich traten erhebliche Schäden an Gebäuden auf, das Beben wurde in der gesamten westlichen Hälfte der Indischen Halbinsel gespürt. Am Staudamm selbst traten ebenfalls Schäden auf, der Damm hielt jedoch. In der Folgezeit wurden bis Ende 1974 weitere 29 Erdbeben mit einer Magnitude über 4 registriert.

Das starke Koyna-Beben und eine Reihe anderer seismischer Ereignisse an Talsperren waren der Anlaß zu eingehenden Untersuchungen der talsperreninduzierten Seismizität.

Tabelle 9.1. Beispiele für talsperreninduzierte Seismizität (nach SIMPSON, 1976; GOUGH, 1978; CASTLE u.a., 1980)

Name	Land	Dammhöhe	Wasservolumen $\times 10^6$ m³	Jahr des Füllens	Jahr mit stärkstem Beben	Magnitude
1. Magnitude >5,0						
Koyna	Indien	103	2708	1964	1967	6,5
Kremasta	Griechenland	165	4750	1965	1966	6,3
Hsinfengkiang	VR China	105	10500	1959	1962	6,1
Oroville	USA	236	4295	1968	1975	5,9
Kariba	Sambia	128	160368	1959	1963	5,8
Kastraki	Griechenland					
Assuan	Ägypten	110	160000	1962	1981	5,2
Hoover	USA	221	38296	1936	1939	5,0
Marathon	Griechenland	63	41	1930	1938	5,0
Benmore	Neuseeland	118	2100	1965	1966	5,0
Eucumbene	Australien	116	4761	1970		5,0
(unsicher, ob tatsächlich induzierte Seismizität)						
2. Magnitude 2,5 bis 5,0						
Monteynard	Frankreich	155	240	1962	1963	4,9
Jurobe	Japan	186	199	1960	1961	4,9
Bajina-Basta	Jugoslawien	89	340	1966	1967	4,4–5,0
Nurek	UdSSR	317	10400	1969	1972	4,5
Vouglans	Frankreich	110	605	1968	1971	4,5
Contra	Schweiz	230	86	1964	1965	V–VI (?)
Clark Hill	USA	67	2500	1952	1974	4,3
Mangla	Pakistan	99	7300	1967	1970	4,2
El Cenajo	Spanien	95	472	1960	1965	4,2
(unsicher, ob tatsächlich induzierte Seismizität)						
Manic 3	Kanada	108	10423	1975	1975	4,1
Talbingo	Australien	162	921	1971	1972	3,5
Keban	Türkei	207	31000	1973	1974	3,5
Camarillas	Spanien	36	40	1961	1961	3,5
Piastra	Italien	93	13	1965	1966	3,5
Grandval	Frankreich	88	292	1959	1963	V
Canalles	Spanien	150	678	1960	1962	V
Jocassee	USA	133	1430	1972	1975	3,2
Almendra	Spanien	192	2650	1972	1972	3,2
Es Grado	Spanien	88	400	?	1966	IV
Vajont	Italien	261	61	1961	1963	
3. Magnitude <2,5 und unsichere Angaben						
Kamafusa	Japan	46	45	1970	1970 (?)	2,5
Keowee	USA				1978	2,2
Hendrik Verwoerd	Südafrika	88	5954	1970	1970	2,0

Tabelle 9.1. Fortsetzung

Name	Land	Dammhöhe	Wasservolumen $\times 10^6$ m³	Jahr des Füllens	Jahr mit stärkstem Beben	Magnitude
Pieve de Cadore	Italien	108	685	1949	1951	1,5–2,0
Grancarevo	Jugoslawien	123	1280	1967	?	1,0–2,0
Oued Fodda	Algerien	89	228	1932	1933	fühlbar
Schlegeis	Österreich	117	127	1971		0,0
(unsicher, ob induzierte Seismizität, eventuell Eisbeben)						
Parambikulam	Indien	57	504			Mikroaktivität
Mula	Indien					—2 bis 0
Mangalam	Indien					Mikroaktivität
Ghirni	Indien					Einzelschocks
Sholayar	Indien					Einzelschocks
Sharavathi	Indien					seism. Aktivität
Bhandara	Indien					seism. Aktivität
Uhai Dam	Indien					seism. Aktivität
Lake Blowering	Australien	113	1718	1970		seism. Aktivität
(unsicher, ob induzierte Seismizität)						
Palisades	USA	76	1729			
Lake Meredith	USA	61	1736			
San Luis	USA	95	2603			

9.2.2. Zusammenhang zwischen induzierter Seismizität, Talsperrenparametern und Aufstauregime

Erdbeben werden dann als talsperreninduziert bezeichnet, wenn signifikante räumliche und/oder zeitliche Zusammenhänge mit Talsperrenparametern und dem Aufstauregime erkennbar sind. Rothé (1970, 1973) wies darauf hin, daß die Wassertiefe eine entscheidende Größe ist und daß eine induzierte Aktivität vor allem bei Talsperren mit einer Dammhöhe über 100 m auftritt.

Abb. 9.1 zeigt, daß zwischen Stauvolumen und Magnitude keine Korrelation besteht, während sich ein gewisser Zusammenhang zwischen Stauhöhe und Magnitude erkennen läßt.

An zahlreichen Talsperren wurde der zeitliche Zusammenhang zwischen dem

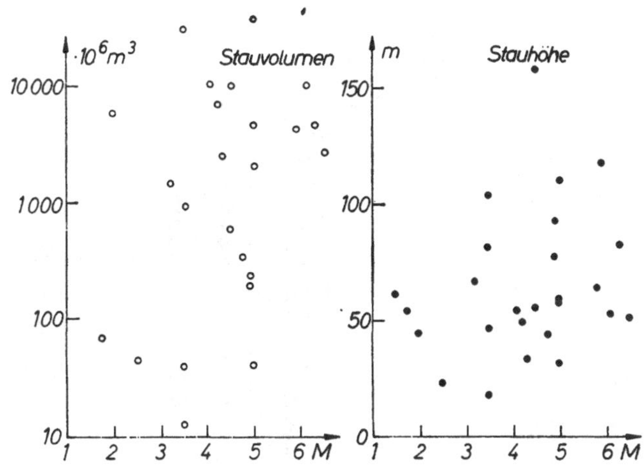

Abb. 9.1. Beziehung zwischen Magnitude und Stauvolumen bzw. Stauhöhe

Aufstauregime und der beobachteten Seismizität untersucht. Als Beispiel zeigt Abb. 9.2 die Beziehung zwischen dem Wasserstand im Stauraum, der Zuflußrate und der Häufigkeit von seismischen Ereignissen für den Koyna-Damm (nach Gupta und Rastogi, 1976). Dieses Gebiet war vor dem Bau der Talsperre praktisch aseismisch. Jeweils im Anschluß an die Regenzeit mit erhöhtem Wasserzufluß ist ein Anstieg der Seismizität zu erkennen. Im Zeitraum von August bis Dezember 1967 wurde über eine lange Zeit ein sehr hoher Wasserstand beibehalten. Dies entspricht einem deutlichen Maximum der seismischen Aktivität mit den beiden stärksten Beben vom 13. September 1967 (Magnitude 5,5) und vom 10. Dezember 1967 (Magnitude 6,4). Der zweithöchste Wasserstand wurde 1965 erreicht. Auch hier tritt eine deutliche Erhöhung der seismischen Aktivität auf. Ist die Aufstaugeschwindigkeit geringer und wird nur eine niedrige Aufstauhöhe erreicht, so ist die seismische Aktivität deutlich schwächer, und es tritt eine größere Zeitverschiebung zwischen Aufstau und seismischer Aktivität auf.

Auch beim Lake Mead vergrößert sich die seismische Aktivität nach den jährlich zu beobachtenden Maxima des Wasserspiegels (s. Abb. 9.3). Im Gegensatz zur Koyna-Talsperre wird die stärkste Seismizität (einschließlich des Bebens mit der Magnitude 5) bereits im Jahre 1939 unmittelbar nach Erreichen des mittleren vollen Aufstaus beobachtet. Extreme Wasserstandshöhen in den Jahren 1941 und 1942 haben keinen wesentlichen Effekt. Insgesamt hat die seismische Aktivität deutlich abgenommen.

Weitere Beispiele (z.B. Nurek-Damm: s. Soboleva und Mamadaliev, 1976; Kariba-Damm: s. Gough und Gough, 1970b; Kremasta-Damm: s. Snow, 1972; Manic-3-Damm: s. Leblanc und Anglin, 1978) zeigen, daß das Ver-

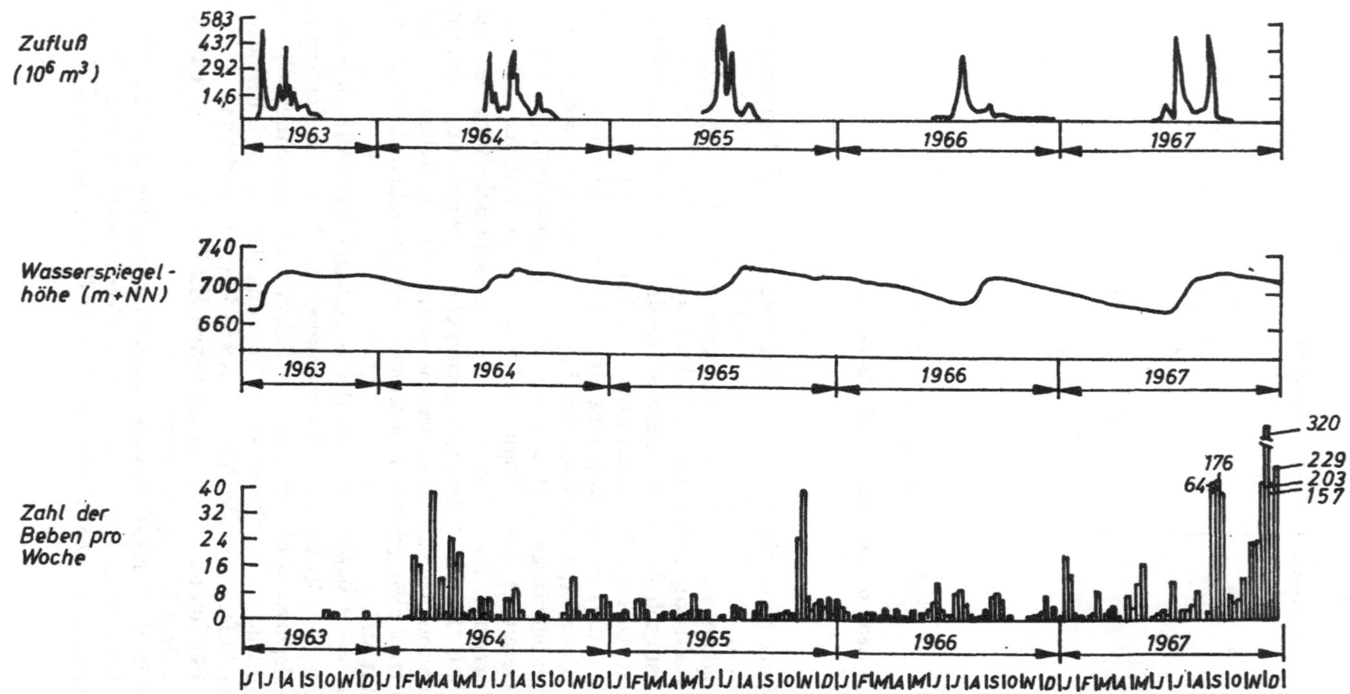

Abb. 9.2. Koyna-Talsperre (Indien): Wasserzufluß, Wasserstand und seismische Aktivität (nach GUPTA und RASTOGI, 1976)

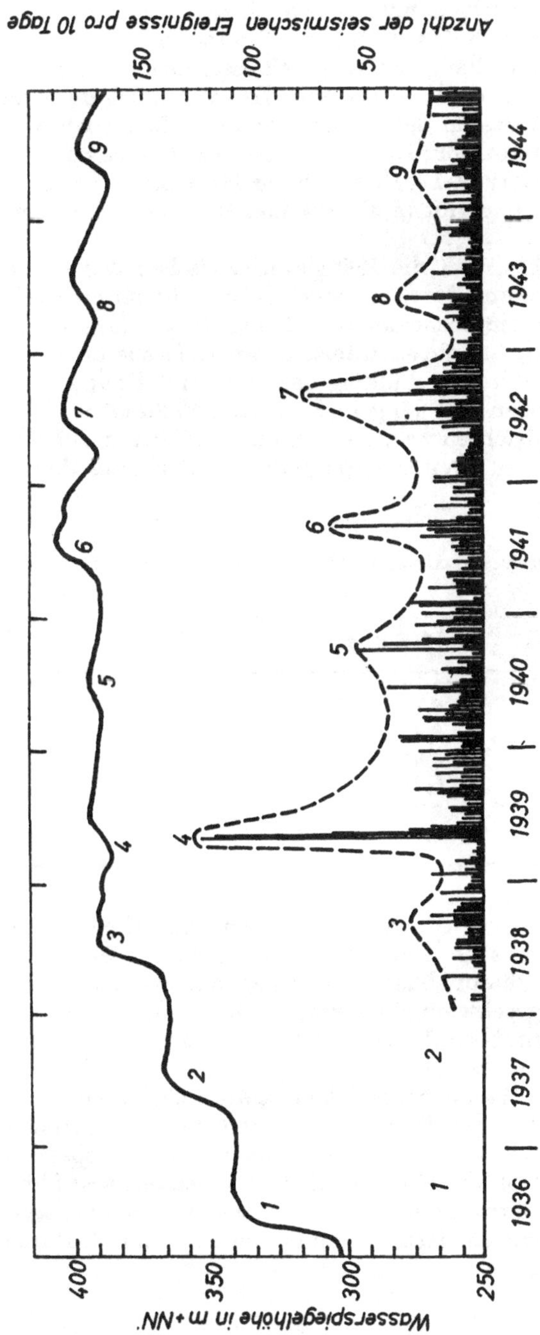

Abb. 9.3. Lake Mead (Hoover-Damm): Wasserspiegelhöhe und seismische Aktivität (nach GUPTA und RASTOGI, 1976)

halten der einzelnen Talsperren durchaus unterschiedlich sein kann, daß aber stets während des Aufstaus oder nach dem Füllen des Stauraumes die Seismizität ansteigt, wobei ein Zusammenhang mit dem jahreszeitlichen Gang der Wasserspiegelhöhe in vielen Fällen deutlich ist. Zur Veranschaulichung sind in Abb. 9.4 die 3-Monate-Mittelwerte für den Wasserstand und die Anzahl von Erdbeben dargestellt (Koyna: 1964–1968; Kariba: 1959–1968; Kremasta: Juli 1965 bis Juni 1966; Lake Mead: 1939–1951). Die Kreuzkorrelation zwischen Wasserspiegelhöhe und Seismizität ergibt (s. Gupta und Rastogi, 1976) eine Zeitverzögerung unter 1 Monat.

Gough (1978) weist darauf hin, daß die Zeitspanne zwischen der ersten maximalen Füllung der Talsperre und dem stärksten Beben sehr unterschiedlich sein kann (s. Tab. 9.2). Er unterscheidet auf Grund dieser Zusammenstellung zwei Typen: Talsperren, bei denen während des Aufstaus oder unmittelbar nach Erreichen der maximalen Füllung das (oder ein) Hauptbeben erfolgte, und Talsperren, bei denen erst längere Zeit nach Füllung der Talsperre das stärkste Beben zu beobachten war. Den ersten Typ führt er auf eine Triggerung durch die Belastung, den zweiten Typ auf die Erhöhung des Poreninnendruckes zurück.

Tabelle 9.2. Zeitspanne zwischen erster maximalen Füllung der Talsperre und dem stärksten Beben (nach Gough, 1978)

Talsperre	Zeitdifferenz	Magnitude
Hsinfengkiang	etwa 1,8	6,1
Koyna	3	6,4
Kariba	0,1	5,8
Hoover	0,8	5,0
Monteynard	0,03	4,9
Kremasta	−0,26	6,3

Eine derartig klare Typisierung ist jedoch schwierig. Offensichtlich ist bei allen Talsperren eine gewisse kritische Stauhöhe erforderlich, um eine seismische Aktivität hervorzurufen, die unabhängig von der maximal möglichen Stauhöhe ist. Auch die Aufstaugeschwindigkeit und die Zeitspanne, über die ein höherer Aufstau erhalten bleibt, beeinflussen das Auftreten einer induzierten Seismizität.

Aus der Analyse der Vor- und Nachbebentätigkeit lassen sich im Anschluß an Mogi (1963) Rückschlüsse über den Homogenitätsgrad des Untergrundes und der räumlichen Spannungsverteilung ableiten. Die bei den talsperreninduzierten Ereignissen beobachtete Verteilung (s. Abb. 9.5) deutet darauf hin, daß in großräumig homogenen Krustenbereichen derartige Beben dort auftreten können, wo lokal eine stärkere Heterogenität von Struktur, Material und Spannungsverteilung vorliegt.

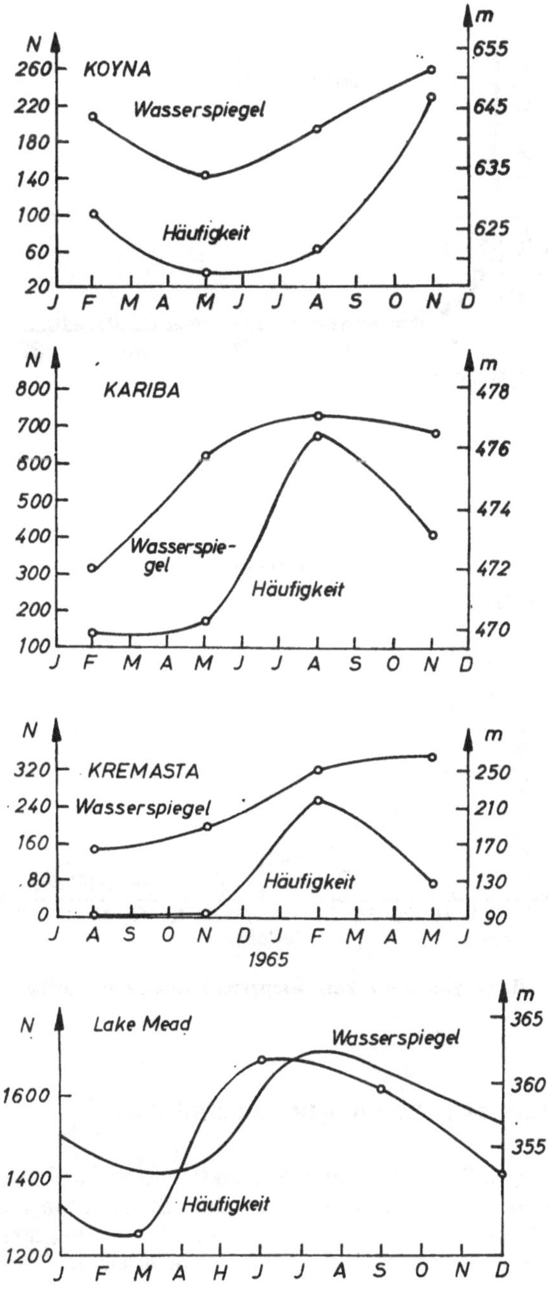

Abb. 9.4. Wasserstand (3-Monats-Mittelwerte) und Bebenhäufigkeit N (nach GUPTA und RASTOGI, 1976)

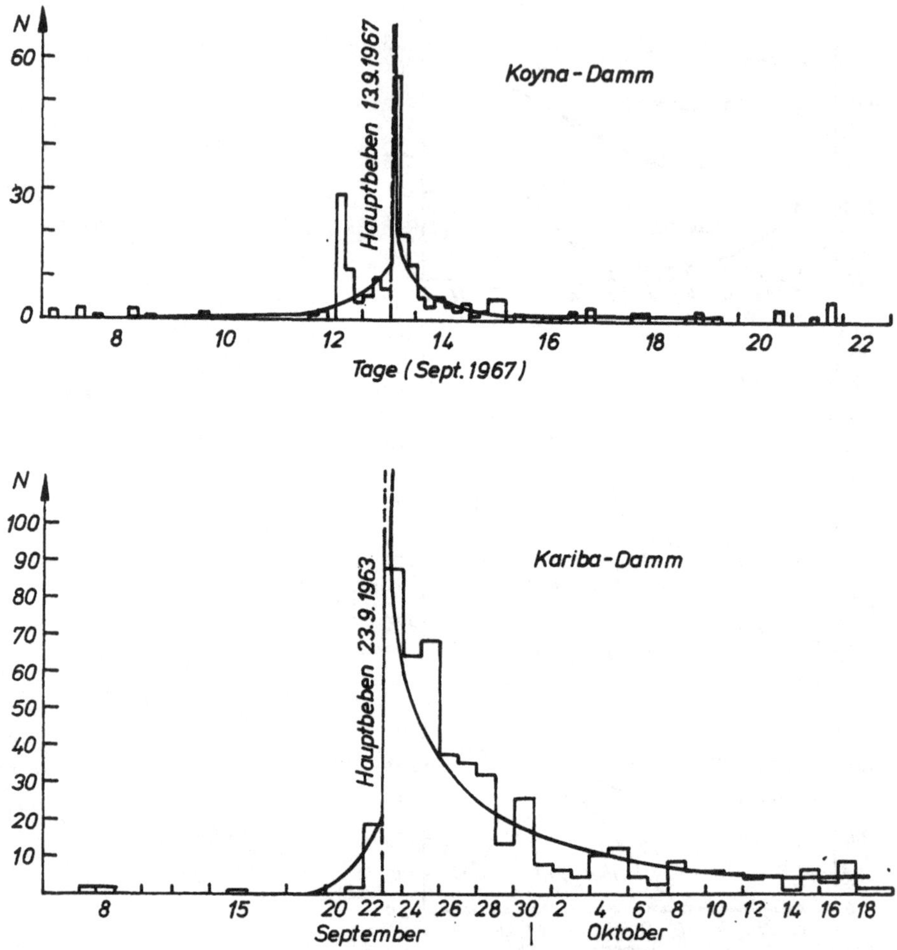

Abb. 9.5. Vor- und Nachbebenverteilung von 2 starken talsperreninduzierten Erdbeben (nach Gupta und Rastogi, 1976)

9.2.3. Zur Entstehung von talsperreninduzierten Erdbeben

Die vorliegenden Daten zeigen, daß das Auftreten von induzierten Erdbeben in einem direkten und ursächlichen Zusammenhang mit dem Stauregime von Talsperren steht. Dabei deutet sich an, daß talsperreninduzierte Ereignisse nur in solchen Gebieten auftreten, in denen die Erdkruste vor allem in Oberflächennähe heterogen aufgebaut ist und unter einem erheblichen latenten tektonischen Spannungszustand steht.

Für eine Reihe von talsperreninduzierten Erdbeben liegen Herdflächenlösungen vor. Zusammenstellungen sind bei GUPTA und RASTOGI (1976) sowie SIMPSON (1976) zu finden. In Abb. 9.6 sind einige typische Beispiele (nach SIMPSON, 1976) dargestellt. Die bisher erhaltenen Herdflächenlösungen zeigen fast ausschließlich entweder Abschiebungs- (normal fault) oder Horizontal- (strike-slip) Bewegungen.

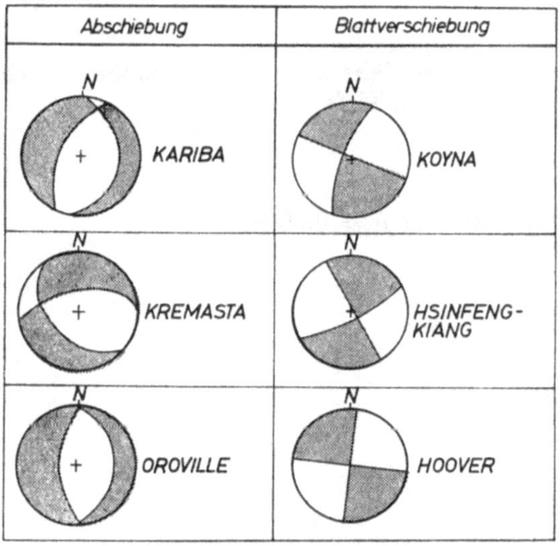

Abb. 9.6. Herdflächenlösungen für talsperreninduzierte Erdbeben (nach SIMPSON, 1976)

Es ist bemerkenswert, daß Bewegungsvorgang und Bruchrichtung, die aus der Herdflächenlösung erhalten wurden, dem tektonischen Deformationsregime (Abschiebung, Überschiebung, Horizontalverschiebung) und der Orientierung der Hauptspannungsachsen entsprechen. Der Mechanismus induzierter seismischer Ereignisse läßt sich also aus dem gegebenen tektonischen Rahmen erklären.

CASTLE u. a. (1980) sehen daher in dem tektonischen Zustand eines Gebietes eine wesentliche Voraussetzung für die Entstehung induzierter seismischer Ereignisse. Dieser Zustand läßt sich vor allem durch drei Faktoren beschreiben:

a) *Die präexistenten Brüche, ihre Orientierung, Dichte und ihr Einfallen*

Aus den Untersuchungen von CASTLE u. a. (1980) wird deutlich, daß eine induzierte Seismizität praktisch nur dann auftritt, wenn die vorhandenen Störungen steil einfallen und etwa parallel zum Verlauf der Talsperre streichen. Die Störungsdichte scheint dagegen keinen Einfluß zu haben. Die Autoren weisen darauf hin, daß das steile Einfallen von Störungen zwar eine notwendige

Voraussetzung für das Entstehen induzierter Seismizität ist, aber nicht notwendigerweise zur Auslösung von Erdbeben führen muß.

b) *Elastische Deformation und Spannungszustand in der Kruste*

Der herrschende Spannungs-/Deformationszustand in der Nähe der Erdoberfläche ist für die Entstehung induzierter seismischer Ereignisse von ausschlaggebender Bedeutung. Es ist daher notwendig, eingehende theoretische und experimentelle Untersuchungen zur Erfassung des Spannungszustandes durchzuführen. Für die vertikale Spannung ergibt sich theoretisch

$$\sigma_{vt} = \varrho g z, \tag{9.1}$$

ϱ – Gesteinsdichte, g – Schwerebeschleunigung, z – Tiefe.

Abb. 9.7 zeigt, daß diese Relation in guter Näherung gilt. Für die theoretische horizontale Spannung σ_{Ht} in einer gegebenen Tiefe gilt:

$$\sigma_{Ht} = \sigma_{vt} \cdot \frac{\hat{\mu}}{1 - \hat{\mu}}, \tag{9.2}$$

wobei $\hat{\mu}$ die Poissonsche Konstante ist. Für $\hat{\mu} = 0{,}25$ ist

$$\sigma_{Ht} = \frac{1}{3} \sigma_{vt}. \tag{9.3}$$

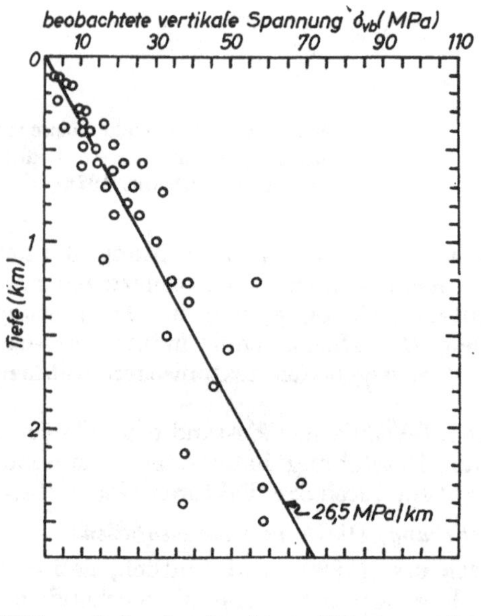

Abb. 9.7. σ_{vb} in Abhängigkeit von der Tiefe.
Die ausgezogene Linie entspricht σ_{vt} für eine mittlere Gesteinsdichte von 2,7 gcm^{-3} (nach McGarr und Gay, 1978)

Während der beobachtete Wert σ_{vb} durch den Überlagerungsdruck des Hangenden bestimmt ist, weichen die Werte für die beobachtete Horizontalspannung σ_{Hb} zum Teil erheblich vom theoretisch zu erwartenden Wert ab, zugleich ist die horizontale Spannung richtungsabhängig. Es kann ein σ_{Hmax} und ein σ_{Hmin} definiert werden.

Weiterhin ist wichtig, daß σ_{Hb} nicht gleich Null an der Erdoberfläche ist und schon in geringen Tiefen sehr hohe Werte annehmen kann (s. Abb. 9.8.). Die Differenz zwischen dem zu erwartenden σ_{Ht} und dem beobachteten σ_{Hb} wird als horizontaler Spannungsüberschuß σ_{ex} bezeichnet. Dieser ergibt sich aus folgender Beziehung

$$\sigma_{\mathrm{ex}} = \sigma_{\mathrm{Hb}} - \sigma_{\mathrm{vt}} \cdot \frac{\hat{\mu}}{1 - \hat{\mu}} . \tag{9.4}$$

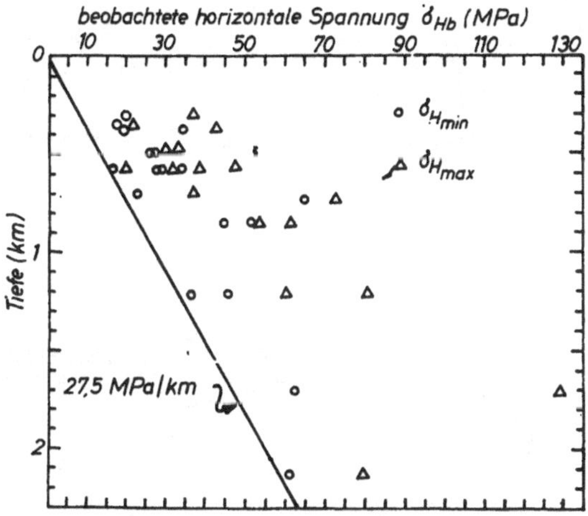

Abb. 9.8. Horizontale Spannungen in Abhängigkeit von der Tiefe (nach McGarr und Gay, 1978)

Die Größe des horizontalen Spannungsüberschusses ist für die Einschätzung einer möglichen Gefährdung durch induzierte seismische Ereignisse von großer Bedeutung. In zunehmendem Maße werden daher in-situ-Spannungsmessungen durchgeführt, um Aussagen über die regionale Spannungsverteilung, die Hauptrichtungen der Spannungen und lokale Änderungen von σ_{ex} zu gewinnen.

c) *Der Deformationsstil*

Castle u.a. (1980) zeigen, daß der vorherrschende Deformationsstil maßgeblich das Entstehen induzierter Erdbeben beeinflußt. So tritt eine talsperreninduzierte Seismizität praktisch nur dann auf, wenn ein Abschiebungs- bzw. Strike-Slip-Regime vorliegt, während bei einem Überschiebungsregime (Kompressionsregime) induzierte Beben bisher kaum beobachtet wurden.

Da die seismische Aktivität unmittelbar talsperrenbezogen ist, muß das aufgestaute Wasser in entscheidendem Maße den Spannungszustand in der Nähe der Erdoberfläche beeinflussen.

Es gibt zwei Grundmodelle zur Erklärung talsperreninduzierter Erdbeben

(s. z.B. Gough und Gough, 1970a, b; Simpson, 1976; Kisslinger, 1976; Castle u.a., 1980):
- das Auflastmodell und
- das Porenflüssigkeitsmodell.

Kisslinger (1976) ergänzt diese beiden Modelle im Anschluß an Untersuchungen in China durch ein „Argillisierungsmodell". Die Probleme, die mit den einzelnen Modellen verbunden sind, sollen an Hand des Mohrschen Diagramms erläutert werden (s. Abb. 9.9).

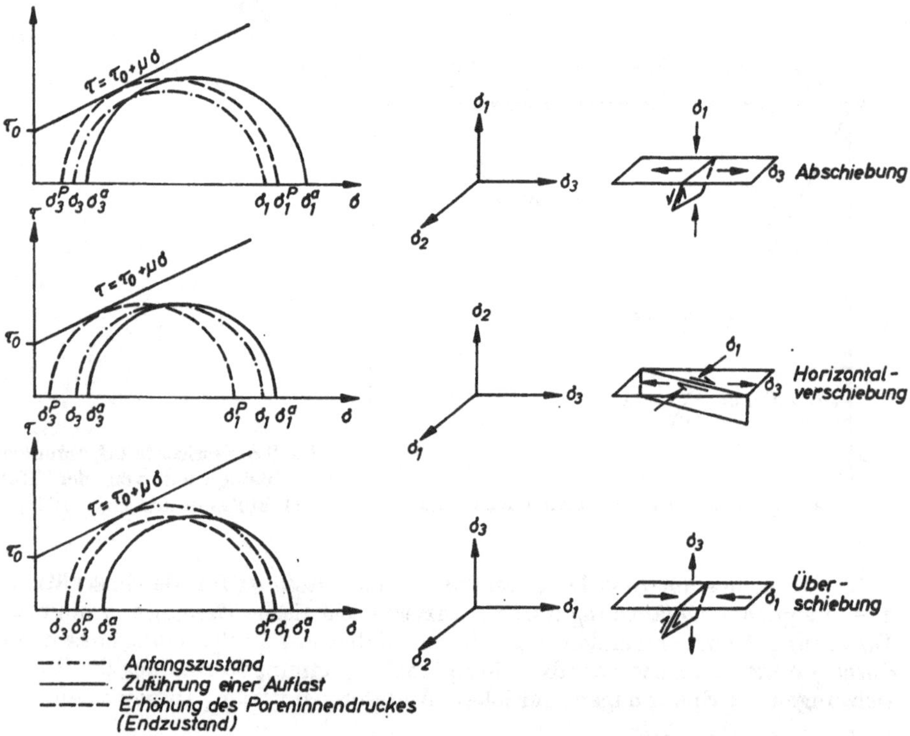

Abb. 9.9. Einfluß von Auflast (a)- und Poreninnendruckänderungen (P) auf das Spannungsfeld (nach Simpson, 1976)

Das Auflastmodell

Durch die Auflast des angestauten Wassers wird eine zusätzliche Spannung erzeugt, die sich der vorhandenen tektonischen überlagert. Die Spannungszunahme beträgt 0,1 bar pro Meter angestauten Wassers. Im Mittel kann man für Talsperren also mit einer Spannungszunahme von maximal 10 bar rechnen (entsprechend 100 m Wasseraufstau).

Gough (1969) hat das induzierte Normal- und Scherspannungsfeld unter einer Talsperre berechnet (s. Abb. 9.10).

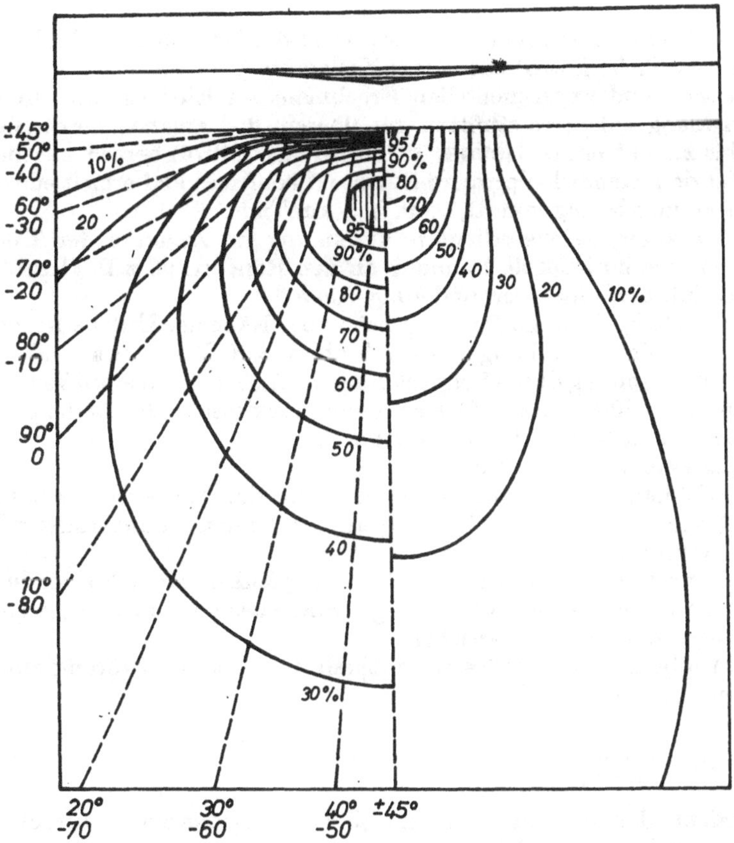

Abb. 9.10. Zusatzspannung unter einem Stausee von 20 km Breite und 100 m Tiefe. Die Verteilung des Normalstresses ist auf der rechten Bildfläche gezeigt in % des Maximalwertes von 9,33 bar. Links ist die Scherspannung in % des Maximalwertes von 2,41bar dargestellt (nach Gough, 1969). Die gestrichelten Linien geben das Einfallen der Flächen, auf denen die maximale Scherspannung wirksam ist

Mit zunehmender Tiefe nimmt die auflastbedingte Zusatzspannung rasch ab. Das gleiche gilt für die elastische Deformation. Unter dem Zentrum einer Talsperre tritt eine auflastbedingte Kompression Δd verbunden mit einer elastischen Absenkung des Untergrundes auf. Diese läßt sich vereinfacht nach folgender Beziehung (s. GUPTA und RASTOGI, 1976) berechnen:

$$\Delta d = \frac{F}{\varrho \pi E} \left[\frac{(1 + \hat{\mu}) z^2}{R^3} + 2 \frac{(1 - \hat{\mu}^2)}{R} \right], \tag{9.5}$$

F = Kraft, E = YOUNGscher Modul, R = Abstand des betrachteten Punktes vom Ursprung, z = Tiefe, $\hat{\mu}$ = POISSONsche Konstante.

Die rechnerischen und experimentellen Ergebnisse am Karibastausee und an der Hsinfengkiang-Talsperre stimmen gut überein und ergaben maximale Absenkungen bis zu 23,5 cm (s. GOUGH, 1970a). GREEN (1974) berechnete die Absenkung unter dem Hendrik-Verwoerd-Stausee (Südafrika) und erhielt einen maximalen Absenkungsbetrag von 31,7 mm in 1 km Tiefe.

Parallel zu der kompressionsbedingten Absenkung im Zentrum der Talsperre ergibt sich eine horizontale Dehnung an den Rändern (s. z.B. CASTLE u.a., 1980). Dies führt zu einer Verminderung von σ_3.

Die auflastbedingte horizontale Dehnung hat in der Nähe der Erdoberfläche ihr Maximum. Nach der Tiefe klingt sie rasch ab (s. z.B. WANG u.a., 1976). Die erzeugte Zusatzspannung durch Vergrößerung der Auflast ist also auf keinen Fall in der Lage, ein völlig intaktes Gestein ohne präexistente Brüche an den Grenzspannungszustand heranzuführen (s. Abb. 9.9).

Es bleiben also zwei Möglichkeiten:

- Es gibt präexistente Brüche, die durch das von der Talsperre erzeugte zusätzliche Spannungsfeld mobilisiert und an den Grenzspannungszustand herangeführt werden können.
  GOUGH und GOUGH (1970b) bezeichnen diese Möglichkeit als „Direktinduzierung" seismischer Ereignisse. In der Regel wird aber auch hierfür die erzeugte Zusatzspannung nicht ausreichen.
  GOUGH (1978) gibt z.B. an, daß eine vertikale präexistente Störung eine Scherfestigkeit hat von

$$\tau = \mu \varrho g z \cdot \frac{\hat{\mu}}{1 - \hat{\mu}}; \tag{9.6}$$

  v = Koeffizient der inneren Reibung, $\hat{\mu}$ = POISSONsche Konstante, ϱ = Dichte, g = Schwerebeschleunigung, z = Tiefe.
  Für $\mu = 0{,}5$, $\hat{\mu} = 0{,}25$ und $z = 1$ km ist die Scherfestigkeit 49 bar. Da aber auch eine große Talsperre höchstens eine Scherspannung von etwa 5 bar in dieser Tiefe erzeugt, ist die direkte Induzierung eines Bruchvorganges durch Lastaufgabe wenig wahrscheinlich.
- Der Erdkrustenbereich in der Umgebung der Talsperre befindet sich auf Grund der vorhandenen tektonischen Spannungen in der Nähe des Grenzspannungszustandes, so daß bereits eine geringe Erhöhung um $\Delta\sigma_1 = \sigma_w$ und um $\Delta\sigma_3 = 1/3\, \Delta\sigma_1$ zum Bruch führt.
  σ_w ist dabei die durch die Wasserauflast erzeugte Zusatzspannung, sie entspricht zugleich der Änderung des Poreninnendruckes. Wie Abb. 9.9 zeigt, ist dies dann möglich, wenn

- μ sehr niedrig ist (kleiner als 0,5) und damit der Anstieg der Grenzspannungskurve flach ist,
- ein hoher horizontaler Spannungsüberschuß σ_{ex} vorhanden und σ_3 sehr niedrig ist.

Das Porenflüssigkeitsmodell

Bei Anwesenheit eines porenfüllenden Mediums ergibt sich die effektive Normal- und Scherspannung zu

$$\sigma_{1\mathrm{eff}} = \sigma_1 - p,$$
$$\sigma_{3\mathrm{eff}} = \sigma_3 - p,$$
$$\tau_{\mathrm{eff}} = \tau.$$

Bei der Scherspannung tritt keine Änderung ein. Wird unter dem Einfluß des aufgestauten Wassers in der Talsperre der Poreninnendruck p um $\Delta p = \sigma_w$ verändert, so kommt es zu einer weiteren Reduzierung der effektiven Spannungen $\sigma_{1\mathrm{eff}}$ und $\sigma_{3\mathrm{eff}}$ um diesen Betrag. Da der Effekt von Δp auf σ_1 und σ_3 gleich ist, führt dies im Mohrschen Diagramm zu einer Verschiebung des Mohrschen Kreises bei konstantem Radius nach links. Bei Erreichen der Grenzspannungskurve kann das Mohrsche Bruchkriterium erfüllt werden.

Gleichzeitig kann das Eindringen von Wasser auch zur Verringerung des Koeffizienten der inneren Reibung führen, wenn ein stark tonhaltiger Lettenbesteg (Gouge-Zone) vorliegt. Damit würde sich der Anstieg der Grenzspannungskurve abflachen, womit auch die kritische Scherfestigkeit kleiner würde (Argillisierungseffekt nach Kisslinger, 1976). Eine Talsperre wirkt also in sehr komplexer Weise auf den Stress-Strainzustand und die Scherfestigkeit des Materials im Untergrund ein.

Abb. 9.9 zeigt modellartig, wie unterschiedlich sich die Veränderung des Auflast- und Poreninnendruckes in Abhängigkeit vom herrschenden tektonischen Regime auswirken kann.

Fall 1: Abschiebungen (normal fault)

σ_1 ist vertikal, σ_3 horizontal orientiert. Die Auflast durch das Wasser vergrößert σ_1 um den Betrag $\Delta\sigma_1 = \sigma_w$ und σ_3 um den Betrag $\Delta\sigma_3 = 1/3\,\Delta\sigma_1$. Damit verschiebt sich der Mohrsche Kreis etwas nach rechts, zugleich wird der Radius größer. Berücksichtigt man zusätzlich die Erhöhung des Poreninnendruckes um $\Delta p = \sigma_w$, so verschiebt sich der Mohrsche Kreis um diesen Betrag nach links, der Grenzspannungszustand kann erreicht werden.

Fall 2: Horizontalverschiebung, Blattverschiebung (strike slip)

σ_1 unh σ_3 liegen horizontal. Eine Erhöhung der Auflast bewirkt eine Verschiebung des Mohrschen Kreises nach rechts um den Betrag $\Delta\sigma_1 = \Delta\sigma_3 = 1/3\,\sigma_w$. Der Kreisradius bleibt unverändert. Damit tritt eine Stabilisierung ein. Berücksichtigt man die Erhöhung des Poreninnendruckes entsprechend der Auflast durch das Wasser (σ_w), so werden σ_1 und σ_3 gleichmäßig um diesen Betrag nach links verschoben. Der Grenzspannungszustand kann erreicht werden.

Fall 3: Überschiebungen (overthrust faults)

σ_1 liegt horizontal, σ_3 steht vertikal. Eine Auflastvergrößerung bewirkt eine Zunahme von σ_3 um $\Delta\sigma_3 = \sigma_w$ und eine Zunahme von σ_1 um $\Delta\sigma_1 = 1/3\ \Delta\sigma_3$. Es tritt eine Stabilisierung ein: Der Radius, d.h. die Differenz $\sigma_1 - \sigma_3$, wird kleiner, und es erfolgt eine Verschiebung des Kreises nach rechts.

Bei Berücksichtigung der Erhöhung des Poreninnendruckes um Δp verschiebt sich der Kreis bei gleichbleibendem Radius nach links. Man erkennt, daß eine Stabilisierung in diesem Fall zu erwarten ist.

Diese modellartigen Überlegungen stimmen gut mit den tatsächlichen Beobachtungen überein. Fast durchweg wurden bei talsperreninduzierten Erdbeben Abschiebungen bzw. Horizontalverschiebungen beobachtet. Nur am Nurek-Damm traten induzierte Ereignisse mit einem Überschiebungsmechanismus auf (s. NEGMATULLAEV, 1975).

Das Entstehen einer talsperreninduzierten Seismizität hängt also in komplizierter Weise von den geologischen und hydrologischen Bedingungen, von dem herrschenden tektonischen Regime, von den Parametern der Talsperre und des Stauregimes sowie von den spezifischen Änderungen des Spannungszustandes unter der Talsperre ab.

Grundsätzlich besteht bei jeder Talsperre die Gefahr für eine induzierte Seismizität, eine seismische Überwachung sollte daher in jedem Fall durchgeführt werden.

Einige Regeln lassen sich für das Auftreten induzierter Beben erkennen (s. auch SIMPSON, 1976):

- Die Wahrscheinlichkeit ist am höchsten in Gebieten mit steil einfallenden Störungen und bei vorherrschendem Abschiebungs- oder Horizontalverschiebungsregime.
- Die Wahrscheinlichkeit scheint am höchsten in Gebieten mit einer mittleren Strainrate.
- In Gebieten mit einem Kompressionsregime ist kaum mit induzierten Erdbeben zu rechnen.
- Grundsätzlich sind die Gebiete mit einer erhöhten latenten (aktuellen oder residuellen) Spannung gefährdet.
- Ein zusätzliches Gefahrenmoment bilden die Lettenbestege entlang präexistenter Störungszonen (GOUGE-Zonen).

9.2.4. Talsperreninduzierte Aseismizität

In seismisch aktiven Gebieten deutet sich in einigen Fällen eine talsperreninduzierte Verringerung der seismischen Aktivität an. So fand BUFE (1976) bei seinen Untersuchungen entlang der Calaveras-Verwerfung in Zentralkalifornien einen Abschnitt mit verringerter Seismizität (seismische Lücke), der mit der Lage der Anderson-Talsperre übereinstimmt. BUFE deutet diese Lücke als talsperreninduzierte Aseismizität. Die Ursache sieht er im Anschluß an Untersuchungen von BYERLEE und BRACE (1972) darin, daß bei dem erhöhten

Poreninnendruck unterhalb der Talsperre die strike-slip-Bewegung in ein stabiles Gleiten übergeht. Dieser Vorgang scheint besonders die schwachen Erdbeben zu unterdrücken, so daß ein sehr niedriger b-Wert in diesem Bereich auftritt.

Ein weiteres Beispiel geben JACOB u.a. (1979) an. Sie untersuchten die zeitlichen Variationen der seismischen Aktivität im Bereich der Tarbela-Talsperre in Nordpakistan. Während einer ersten kurzen Aufstauperiode im Jahre 1974, die einen Belastungsimpuls auf den Untergrund ausübte, und während des endgültigen Aufstaus im Jahre 1975 wurde eine Abnahme der seismischen Aktivität in unmittelbarer Nähe der Talsperre beobachtet. Nach Erreichen der vollen Stauhöhe bzw. bei abnehmendem Wasserstand in der Talsperre stieg die Seismizität rasch wieder auf die ursprüngliche Stärke an.

9.3. Bergbauinduzierte Seismizität

9.3.1. Überblick

In zahlreichen Bergbaugebieten der Erde werden seismische Ereignisse beobachtet, deren Auftreten in ursächlichem Zusammenhang mit dem untertägigen Abbau steht. Die Untersuchung derartiger seismischer Ereignisse, ihrer Ursachen, ihres Mechanismus und ihrer Beziehungen zum gebirgsmechanischen Verhalten geologischer Körper gewinnt eine immer größere Bedeutung für die Sicherheit im Bergbau und bei der Abbauführung.

Besonders häufig werden bergbauinduzierte seismische Ereignisse im Kohlebergbau beobachtet. Eingehende Untersuchungen wurden z.B. durchgeführt: im oberschlesischen Steinkohlenrevier (VR Polen) (s. z.B. GIBOWICZ, 1963; DROSTE und TEISSEYRE, 1976; RYBICKI und WERNIK, 1970; GIBOWICZ, CICHOWICZ und DYBEL, 1977), im Steinkohlenrevier des Ruhrgebietes (BRD) (s. u.a. BRÄUNER, 1964, 1972; JACOBI, 1964; LEITERITZ, 1978; CASTEN und CETE, 1980; PELZING, 1978; BAULE, 1977), in den englischen und schottischen Kohlerevieren (s. u.a. BROWITT, 1978; WESTBROOK, 1978), in verschiedenen Kohlerevieren der UdSSR, im Steinkohlenrevier von Kladno (ČSSR) (s. z.B. BUBEN und RUDAJEV, 1977; RUDAJEV, 1967, 1971; PRIBYL und RUDAJEV, 1969), in den Steinkohlenrevieren von Pennsylvanien und Utah in den USA (s. z.B. SMITH u.a., 1974; DUNRUD und OSTERWALD, 1965).

Aber auch aus Erz- und Salzbergbaurevieren ist eine starke seismische Aktivität bekannt geworden. Hierzu gehören z.B.

- der Goldbergbau in Südafrika am Witwatersrand (s. z.B. MCGARR u.a., 1975; SPOTTISWOODE und MCGARR, 1975; MCGARR und GAY, 1978),
- das schwedische Eisenbergbaurevier bei Grängesberg (s. z.B. BÅTH, 1977, 1978; BÅTH und WAHLSTRÖM, 1976),

- das Bleiglanzbergbaurevier der Galena Mine in Idaho in den USA (s. Blake, 1972),
- das Kupferschiefergebiet von Lubin in der VR Polen (s. z.B. Gibowicz, 1977; Descours, 1979),
- das Kalisalzbergbaugebiet an der Werra (DDR und BRD). In diesem Gebiet wurden mehrere starke seismische Ereignisse beobachtet (s. z.B. Sponheuer u.a., 1960; Leydecker, 1976; Hurtig u.a., 1982; Knoll u.a., 1980).

Tabelle 9.3. Starke bergbauinduzierte Erdbeben (M_s = Oberflächenwellenmagnitude)

Magnitude (m_b)	Datum	Ort	Land	Bergbau
5,5	7. 4. 1977	Witwatersrand	Südafrika	Gold
5,4	23. 6. 1975	Sünna	DDR	Kali
5,0	21. 1. 1974	Witwatersrand	Südafrika	Gold
5,0	23. 7. 1974	Witwatersrand	Südafrika	Gold
5,0	24. 3. 1977	Legnica	Polen	Kupfer
5,0	19. 11. 1970	Witwatersrand	Südafrika	Gold
5,0	25. 3. 1973	Witwatersrand	Südafrika	Gold
4,9	24. 1. 1973	Witwatersrand	Südafrika	Gold
4,9	9. 3. 1973	Witwatersrand	Südafrika	Gold
4,9	27. 3. 1973	Witwatersrand	Südafrika	Gold
4,8	17. 1. 1973	Witwatersrand	Südafrika	Gold
4,8	6. 2. 1973	Witwatersrand	Südafrika	Gold
4,7	1. 10. 1972	Utah	USA	Kohle
4,7	19. 12. 1973	Witwatersrand	Südafrika	Gold
4,6 M_s	22. 2. 1953	Heringen	BRD	Kali
4,6	29. 3. 1970	Utah	USA	Kohle
4,6	21. 4. 1970	Utah	USA	Kohle
4,6	23. 5. 1970	Utah	USA	Kohle
4,6	7. 1. 1971	Utah	USA	Kohle
4,6	23. 6. 1971	Utah	USA	Kohle
4,6	3. 1. 1972	Utah	USA	Kohle
4,6	6. 3. 1972	Utah	USA	Kohle
4,6	2. 4 1972	Utah	USA	Kohle
4,6	4. 4. 1971	Schierstedt	DDR	Steinsalz
4,5	10. 11. 1971	Utah	USA	Kohle
4,4 M_s	8. 7. 1958	Merkers	DDR	Kali
4,4	29. 4. 1974	Utah	USA	Kohle
4,3	1. 7. 1974	Rochonvillers	Frankreich	
4,3	20. 4. 1973	Rochonvillers	Frankreich	
4,3	25. 10. 1970	Utah	USA	Kohle
4,2	1. 7. 1970	Witwatersrand	Südafrika	Gold
4,2	2. 2. 1950	Oberschlesien	VR Polen	Kohle
4,2	16. 7. 1952	Oberschlesien	VR Polen	Kohle
4,0	4. 2. 1956	Oberschlesien	VR Polen	Kohle

Erscheinungsweise, Häufigkeit und Stärke der seismischen Ereignisse sind in den einzelnen Bergbaugebieten unterschiedlich.

In Tab. 9.3 sind starke bergbauinduzierte Beben mit einer Magnitude >4 zusammengestellt (nach Angaben des ISC).

9.3.2. Mechanismus und Typisierung bergbauinduzierter seismischer Ereignisse

Obert und Duvall (1967) sowie Osterwald (1970) teilen bergbauinduzierte Ereignisse ein in „rockfalls" (Firstfälle, Abschalungen u.ä.), „rockbursts" (Gebirgsschläge) und „outbursts" (Ausbrüche, hervorgerufen durch Gasausbrüche vorwiegend in Kohle- und Salzbergwerken). Neuere Untersuchungen über das Auftreten, den Mechanismus und den Herdprozeß seismischer Ereignisse in Bergbaugebieten sowie die Analyse der geomechanischen Ursachen, Voraussetzungen und begünstigenden Faktoren führten zu Überlegungen, bergbauinduzierte Erdbeben begrifflich neu zu definieren (s. Knoll u.a., 1980; Hurtig u.a., 1982).

In Abb. 9.11 ist das Grundschema dargestellt. Aus seismologischer Sicht sollte nicht von Gebirgsschlägen, sondern allgemein von seismischen Ereignissen in Bergbaugebieten gesprochen werden. Dabei sind folgende Möglichkeiten zu unterscheiden:

a) Auf Grund des vorliegenden tektonischen Spannungszustandes können natürliche Erdbeben in einem Bergbaurevier auftreten, die direkt erhebliche Schäden an untertägigen und übertägigen Einrichtungen des Bergbaus anrichten oder zur Auslösung (Triggerung) von seismischen Ereignissen im bergmännischen Gewinnungsbereich bzw. im Hangenden oder Liegenden der bergmännischen Aufschlüsse führen.

b) Die bergmännischen Gewinnungsarbeiten verursachen im Bereich der Abbaufront lokale Spannungsumverteilungen. Es entsteht ein lokales bergbauinduziertes Spannungsfeld. Dieses kann direkt oder in Überlagerung mit dem vorhandenen tektonischen Spannungsfeld zu seismischen Ereignissen im Gewinnungsbereich führen.

Dieser Typ soll als „gewinnungsinduzierte Seismizität" bezeichnet werden (Typ 1). Er entspricht hinsichtlich seiner Ursachen und seinem Auftreten weitgehend den bisherigen Vorstellungen über Gebirgsschläge. Er tritt in unmittelbarer räumlicher und zeitlicher Verbindung mit den Gewinnungsarbeiten vor Ort auf. Diese seismischen Ereignisse werden durch den plötzlichen Sprödbruch von Gesteinspartien verursacht, der die Folge von Spannungsumlagerungen im konturnahen Bereich bei bergbaulichen Arbeiten ist (s. z.B. Blake, 1972). Knoll u.a. (1980) bezeichnen diesen Typ als „statische Gebirgsschläge".

Die Modellierung des lokalen bergbauinduzierten Spannungsfeldes um einen Hohlraum mit Hilfe der Methode der finiten Elemente läßt die Be-

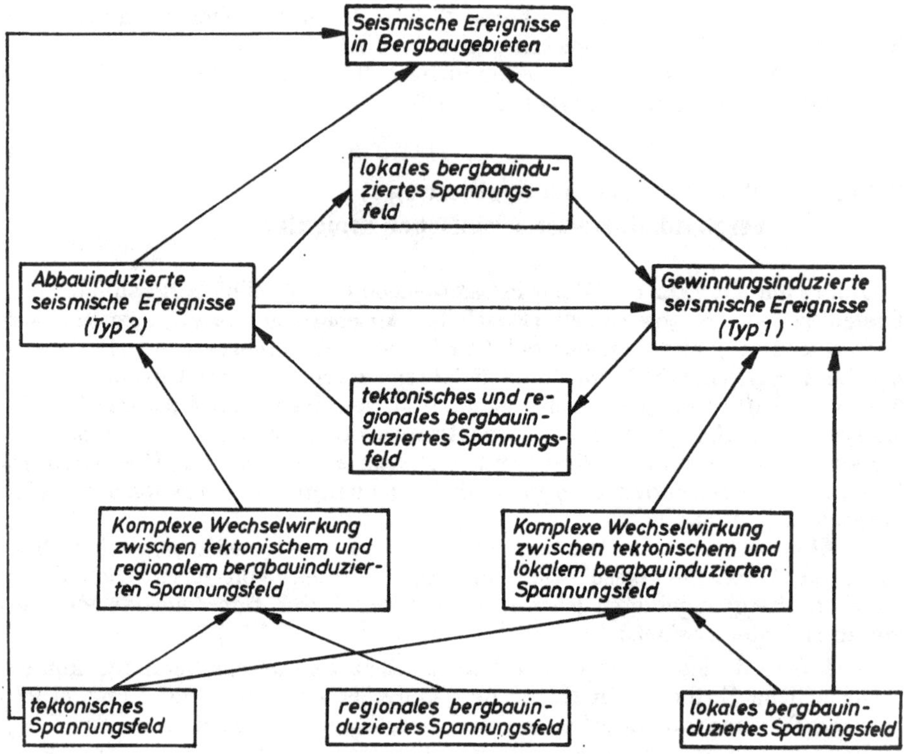

Abb. 9.11. Schema der Einteilung bergbauinduzierter seismischer Ereignisse

reiche erkennen, in denen Bruchvorgänge und damit seismische Ereignisse bevorzugt auftreten.

Schematisch sind diese Verhältnisse in Abb. 9.12 dargestellt. Diese

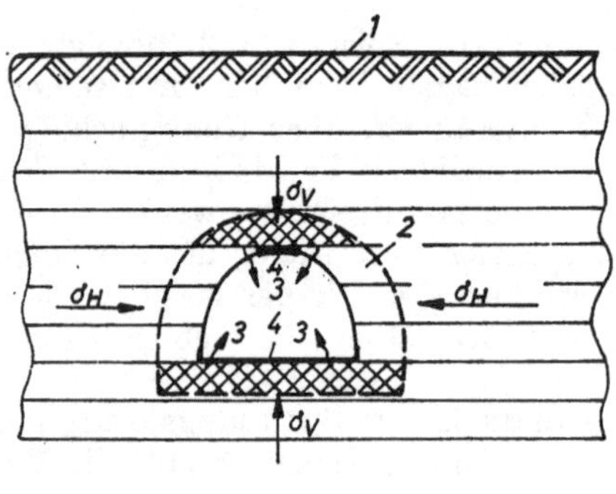

Abb. 9.12. Prinzipdarstellung der Bedingungen beim Entstehen bergbauinduzierter seismischer Ereignisse
(Typ 1: gewinnungsinduzierte Ereignisse (nach Knoll u.a., 1980);
1: Hangendes
2: Hochspannungszone in der Umgebung des Hohlraumes,
3: „gebirgsschlag"-gefährdete Bereiche,
4: Bereiche der Hochspannungszone, die in die Nähe des Grenzspannungszustandes geraten

Ereignisse haben ihren Herd in unmittelbarer Nähe des Gewinnungsbereiches. Cook (1976) gibt aus den Erfahrungen im Goldbergbau am Witwatersrand an, daß die überwiegende Anzahl der Gebirgsschläge in 20 bis 80 m Entfernung von der Abbaufront entsteht.

Die zeitliche Verteilung weist auf die direkte Kopplung zwischen der Anzahl der seismischen Ereignisse und dem Gewinnungsbetrieb. So geht am Wochenende sowie an Feiertagen die induzierte Aktivität stark zurück (s. Abb. 9.13).

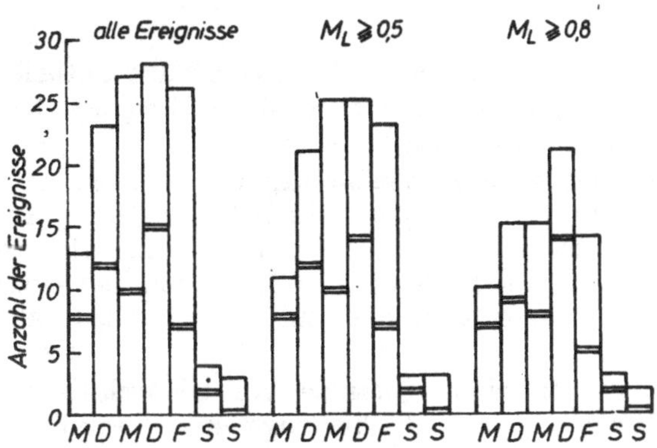

Abb. 9.13. Häufigkeit von bergbauinduzierten Ereignissen (nach Browitt, 1978)

Für diese Art von bergbauinduzierten Ereignissen sind vom internationalen Bergbau zahlreiche Methoden zur Prognostizierung und Bekämpfung entwickelt worden. Dabei haben sich Methoden der seismischen und seismoakustischen Überwachung von Grubenrevieren sehr bewährt. Eine zeitliche Prognose von bergbauinduzierten Ereignissen des Typs 1 ist in der Regel nicht möglich. Für den Bergbau ist jedoch eine räumliche Prognose, wo die gebirgsschlaggefährdeten Gewinnungsbereiche liegen, in vielen Fällen ausreichend, denn die Erfahrungen in vielen Bergwerken zeigen, daß die Gebirgsschlaggefährdung in den einzelnen Abbaubereichen unterschiedlich ist. Sie konzentriert sich meist auf Zonen mit bestimmten tektonischen und lithofaziellen Bedingungen, in denen zugleich residuelle oder aktuelle Spannungskonzentrationen im Gebirge vorhanden sind.

c) Die untertägigen Hohlräume in einem Bergbaurevier verursachen als Langzeitwirkung eine weiträumige Spannungsumverteilung, die zu einem regionalen bergbauinduzierten Spannungs- bzw. Deformationsfeld führt.

Abb. 9.14 zeigt das Prinzip. Oberhalb der abgebauten Lagerstätte tritt im horizontalen Strain eine deutliche Kompression auf, während an den Rändern der Lagerstätte Dehnung vorherrscht. Durch Überlagerung des regionalen bergbauinduzierten und des tektonischen Spannungsfeldes können Erdbeben verursacht werden, die als „abbauinduzierte seismische Ereignisse" bezeichnet werden sollen. Eine sorgfältige Analyse zeigt, daß

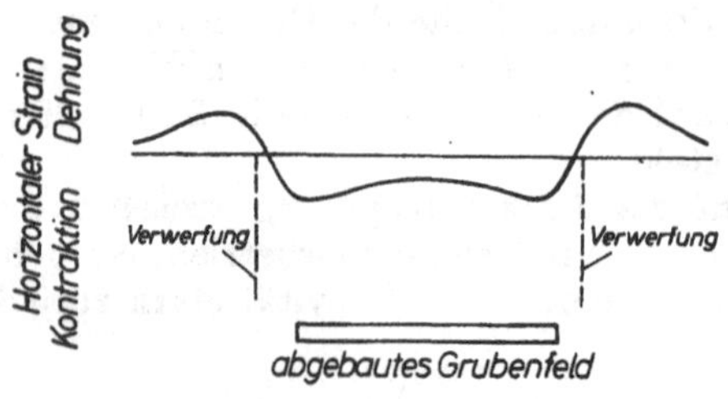

Abb. 9.14. Schematische Darstellung der Verteilung des horizontalen Strains über einer abgebauten Lagerstätte

diese Ereignisse weder zeitlich noch räumlich unmittelbar mit dem aktuellen Gewinnungsbetrieb in Verbindung stehen. Der Herd dieser Ereignisse liegt in der Regel außerhalb des Abbauhorizontes.

In zahlreichen Fällen ist der Herd im Liegenden der abgebauten Lagerstätte beobachtet worden. So zeigen SMITH u. a. (1974), daß die Beben im Sunnyside-Kohlenrevier von Utah etwa 500 bis 1500 m unterhalb des Abbauhorizontes auftreten. Die Beben von Peißenberg (s. KOSCHYK, 1973) können hier eingeordnet werden. Das gleiche gilt für Beben im Kupferschieferbergbau bei Lubin in der VR Polen.

Nach dem MOHRschen Diagramm sind vorrangig bei Überschiebungs- (σ_1 horizontal, σ_3 vertikal) und eventuell auch Abschiebungstektonik seismische Ereignisse im Liegenden des Abbauhorizontes zu erwarten (s. Abb. 9.9). Dies bestätigen auch die Ergebnisse von Herdflächenlösungen für seismische Ereignisse im Steinkohlenbergbau von Utah (s. SMITH u. a., 1974), die ein deutliches Überschiebungsregime zeigen.

Beim Abbau wird σ_3 durch zwei Effekte vermindert:

- durch den Abbau des Flözes selbst (dieser Anteil beträgt bei 4 bis 10 m mächtigen Abbauhorizonten höchstens 1 bar);
- durch die Spannungsumverteilung im Hangenden mit einer gewissen Entlastung im Bereich des abgebauten Grubenfeldes.

Beide Effekte führen zu einer Vergrößerung des MOHRschen Kreises, wobei der Grenzspannungszustand erreicht werden kann.

Für das Entstehen abbauinduzierter seismischer Ereignisse sind präexistente Bruchzonen und geomechanische Schwächezonen im Hangenden und Liegenden der abgebauten Lagerstätte von großer Bedeutung. Liegen diese am Rande der Abbaufelder im Bereich horizontaler Dehnung (s. Abb. 9.14), so wird infolge der verringerten Scherfestigkeit die Gefahr für die Auslösung induzierter Beben erhöht.

Die Scherfestigkeit von Bruch- oder Schwächezonen kann durch zusätzliche ingenieurtechnische Eingriffe (z. B. Verpressen von Wasser) weiter herabgesetzt werden.

Seismische Ereignisse in Bergbaugebieten werden also durch ein sehr komplexes Zusammenwirken verschiedener Spannungsfelder, durch die vorhandene

Bruchtektonik, das rezente tektonische Deformationsregime und die geomechanischen Eigenschaften der Gesteine im Hangenden und Liegenden der Lagerstätte verursacht.

9.3.3. Herdparameter bergbauinduzierter seismischer Ereignisse

Im oberschlesischen Steinkohlenrevier (VR Polen) und im Goldbergbaugebiet am Witwatersrand (Südafrika) sind die Herdparameter bergbauinduzierter seismischer Ereignisse eingehend untersucht worden (s. z.B. Gibowicz u.a., 1977; Spottiswoode und McGarr, 1975). Als Überblick sind in Tab. 9.4 die Ergebnisse von Gibowicz u.a. (1977) dargestellt. Die Werte für das seismische Moment und den Spannungsabfall (Stress Drop) können erheblich zwischen den einzelnen Bergbaugebieten, aber auch innerhalb eines Revieres in Abhängigkeit von den lokalen tektonischen Bedingungen und den Gesteinseigenschaften schwanken.

In Abb. 9.15 ist die Beziehung zwischen seismischem Moment M_0 und der

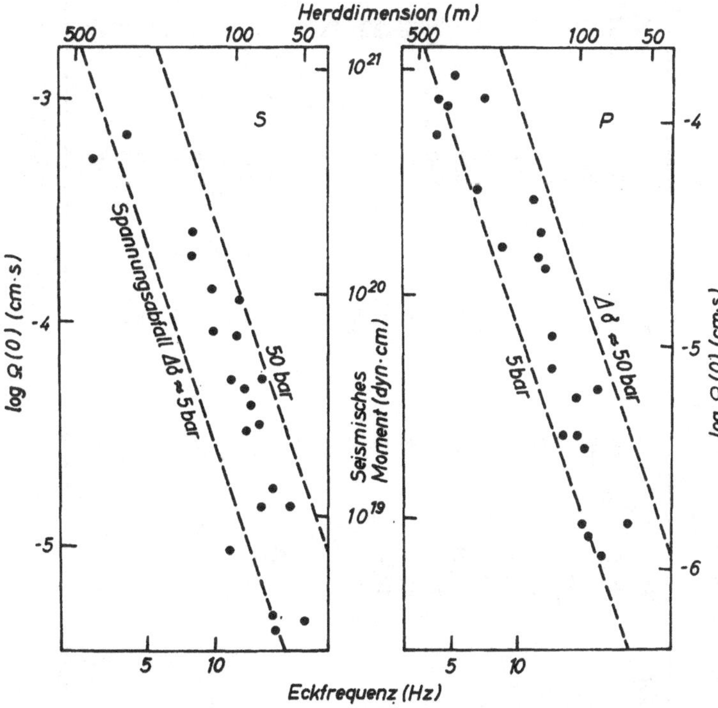

Abb. 9.15. Seismisches Moment M_0 (Ω_0) als Funktion von Herddimension bzw. f_0 (nach Spottiswoode und McGarr, 1975)

Tabelle 9.4. Herdparameter bergbauinduzierter Ereignisse in Oberschlesien (nach GIBOWICZ u.a., 1977)

Datum	Seismisches Moment $M_0 \times 10^{18}$ (dyn · cm)	Herdfläche $A \times 10^3$ (m^2)	Herdradius r (m)	Bruchlänge L (m)	Bruchweite w (m)	mittlere Verschiebung $\bar{u}$ (cm)	Stress drop $\Delta\sigma$ (bar)	Seismische Energie $\log E_s$ (E_s in Joule)
8. 1. 1976	160	113	190	646	184	0,96	10,0	7,98
9. 1.	18,7	30	98	395	83	0,74	8,5	7,20
10. 1.	22,8	33	103	380	87	0,68	9,3	7,25
11. 1.	298	45	120	693	70	6,17	74,2	9,24
12. 1.	65,8	72	152	614	117	1,09	8,3	7,75
15. 1.	49,0	48	124	638	80	1,10	11,8	7,71
15. 1.	9,1	51	128	360	142	0,24	1,9	6,31
16. 1.	4,14	31	100	420	76	0,29	1,9	6,12
17. 1.	17,8	58	136	545	110	0,39	3,2	6,78
17. 1.	18,7	22	84	620	36	1,00	13,2	7,40
21. 1.	16,3	33	103	530	62	0,60	6,6	7,04
22. 1.	32,0	35	106	592	60	0,90	11,6	7,50
23. 1.	1,51	14	67	374	38	0,23	2,3	5,75
23. 1.	0,37	6	42	178	32	0,13	2,3	5,19
23. 1.	0,55	3	30	123	25	0,47	8,8	5,98
24. 1.	37,3	56	134	453	130	0,66	6,8	7,33
24. 1.	213	104	182	1030	94	1,48	15,3	8,31
26. 1.	8,95	14	67	343	40	0,78	13,0	7,10
26. 1.	2,98	14	68	394	36	0,37	4,0	6,26
27. 1.	5,00	31	100	580	53	0,23	2,2	6,18
28. 1.	72,7	58	136	630	96	1,23	12,6	7,89
28. 1.	28,8	41	114	547	73	0,76	8,5	7,36

Herddimension (bzw. Eckfrequenz f_0) dargestellt. Der Spannungsabfall liegt für bergbauinduzierte Ereignisse in Südafrika zwischen 5 und 50 bar. Zu ähnlichen Ergebnissen kommen auch Gibowicz u.a. (1977). Für die Beziehung zwischen Herddimension L und Magnitude M bei bergbauinduzierten Ereignissen gilt angenähert folgender Zusammenhang

$$M = 1{,}9 \log L - 6{,}7. \tag{9.7}$$

Dabei ist L die Bruchlänge.

Eine wichtige Frage für den Bergbau besteht darin, in welchem Maße abbauinduzierte oder rein tektonische seismische Ereignisse, die ihren Herd oberhalb oder unterhalb des Abbauhorizontes haben, in der Lage sind, zusätzlich das Stützpfeilersystem dynamisch so zu belasten, daß es zu Zerstörungen kommt. Nach dem theoretischen Ansatz von Brune (1970) lassen sich die Bodenverschiebung und die Bodenbeschleunigung, die von Erdbeben im Liegenden oder Hangenden eines Abbauhorizontes verursacht werden, größenordnungsmäßig abschätzen. Für Beben mit einer Magnitude 2 in 1 bis 2 km Entfernung erhält man im Niveau des Grubengebäudes Beschleunigungswerte um 0,1 g. Das bedeutet, daß die von abbauinduzierten Ereignissen hervorgerufenen Beschleunigungen durchaus in der Lage sein können, Zerstörungen im Konturbereich und an Pfeilern zu verursachen, obwohl das Abbauregime und die Stützpfeiler so dimensioniert sind, daß der lithostatische Hangenddruck voll abgefangen wird. Auf derartige Beispiele weisen u.a. Smith u.a. (1974) hin.

9.3.4. Triggerung von bergbauinduzierten Ereignissen

Die Häufigkeit vor allem von gewinnungsinduzierten Ereignissen (Typ 1) steht in direktem Zusammenhang mit dem Abbaufortschritt unter Tage. Von verschiedenen Autoren ist der Einfluß weiterer äußerer Faktoren auf die Auslösung von Beben in Bergbaugebieten untersucht worden (s. z.B. Neunhöfer, 1962, 1967; Båth und Wahlström, 1976). So haben Båth und Wahlström (1976) für die seismischen Ereignisse im Grängesberggebiet eine Beziehung zwischen der halbtägigen Mondtide und der Häufigkeit von bergbauinduzierten Beben festgestellt.

Verschiedene Autoren weisen darauf hin, daß die Niederschlagstätigkeit und die Niederschlagsrate die seismische Aktivität in Bergbaugebieten beeinflussen. Abb. 9.16 (nach Båth und Wahlström, 1976) zeigt, daß im Grängesberggebiet in Schweden ein solcher Zusammenhang möglich ist. Als Ursache kann die Erhöhung des Poreninnendruckes durch das in die Tiefe sickernde Wasser angesehen werden.

In seismisch aktiven Gebieten ist verschiedentlich auf Beziehungen zwischen tektonischen Erdbeben und bergbauinduzierter Seismizität hingewiesen worden Ursächlich bieten sich zwei Möglichkeiten an:

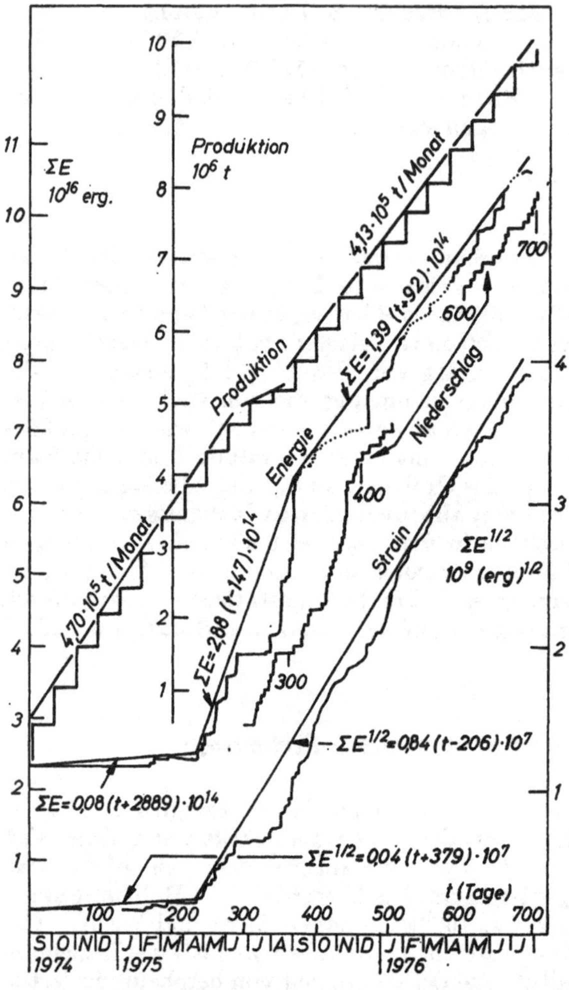

Abb. 9.16. Beziehung zwischen seismischer Energiefreisetzung, Produktion, Deformation und Niederschlag (nach Båth und Wahlström, 1976)

- In der Vorbereitungsphase eines Erdbebens kommt es zu einem allmählichen Spannungsaufbau in der Herdregion. Dabei kann die bergbauinduzierte Seismizität ansteigen, sie ist gewissermaßen ein Vorläufereffekt und läßt sich als ein Kriterium für die Vorhersage von Erdbeben nutzen.
- Ein starkes Erdbeben führt zur Auslösung bergbauinduzierter Spannungen und damit zu einem Ansteigen der seismischen Aktivität.

Es gibt einige Versuche, zeitliche Variationen der bergbaubedingten Seismizität in diesem Sinne zu deuten (s. z.B. Rainer, 1974).

9.3.5. Prognose bergbauinduzierter seismischer Ereignisse

Verschiedentlich wurde versucht, Vorläuferphänomene zu erfassen, die eine Prognose von bergbauinduzierten Ereignissen erlauben. Die bisherigen Ergebnisse sind weitgehend negativ (s. z. B. McGarr, 1974). Bei den meist energieschwachen Beben ist auf Grund der Kürze der Vorbereitungszeit die zeitliche Vorhersage eines Einzelereignisses grundsätzlich kaum möglich. Nur eine räumliche Prognose über besonders gefährdete Grubenbereiche ist möglich. Bei stärkeren bergbauinduzierten Beben (Magnitude >4) wären jedoch signifikante Änderungen physikalischer Parameter (Vorläufereffekte) durchaus denkbar (s. z. B. McGarr und Green, 1975; Brady, 1974, 1977).

9.4. Bergbauinduzierte Seismizität: Tagebaue

In den letzten Jahren sind einige Beispiele bekannt geworden, wo durch den Betrieb von tiefen Tagebauen und Steinbrüchen Beben ausgelöst wurden. So beschreiben Pomeroy u. a. (1976) eine Bebenfolge, die im Zusammenhang mit dem Steinbruchbetrieb bei Wappingers Falls (Staat New York, USA) im Jahre 1974 beobachtet wurde. Die Herdflächenlösung weist auf ein Überschiebungsregime hin.

Im Bereich der Braunkohlentagebaue bei Belchatov (VR Polen) ereigneten sich nach dem Aufschluß dieses Braunkohlengebietes seismische Ereignisse, die in diesem vor dem Tagebaubetrieb völlig bebenfreien Gebiet eindeutig mit dem Bergbau zusammenhängen. Starke Ereignisse, die an den seismischen Stationen der DDR registriert wurden, sind in Tab. 9.5 zusammengefaßt (s. auch Abb. 5.1).

Tabelle 9.5. Seismische Ereignisse bei Belchatov mit $M > 2,5$ (Registrierungen im seismischen Stationsnetz der DDR)

Datum	Magnitude
17. 8. 1979	3,6
26. 2. 1980	3,5
31. 3. 1980	3,0
1. 4. 1980	3,5
21. 5. 1980	2,6
29. 11. 1980	4,6

Kaiser (1979) gibt an, daß im Gebiet der Rheinischen Braunkohlenwerke nördlich Köln seismische Ereignisse aufgetreten sind, die auf die Grundwasserabsenkung und die Massenumlagerung bei den übertiefen Tagebauen zurückgeführt werden. Geht man von der MOHRschen Bruchtheorie aus, so lassen sich derartige Ereignisse durch die Entlastung erklären. Dabei sind Gebiete mit einem vorherrschenden Kompressionsregime (Überschiebungsregime) am gefährdetsten. Liegt σ_1 horizontal und σ_3 vertikal und wird σ_3 durch die Entlastung verringert, so vergrößert sich der Radius des MOHRschen Kreises, der Grenzspannungszustand kann erreicht werden (s. Abb. 9.9).

Voraussetzung für das Entstehen derartiger Beben ist ein latenter tektonischer Spannungszustand, der nahe am Grenzspannungszustand liegt.

9.5. Injektionsinduzierte Seismizität

Es gibt einige gut untersuchte Beispiele für Erdbeben, die durch das Verpressen von Flüssigkeiten in Tiefbohrungen induziert werden.

a) Die Rocky Mountain Arsenal Bohrung bei Denver (Colorado) (s. HEALY u.a., 1968; EVANS, 1966):
Im Zusammenhang mit dem Verpressen von Abwässern in eine 3671 m tiefe Bohrung traten im Zeitraum 1962 bis 1967 über 1500 Beben auf, wobei die stärksten eine Magnitude von 5 bis 5,2 erreichten und einige Schäden verursachten.

b) Rangely Ölfeld (Colorado)
(s. RALEIGH u.a., 1972; GIBBS u.a., 1973; PAKISER u.a., 1969):
Bei sekundären Entölungsmaßnahmen wurde seit 1957 Wasser in die ölführenden Horizonte eingepreßt. Über 2000 Beben wurden im Anschluß an die Injektion registriert, deren Magnitude zwischen —0,5 und 3,5 schwankte.

c) Dale (Staat New York)
(s. SYKES u.a., 1973):
Für eine hydraulische Salzgewinnung wurde 1971 eine Einpreßsonde durch hydraulic fracturing mit den Fördersonden verbunden. Dabei traten zahlreiche Beben mit einer Magnitude bis 1,5 auf.

Neben diesen immer wieder in der Literatur zitierten Beispielen müssen praktisch alle Bohrungen, in denen Hydraulic-Fracturing-Tests durchgeführt wurden, in diese Gruppe mit einbezogen werden, auch wenn keine nennenswerte seismische Aktivität erzeugt wurde. Dies gilt vor allem für Bohrungen zur Gewinnung von geothermischer Energie nach dem Hot-Dry-Rock-Verfahren. Die detaillierten Untersuchungen am Testprojekt Fenton Hill (Neu-Mexiko) ermöglichten es, den Mechanismus der schwachen seismischen Ereignisse (Magnitude —3 bis 1) und den zeitlichen Verlauf der Bruchbildung zu erfassen. Durch die Injektion wird der Poreninnendruck erhöht und zugleich die effektive Spannung um den Betrag Δp herabgesetzt.

Im Mohrschen Diagramm verschiebt sich dabei der Mohrsche Kreis nach links; der Grenzspannungszustand kann erreicht werden (s. Abb. 9.9).

Im Laborexperiment ist der Effekt der Flüssigkeitsinjektion auf das Bruchverhalten u. a. von Gowd und Rummel (1977) untersucht worden.

Aus den bisherigen Ergebnissen über injektionsinduzierte Seismizität ergibt sich als wesentliche Voraussetzung für die Auslösung stärkerer Beben, daß ein regionales tektonisches Spannungsfeld existiert und das Gestein sich bereits in der Nähe des Grenzspannungszustandes befindet, bevor die Injektion beginnt.

9.6. Induzierte Seismizität durch Flüssigkeitsextraktion

Yerkes und Castle (1970, 1976) geben eine Zusammenstellung von Beispielen für das Auftreten von Erdbeben im Zusammenhang mit einer Flüssigkeitsextraktion (s. Tab. 9.6) aus dem Untergrund. Eingehend sind die Effekte

Tabelle 9.6. Beziehung zwischen induzierter Seismizität und Flüssigkeitsextraktion (nach Yerkes und Castle, 1976)

Gebiet oder Ölfeld	max. Senkung (m)	Zeit	Erdbeben Intensität	Magnitude	Datum
A. Zusammenhang sicher					
1. Goose Creek, Texas	1	1917–25	III-IV	—	1925
2. Wilmington, Californien	2,1	1928–47	II	2,4	1947
Wilmington, Californien	3,1	–49	III–IV	3,2	1949
Wilmington, Californien	4,0	–3/51	II	—	3/1951
Wilmington, Californien	4,2	–8/51	II	2,4	8/1951
Wilmington, Californien	4,2	–8/51	II	—	8/1951
Wilmington, Californien	4,25	–9/51	II	—	9/1951
Wilmington, Californien	6,1	–55	III–IV	3,3	1955
Wilmington, Californien	8,2	–61	III–IV	3,3	1961
B. Zusammenhang wahrscheinlich					
3. Goldsmith, Texas	0,07	1910–56	IV		1965
			VI	3,4	1966
4. Eloy-Pichaco, Arizona	2,3	1948–67	schwach		1974, 1975
5. So. Houston, Texas	0,09		I–II	1,5	1969 (3)
6. Caziga, Italien			VI–VII		1951 (2)
C. Zusammenhang möglich					
7. East Texas, Texas			V		1957 (4)
8. Glenn, Oklahoma			VII		1956
9. Hester-Convent, Louisiana			II		1948
10. Wewoka, Oklahoma			V	4,6	1969

im Wilmington-Ölfeld untersucht worden. Die Absenkung und Kompaktion erreichen hier 9 m (s. Abb. 9.17). Der Vergleich zwischen horizontaler Verschiebung, dem daraus abgeleiteten horizontalen Strain und der Lage der Brüche ergab, daß die Verwerfungen auf den Übergangsbereich zwischen horizontaler Kontraktion und Extension konzentriert sind. KOVACH (1974) erhielt aus der Analyse von Seismogrammen sehr niedrige Werte für die Bruchgeschwindigkeit (0,1 bis 0,3 km/s). Aus den Werten für den Spannungsabfall kann abgeleitet werden, daß ein sehr erheblicher Anteil der zur Verfügung stehenden Deformationsenergie in seismische Energie umgewandelt wurde.

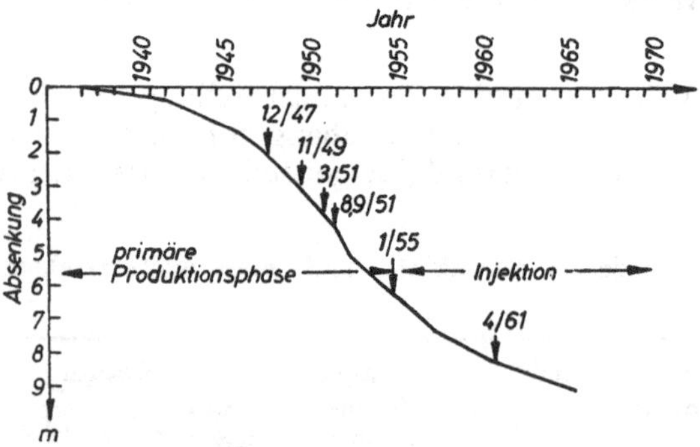

Abb. 9.17. Maximale kumulative Absenkung über dem Wilmington Ölfeld. Pfeile geben den Zeitpunkt von Erdbeben an (nach YERKES und CASTLE, 1976)

9.7. Sprengungsinduzierte Seismizität

Starke Sprengungen können Erdbeben auslösen. So wurden bei unterirdischen Kernexplosionen (UKE) folgende Effekte beobachtet (s. z.B. KISSLINGER, 1976; ENGDAHL, 1972; HAMILTON u.a., 1972; HAMILTON und HEALY, 1969; MCKEOWN und DICKEY, 1969; MOLNAR u.a., 1969; DAHLMAN und ISRAELSON, 1977):

a) Zusammensturz der Explosionskaverne:
Unmittelbar nach einer Sprengung wird eine starke seismische Aktivität beobachtet, die bis zum völligen Zusammensturz der Explosionskaverne andauert. Bei der UKE CANNIKIN (ENGDAHL, 1972) war dieser Vorgang etwa 38 Stunden nach der Sprengung abgeschlossen (s. Abb. 9.18), wobei gleichzeitig eine deutliche Absenkung der Erdoberfläche auftrat. Diese Ereignisse erscheinen auf den Registrierungen in der Regel mit charakteristischen niederfrequenten Wellenzügen und langandauernden Oberflächenwellen. Diese Eigenschaften unterscheiden Kollapsereignisse deutlich von tektonischen Beben. Die Magnitude ist stets kleiner als die der verursachenden Kernexplosion, kann aber immerhin Werte über $M = 4$ erreichen.

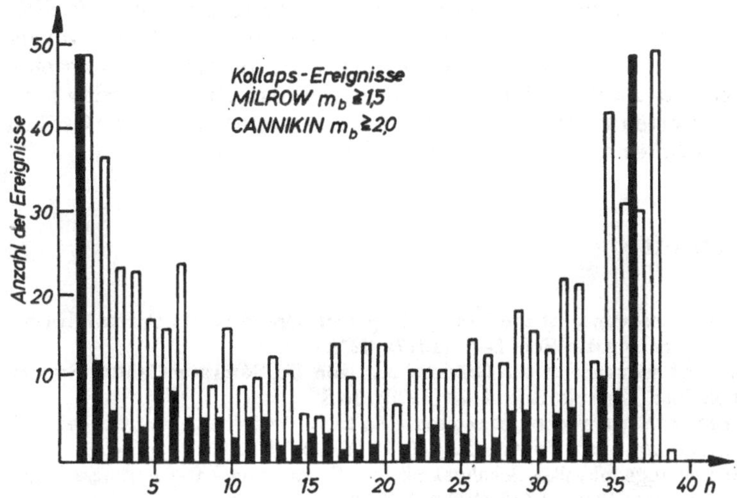

Abb. 9.18. Zeitliche Verteilung der Folgeereignisse nach einer unterirdischen Kernexplosion (nach ENGDAHL, 1972); schwarz: CANNIKIN

b) Erdbebenschwärme nach größeren Kernexplosionen:
Im Abschluß an stärkere Explosionen sind bis zu Entfernungen von 10 bis 30 km Erdbeben beobachtet worden (s. Tab. 9.7). Diese Aktivität konnte

Tabelle 9.7. Durch UKE getriggerte Erdbeben in Nevada (USA) (nach HAMILTON u.a., 1972)

Name der UKE	Datum	Ladung (kt)	Tiefe (m)	Dauer der Bebentätigkeit in Tagen	Anzahl der Beben ($M > 2{,}0$)
Schooner	8. 12. 1968	35	116	kein Effekt	—
Benham	19. 12. 1968	1100	1533	70	2012
Wineskin	15. 1. 1969	20–200	567	kein deutlicher Effekt	
Cypress	12. 2. 1969	0–20	450	kein deutlicher Effekt	
Purse	7. 5. 1969	20–200	655	10	24
Jorum	16. 9. 1969	etwa 1000	1267	20	159
Pipkin	8. 10. 1969	200–1000	675	kein Effekt	
Diesel Train	5. 12. 1969	0–20	458	kein deutlicher Effekt	
Diana Mist	11. 2. 1970	0–20	437	kein deutlicher Effekt	
Handley	26. 3. 1970	1000	1319	60	231
Mint Leaf	5. 5. 1970	0–20	443	kein deutlicher Effekt	
Diamond Dust	12. 5. 1970	0–20	277	kein deutlicher Effekt	
Hudson Moon	26. 5. 1970	0–20	462	kein deutlicher Effekt	

sich über einen Zeitraum von mehreren Wochen erstrecken. Die räumliche Verteilung der Epizentren der Nachfolgebeben wird weitgehend von der geologischen Struktur bestimmt. Als Ursache wird die Entspannung eines präexistenten tektonisch bedingten Strain angesehen. Bisher wurden keine explosionsinduzierten Beben beobachtet, deren Energie in derselben Größenordnung oder stärker war als die der induzierenden Sprengung.

9.8. Literatur

Båth, M.: A rockburst sequence at the Grängesberg Iron Ore Mines in Central Sweden. Part II. Seismol. Inst. Uppsala Rep. 5–77 (1977), 32 S.

Båth, M.: A rockburst sequence of the Grängesberg Iron Ore Mines in Central Sweden. Part III. Seismol. Inst. Uppsala Rep. 4–78 (1978), 36 S.

Båth, M.; Wahlström, R.: A rockburst sequence at the Grängesberg Iron Ore Mines in Central Sweden. Seismol. Inst. Uppsala Rep. 6–78 (1976), 48 S.

Baule, H.: Gebirgsschlaggeophysik – Seismoakustische Ortung von Entspannungsschlägen im Vorfeld eines Strebs. Glückauf **118** (1977), 360–362.

Blake, W.: Rock-Burst Mechanics. Quarterly Color. School of Mines **67** (1972), 64 S.

Božović, A.: Review and appraisal of case histories related to seismic effects of reservoir impounding. In: Judd, W. R. (Ed.): Seismic Effects of Reservoir Impounding Eng. Geol. 8 (1974), 9–27.

Brady, B. T.: Seismic precursors before rock failure in mines. Nature **252** (1974), 549–552.

Brady, B. T.: Anomalous seismicity prior to rock bursts: implication for earthquake prediction. Pure appl. Geophys. **115** (1977), 357–374.

Bräuner, G.: Zur Beurteilung und Bekämpfung der Gebirgsschläge im Ruhrkohlenbergbau. Bergbau Archiv **25** (1964), 1–14.

Bräuner, G.: Gebirgsmechanik, Gesteinsbruch und Gebirgsschlag. Glückauf **108** (1972), 526–530.

Browitt, C. W. A.: Detection and location of earthquakes and unplanned explosions. In: Instrumentation for ground vibration and earthquakes. Inst. of Civil Engineers London, 63–77, 1978.

Brune, J. N.: Tectonic stress and the spectra of seismic shear waves from earthquakes. J. Geophys. Res. **75** (1970), 4997–5009.

Buben, J.; Rudajev, V.: Rock bursts and earthquakes. Publ. Inst. Geophys. Pol. Acad. Sc. A-5 (116) (1977), 263–280.

Bufe, C. G.: The Anderson reservoir seismic gap-induced aseismicity? Eng. Geol. **10** (1976), 255–262.

Byerlee, J. D.; Brace, W. F.: Fault stability and pore pressure. Bull. Seism. Soc. Am. **62** (1972), 657–660.

Casten, U.; Cete, A.: Induzierte Seismizität im Bereich des Steinkohlenbergbaus des Ruhrreviers. Glückauf-Forschungshefte **41** (1980), 12–16.

Castle, R. O.; Clark, M. M.; Grantz, A.; Savage, J. C.: Tectonic state: Its significance and characterization in the assessment of seismic effects associated with reservoir impounding. Eng. Geol. **15** (1980), 53–99.

Cook, N. G. W.: Seismicity associated with mining. Eng. Geol. **10** (1976), 99–122.

Dahlman, O.; Israelson, H.: Monitoring Underground Nuclear Explosions. Elsevier Sc. Publ. Comp. Amsterdam-Oxford-New York 1977.

DESCOURS, J.: Aktyvnosc sejsmiczna i osidanie powierzchnic a mechanizm tapan. Cuprum **2** (1979), 3–8.

DROSTE, Z.; TEISSEYRE, R.: Some cases of shock mechanism types in the Upper Silesia Coal Region. Publ. Inst. Geophys. Pol. Acad. Sc. **97** (1976), 141–156.

DUNRUD, C. R.; OSTERWALD, F. W.: Seismic study of coal mine bumps, Carbon and Emery Counties, Utah. Am. Inst. Mining Met. Engre. Trans. **232** (1965), 174–181.

ENGDAHL, E. R.: Seismic effects of the MILROW and CANNIKIN nuclear explosions. Bull. Seism. Soc. Am. **62** (1972) 6, 1411–1423.

EVANS, M. D.: Man made earthquakes in Denver. Geotimes **10** (1966), 11–17.

GIBBS, J. F.; HEALY, J. H.; RALEIGH, L. B.; COAKLEY, J.: Seismicity in the Rangely, Colorado, area: 1962–1970. Bull. Seism. Soc. Am. **63** (1973), 1557–1570.

GIBOWICZ, S.: Magnitude and energy of subterrane shocks in Upper Silesia. Studia geophys. geodaet. **7** (1963), 1–19.

GIBOWICZ, S.: Source study of the Lubin, Poland, Tremor of 24 March, 1977. Int. Symp. „Herdmechanismus“ Potsdam GDR 22.–24. 11. 1977.

GIBOWICZ, S.; CICHOWICZ, A.; DYBEL, T.: Seismic moment and source size of mining tremors in Upper Silesia, Poland. Acta Geophysica Polonica **25** (1977) 3, 201–218.

GOUGH, D. I.: Incremental stress under a two-dimensional artificial lake. Can. J. Earth Sci. **6** (1969), 1067–1075.

GOUGH, D. I.: Induced Seismicity. In: The Assessment and Mitigation of Earthquake Risk, UNESCO Paris 1978, 91–117.

GOUGH, D. I.; GOUGH, W. I.: Stress and deflection in the lithosphere near Lake Kariba. – I. Geophys. J. R. astron. Soc. **21** (1970a), 65–78.

GOUGH, D. I.; GOUGH, W. I.: Load-induced earthquakes of Lake Kariba-II. Geophys. J. R. astron. Soc. **21** (1970b), 79–101.

GOWD, T. N.; RUMMEL, F.: Effect of fluid injection on the fracture behaviour of porous rock. Int. J. Rock Mech. Min. Sci. and Geomech. Abstr. **14** (1977), 203–208.

GREEN, R. W. E.: Seismic activity observed at the Hendrik Verwoerd Dam. In: JUDD, W. R. (Ed.): Seismic effects of reservoir impounding. Eng. Geol. 8 (1974) 1/2.

GUPTA, H. K.; RASTOGI, B. K.: Dams and earthquakes. Developments in Geotechnical Engineering 11. Elsevier 1976.

HAMILTON, R. M.; HEALY, J. H.: Aftershocks of the BENHAM nuclear explosion. Bull. Seism. Soc. Am. **59** (1969) 6, 2271–2281.

HAMILTON, R. M.; SMITH, B. E.; FISCHER, F. G.; PAPANEK, P. J.: Earthquakes caused by underground nuclear explosions on Pahute Mesa, Nevada test site. Bull. Seism. Soc. Am. **62** (1972), 1319–1341.

HEALY, J. H.; RUBEY, W. W.; GRIGGS, D. T.; RALEIGH, C. B.: The Denver earthquakes. Science **161** (1968), 1301–1310.

HURTIG, E.; BORMANN, P.; KNOLL, P.; TAUBER, F.: Seismological and geomechanical studies of a strong seismic event in the Potash Mines of the GDR: Implication for predicting mining tremors. Int. Symp. on Earthquake Prediction, UNESCO Paris, 1979.

HURTIG, E.; GROSSER, H.; KNOLL, P.; NEUNHÖFER, H.: Seismologische und geomechanische Untersuchungen des seismischen Ereignisses vom 23. 6. 1975 im Werragebiet bei Sünna (DDR). Gerlands Beitr. Geophysik **91** (1982), 45–61.

Intergovernmental Conference on the Assessment and Mitigation of Earthquake Risk, Paris, 10–19 Febr. 1976, Final Report. In: The Assessment and Mitigation of Earthquake Risk, UNESCO Paris, 305–339.

JACOB, K. H.; PENNINGTON, W. D.; ARMBRUSTER, J.; SEEBER, L.; FARHATULLA, S.: Tarbela Reservoir, Pakistan: A region of compressional tectonics with reduced seismicity upon initial reservoir filling. Bull. Seism. Soc. Am. **69** (1979) 4, 1175–1192.

JACOBI, O.: Auftreten, Ursachen und Bekämpfung von Gebirgsschlägen im Ruhrgebiet. Glückauf **100** (1964), 741–750.

KAISER, E.: Aus dem Bericht über die Tätigkeit der Bergbehörden des Landes Nordrhein-Westfalen im Jahre 1978. Braunkohle (1979) 12, 407–410.

KEBEASY, R. M.; MAAMOUN, M.; ALBERT, R. N. H. u. a.: Induced Seismicity at Aswan Lake, Egypt. Preprint.

KISSLINGER, C.: A review of theories of mechanisms of induced seismicity. Eng. Geol. **10** (1976), 85–98.

KNOLL, P.; THOMA, K.; HURTIG, E.: Gebirgsschläge und seismische Ereignisse in Bergbaugebieten. Rock Mechanics, Suppl. **10** (1980), 85–102.

KOSCHYK, K. G.: Seismische Untersuchungen der Erdstöße der Jahre 1962–1971 in Peissenberg. Diss. München, 1973.

KOVACH, R. L.: Source mechanisms for Wilmington Oil Field, California, subsidence earthquakes. Bull. Seism. Soc. Am. **64** (1974) 3, 699–711.

LEBLANC, G.; ANGLIN, F.: Induced Seismicity at the Manic 3 Reservoir, Quebec. Bull. Seism. Soc. Am. **68** (1978) 5, 1469–1485.

LEITERITZ, H.: Die Bedeutung geologisch-tektonischer Elemente bei Gebirgsschlägen im Ruhrrevier. Glückauf **114** (1978), 989–994.

LEYDECKER, G.: Der Gebirgsschlag vom 23. 6. 75 im Kalibergbaugebiet des Werratales. Geol. Jb. Hessen **104** (1976), 271–277.

McGARR, A.: Earthquake prediction: absence of a precursive change in seismic velocities before a tremor of magnitude 3-3 1/4. Science **185** (1974), 1047–1049.

McGARR, A.; GAY, N. C.: State of stress in the Earth's Crust. Ann. Rev. Earth Planet, Sci. **6** (1978), 405–436.

McGARR, A.; GREEN, R. W. E.: Measurement of tilt in a deep-level gold mine and its relationship to mining and seismicity. Geophys. J. R. astron. Soc. **43** (1975), 327–345.

McGARR, A.; SPOTTISWOODE, S. M.; GAY, N. C.: Relationship of mine tremors to induced stresses and to rock properties in the focal region. Bull. Seism. Soc. Am. **65** (1975), 981–993.

McKEOWN, F. A.; DICKEY, D. D.: Fault displacements and motion related to nuclear explosions. Bull. Seism. Soc. Am. **59** (1969), 2253–2269.

MOGI, K.: Some discussions on aftershocks, foreshocks and earthquake swarms – the fracture of a semi-infinite body caused by an inner stress origin and its relation to the earthquake phenomena. Bull. Earthquake Res. Inst. **41** (1963), 615–658.

MOLNAR, P.; JACOB, K.; SYKES, L. R.: Microearthquake activity in Eastern Nevada and Death Valley California before and after the nuclear explosion BENHAM. Bull. Seism. Soc. Am. **59** (1969) 6, 2177–2184.

NEGMATULLAEV, S. CH.: Vozbuždennaja seismičnost' vblizi Nurekskogo vodochranilišča Izd. Doniš, Dushanbe 1975, 88 S.

NEUNHÖFER, H.: Statistische Untersuchungen zur Periodizität von Gebirgsschlägen. Veröff. Inst. Bodendynamik und Erdbebenforschung, Jena (1962), 72–121.

NEUNHÖFER, H.: Statistische Gesetzmäßigkeiten der zeitlichen Verteilung sowie des Energie-Häufigkeits-Zusammenhanges von Gebirgsschlägen und Möglichkeiten einer statistischen Gebirgsschlagprognose. Veröff. Inst. Geodyn. Jena A 11 (1967), 80 S.

OBERT, L.; DUVALL, W. I.: Rock Mechanics and the Design of Structures in Rock. J Wiley New York, 1967.

OSTERWALD, F. W.: Comments on rockbursts, outbursts and earthquake prediction. Bull. Seism. Soc. Am. **60** (1970), 2083–2088.

PAKISER, L. C.; EATON, Y. P.; HEALY, J. H.; RALEIGH, C. B.: Earthquake prediction and control. Science **166** (1969), 1467–1474.

PELZING, R.: Untersuchungen zur Ortung von Herden seismischer Ereignisse, dargestellt an Beispielen aus einem Stationsnetz im Ruhrbergbaugebiet. Diss. Bochum, 1978.

POMEROY, P. W.; SIMPSON, D. W.; SBAR, M. L.: Earthquakes triggered by surface quarrying – the Wappingers Falls, New York sequence of June, 1974. Bull. Seism. Soc. Am. **66** (1976) 3, 685–700.

PRIBYL, A.; RUDAJEV, V.: On the rock bursts and their interpretation with regard to the influence of the geological structure of rock mass in the Kladno Coal District. Intern. Sc. Symp. on Mine Surveying, Mining Geology Praha 1969.

RAINER, H.: Gibt es Zusammenhänge zwischen Erdbeben und Gebirgsschlaghäufungen im Bergbau Bleiberg? Rock Mechanics **6** (1974), 91–100.

RALEIGH, C. B.; HEALY, J. H.; BREDEHOEFT, H. D.: Faulting and crustal stress at Rangely, Colorado. In: HEARD, H. C.; BORG, I. Y.; CARTER, N. L.; RALEIGH, C. B. (Eds.): Geophysical Monograph No. 16 AGU (1972), 275–284.

ROTHÉ, J. P.: Seismes artificiels. Tectonophysics **9** (1970), 215–238.

ROTHÉ, J. P.: Man-made lakes: their problems and environmental effects – a geophysics report. In: ACKERMANN, W. C.; WHITE, G. F.; WORTHINGTON, E. B. (Eds.): Geophysical Monograph No. 17 Amer. Geophys. Union Washington D.C. (1973), 441–454.

RUDAJEV, V.: Die Seismizität der Gebirgsschläge bei Kladno. Freiberger Forsch.-Hefte C 225, 1967.

RUDAJEV, V.: On the seismic regime of rock bursts in Kladno Coal Mine Region. Publ. Inst. Geophys. Pol. Acad. Sc. **47** (1971), 3–11.

RYBICKI, K.; WERNIK, M.: Notes on the mechanism of shocks in Upper Silesia. Publ. Inst. Geophys. Pol. Acad. Sc. **36** (1970), 29–41.

SIMPSON, D. W.: Seismicity changes associated with reservoir loading. Eng. Geol. **10** (1976), 123–150.

SMITH, R. B.; WINKLER, P. L.; ANDERSON, J. G.; SCHOLZ, C. H.: Source mechanisms of microearthquakes associated with underground mines in Eastern Utah. Bull. Seism. Soc. Am. **64** (1974), 1295–1317.

SNOW, O. T.: Geodynamics of seismic reservoirs. Proc. Symp. on Percolation through fissured rocks. Deutsche Gesell. Erd- und Grundbau, Stuttgart T2-J (1972), 1–19.

SOBOLEVA, O. V.; MAMADALIEV, U. A.: The influence of the Nurek reservoir on local earthquake activity. Eng. Geol. **10** (1976), 293–305.

SPONHEUER, W.; GERECKE, F.; MARTIN, H.: Seismische Untersuchungen zum Gebirgsschlag von Merkers/Rhön am 8. Juli 1958. Freiberger Forsch.-Hefte, C 81 (1960), 64–79.

SPOTTISWOODE, S. M.; MCGARR, A.: Source parameters of tremors in a deep-level gold mine. Bull. Seism. Soc. Am. **65** (1975), 93–112.

SYKES, L. R.; FLETCHER, J. P.; SBAR, M. L.: Contemporary stresses, intraplate earthquakes, and seismic risk associated with high-pressure fluid injection wells in New York State. Int. Colloq. on Seismic Effects of Reservoir Impounding March 1973, London 1973.

WANG, M. Y.; YANG, M. Y.; HU, Y.-L.; LI, T.-CH.; CHENG, Y.-T.; CHIN, Y.; FENG, J.: Mechanism of the reservoir impounding earthquakes at Hsinfengkiang and a preliminary endeavour to discuss their cause. Eng. Geol. **10** (1976), 331–351.

WESTBROOK, G. K.: Investigation of earth tremors at Stoke-on-Trent. In: Instrumentation for ground vibration and earthquakes. Institution of Civil Engineers London 1978, 131–138.

YERKES, R. F.; CASTLE, R. O.: Surface deformation associated with oil and gas field operations in the United States. In: Land Subsidence. Int. Assoc. Scient. Hydrol. UNESCO Publ. **88** (1) (1970), 55–66.

YERKES, R. F.; CASTLE, R. O.: Seismicity and faulting attributable to fluid extraction Eng. Geol. **10** (1976), 151–167.

10. Erdbebenvorhersage [1)]

10.1. Einführung

In den Haupterdbebengürteln der Erde (s. Kapitel 6) sind die seismische Gefährdung und das Risiko für das Auftreten von Erdbebenschäden groß (s. auch Kapitel 8). Eine Zusammenstellung schwerer Schadensbeben zusammengefaßt für einzelne Regionen ist in Tab. 10.1. zu finden. Die aufgeführten Schadensbeben vor 1900 stellen eine Auswahl der (nach BÅTH, 1973; LOMNITZ, 1974). Für den Zeitraum ab 1900 wurden sämtliche Beben aufgenommen, die nach NELSON und GANSE (1980) folgende Kriterien erfüllen:

- Schäden > 25 Mill. Dollar und Anzahl der Toten ≧ 100 oder
- Schäden > 1 Mill. Dollar und Anzahl der Toten ≧ 1000.

Der jährliche ökonomische Schaden wird im Mittel auf 7 Milliarden Dollar geschätzt. Wegen der möglichen großen Schäden, die starke Erdbeben besonders in Ballungsgebieten (Bevölkerung bzw. Industrie) verursachen können, gewinnen Untersuchungen über Möglichkeiten zur Vorhersage von starken Erdbeben eine immer größere volkswirtschaftliche Bedeutung. Die Erdbebenvorhersage hat sich zu einem Schwerpunkt der internationalen seismologischen Forschung entwickelt.

Schon in den vergangenen Jahrhunderten wurden bestimmte Naturerscheinungen und abnormales Tierverhalten mit dem Auftreten von Erdbeben in Verbindung gebracht. Anfang dieses Jahrhunderts gab es erste Versuche einer wissenschaftlich begründeten Bebenvorhersage (s. z.B. DAVISON, 1913). Die eigentliche breit angelegte wissenschaftliche Untersuchung setzte jedoch erst vor etwa 30 Jahren ein.

Wesentliche Impulse gingen von der Sowjetunion aus. Gewissermaßen die Geburtsstunde systematischer Untersuchungen zur Erdbebenvorhersage war der 10. Juli 1949, als bei Chait im Gebiet Garm im Südosten der UdSSR in der Tadshikischen SSR (unweit Dushanbe) ein starkes Erdbeben stattfand (s. z.B. SAVARENSKII, 1954) und die Regierung der UdSSR daraufhin beschloß, bei Garm eine komplexe Beobachtungsstation zur Erdbebenvorhersage einzurichten, die sich in der Folgezeit zu einem Stationssystem (Polygon) entwikkelte (s. z.B. NEGMATULLAEV und MIRZOEV, 1974). In den 60er und 70er Jahren

---

1) Autor: E. HURTIG.

Tabelle 10.1. Schwere Schadensbeben

Tag Herdzeit	Epizentrum	*M*	Anzahl der Toten	Schaden in Mill. Dollar
1. Azoren – Mittelmeer – Südeuropa – Nordafrika				
(40° W – 30° E; 20° N – 50° N) (ohne Türkei)				
1500 ? v.d.Z.	Santorini Ins.		viele	
63	Pompeji, Italien		viele	
77 oder 78	Zypern		?	
856 Dez.	Korinth, Griechenland		45000	
1201	Ägäis		100000	
1356 Okt. 18	Basel, Schweiz			
1384 Aug.	Lesbos, Ägäis		500	
1456 Dez. 5	Neapel-Brindisi, Italien		30000	
1693 Jan. 9	Sizilien, Italien		60000 ?	
1715 Mai	Algerien		20000	
1750 Juni 7	Korfu, Ionisches Meer		2000	
1755 Nov. 1	Lissabon, Portugal		60000	
1783 Feb. 5	Kalabrien, Italien		30000	
1802 Nov. 26	Rumänien		?	
1810 Feb. 16	Kreta		2000	
1857 Dez. 16	Italien		12000	
1883 Juli 26	Ischia, Italien		2300	
1905 Juni 1	Nordalbanien			
04.42	42,1° N; 19,6° E		120	340
1908 Dez. 28	Messina, Sizilien			
04.36	30,3° N; 15,6° E	7,5	58000	25
1915 Jan. 13	Avezzano, Italien			
06.52	42,1° N; 13,4° E	7,5	32610	25
1920 Sep. 7			1400	5–25
1930 Juli 23	Ariano, Italien			
00.08	41,1° N; 15,2° E	6,5	1425	5–25
1940 Nov. 10	Transsilvanien, Rumänien			
01.39	45,8° N; 26,8° E	7,3	1000	56
1953 Aug. 12	Kephalonia, Ion. Meer			
09.23	38,3° N; 20,8° E	6,5	445	286
1954 Sep. 9	Orléansville, Algerien			
01.04	36,2° N; 1,6° E	6,8	1243	>25
1960 Feb. 29	Agadir, Marokko			
23.40	30,4° N; 9,6° W	5,9	12000	290
1963 Juli 26	Skopje, Jugoslawien			
04.17	42,1° N; 21,5° E	6,0	1070	1200
1968 Jan. 15	Sizilien, Italien			
02.01	37,8° N; 13,1° E	6,2	281	600
1976 Mai 6	Friuli, Italien			
20.00	46,4° N; 13,1° E	6,5	929	10000
1977 März 4	Vrançea, Rumänien			
19.21	45,7° N; 26,7° E	7,2	1506	930

Tabelle 10.1. (Fortsetzung)

Tag Herdzeit	Epizentrum	*M*	Anzahl der Toten	Schaden in Mill. Dollar
1979 Apr. 15	Montenegro, Jugoslawien			
06.19	42,1° N; 19,1° E	7,0	156	>25
1980 Okt. 10	El Asnam			
12.25	35° N; 1,5° E	7,5	>3000	>25
1980 Nov. 23	NE-Eboli, S-Italien			
18.34	40,8° N; 15,4° E	7	>1000	>25
2. Türkei – Kaukasus – Iran – Pakistan – Süd-UdSSR				
(30° E – 75° E; 20° N – 50° N)				
342	Antakya, Türkei		40000	
565	Antakya, Türkei		30000	
1183	Syrien, Libanon		20000	
1268	Südtürkei		60000	
1505 Juli 6	Kabul, Afghanistan			
1549	Qain, Iran		3000	
1641 Feb. 5	Tabriz, Iran		30000	
1653 Feb. 23	Izmir, Türkei		15000	
1667 Nov.	Schemacha, Aserbaidshan, UdSSR		80000	
1688 Juli 5	Izmir, Türkei		15000	
1727 Nov. 18	Tabriz, Iran		77000	
1755 Juni 7	Quehan, N-Iran		40000	
1759 Okt. 30	Jordan-Tal, Syrien		20000	
1796 Feb. 26	Latakia, Syrien		1500	
1819 Juni 16	Kutch, Indien		2000	
1853 Apr. 21	Shiraz, Iran		12000	
1853 Juli 11	Isfahan, Iran		10000	
1872 Apr. 3	Antakya, Türkei		1800	
1894 Juli 10	Mudurnu, Türkei		viele Tote	
1902 Dez. 16	Turkestan			
05.07	40,8° N; 72,3° E	6,4	4725	92
1903 Apr. 28	Türkei			
23.46	39,1° N; 42,5° E	6,3	2200	5–25
1907 Okt. 21	s. Dushanbe, UdSSR			
04.23	38,0° N; 69,0° E	8,1	12000	?
1909 Jan. 23	Isfahan, Iran			
02.48	33,4° N; 49,1° E	7,3	5500	?
1923 Mai 25	s. Mashad, Iran			
22.21	35,3° N; 59,2° E	5,5	2219	?
1926 Okt. 22	Grenzgebiet UdSSR-Türkei			
19.59	40,7° N; 43,7° E	5,7	355	>25
1929 Mai 1	Germab, Kopet Dag			
15.37	37,8° N; 57,8° E	7,2	5803	>25
1930 Mai 6	Grenzgebiet Türkei-Iran			
22.34	38,0° N; 44,5° E	7,2	2514	

Tabelle 10.1. (Fortsetzung)

Tag Herdzeit	Epizentrum	*M*	Anzahl der Toten	Schaden in Mill. Dollar
1935 Mai 30 21.32	Quetta, Pakistan 29,5° N; 66,7° E	7,5	25000	>25
1939 Dez. 26 23.57	Erzinian, Türkei 39,7° N; 39,5 E	8,0	32700	>25
1942 Dez. 20 14.03	Türkei 40,7° N; 36,8° E	7,3	3000	>25
1943 Nov. 26 22.20	Zentralanatolien, Türkei 41,0° N; 33,7° E	7,6	4020	>25
1944 Feb. 1 03.22	Zentralanatolien, Türkei 41,4° N; 32,7 °E	7,4	2790	5–25
1945 Nov. 27 21.56	Nähe Karachi, Pakistan 24,5° N; 63,0° E	8,3	4100	1–5
1948 Okt. 5 20.12	Aschchabad, UdSSR 38,0° N; 58,3° E	7,3	19800	>25
1949 Juli 10 03.53	Chait östl. Dushanbe 39,0° N; 70,5° E	7,6	3500	>25
1953 März 18 19.06	Yenice, Anatolien, Türkei 40,0° N; 27,4° E	7,5	1103	10
1956 Okt. 31 14.03	Bastak, Südiran 27,0° N; 54,5° E	6,8	410	>25
1957 Juli 2 00.42	Abegharm, Nordiran 36,2° N; 52,7° E	7,4	1200	5–25
1957 Dez. 13 01.45	Hamadan, Iran 34,4° N; 47,6° E	7,3	1130	5–25
1960 Apr. 24 12.14	Lar, Iran 28,0° N; 54,5° E	6,0	420	48
1962 Sep. 1 19.20	Qazvin, Iran 35,6° N; 49,9° E	7,3	12225	>25
1966 Aug. 19 12.22	Varto, Türkei 39,2° N; 41,6° E	7,1	2520	5–25
1968 Aug. 31 10.47	s. Mashad, Iran 34,0° N; 59,0° E	7,3	12100	19
1970 März 28 21.02	Gediz, Türkei 39,1° N; 29,4° E	7,3	1086	5–25
1972 Apr. 10 02.07	Südiran 28.4° N; 52,8° E	7,1	5374	8
1975 Sep. 6 09.20	s. Erzurum, Türkei 38,4° N; 40,7° E	6,7	2370	22
1976 Nov. 24 12.22	Grenzgebiet UdSSR-Iran 39,1° N; 44,0° E	7,3	5000	5–25
1978 Sep. 16 15.35	Ostiran 33,2° N; 57,4° E	7,7	15000	1–5
1981 Juli 28 17.22	Iran 32° N; 52° E	7,2	4000	?

Tabelle 10.1. (Fortsetzung)

Tag Herdzeit	Epizentrum	*M*	Anzahl der Toten	Schaden in Mill. Dollar
3. Indien – Bangladesh – Zentralasien				
(75° E – 100° E, 0° N – 50° N)				
1737 Okt. 11	Kalkutta, Indien		300000	
1897 Jan. 12	Assam, Indien	8,7	1500	
1905 Apr. 4	Kangra, Indien			
00.50	33,0° N; 76,0° E	8,6	19000	>25
1934 Jan. 15	Bihar, Indien-Nepal			
08.43	26,5° N; 86,5° E	8,4	10700	>25
1950 Aug. 15	Assam, Indien-Tibet			
	28,5° N; 96,5° E	8,7	156	60
4. China				
(100° E – 125° E; 20° N – 45° N)				
1038 Jan. 24	Zentral-Shansi, China		2200	
1290 Sept. 27	Jehol, China		100000	
1556 Feb. 2	Shensi, China		830000	
1622 Okt. 25	Kansu, China		12000	
1668 Juli 25	Shantung		Katastrophe	
1870 Apr. 11	Sihang		2300	
1906 März 16	Taiwan			
22.42	23,6° N; 120,5° E	7,0	1258	5–25
1917 Juli 30	SW-China			
23.54	28,0° N; 104,0° E	6,5	1803	1–5
1918 Feb. 13	SE-China			
06.07	23,5° N; 117° E	7,3	10000	>25
1920 Dez. 16	NE-Kansu			
12.05	36,5° N; 105,7° E	8,5	200000	>25
1923 März 24	Kansu			
12.40	31,3° N; 100,8° E	7,3	5000	5–25
1925 März 16	Yunnan			
14.42	25,7° N; 100,2° E	7,0	3600	>25
1927 Mai 22	Nan-Shan			
22.32	37,6° N; 102,6° E	8,0	40912	>25
1933 Aug. 25	Zentralchina			
07.50	32,0° N; 103,7° E	7,4	10000	>25
1935 Apr. 20	Taiwan			
22.01	24,2° N; 120,8° E	7,1	3276	5–25
1935 Juli 16	Taiwan			
16.19	24,4° N; 120,7° E	6,5	2746	5–25
1937 Juli 31	Ostchina			
20.35	35,2° N; 115,3° E	6,8	390	>25

Tabelle 10.1. (Fortsetzung)

Tag Herdzeit	Epizentrum	*M*	Anzahl der Toten	Schaden in Mill. Dollar
1966 März 7	Ostchina			
21.29	37,3° N; 114,9° E	6,8	viele	
1969 Juli 25	SE-China			
22.49	21,5° N; 111,9° E	5,9	3000	5–25
1974 Mai 10	Yunnan			
18.25	28.2° N. 104,0° E	6,8	20000	?
1975 Feb. 4	NE-China			
11.36	40,6° N; 122,5° E	7,4	10000	5–25
1976 Juli 27	Tang-Shan			
19.42	39,5° N; 117,9° E	7,8	240000	>25
5. Indonesien – Philippinen – Neuguinea				
(90° E – 140° E; 10° S – 20° N)				
1645 Nov. 30	Manila		mehrere 100	
1863 Juni 3	Manila		300	
1917 Jan. 21	Bali			
	8,0° S; 115,4° E		15000	
1955 März 31	Mindanao			
18.17	8,1° N; 123,2° E	7,6	465	>25
1976 Juni 25	Zentralneuguinea			
19.18	4,6° S; 140,0° E	7,1	6000	5–25
1976 Aug. 16	Süd-Mindanao			
16.11	6,2° N; 124,0° E	7,9	6500	160
1981 Jan. 24	Sumatra			
22.21	5° S; 103° E	6,2	250	?
6. Japan – Korea				
(125° E – 150° E; 30° N – 50° N)				
1703 Dez. 31	Tokyo	8,2	5233	
1707 Okt. 28	Shikoko	8,4	4900	
1751 Mai 20	Echigo	6,6	2000	
1847 Mai 8	Zenkoji	7,4	12000	
1854 Dez. 24	Simoda	8,4	3000	
1855 Nov. 11	Sagami	6,9	6757	
1891 Okt. 28	Mino-Owari	8,4	7273	
1896 Juni 15	Nordjapan	7,6	27122	
1923 Sep. 1	Tokyo			
02.59	35,3° N; 139,5° E	8,3	99331	15600
1927 März 7	Tango			
09.28	35,7° N; 135,0° E	7,9	3017	>25
1930 Nov. 25	Zentraljapan			
19.03	34,5° N; 139,4° E	7,0	259	>25

Tabelle 10.1. (Fortsetzung)

Tag Herdzeit	Epizentrum	M	Anzahl der Toten	Schaden in Mill. Dollar
1933 März 2	Nord-Honshu			
17.31	39,1° N; 144,7° E	8,3	3012	>25
1943 Sep. 10	Tottori			
08.36	35,3° N; 134,0° E	7,2	1190	>25
1944 Dez. 7	Tonankai			
04.36	33,7° N; 136,2° E	8,0	999	>25
1945 Jan. 12	Mikawa			
18.38	34,7° N; 137,1° E	7,1	1961	5–25
1946 Dez. 20	Nankaido			
19.19	32,5° N; 134,5° E	8,4	1362	>25
1948 Jan. 28	Fukui			
07.13	36,5° N; 136,0° E	7,3	5390	>25
1964 Juni 16	Niigata			
04.01	38,3° N; 139,1° E	7,4	26	1800
7. Alaska – Aleuten				
(170° E – 140° W; 50° N – 65° N)				
1899 Sep. 3	Yakutat Bay	8,3		
1899 Sep. 9	Yakutat Bay	8,5		
1946 Apr. 1	südl. d. Alaska-HI			
12.29	52,8° N; 162,5° W	7,4	173	90
1964 März 28	Anchorage			
03.36	61,0° N; 147,7° W	8,3	131	1020
8. Westliches Nordamerika				
(130° W – 100° W; 30° N – 50° N)				
1857 Jan. 9	Fort Tejon	~8		
1906 Apr. 18	San Francisco			
13.12	38,0° N; 123,0° W	8,3	700	333
1933 März 11	Long Beach			
01.54	33,6° N; 118° W	6,3	115	266
9. Mittelamerika				
(110° W – 80° W; 5° N – 20° N)				
1611 Aug. 25	Mexico	sehr stark		
1701 Dez. 21	Oaxaca, Mexico	zerstörend		
1711 Aug. 16	Mexico		viele Tote	
1733 Jul. 29	Guatemala		100	
1784 März 28	Acapulco		mehrere Tote	
1910 Apr. 13	Kostarika			
06.05	9,8° N; 84,0° W		1750	1–5
1931 März 31	Nikaragua			
16.02	13,2° N; 85,7° W	5,6	2450	83,3

Tabelle 10.1. (Schluß)

Tag Herdzeit	Epizentrum	*M*	Anzahl der Toten	Schaden in Mill. Dollar
1951 Mai 6	Jucuapa, El Salvador			
23.08	13,0° N; 87,8° W	6,5	400	68
1972 Dez. 23	Managua			
06.29	12,3° N; 86,1° W	6,2	5000	1300
1976 Feb. 4	Guatemala			
09.01	15,3° N; 89,1° W	7,5	23000	1400
10. Karibik – Venezuela				
(80° W – 60° W; 10° N – 20° N)				
1812 März 26	Caracas, Venezuela	zerstörend		
1907 Jan. 14	Kingston, Jamaica			
21.36	18,2° N; 76,7° W	6,5	1000	405
1918 Okt. 11	Puerto Rico			
14.15	18,5° N; 67,5° W	7,5	116	28,0
1967 Jul. 30	Caracas, Venezuela			
00.00	10,6° N; 67,3° W	6,5	300	280
11. Nördliches Südamerika				
(85° W – 60° W; 20° S – 10° N)				
1797 Feb. 4	Ekuador, Peru		40000	
1868 Aug. 13	Peru, Ekuador		40000	
1906 Jan. 31	westl. Nordekuador			
15.36	1,0° N; 81,5° W	8,9	1000	1–5
1949 Aug. 5	Ambato, Ekuador			
19.08	1,5° S; 78,2° W	6,8	6000	25
1966 Okt. 17	westl. Zentral-Peru			
21.42	10,7° S; 78,7° W	7,6	110	>25
1970 Mai 31	Huaras, Peru			
20.23	9,1° S; 78,8° W	7,8	66794	455
12. Südliches Südamerika				
(80° W – 60° W; 40° S – 20° S)				
1647 Mai 13	Santiago, Chile	~8,5	1000	
1861 März 21	Mendoza, Argentinien		18000	
1906 Aug. 17	Santiago, Chile			
00.04	33,0° S; 72,0° W	8,6	1500	3556
1939 Jan. 25	Chillan, Chile			
03.32	36,2° S; 72,2° W	8,3	28000	588
1944 Jan. 15	San Juan, Argentinien			
23.49	31,6° S; 68,5° W	7,8	5000	400
1960 Mai 22	Südchile			
19.11	39,5° S; 74,5° W	8,5	2231	1600
1965 März 28	La Ligua, Chile			
16.33	32,4° S; 71,2° W	7,3	400	230

wurden in der UdSSR weitere komplexgeophysikalische Polygone errichtet (z. B. Alma-Ata, Taschkent, Kamtschatka). Die einzelnen Beobachtungspunkte solcher Polygone verteilen sich über eine große Fläche. So hat das Polygon von Alma-Ata eine Länge von 200 km und eine Breite von 100 km (s. z. B. ASIMOV, 1974). Bereits in der ersten Aufbauphase des Polygons von Garm zu Beginn der 50er Jahre erfolgten seismologische und geoakustische Untersuchungen (z. B. ANCYFEROV, 1954); es wurden magnetische (KALAŠNIKOV, 1954) und tellurische (z. B. TICHONOV u. a., 1954) Messungen durchgeführt, und es wurden die Änderung des elektrischen Potentials der Atmosphäre (s. BONČKOVSKII, 1954a) und die Beziehungen zwischen Erdbeben und morphologischen Elementen (BONČKOVSKII, 1954b) als mögliche Vorläufereffekte von Beben untersucht.

Ein wichtiger Schritt in Richtung auf eine Erdbebenvorhersage war die Erfassung von Änderungen der seismischen Geschwindigkeit vor einem Beben durch die Untersuchungen bei Garm (s. NERSESOV u. a., 1971). Diese Ergebnisse wurden auf der Generalversammlung der Internationalen Union für Geodäsie und Geophysik 1971 in Moskau vorgestellt und waren der Beginn einer verstärkten internationalen Forschungstätigkeit.

In den USA wurde 1965 im Anschluß an das große Alaska-Beben vom 27. 3. 1964 ein 10-Jahresplan für ein US-Programm zur Erdbebenprediktion entworfen, entsprechende Mittel standen aber erst seit 1973 zur Verfügung (s. z. B. Panel on Earthquake Prediction, 1976). Seit 1973 werden mit großem Aufwand Untersuchungen besonders im Gebiet der San-Andreas-Verwerfung in Kalifornien durchgeführt. Von wesentlicher Bedeutung für die weitere Entwicklung der Forschungsarbeiten war die Bildung der Arbeitsgruppe UdSSR – USA zu Fragen der Bebenvorhersage, in deren Rahmen gemeinsame experimentelle und theoretische Arbeiten durchgeführt wurden.

Auf Grund der besonderen Erdbebengefährdung gibt es in Japan ebenfalls seit langem intensive Bemühungen zur Vorhersage von Erdbeben. Bereits 1962 wurde ein Blaubuch (s. TSUBOI u. a. 1962) veröffentlicht, in dem ein Langzeitprogramm für die Erdbebenvorhersage entwickelt wurde. In Japan gewann man wertvolle Erkenntnisse über Deformationen der Landoberfläche (Hebung, Senkung, Neigung, horizontale Deformation) in der Vorbereitungsphase von Erdbeben. Der wichtigste regionale Schwerpunkt ist der Großraum Tokio. Hier wurde von dem National Research Center for Disaster Prevention, der Japanese Agency for Meteorology und anderen Einrichtungen ein umfassendes komplexes Stationsnetz aufgebaut, zu dem auch mehrere Bohrungen bis zu einer Tiefe von 3500 m für die seismische Überwachung gehören (s. z. B. TAKAHASHI und HAMADA, 1975). Auch in der VR China (s. z. B. CHANG und QIOU, 1979; FAN u. a., 1979; QIAN u. a., 1979; ZHU und ZHONG, 1979; WANG u. a., 1979; RALEIGH u. a., 1977) wird intensiv an dem Problem der Erdbebenvorhersage gearbeitet.

Neben der Untersuchung der Änderungen physikalischer Parameter in der Vorbereitungsphase von Erdbeben wurde in der VR China das Verhalten von Tieren beobachtet. Die Einbeziehung breiter Bevölkerungsschichten ermöglichte es, ein enges Beobachtungsnetz im ganzen Land aufzubauen und die Bedeutung biologischer Vorläufereffekte nachzuweisen. Die chinesischen Ergebnisse führten auch international zu einer verstärkten Beachtung biologischer Effekte (z.B. EVERNDEN, 1976; OTIS und KAUTZ, 1979; RIKITAKE, 1978a).

Von der UNESCO werden die Untersuchungen zur Erdbebenvorhersage im Rahmen eines internationalen Programms zur Verhütung geologischer Hazards gefördert und finanziell unterstützt. Spezielle UNESCO-Symposien (1975 und 1979) behandelten die naturwissenschaftlichen, sozialen und ökonomischen Probleme der Erdbebenvorhersage.

Im Rahmen der Internationalen Assoziation für Seismologie und Physik des Erdinnern (IASPEI) wurde auf der IUGG-Generalversammlung in Moskau 1971 eine spezielle Kommission für Bebenvorhersage geschaffen.

Die Arbeiten zur Bebenvorhersage haben folgendes Ziel (s. z.B. SAVARENSKIJ und NERSESOV, 1978):

- Vorhersage des Ortes (Epizentrum) und Abschätzung der Herdtiefe,
- Vorhersage der Zeit, wobei zwischen einer langfristigen, mittelfristigen und kurzfristigen Vorhersage zu unterscheiden ist,
- Vorhersage der Stärke (Magnitude) eines Erdbebens,
- Vorhersage der zu erwartenden Intensität an einem bestimmten Ort in Abhängigkeit von der Herdentfernung und den lokalen Untergrundbedingungen,
- Vorhersage zu erwartender Folgeerscheinungen wie Tsunamis, Bergrutsche u.a.

Hieraus ergeben sich zwei Forschungsschwerpunkte:

a) systematische Untersuchung und Analyse aller Veränderungen (sog. Vorläuferphänomene), die in der Vorbereitungszeit eines Erdbebens beobachtet werden. Die Aussagekraft derartiger Effekte ist zu prüfen, um daraus eine Strategie für den Schutz der Bevölkerung in den betreffenden Gebieten zu entwickeln.

b) Entwicklung geeigneter physikalischer Modelle der Prozesse, die in der Vorbereitungsphase eines Erdbebens ablaufen, um zu einer ursächlichen physikalischen Erklärung der Vorläufereffekte und zu einer theoretischen Grundlage für die Erdbebenvorhersage zu kommen. Dabei spielen Untersuchungen über den Bruch- und Deformationsablauf in geologischen Körpern unter Einbeziehung theoretischer und experimenteller Laboruntersuchungen eine wichtige Rolle.

10.2. Methoden der Bebenvorhersage

10.2.1. Extreme Langzeitvorhersage

Liegt der Vorhersagezeitraum in der Größenordnung von Jahren, so spricht man von einer extremen Langzeitvorhersage. Die Sicherheit der Vorhersage wird um so geringer, je weiter in die Zukunft eine Aussage über das Eintreffen eines Bebens angestrebt wird. Mit statistischen Methoden können Angaben über die Wahrscheinlichkeit des Auftretens von Erdbeben mit einer bestimmten Stärke in einer bestimmten Region gemacht werden (s. Kapitel 8). Die Ergebnisse dienen der Erkennung besonders gefährdeter Gebiete; sie sind die Grundlage für weiterführende Untersuchungen, um die mögliche Eintrittszeit eines Bebens zu erfassen.

Extreme Langzeitvorhersage ist somit keine Vorhersage eines Bebens im eigentlichen Sinne, sie führt vielmehr zu einer Regionalisierung und damit zu einer Abgrenzung von Gebieten, in denen mit dem Auftreten von Schadenbeben in der Zukunft zu rechnen ist. Die Grenze zwischen Untersuchungen zur seismischen Gefährdung und zur extremen Langzeitvorhersage ist daher fließend.

Eine wesentliche Grundlage für eine extreme Langzeitvorhersage und für die Abgrenzung von Gebieten, in denen mit dem Auftreten eines starken Erdbebens zu rechnen ist, bildet die Erfassung der Raum-Zeitverteilung der seismischen Aktivität.

Wie bei der Untersuchung der seismischen Gefährdung ist es auch für eine extreme Langzeitvorhersage notwendig, die seismische Aktivität eines möglichst langen Zeitraumes zu analysieren. Allerdings gibt es nur in Ausnahmefällen einigermaßen gesicherte Daten über die Seismizität für einen Zeitraum von mehr als 1000 Jahren. Abb. 10.1 zeigt die kumulative Energiefreisetzung (Benioff-Kurve) in Nordostchina für die letzten 3000 Jahre. Perioden starker seismischer Aktivität wechseln mit solchen geringer Aktivität. Auch in der Benioff-Kurve für das Territorium der DDR (s. Kapitel 8) treten deutliche zeitliche Variationen der seismischen Aktivität auf. Diese Beispiele zeigen, wie unsicher eine extreme Langzeitvorhersage sein kann, die auf einer statistischen Auswertung der seismischen Aktivität einer kurzen Zeitspanne beruht.

Es ist daher erforderlich, Informationen über starke Erdbeben möglichst auch aus prähistorischer Zeit zu erhalten. Hierzu bieten sich geologische Methoden an. So werden typische Sedimentstrukturen in holozänen und pleistozänen Sedimenten (lakustrine Sedimente, Warventone) beobachtet, die durch Liquefaktion während Erdbeben entstanden. In Warventonen konnten derartige Strukturen von Sims (1975) bis 45000 v. d. Z. erfaßt werden (s. Abb. 10.2, ihre Entstehung scheint ab einer Intensität VI möglich zu sein.

Aufschürfungen von Verwerfungen bieten weitere Möglichkeiten, die prähistorische Seismizität zu untersuchen. So hat Sieh (1978) an der San-Andreas-Verwerfung den Bewegungsablauf über einen Zeitraum von fast 2000 Jahren zurückverfolgt.

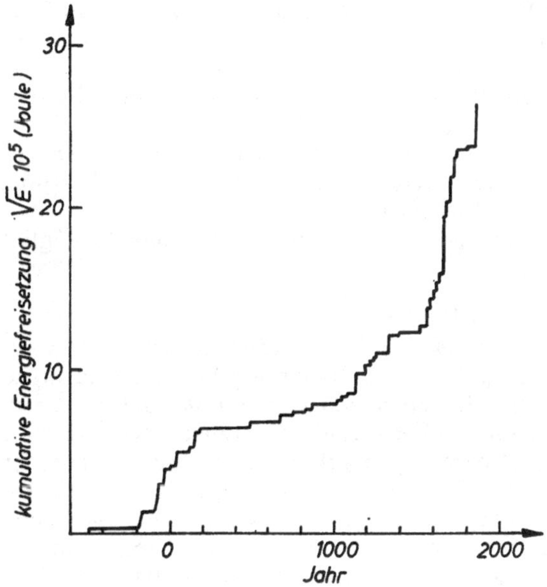

Abb. 10.1. Kumulative seismische Energiefreisetzung für NE - China im Zeitraum −500 bis 1900

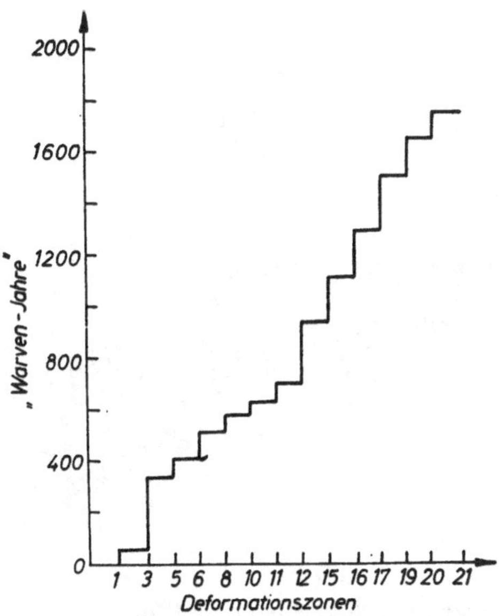

Abb. 10.2 Zeitliche Abfolge erdbebenverursachter Deformationsstrukturen in Warventonen (nach SIMS, 1975). Das „Warvenjahr" 0 wurde durch ^{14}C-Altersdatierung auf 45000 v.d.Z. festgelegt. Interessant ist die Änderung der Seismizität beim „Warvenjahr" 700

Aussagen über die aktuelle Raum-Zeit-Struktur der seismischen Aktivität können aus seismischen Registrierungen abgeleitet werden. In den letzten Jahren wurde immer deutlicher, daß nicht nur die starken Beben, sondern auch die zeitliche und räumliche Verteilung schwacher und sehr schwacher Beben für die Bebenvorhersage wichtig sind.

Untersuchungen zur Bebenvorhersage setzen also eine kontinuierliche Erfassung und Analyse der seismischen Aktivität mit Hilfe moderner, leistungsfähiger seismischer Stationen und Stationsnetze voraus.

Für eine extreme Langzeitvorhersage bieten sich vor allem folgende Möglichkeiten an:

a) *Die Identifizierung seismischer Lücken* (*seismic gaps*)

Untersucht man die räumliche Verteilung der seismischen Aktivität in seismischen Zonen der Erde, so fällt auf, daß es Bereiche gibt, in denen in den letzten Jahren oder Jahrzehnten keine stärkeren Beben stattfanden. Für die Langfristprognose ist die Erfassung solcher seismischen Lücken wichtig, da es diese Gebiete sind, in denen sich Spannungen akkumulieren und in naher Zukunft Beben auftreten können (s. z.B. Fedotov u.a., 1970; Kelleher u.a., 1973). Abb. 10.3 zeigt die Verteilung der Epizentren von starken Flachbeben in Mittelamerika (nach Kelleher u.a., 1973). Die Nachbebengebiete sind gestrichelt dargestellt. Es wird angenommen, daß in diesen Gebieten ein Spannungsabbau durch die Erdbeben erfolgt ist. Auffällig sind 6 Gebiete, in denen in den letzten 45 Jahren keine starken Beben stattfanden und die daher als besonders gefährdet anzusehen sind. In eine dieser Lücken fiel dann auch das starke Erdbeben vom 4. Februar 1976 in Guatemala.

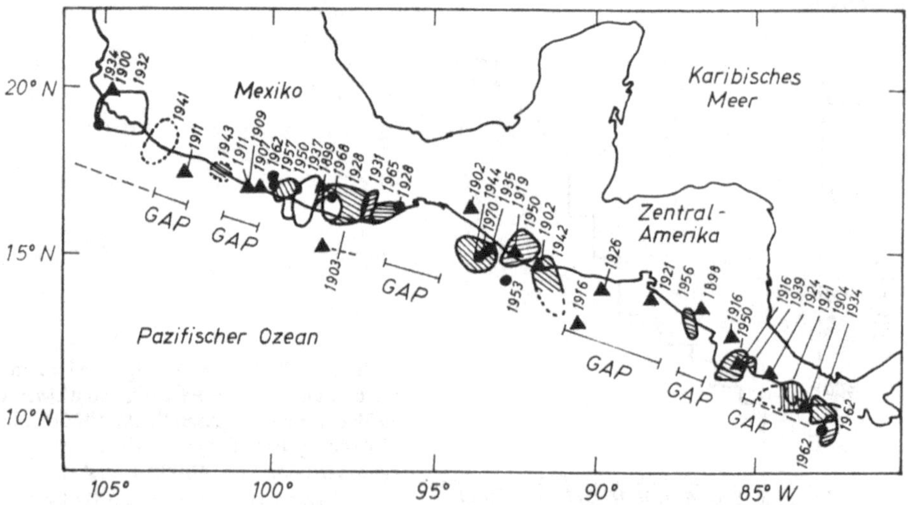

Abb. 10.3. Seismische Lücken in Mittelamerika (nach Kelleher u.a., 1973)

Auch an anderen Stellen der Erde werden derartige seismische Lücken beobachtet. Die Feststellung einer seismischen Lücke bedeutet aber noch nicht die Vorhersage eines Bebens. So gibt es auch sog. permanente seismische Lücken in solchen Gebieten, in denen die Kriechverformung so groß ist, daß ein fast völliger aseismischer Spannungsabbau erfolgt. Die Identifizierung seismischer Lücken ist aber wichtig, um gezielte Untersuchungen in dem betreffenden Gebiet durchzuführen.

b) *Die Erfassung des Langzeitverhaltens der seismischen Aktivität innerhalb einer seismischen Lücke*

Systematische Untersuchungen zeigen, daß die seismische Aktivität innerhalb seismischer Lücken einen Schlüssel für die zeitliche Vorhersage und möglicherweise auch die Vorhersage der Stärke eines Erdbebens darstellt.

Trägt man z.B. die kumulative Anzahl von Erdbeben in einem bestimmten Gebiet auf, so erhält man einen für jede seismogene Zone typischen Verlauf, der die normale oder „background" Seismizität darstellt (s. z.B. Wyss und Habermann, 1979; Khattri und Wyss, 1978). In der Vorbereitungsperiode eines Bebens wird eine signifikante Abnahme der seismischen Aktivität beobachtet. Es tritt eine Art seismischer „Ruhe" (seismic quiescence) ein (s. Abb. 10.4). Nach dem Beben nimmt dann die Seismizität wieder ihren „Normal"-Wert ein.

Das Problem bei der Interpretation von Raum-Zeit-Variationen der „Background"-Seismizität besteht darin, daß keine Kenntnisse darüber bestehen, ob diese Variationen mit dem Prozeß der Vorbereitung eines bestimmten Bebens tatsächlich in Verbindung stehen..

c) *Migration von Erdbebenherden*

Bei einer Analyse der seismischen Aktivität in verschiedenen Gebieten der Erde fällt auf, daß sich eine gerichtete Wanderung der Bebenherde andeutet (s. z.B. Båth, 1966; Ida, 1974; Kasahara, 1970; Vil'kovič und Šnirman, 1982).

Tab. 10.2 gibt einen Überblick über bekannte Beispiele (nach Kasahara, 1979).

Es zeigt sich, daß die Migration der Erdbebenherde mit einer Geschwindigkeit zwischen etwa 10 km und 100 km/Jahr erfolgt. Eingehend diskutieren Vil'kovič und Šnirman (1982) mögliche physikalische Modelle. So läßt sich eine Migration entlang von Bruchzonen aus dem Verhältnis von Reibungsspannung und Geschwindigkeit der Relativbewegung von Krustenblöcken entlang von Verwerfungszonen verstehen.

Lokale oder regionale Inhomogenitäten in der Lithosphäre können ebenfalls zu räumlich uneinheitlichen Geschwindigkeiten in der Fortpflanzung von Deformationsfronten und damit zu einer Wanderung der Erdbebenherde führen (s. auch Kasahara, 1979).

Neben einer linearen Migration im Streichen tektonischer Strukturen wurde in verschiedenen Gebieten auch ein Zusammenhang zwischen Beben in einer

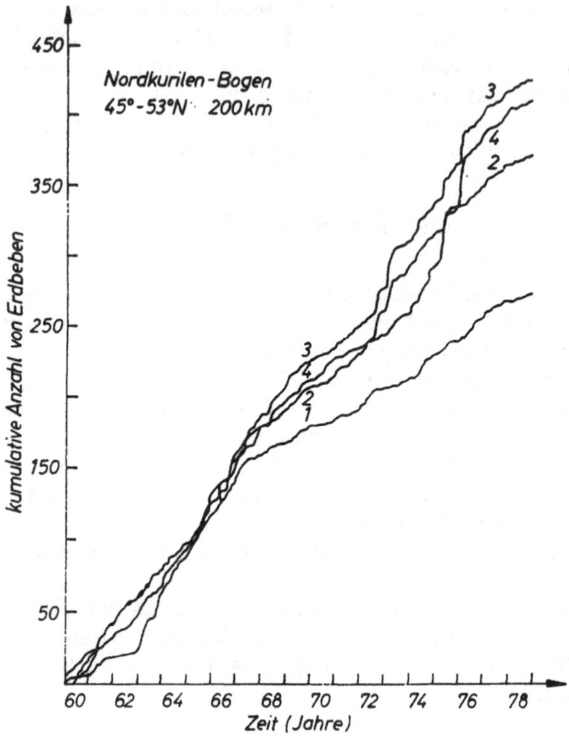

Abb. 10.4. Kumulative Anzahl seismischer Ereignisse für 4 angrenzende Abschnitte der Kurilenregion mit jeweils 200 km Radius (aus Wyss und Habermann, 1979)

Tabelle 10.2.

Region	Periode	Geschwindigkeit
Anatolien (Türkei)	1939–1957	80 km/Jahr
Philippinen	1930–1960	50 km/Jahr
Kita-Izu (Japan)	1930–1962	12 km/Jahr
Sanriku (Japan)	1926–1965	150 km/Jahr
US-Westküste	1830–1970	60 km/Jahr
Chile	1880–1960	10 km/Jahr
Marianen	1930–1965	50 km/Jahr
Tonga	1900–1969	45 km/Jahr

Region und dem Auftreten von Beben in einer anderen beobachtet. So folgt z.B. häufig einem Erdbeben in der Mongolei nach 2 Wochen bis zu einigen Monaten ein starkes Beben im Osten des Baikalriftes (Solonenko, 1979). Die Entfernung beträgt etwa 1600 bis 1900 km. Ähnliche Zusammenhänge wurden in chinesischen Erdbebenregionen beobachtet. Damit wird deutlich, daß großräumige Wechselwirkungen in der Spannungsakkumulation und Spannungsfreisetzung bestehen.

d) *Mustererkennung* (*Pattern recognition*)

In zunehmendem Maße werden mit Methoden der Mustererkennung Probleme der Erdbebenvorhersage bearbeitet (s. z.B. GELFAND u.a., 1972, 1973, 1974, 1976; GVIŠIANI u.a., 1978; KEILIS-BOROK und MALINOVSKAYA, 1964; KEILIS-BOROK u.a., 1980). Dabei handelt es sich um eine Klassifizierungsaufgabe, die mit Hilfe der Klusteranalyse bearbeitet wird. Diese Methodik wurde zunächst auf die Analyse der zeitlichen Variationen der Seismizität in einem gegebenen Gebiet angewandt. Verstärkt wird jetzt versucht, die Mustererkennung im Sinne einer komplexen Analyse einzusetzen. Hierzu werden die Einzelpunkte (Objekte) eines Punktrasters (z.B. einer Karte) durch bestimmte geomorphologische, geologische und seismotektonische Parameter charakterisiert und die Punkte oder Bereiche ermittelt, wo künftige Erdbeben entstehen können. Die Ergebnisse zeigen, daß Gebiete möglicher künftiger starker Beben abgrenzbar sind (s. auch GABRIELOV u.a., 1982; GVIŠIANI u.a., 1982; VEBER u.a., 1982).

10.2.2. Direkte Bebenvorhersage

Die direkte Vorhersage eines Bebens geht von der Erfassung und Analyse physikalischer, geochemischer und anderer Parameter aus, die systematische und typische Änderungen vor einem Beben zeigen. Man bezeichnet sie dann als Vorläuferphänomene, wenn sie vor einem Hauptbeben auftreten und Bestandteil des physikalischen Vorbereitungsprozesses sind, der zu einem Bruchvorgang und damit zu einem Beben führt. Eine große Anzahl derartiger Vorläuferphänomene ist besonders bei Untersuchungen in der Sowjetunion, in den USA, in Japan und in China beobachtet worden. RIKITAKE (1976, 1978b, 1981) hat diese Phänomene systematisch untersucht und zusammengestellt (s. Tab. 10.3).

Im folgenden werden einige typische Beispiele beschrieben. Auf Modellvorstellungen zur Deutung der Entstehung von Vorläuferphänomen und deren Zuordnung zum Vorbereitungsprozeß von Erdbeben wird in Abschnitt 10.3. eingegangen.

10.2.2.1. Seismische und seismologische Vorläuferphänomene

a) *Seismische Geschwindigkeit* (v_p *und* v_s)

Sowjetische Untersuchungen (s. z.B. KONDRATENKO und NERSESOV, 1962) hatten erstmals in der Garm-Region z.T. erhebliche Änderungen der Fortpflanzungsgeschwindigkeit seismischer Wellen im Herdgebiet in der Vorbereitungszeit eines Erdbebens beobachtet. Die Änderung kinematischer Para-

Tabelle 10.3. Zusammenstellung von Vorläuferphänomenen (nach RIKITAKE, 1979)

Methode		Abkürzung (nach RIKITAKE)
Seismologische Vorläufereffekte	v_p und v_s	w
	v_p/v_s	v
	A_p und A_s; A_p/A_s	
	Mikroseismische Aktivität	m
	Anomale Seismizität	f'
	Vorbebentätigkeit	f
	b-Wert	b
	Herdmechanismus	s
	Migration des Hypozentrums	h
	Laufzeitresiduen	
Deformation der Landoberfläche und Schwereänderungen	Hebungen und Senkungen	l
	Kriechen, aktive Brüche	c
	Strain, Neigung	t
	Gezeiten der festen Erde	t'
	Schwereänderungen	
Magnetische, magnetotellurische und elektrische Effekte	Tellurische Ströme	e
	elektrischer Widerstand	r
	Leitfähigkeitsanomalien	c'
	Geomagnetische Effekte	g
	Säkulare Änderungen des geomagnetischen Feldes	g
Geochemische und hydrologische Effekte	Radon-, Helium-Konzentration	i
	Chemismus des Wassers	
	Wasserabgabe von Quellen und Bohrungen	
	Wasserspiegelschwankungen	u
	Änderung des Porenwasserdruckes	
	Ölzufluß in Bohrungen	o
Geothermische Effekte	Änderungen der Wassertemperatur	
	Oberflächentemperatur	
	Wärmefluß	
Meteorologische Effekte	Luftelektrizität	
	Leuchterscheinungen	
	Wettererscheinungen	
Biologische Effekte	Anomales Verhalten von: Vögeln, Fischen, Reptilien	

meter wurde in der Folgezeit in der UdSSR (s. z.B. SAVARENSKY, 1968; SADOVSKY u.a., 1972), in den USA (s. z.B. AGGARWAL u.a., 1973; 1975; WHITCOMB u.a., 1973) und in anderen Ländern intensiv untersucht. Dabei lassen sich einige methodische Varianten unterscheiden:

- Untersuchung der zeitlichen Änderungen der Fortpflanzungsgeschwindigkeit unter Verwendung natürlicher seismischer Ereignisse (s. z.B. KONDRATENKO und NERSESOV, 1962). In der Vorbereitungszeit eines Erdbebens wird eine Abnahme der P-Wellengeschwindigkeit beobachtet. Kurz vor Eintritt des Bebens erreicht sie wieder ihren ursprünglichen Wert.

- Untersuchung der zeitlichen Änderungen der Fortpflanzungsgeschwindigkeit von P- und S-Wellen mit Hilfe explosionsseismologischer Messungen.

  Bei natürlichen Beben können die Herdkoordinaten meist nicht mit der genügenden Genauigkeit bestimmt werden, so daß Fehler in der Geschwindigkeitsbestimmung auftreten. Werden spezielle Sprengungen durchgeführt, so lassen sich die Laufzeit bzw. die Geschwindigkeit mit großer Genauigkeit ermitteln. Werden die Sprengungen an den gleichen Sprengpunkten in bestimmten zeitlichen Abständen wiederholt, so ist es möglich, systematische Änderungen der Laufzeit und der Fortpflanzungsgeschwindigkeit in Herdgebieten zu untersuchen.
  In der Sowjetunion wurde daraus die Methode der seismischen Durchstrahlung entwickelt (s. z.B. MYACHKIN u.a., 1972; MJAČKIN und DOLBILKINA, 1973; MJAČKIN, 1978). Die Ergebnisse deuten an, daß vor Erdbeben eine Änderung der Geschwindigkeit erfolgt, gleichzeitig wurden starke Änderungen in der Amplitude seismischer Wellen gefunden (bis zu 50%). MYAČHKIN u.a. (1972) weisen darauf hin, daß es durch zunehmende Vergrößerung des Schußpunkt-Empfänger-Abstandes möglich ist, den Tiefenbereich zu erfassen, in dem Änderungen der physikalischen Eigenschaften erfolgen.
  Auch KANAMORI und HADLEY (1975) beobachteten zeitliche Änderungen der Fortpflanzungsgeschwindigkeit von etwa 3% in Kalifornien.

- Untersuchung der zeitlichen Änderungen des v_p/v_s-Verhältnisses

In der Vorbereitungszeit eines Erdbebens ändern sich die Geschwindigkeiten von P- und S-Wellen unterschiedlich. Das Verhältnis der Geschwindigkeit v_p/v_s hat sich daher zu einem der wichtigsten Vorläufereffekte entwickelt (s. u.a. SEMENOV, 1969) und war eine wesentliche Grundlage für die Erarbeitung von Modellen der physikalischen Prozesse in Herdgebieten.

Das Prinzip ist in Abb. 10.5 (nach SADOVSKY u.a., 1972) dargestellt. Man bezeichnet mit τ die Zeit der Herausbildung der Anomalie, nach der das Verhältnis v_p/v_s ein Minimum erreicht. Die Anomalie läßt sich über einen bestimmten Zeitraum T verfolgen, der ein gewisses Maß für die Stärke des zu erwartenden Bebens ist. Kurz vor Auslösung des Erdbebens steigt das Geschwindigkeitsverhältnis wieder an und erreicht mit dem Beben oder unmittelbar danach ein Maximum, um dann wieder auf den Ausgangswert zurückzugehen. Ähnliche Ergebnisse wurden z.B. von SCHOLZ u.a. (1973) sowie KISSLINGER und ENGDAHL (1974) erhalten.

Allerdings sind die Ergebnisse in verschiedenen Bebengebieten und bei verschiedenen Beben im gleichen Herdgebiet durchaus unterschiedlich. So haben die Untersuchungen von v_p/v_s unter Ausnutzung von Steinbruchsprengungen in Kalifornien zu keinen positiven Ergebnissen geführt (s. z.B. MCEVILLY und JOHNSON, 1974; BOORE u.a., 1975).

Eine zusammenfassende tabellarische Übersicht über die Ergebnisse der verschiedenen Autoren geben LEE und STEWART (1981).

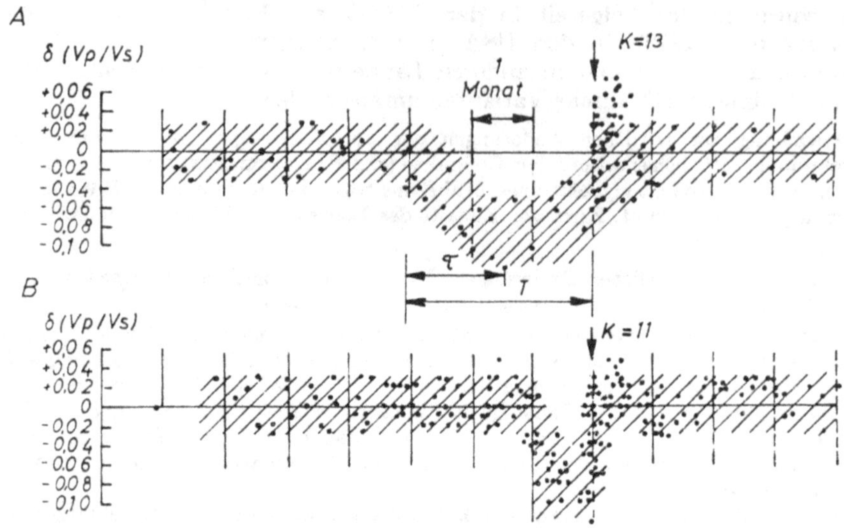

Abb. 10.5. Verhältnis v_p/v_s als Vorläuferphänomen von Erdbeben (nach Sadovski u.a., 1972)

– Untersuchung der zeitlichen Änderungen der Laufzeitresiduen von P-Wellen

Die Differenz zwischen beobachteter und der für ein gegebenes Geschwindigkeitsmodell der Erde berechneten Laufzeit wird als Laufzeitresidue definiert. Eine Reihe von Untersuchungen zeigt, daß in der Vorbereitungsperiode von Erdbeben systematische Änderungen der Residuen auftreten.

So beobachteten Wyss und Holcomb (1973) Änderungen der Stationsresiduen in Japan in Zusammenhang mit dem Matsushiro-Schwarmbeben, Wyss und Johnston (1974) untersuchten die P-Wellen-Residuen vor großen Erdbeben in Neuseeland und Wesson u.a. (1977) die Stationsresiduen in Kalifornien. Allerdings können derartige Effekte auch vorgetäuscht werden, weil der erste Einsatz in vielen Fällen schwer zu erkennen ist. Detaillierte Untersuchungen führten Gupta u.a. (1979) in Nordostindien (Assam-Gap) durch (s. Abb. 10.6). Im zeitlichen Verlauf der P-Wellen-Residuen an der Station Shillong treten deutliche Änderungen auf. Vor dem Beben vom 1. 6. 1969 wurden etwa 10 Monate zuvor die Residuen größer (um etwa 0,4 s). Das bedeutet, daß die Fortpflanzungsgeschwindigkeit in diesem Zeitraum abnimmt. Kurz vor dem Beben nehmen die Residuen wieder ab.

Der Gesamttrend an der Station Shillong seit 1970 läßt vermuten, daß sich in diesem Gebiet ein starkes Beben vorbereitet.

b) Seismische Aktivität

Die seismische Aktivität in einem gegebenen Erdkrusten- oder Lithosphärenvolumen ist ein Ausdruck des herrschenden Spannungszustandes. In der Vorbereitungsphase eines Erdbebens können sich das Spannungsfeld (Betrag und

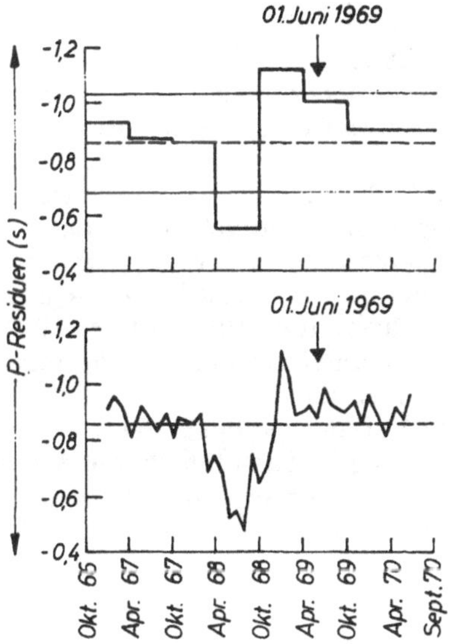

Abb. 10.6. Residuen für die Station Shillong (Indien). Obere Kurve: alle Beben; untere Kurve: Beben mit einer Herdtiefe >100 km (nach Gupta u.a., 1979)

Richtung) und die Materialfestigkeit (Scherfestigkeit) ändern. Damit sind Änderungen in der seismischen Aktivität zu erwarten, die auch von zahlreichen Autoren als Vorläuferphänomen von starken Beben beschrieben werden.

Dabei ist zu unterscheiden:

Vorbeben beschreiben die seismische Aktivität vor einem Hauptbeben in der Nähe des Hypozentrums. Sie werden Stunden bis Monate vor dem Hauptbeben beobachtet und sind daher kurz- bis mittelfristige Vorläufer.

Als *Kluster* wird eine Konzentration seismischer Aktivität in Raum und Zeit bezeichnet, ohne daß ein klares Hauptbeben folgt. Wenn überhaupt eine Verbindung zu einem starken Beben besteht, so sind Kluster langfristige Vorläuferphänomen. Eine *seismische Lücke* (s. Abschnitt 10.2.1.) ist ein Abschnitt einer Verwerfungszone, in der seit längerer Zeit kein starkes Beben stattfand, während in Nachbarabschnitten solche Beben auftraten. Eine seismische Lücke wird allein durch starke Beben definiert.

Die *seismische Mikroaktivität* (Anzahl schwacher Beben) nimmt für jede seismogene Zone eine gewisse charakteristische Größe an. Zeitliche Änderungen sind als kurz- bis mittelfristige Vorläuferphänomene beobachtet worden, wobei sowohl ein Anstieg als auch ein Abfall (seismische Ruhe) der Aktivität möglich ist.

Sadovsky u.a. (1972), Sadovsky und Nersesov (1974) untersuchten die zeitlichen Schwankungen der Seismizität in der Garm-Region und beobachteten dabei Langzeitvariationen, die sie mit dem Gesamtspannungszustand in der Erdkruste in Verbindung bringen. Diesen Langzeitvariationen sind kürzere Variationen überlagert, die eine Dauer von einigen Monaten bis zu einem Jahr haben können. Vor stärkeren Erdbeben deutet sich ein Abfall der seismischen Aktivität an.

c) *Variationen des* b-*Wertes*

Der b-Wert ist ein Maß für die seismische Aktivität (s. Kapitel 8). Niedrige Werte bedeuten, daß nur eine geringe Zahl schwacher Beben auftritt, hohe b-Werte werden durch eine starke Aktivität schwacher und mittlerer Beben verursacht.

Da in der Vorbereitungszeit eines Bebens Änderungen in der seismischen Aktivität als Folge von Spannungsänderungen im Herdgebiet beobachtet werden, ist auch zu erwarten, daß sich der b-Wert ändert. Eine Reihe von Autoren (s. z.B. WYSS und LEE, 1973; GIBOWICZ, 1974, VAN WORMER u.a., 1975; FEDOTOV u.a., 1976; ROBINSON, 1979; SUYEHIRO, 1966; BUFE, 1970; SCHOLZ u.a., 1973) weist in der Tat auf langfristige und kurzzeitige Änderungen des b-Wertes als Vorläuferphänomen von Erdbeben hin.

Eingehend haben GRÜNTHAL u.a. (1983) die Variationen des b-Wertes bzw. eines mit Hilfe der Maximum-Likelihood-Schätzung bestimmten Parameters β für Nachbebenserien (Friuli 1975, Montenegro 1979) untersucht. Dabei zeigt sich, daß stärkere Nachbeben durch ein Abfallen dieser Werte angekündigt werden.

d) *Änderung der Orientierung der Herdfläche*

Die Analyse der Herdflächenlage und der Orientierung der Hauptspannungsachsen in der Garm-Region (s. Abb. 10.7) erbrachte signifikante Änderungen in der Vorbereitungsphase von Erdbeben (s. z.B. SADOVSKY u.a., 1972; SADOVSKY und NERSESOV, 1974). Die normale („background") seismische Aktivität zeigt keinerlei Vorzugsrichtung für die Orientierung der Achse der Hauptkompression. Während des Jahres 1965 stellte sich eine deutliche Vorzugsrichtung (SSE-NNW) ein, was auf die Herausbildung eines einheitlichen Spannungsfeldes hinweist. Kurz vor dem Beben am 14. 4. 1965 vollzog sich im eigentlichen Herdgebiet eine Umorientierung des Spannungsfeldes, wobei die Achse der Kompression in eine ENE-Richtung umschwenkte.

Auf eine Umorientierung des Spannungszustandes weisen auch ENGDAHL und KISSLINGER (1977) für ein Aleutenbeben in der Nähe von Adak im Jahre 1976 hin. In diesem Zusammenhang gewinnen auch Untersuchungen von LINDH (1978) Bedeutung. Er bestimmte das Verhältnis der Amplituden der P- und SV-Wellen und dessen zeitliche Variationen. Vor einem Beben war ein Anstieg des Amplitudenverhältnisses zu erkennen, das nach dem Beben wieder zurückging. LINDH (1978) deutet diese Variationen durch eine Drehung des Spannungsfeldes um einen Betrag von 10 bis 20°.

e) *Migration der Herdtiefe*

WESSON u.a. (1977) untersuchten die zeitlichen Variationen der Herdtiefe von Flachbeben in einem Abschnitt der San-Andreas-Verwerfung. Dabei deutet sich an, daß vor stärkeren Beben eine Zunahme der Herdtiefe erfolgt. Allerdings sind die Ergebnisse unsicher, da durch zeitliche Änderungen der

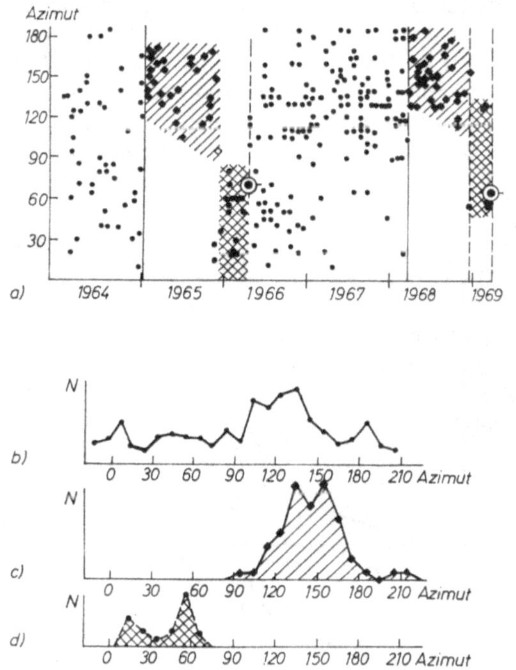

Abb. 10.7. Änderung der Richtung der Achse der Hauptkompression während der Vorbereitungsphase von Erdbeben (nach SADOVSKI u.a., 1972)
a) Gesamtübersicht,
b) Azimutverteilung der normalen (background) Seismizität,
c) Konzentration der Azimutverteilung als langfristiges Vorläuferphänomen,
d) Umschlagen der Azimutverteilung kurz vor einem Erdbeben (kurzfristiges Vorläuferphänomen)

Fortpflanzungsgeschwindigkeit die Zunahme der Herdtiefe nur vorgetäuscht sein kann und die physikalischen Ursachen für eine Tiefenmigration nicht klar sind.

10.2.2.2. Deformation der Landoberfläche und Schwereänderungen

Durch geodätische und geophysikalische Messungen sind vertikale und horizontale Erdkrustenbewegungen in Herdgebieten seit langem bekannt. Eingehende Untersuchungen machten deutlich, daß die Krustendeformationen im Zusammenhang mit Erdbeben in einzelnen Phasen verlaufen (s. z.B. TSUBOI, 1932; MESCHERIKOV, 1968; LENSEN, 1971). Es läßt sich eine Phase säkularer (oder sehr langsamer) Krustendeformationen von solchen Deformationen unterscheiden, die vor einem Erdbeben (präseismische Bewegungen), während eines Bebens (koseismische Bewegungen) und nach dem Beben (postseismische Bewegungen) ablaufen. Diese vier Phasen werden als Stadien eines Erdbebendeformationskreislaufes bezeichnet.

a) Hebungen und Senkungen der Erdoberfläche und des Meeresspiegels

Die Untersuchung von Hebungen und Senkungen hat für die Bebenvorhersage eine besondere Bedeutung erhalten. Es gibt eine ganze Reihe von Beispielen.

So haben BOULANGER u.a. (1972) im Bereich des Garm-Polygons und des Alma-Ata-Polygons den zeitlichen Verlauf der rezenten Krustenbewegungen untersucht, wobei ein Zusammenhang mit Erdbeben erkennbar ist. Am Alma-Ata-Polygon wurden im Zeitraum 1967 bis 1970 Bewegungen von 60 cm beobachtet. Nach MESCHERIKOV (1968) wurden ähnliche Bewegungen auch im Gebiet von Taschkent nachgewiesen. Abb. 10.8 zeigt als sehr bekanntes Beispiel

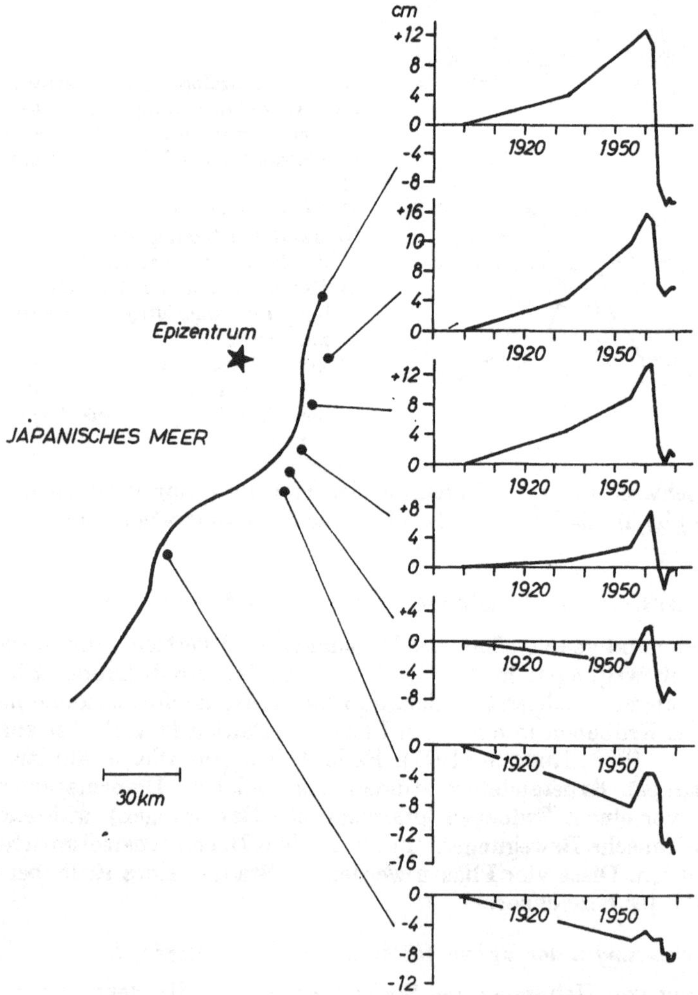

Abb. 10.8. Vertikale Erdkrustenbewegungen vor und nach dem Niigata-Beben 1964 (aus RIKITAKE, 1976)

die Bodendeformationen in der Vorbereitungsphase des Bebens von Niigata im Jahre 1964 (nach DAMBARA, s. RIKITAKE, 1976).

Bereits seit etwa 1900 wird in diesem Gebiet ein langsamer Hebungsvorgang deutlich. Bis 1930 ist nur ein geringer Anstieg zu verzeichnen. Bis etwa 1955 beschleunigt sich die Bodenbewegung etwas. Von 1955 bis 1959 erfolgt ein sehr rascher Anstieg. In der herdnächsten Region hält der Hebungsvorgang bis zum Auftreten des Bebens im Jahre 1964 an. In etwas größerer Entfernung beginnt bereits ab 1959 ein leichtes Absinken, das sich dann unmittelbar nach dem Beben deutlich verstärkt. Der maximale Hebungsbetrag zwischen 1900 und 1960 liegt bei 16 cm.

Aus den Untersuchungen über die räumliche Ausdehnung der Krustenbewegungen wurde versucht, eine Beziehung zwischen dem Radius r des in die Krustenbewegung einbezogenen Gebietes und der zu erwartenden Magnitude M des Erdbebens abzuleiten. Nach DAMBARA (s. RIKITAKE, 1976) besteht eine Beziehung der Form

$$\log r = 0{,}51\, M - 2{,}26,$$

$$M = 1{,}91 \log r + 4{,}43.$$

Intensive Untersuchungen über rezente Landhebungen sind in den letzten Jahren in den USA im Zusammenhang mit der sog. Palmdale-Aufwölbung in Kalifornien durchgeführt worden (s. zusammenfassende Darstellung bei RALEIGH, 1979). In Japan wurde die Aufwölbung auf der Halbinsel Izu etwa 100 km südwestlich von Tokio in den letzten Jahren eingehend untersucht, da diese Region besonders erdbebengefährdet ist (z.B. Beben vom 14. 1. 1978 mit der Magnitude 7,0) (s. SATO und TSUMURA, 1979). Dabei zeigte sich, daß ein komplizierter Zusammenhang zwischen anomalen vertikalen Krustenbewegungen und Erdbeben besteht. So hängen das Auftreten und die Stärke der Bewegungen der Landoberfläche von den speziellen seismotektonischen Bedingungen im Herdgebiet, vom Grad der existierenden Zerteilung der Erdkruste durch Störungen, vom Spannungszustand und vom Verwerfungstyp ab. In stark gestörten Gebieten scheinen vertikale Bewegungen besonders groß zu sein, was auf eine aseismische Deformation in einem wirksamen Spannungsfeld und einen aseismischen Spannungsabbau hindeuten würde.

b) Strain

Die Messung der Relativdeformation zwischen zwei Festpunkten ermöglicht Aussagen über den Bewegungssinn und die Strainrate, beide Parameter sind wichtige Vorläuferphänomene (s. z.B. LATYNINA und KARMALEYEVA, 1970).

Als gebräuchliche Geräte haben sich Quarzstangen-, Draht- und Laserstrainmeter bewährt.

Mit Hilfe von Strainmessungen wurden auch koseismische Strainsprünge (Strainsteps) bis zu Entfernungen von einigen 100 km vom Epizentrum beobachtet (s. z.B. PRESS, 1965; WIDEMAN und MAJOR, 1967). Nach WIDEMAN und

Major (1967) ergibt sich folgende Beziehung zwischen der Magnitude und der Entfernung, bis zu der sich derartige Strainsteps nachweisen lassen

$$M = 12{,}5 + 2{,}5 \log D,$$

$$D = \text{Epizentralentfernung in cm.}$$

c) *Neigungsänderungen*

Neben horizontalen und vertikalen Krustenbewegungen können Neigungsänderungen der Erdkruste in der Vorbereitungszeit eines Erdbebens auftreten. So fand z.B. Ostrovskii (1970) in Dushanbe im Zusammenhang mit zwei Erdbeben in Afghanistan am 2. und 16. März 1959 (Herdentfernung 245 und 300 km) Änderungen der Neigung als Vorläufereffekt und starke Neigungssprünge (s. Abb. 10.9).
Auch in Kalifornien und Japan wurden ähnliche Ergebnisse erhalten.

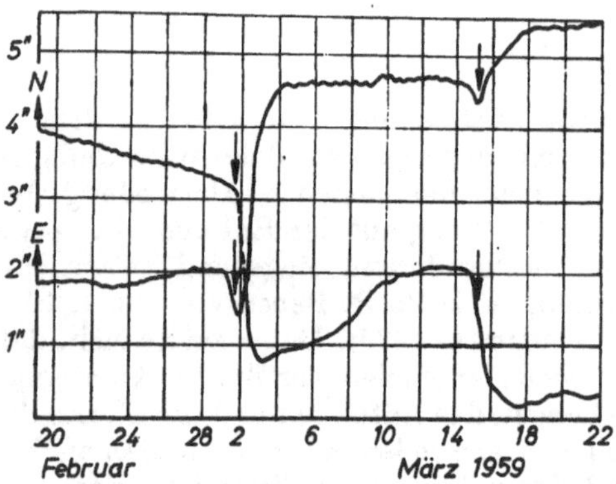

Abb. 10.9. Neigungsänderungen und koseismische Neigungssprünge im Zusammenhang mit Erdbeben (nach Ostrovskii, 1970)

d) *Verwerfungskriechen und aktive Brüche*

Der Bruchvorgang kann an aktiven Brüchen bei Überschreiten der Scherfestigkeit des Materials mit hoher Geschwindigkeit ablaufen (Bruchgeschwindigkeit $v \approx$ Scherwellengeschwindigkeit v_s). Dabei werden Beben ausgelöst und seismische Wellen abgestrahlt. Als Verwerfungskriechen wird dagegen ein aseismischer Bewegungsvorgang bezeichnet, der mehr oder weniger kontinuierlich abläuft. Abb. 10.10 zeigt den Kriechvorgang an der Calaveras-Verwerfung in Südkalifornien (s. Bufe u.a., 1977, 1978). Es läßt sich eine mittlere Verschiebungsgeschwindigkeit x/t bestimmen. Sinkt die aktuelle Verschiebung unter diesen Mittelwert ab, so tritt eine Strainakkumulation ein, die zu einem Erdbeben führen kann. Die detaillierten Kriechuntersuchungen zeigen, daß das Kriechen nicht als kontinuierlicher Verschiebungsprozeß anzusehen ist, sondern in Form eines Stick-Slip-Kriechens in diskreten Schritten erfolgt. Der

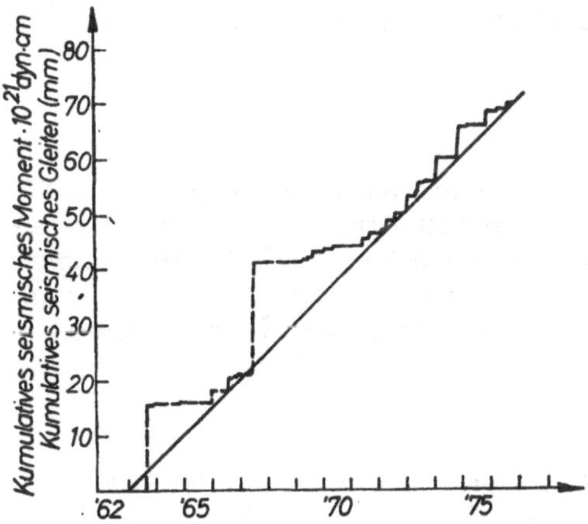

Abb. 10.10. Kriechbewegungen an der Calaveras-Verwerfung, Nordkalifornien (aus Bufe u.a., 1978)

Unterschied zwischen seismisch wirksamen Verschiebungen und aseismischem Kriechen ist also nur ein gradueller Unterschied.

e) Erdgezeiten

Zeitliche Variationen der Erdgezeiten (vor allem der M_2-, O_1- und S_2-Tide) sind mit Änderungen der seismischen Aktivität in Zusammenhang gebracht worden (s. z.B. Rikitake, 1976). Die Schlußfolgerungen daraus wären allerdings weitreichend. Es würde bedeuten, daß sich die elastischen Eigenschaften des Untergrundes in erheblichem Maße zeitlich ändern können.

f) Schwereänderungen

Es gibt einige Beispiele für die Änderung der Schwere im Zusammenhang mit der Vorbereitung von Erdbeben. So berichtet Hagiwara (1977) von Schwereänderungen bis zu 30 μgal auf der Izu-Halbinsel südwestlich Tokio im Zeitraum von Dezember 1974 bis März 1976. Ein Vergleich mit den vertikalen Krustenbewegungen zeigt, daß die Abnahme der Schwere (Freiluftanomalie) durch die Hebung voll erklärt werden kann (s. Sato und Tsumura, 1979). Auf sehr viel kompliziertere Zusammenhänge weisen die Untersuchungen über Schwereänderungen vor dem Tangshan Erdbeben am 27. 7. 1976 in Nordostchina (s. Gravity Group, 1979). So ist das gesamte Tangshan-Gebiet durch einen deutlichen Anstieg der Schwerewerte charakterisiert, der Gradient des Anstieges ist allerdings unterschiedlich. Da die rezenten Krustenbewegungen ebenfalls eine Hebung ergeben, können die Schwereanomalien nicht durch diese erklärt werden. Es wird daher angenommen, daß Prozesse in der tieferen Erdkruste (Intrusion basischer Magmen) für die Vergrößerung der Schwerewerte verantwortlich sind.

10.2.2.3. *Magnetische, magnetotellurische und elektrische Vorläuferphänomene*

a) Geomagnetische Effekte

Die Abhängigkeit der magnetischen Gesteinseigenschaften (Suszeptibilität, Magnetisierung) vom Druck ist in zahlreichen Arbeiten untersucht worden. NAGATA (1969) hat in einem Überblick die möglichen Druckeffekte zusammengestellt und daraus den Begriff des Tektonomagnetismus abgeleitet. Die magnetische Suszeptibilität $\varkappa$ ändert sich in Richtung der Hauptkompression σ nach folgender Beziehung:

$$\varkappa = \varkappa_0/(1 + \beta\sigma).$$

Das bedeutet, daß sich in Richtung maximaler Kompression die magnetische Suszeptibilität vermindert. Der Koeffizient β ist positiv und liegt in der Größenordnung von 10^{-4}/bar.

Bei einer mittleren Magnetisierung von 10^{-7} Tesla, einer Änderung der Magnetisierung, bedingt durch Druck von 10^{-4}/bar, und einem Druck zwischen 10 und 100 bar ergeben sich Werte für die zu erwartenden tektonomagnetischen Effekte in der Größenordnung zwischen 1 und 10 nTesla.

Derartige Effekte sind tatsächlich beobachtet worden, so beschreiben ABDULLABEKOV u. a. (1972) verschiedene Beispiele für Änderungen des geomagnetischen Feldes im Bereich des Polygons von Taschkent und im Zusammenhang mit dem Füllen von Untergrundgasspeichern mit einem Druck von 30 atm.

Auch FAN u. a. (1979) weisen auf mögliche Änderungen des geomagnetischen Feldes im Zusammenhang mit dem Tangshan-Erdbeben hin. SMITH und JOHNSTON (1976), JOHNSTON u. a. (1976) und JOHNSTON (1978) berichten über Änderungen des geomagnetischen Feldes in der Größenordnung von wenigen nTesla im Bereich der San-Andreas-Verwerfung.

Allerdings sind die Ergebnisse in vielen Fällen nicht eindeutig. Ein besonderes Problem besteht darin, andere Störeffekte auszuschließen.

b) Änderungen des elektrotellurischen Feldes

Tellurische Ströme fließen ständig in der Erde, Variationen dieser Ströme werden vor allem durch elektromagnetische Induktion auf Grund von zeitlichen Änderungen des äußeren Magnetfeldes der Erde hervorgerufen. Es gibt eine Reihe von Hinweisen, daß vor Erdbeben deutliche Änderungen in der Stärke der tellurischen Ströme auftreten. Besonders intensive Untersuchungen wurden auf Kamtschatka durchgeführt (s. FEDOTOV u. a., 1970; SOBOLEV, 1975; SOBOLEV u. a., 1972; SOBOLEV und MOROSOV, 1970).

Bereits 1966 begann die Untersuchung des tellurischen Feldes an der Ostküste von Kamtschatka mit Hilfe einer Reihe von Stationen mit Elektrodenabständen von etwa 200 m. Einige Ergebnisse sind in Abb. 10.11 (nach SOBO-

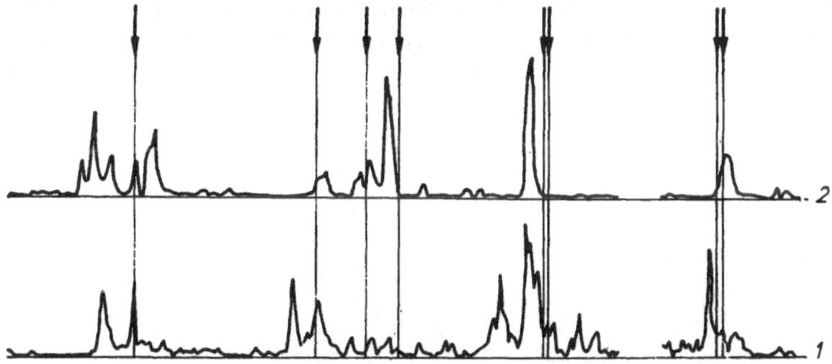

Abb. 10.11. Beziehungen zwischen den mit 2 verschiedenen Programmen berechneten Signalfunktionen tellurischer Messungen und dem Auftreten von Erdbeben (Station Kap Šipunski, Kamtschatka) (aus SOBOLEV, 1975)

LEV, 1975) für die Station Kap Šipunski dargestellt. Die Pfeile markieren das Auftreten von Erdbeben mit einer Magnitude größer als 5,5, die im Umkreis bis 250 km Entfernung auftraten. Bei den meisten Erdbeben vergrößert sich die berechnete Signalfunktion bereits einige Tage vor dem Beben.

Aus den Ergebnissen folgert SOBOLEV, daß eine kurzfristige Vorhersage von Beben unter Einbeziehung von tellurischen Messungen denkbar ist. Allerdings muß beachtet werden, daß bei der zunehmenden industriebedingten Verseuchung des Untergrundes mit vagabundierenden elektrischen Strömen eine klare Aussage immer schwieriger wird.

c) *Änderungen des elektrischen Widerstandes*

Änderungen des elektrischen Widerstandes als Vorläufereffekt von Erdbeben und als koseismische Änderungen sind in verschiedenen Beispielen deutlich belegt.

So wurden in der UdSSR im Gebiet von Garm intensive Untersuchungen über die Änderung des elektrischen Widerstandes des Untergrundes durchgeführt (s. z.B. AL'TGAUZEN und BARSUKOV, 1970; BARSUKOV, 1972). AL'TGAUZEN und BARSUKOV (1970) führen die periodischen Änderungen des elektrischen Widerstandes (bzw. der elektrischen Leitfähigkeit) auf zeitlich variable Druckänderungen zurück, die mit den Gezeiten der festen Erde in Zusammenhang stehen.

Derartige Druckschwankungen sind aber auch in der Vorbereitungszeit von Erdbeben und während eines Erdbebens möglich. Besonders in Japan wurden bereits seit Anfang der 60er Jahre die Änderungen des elektrischen Widerstandes in Zusammenhang mit dem Auftreten von Erdbeben mit Hilfe von Widerstandsvariometern untersucht. Wohl zum ersten Mal gelang es, sprunghafte Änderungen des elektrischen Widerstandes im Zusammenhang mit dem Tokacho-oki-Erdbeben ($M_s = 7{,}9$) am 16. 5. 1968 in 700 km Epizentralentfernung nachzuweisen. Seitdem wurden bis 1975 23 derartige Widerstandssprünge in Japan beobachtet (s. YAMAZAKI, 1974, 1975).

Ein Registrierbeispiel wird in Abb. 10.12 gezeigt (aus YAMAZAKI, 1975). Die Widerstandssteps werden normiert auf eine Epizentralentfernung von 100 km ($\Delta\varrho/\varrho_{100\,\mathrm{km}}$) unter der Annahme, daß die Größe des Sprunges proportional $\Delta^{-3/2}$ abnimmt.

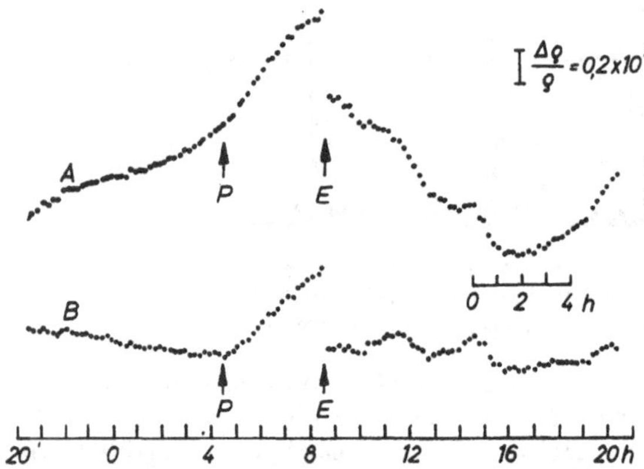

Abb. 10.12. Änderung des elektrischen Widerstandes im Zusammenhang mit einem Erdbeben ($M = 6{,}9$) in 100 km Entfernung (aus YAMAZAKI, 1975). Der Zeitraum P bis E gibt die Vorläuferzeit an

Diese Widerstandssteps sind als Strainsteps zu deuten, die von Strainregistrierungen her gut bekannt sind. Zwischen der Größe der Widerstandssprünge und der Magnitude besteht eine gewisse Beziehung. Für die Entfernung, bis zu der in Abhängigkeit von der Magnitude M Widerstandssprünge nachzuweisen sind, scheint nach den vorliegenden Ergebnissen (s. YAMAZAKI, 1975; RIKITAKE, 1976) folgende Beziehung zu gelten

$$M = -12{,}5 + 2{,}5 \log D \qquad (D \text{ in cm}).$$

Nach YAMAZAKI liegt die Untergrenze für den Nachweis von Widerstandssprüngen bei 10^{-5} Ohm.

Die Registrierungen zeigen, daß Widerstandsänderungen bereits einige Stunden vor dem eigentlichen Widerstandssprung einsetzen können (s. Abb. 10.12). Die Ursachen dieser Vorläufereffekte sind gegenwärtig nicht klar. Trotzdem scheinen sie eine erhebliche Bedeutung für eine Kurzzeitprognose zu haben.

Auch in den USA wurden Änderungen des elektrischen Widerstandes vor Erdbeben beobachtet (s. z.B. MAZZELLA und MORRISON, 1974). Nach den vorliegenden Ergebnissen aus der VR China (s. z.B. QIAN u.a., 1979) zeichnet sich ein ganz charakteristisches phasenhaftes Verhalten des elektrischen Widerstandes in der Vorbereitungszeit eines Erdbebens ab (s. Abb. 10.13). In der Phase I, die sich über ein bis mehrere Jahre erstrecken kann, nimmt der scheinbare spezifische Widerstand kontinuierlich ab. In der Phase II bleibt der Widerstand etwa konstant. In der Phase III erfolgt ein erneuter Abfall des Widerstandes, der in der Phase IV während des Bebens (oder unmittelbar

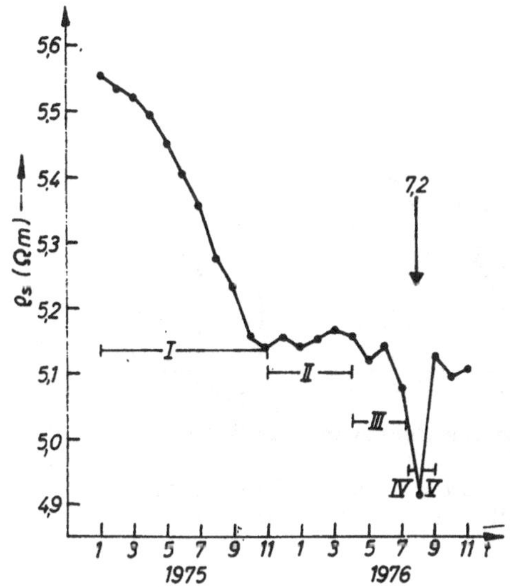

Abb. 10.13. Änderung des scheinbaren spezifischen Widerstandes vor dem Songpan-Erdbeben (M — 7,2) am 16. August 1976 (aus QUIAN u.a., 1979)

davor) sein Minimum erreicht. Nach dem Erdbeben (Phase V) erfolgt ein sehr rascher Anstieg des Widerstandes.

Einen ähnlichen Verlauf des scheinbaren spezifischen Widerstandes geben auch SADOVSKY u.a. (1972) aus der Garm-Region an.

10.2.2.4. Geochemische, hydrologische und geothermische Vorläuferphänomene

In der Vorbereitungszeit eines Erdbebens und im unmittelbaren Zusammenhang mit dem Auftreten eines Erdbebens (koseismischer Effekt) sind Veränderungen von Chemismus, Temperatur und Wasserspiegelhöhe des Grundwassers beobachtet worden. Geochemische Veränderungen sind in der Sowjetunion im Bereich des Forschungspolygons von Dushanbe und in Taschkent untersucht worden (s. z.B. BARSUKOV u.a., 1979). Nach diesen Autoren kündigen sich Erdbeben kurzfristig durch einen deutlichen Anstieg des Heliumgehaltes im Wasser in Bohrungen an (s. Abb. 10.14). Derartige Konzentrationsänderungen wurden gewöhnlich 8 bis 10 Tage (Minimum 3 Tage, Maximum 14 Tage) vor einem Beben beobachtet. Während des Erdbebens sinkt die Heliumkonzentration wieder ab und erreicht Werte, die in der Nähe der Obergrenze des normalen Schwankungsbereiches liegen.

Änderungen im Chemismus wurden in Entfernungen bis zu 300 km vom Bebenherd beobachtet.

Die Stärke des sich vorbereitenden Erdbebens scheint proportional der Größe und der Dauer des anomal hohen Heliumgehaltes zu sein. Aus den

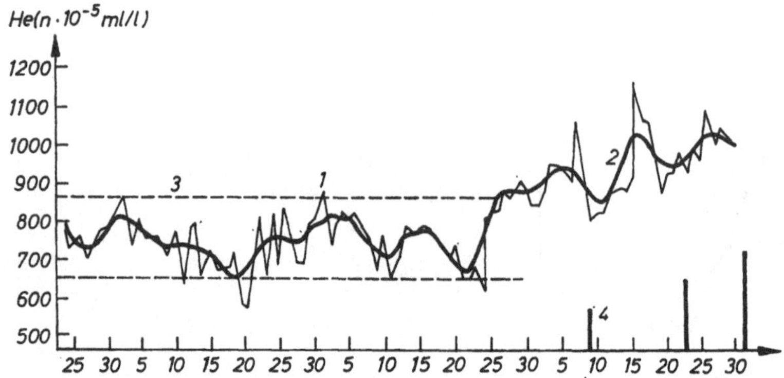

Abb. 10.14. Änderungen der Konzentration von Helium in einer Bohrung der Lagerstätte Javroz (aus Barsukov u.a., 1979)
1 – Kurve der Meßwerte; *2* – gemittelte Kurve; *3* – Schwankungsbreite der Heliumkonzentration in seismisch ruhigen Zeitabschnitten; *4* – Erdbeben

Untersuchungen im Raum Dushanbe deutet sich ferner an, daß vor Flachbeben starke Konzentrationsänderungen von Cl^- auftreten, während bei tiefer liegenden Beben vor allem Konzentrationsanomalien von Bikarbonat beobachtet werden.

Wenn sich diese Ergebnisse bestätigen sollten, wäre die Möglichkeit gegeben, aus den Konzentrationsanomalien der Hauptelemente eine Aussage über die mögliche Tiefe des Bebenherdes zu machen. In einer Reihe von Fällen wurden Änderungen des Radongehaltes im Grundwasser bzw. in der Bodenluft als Vorläuferphänomene von Erdbeben beobachtet. So ergaben die jahrelangen Untersuchungen im Raum Taschkent nach einem zunächst langsamen Anstieg der Radonkonzentration eine starke Zunahme des Radongehaltes wenige Monate vor dem starken Erdbeben von Taschkent im Jahre 1966 (s. Sadovsky u.a., 1972). Nach dem Beben fiel der Radongehalt wieder auf seinen Normalwert.

Nach diesen ersten Ergebnissen in der UdSSR wurden auch in den USA (s. z.B. King, 1976, 1978), in der VR China und in Japan detaillierte Untersuchungen über Variationen des Radongehaltes durchgeführt.

Viele historische Überlieferungen berichten über Änderungen der Quellschüttung und der Grundwasserspiegelhöhe in Brunnen im Zusammenhang mit Erdbeben. In den letzten Jahren wurden besonders in der UdSSR, in der VR China und in den USA intensive Untersuchungen über die Rolle von Wasserspiegelschwankungen als Vorläufereffekt gemacht. Sadovskii u.a. (1979) haben in verschiedenen Bohrungen des Kurilen-Sachalin-Polygons Wasserspiegelschwankungen als Vorläufereffekt von Erdbeben beobachtet, deren Epizentrum bis zu 800 km entfernt lag. Wang u.a. (1979) geben eine ausführliche Darstellung der Änderungen des Wasserspiegels in Bohrungen vor und nach dem Tangshan-Erdbeben vom 27. 7. 1976. Aus den chinesischen Untersuchungen wird ein phasenhaftes Verhalten abgeleitet (s. Abb. 10.15). Bereits mehrere Jahre vor dem starken Beben (etwa seit 1972) beginnt der Wasserspiegel zunächst im späteren Herdgebiet, dann bis zur Entfernung von einigen Hundert Kilometern deutlich abzusinken, was mit der Bildung von Mikrobrüchen in der Dilatanzphase in Zusammenhang gebracht wird. Es folgt dann eine zweite Phase, in der der Wasserspiegel nicht oder nur sehr gering absinkt. Dies wird mit dem Schließen der Brüche im Epizentralgebiet gedeutet. Wenige Monate vor dem Beben (etwa seit April 1976) kommt es in der dritten Phase zu einem erneuten sehr starken Abfall des Wasserspiegels in den Bohrungen. Unmittelbar vor dem Erdbeben treten in den Bohrungen komplizierte und unterschiedliche Spiegelschwankungen auf. Als kurzfristiger Vorläufereffekt ist ein deutlicher Anstieg des Wasserspiegels wenige Stunden vor dem Beben zu werten. So stieg z.B. der Wasserspiegel im Epizentralgebiet in mehr als 10 Bohrungen innerhalb weniger Stunden um mehrere Meter an, einige Bohrungen förderten artesisches Wasser.

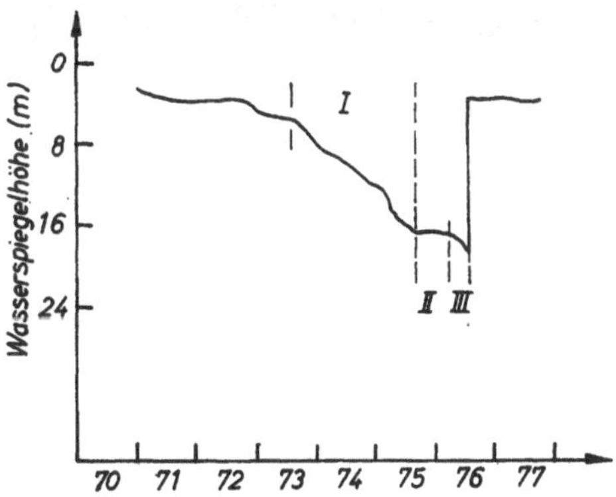

Abb. 10.15. Wasserspiegelschwankungen während der Vorbereitungsphase des Tangshan Erdbebens 1976 in der Bohrung Tangshan 1 (vereinfacht nach WANG u.a., 1979)

Die Raum-Zeit-Verteilung der Wasserspiegelanomalien beim Tangshan-Beben zeigt, daß Gebiete mit deutlichen Änderungen neben Bereichen mit keinerlei signifikanten Anomalien liegen können. Die Langzeitvorläufer migrieren vom späteren Epizentralgebiet nach außen, während die kurzfristigen Vorläufer von der Peripherie zur Epizentralregion wandern. Die Wasserspiegelschwankungen werden als Kriterium für den Spannungsaufbau und die räumliche Verteilung von Spannungskonzentration im Vorbereitungsvolumen des Erdbebens angesehen.

10.2.2.5. *Biologische Vorläuferphänomene*

Ungewöhnliches Tierverhalten ist bereits im Altertum mit Erdbeben in Verbindung gebracht worden. Es gibt zahllose Berichte über anomales Verhalten von Hühnern, Katzen, Hunden, Schlangen, Fischen usw.

In den letzten Jahren sind im Anschluß an die eindrucksvollen Ergebnisse in der VR China bei der Vorhersage von Erdbeben unter Einbeziehung von Tierbeobachtungen systematische Untersuchungen eingeleitet worden.

In einer Quellensammlung hat TRIBUTSCH (1978) für 78 Erdbeben dokumentierte Angaben über ungewöhnliches Tierverhalten zusammengestellt. 1976 (s. EVERNDEN, 1976) fand in Menlo Park (USA) eine Konferenz über „Abnormal Behaviour prior to Earthquakes" statt. RIKITAKE (1978a) hat vorliegendes, vorwiegend japanisches, Datenmaterial über Tierverhalten vor Erdbeben analysiert und 157 Fälle zusammengestellt, die sich wie folgt auf die verschiedenen Tiergruppen verteilen:

Säugetiere	29
Vögel	27
Fische	90
Reptilien, Frösche, Insekten, Würmer	11.

Die mittlere logarithmische Vorläuferzeit liegt bei 0,4 Tagen (s. Abb. 10.16). Daneben treten aber auch extrem kurzfristige Vorläufereffekte von einigen Minuten bis Stunden auf.

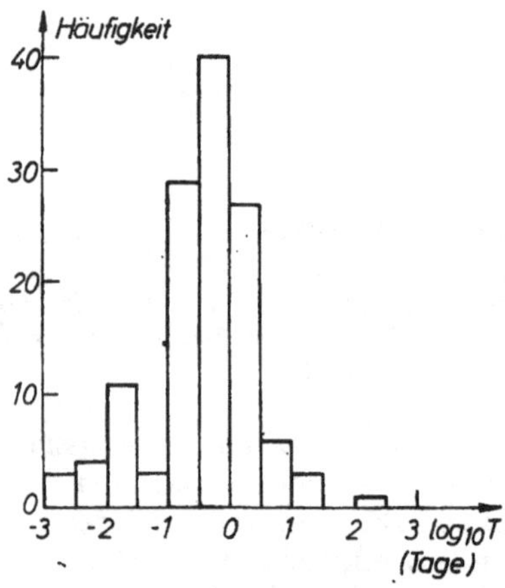

Abb. 10.16. Häufigkeitsverteilung der Vorläuferzeit von biologischen Vorläuferphänomenen (aus RIKITAKE, 1978a)

Wenn auch das Auftreten von anomalem Tierverhalten vor Erdbeben und seine Bedeutung als Vorläufereffekt unbestritten ist, so ist der physikalische Mechanismus, der zu einem derartigen Tierverhalten führt, nicht geklärt. Vieles deutet darauf hin, daß Änderungen im elektrischen Feld der Atmosphäre hierfür verantwortlich sind, da das Verhalten von Tieren vor Erdbeben in vielen Fällen sehr ähnlich dem Verhalten vor einem Wetterumschwung und vor Stürmen ist. TRIBUTSCH (1978) formulierte eine Hypothese über die elektrische Aufladung von Aerosolpartikeln als mögliche Ursache für das abnorme Tierverhalten.

10.2.3. Reichweite von Vorläuferphänomenen

Die vorliegenden Beobachtungen machen deutlich, daß die einzelnen Vorläuferphänomene eine sehr unterschiedliche Raum-Zeit-Verteilung aufweisen können, die mit der Raum-Zeit-Entwicklung des Spannungsfeldes in der Vorbereitungsphase eines Erdbebens in komplizierter Weise zusammenhängt. Für den Aufbau leistungsfähiger Überwachungssysteme ist es notwendig, Kenntnisse über die Entfernungen zu erhalten, bis zu denen Vorläuferphänomene in Abhängigkeit von der Magnitude des Bebens auftreten können.

Rikitake (1976) hat die vorliegenden Ergebnisse zusammengestellt. Diese Werte müssen zwar vorsichtig eingeschätzt werden, da es sich zumeist um zufällige Beobachtungen handelt, dennoch lassen sich einige generelle Aussagen machen (s. auch Dobrovolsky u. a., 1979):

- Es gibt Vorläuferphänomene, die nur in einem begrenzten Raum um das spätere Epizentrum auftreten (z. B. seismologische Vorläuferphänomene).
- Eine Reihe von Vorläuferphänomenen (besonders elektrische Parameter) wurden bis zu Entfernungen von über 1000 km vom späteren Herd beobachtet.
- Für einige Vorläuferphänomene läßt sich eine Beziehung zwischen Magnitude und beobachteter Entfernung ableiten. So gibt Dambara (s. Rikitake, 1976) für Bodendeformationen folgende Relation zwischen Magnitude M und beobachteter Entfernung r an:

$$M = 1{,}96 \log r + 4{,}45.$$

Eingehend haben Wideman und Major (1967) die Beziehungen zwischen der Magnitude und der Epizentralentfernung Δ untersucht, bis zu der beobachtbare Strainsprünge erwartet werden können.

Beschreibt man mit r_ε den Radius des Gebietes an der Erdoberfläche, in dem eine Deformation ε zu beobachten ist, so lassen sich folgende Relationen ableiten:

$$\begin{aligned}
r_{-10} &= 10^{0{,}433M+0{,}60}\ \text{km} && \text{für } \varepsilon = 10^{-10}\\
r_{-9} &= 10^{0{,}433M+0{,}27}\ \text{km} && \text{für } \varepsilon = 10^{-9}\\
r_{-8} &= 10^{0{,}433M-0{,}00}\ \text{km} && \text{für } \varepsilon = 10^{-8}\\
r_{-7} &= 10^{0{,}433M-0{,}40}\ \text{km} && \text{für } \varepsilon = 10^{-7}.
\end{aligned}$$

Als Radius für das Vorbereitungsgebiet eines Bebens kann im Mittel erwartet werden

$$r \approx 10^{0{,}433\,M}\ \text{km}.$$

Für ein Beben mit der Magnitude $M = 8$ ergibt sich damit ein Gebiet mit dem Radius in der Größenordnung von 10^3 km, in dem mit dem Auftreten von Deformationen als Vorläuferphänomen gerechnet werden kann. Es ist interessant, daß sich geochemische und elektrische Vorläuferphänomene ebenfalls dieser Beziehung anpassen.

- Das Gebiet, in dem sich Änderungen physikalischer Meßgrößen erfassen lassen, kann also sehr groß sein (Größenordnung $>10^6$ km²). Eine verläßliche Prognose ist daher nur durch ein weites Beobachtungsnetz und eine internationale Kooperation möglich.
- Untersuchungen (s. z.B. regionale Verteilung der Wasserspiegelschwankungen, der Landdeformationen und der biologischen Vorläuferphänomene des Tangshan-Bebens in der VR China) deuten an, daß bestimmte Muster in dem Auftreten und in der Intensität der einzelnen Vorläuferphänomene sowie in ihrem zeitlichen Verhalten zu erwarten sind, die eine Funktion der Raum-Zeit-Verteilung des Spannungsfeldes im Vorbereitungsvolumen eines Erdbebens sind.

10.3. Physikalische Prozesse in Herdgebieten

Die Ausführungen in Kapitel 10.2 zeigen, daß vor Erdbeben eine Vielzahl von Vorläuferphänomenen beobachtet wird. Ihre regionale und zeitliche Verteilung hängt mit den physikalischen Prozessen im Herdgebiet zusammen, die in der Vorbereitungsphase eines Bebens ablaufen.

Der Schlüssel für eine richtige Interpretation der Vorläuferphänomene ist das Verständnis der Gesetzmäßigkeiten über den Ablauf der physikalischen Prozesse vor und während eines Erdbebens. Die bisher erzielten Ergebnisse sind jedoch nicht befriedigend. Es haben sich einige Grundmodelle durchgesetzt wobei die Ergebnisse laborexperimenteller Untersuchungen eine besondere Bedeutung erhalten haben.

1. Das Dilatanz-Diffusionsmodell (DD-Modell)

Nur (1972), Anderson und Whitcomb (1973), Scholz, Sykes und Aggarwal (1973) entwickelten ein Modell für die Erklärung von Vorläufereffekten bei Flachbeben, dem die bekannte Erscheinung der Dilatanz zugrunde liegt. Hierbei handelt es sich um die inelastische Volumenvergrößerung während der Deformation bei einem gegebenen Differenzdruck. Die nichtelastische Volumenvergrößerung ist bei Laboruntersuchungen an vielen Gesteinen bestimmt worden (s. Abb. 10.17). In den meisten Fällen wird die Dilatanz mit Hilfe von Dehnungsmeßstreifen bestimmt (longitudinale und laterale Deformation). Nimmt der Differenzdruck zu, so weicht die Volumendeformation σ-$\Delta V/V_0$ immer stärker von einem linearen Verhältnis ab. Kurz vor dem Bruch (bei etwa 90 bis 95%) der Bruchlast wird die Abweichung besonders groß.

Die Volumenvergrößerung durch Dilatanz ist mit der Bildung von Mikrobrüchen verbunden. Gleichzeitig können sich die physikalischen Eigenschaften wie z.B. die Fortpflanzungsgeschwindigkeit elastischer Wellen, die Durchlässigkeit, der spezifische elektrische Widerstand und andere Parameter ändern.

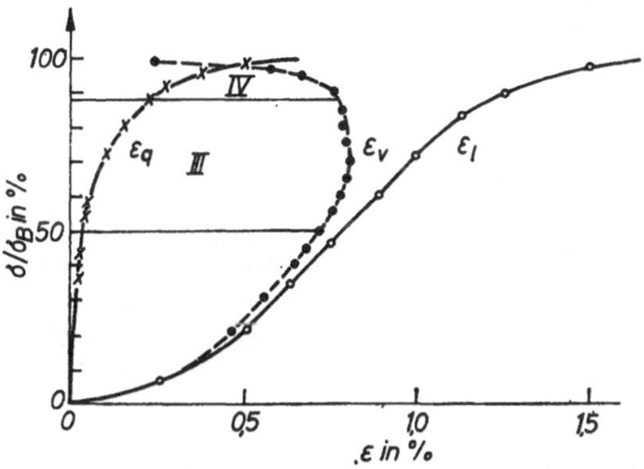

Abb. 10.17. Spannungs-Verformungsdiagramm einer Gesteinsprobe
ε_q – Querverformung; ε_v – Volumenverformung; ε_l – Längsverformung;
III – Zone der stabilen Bruchausbreitung; IV – Zone der instabilen Bruchausbreitung

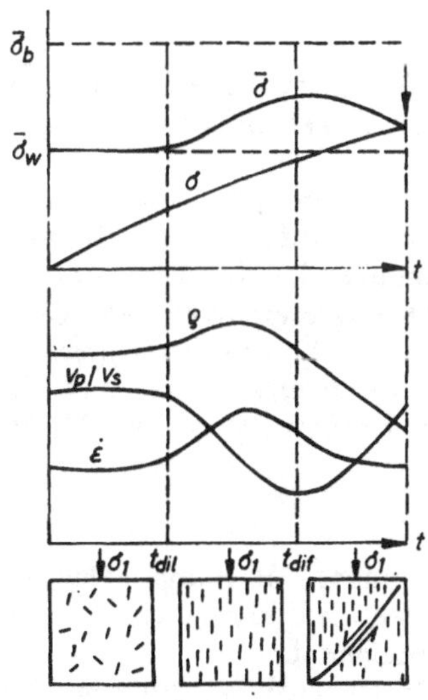

Abb. 10.18. Schematische Darstellung des Dilatanz-Diffusions-Modells
σ – Tektonische Spannung; $\bar{\sigma}$ – Festigkeit von trockenem (b) und wassergesättigtem (w) Material; ϱ – elektrischer Widerstand; v_p/v_s – Verhältnis der Geschwindigkeit von P- und S-Wellen; $\dot{\varepsilon}$ – Deformationsgeschwindigkeit; t_{dil} – Beginn der Dilatanzphase; t_{dif} – Beginn der Festigkeitsabnahme infolge Flüssigkeitsdiffusion in die dilatante Zone

Im Detail sind die verschiedenen physikalischen Parameter im Labor unter Druck untersucht worden. Abb. 10.18 zeigt die Beziehungen zwischen Laborergebnissen und Vorläufereffekten.

Die Mikrobrüche bilden sich parallel zur Hauptspannungsrichtung σ_1. Der entscheidende Ausgangspunkt für das DD-Modell ist die unterschiedlich starke Änderung der Fortpflanzungsgeschwindigkeit von P- und S-Wellen in Abhängigkeit von der Wassersättigung der Gesteine.

Die Vorbereitung eines Erdbebens vollzieht sich nach dem Dilatanz-Diffusions-Modell in 3 Phasen (s. Abb. 10.19).

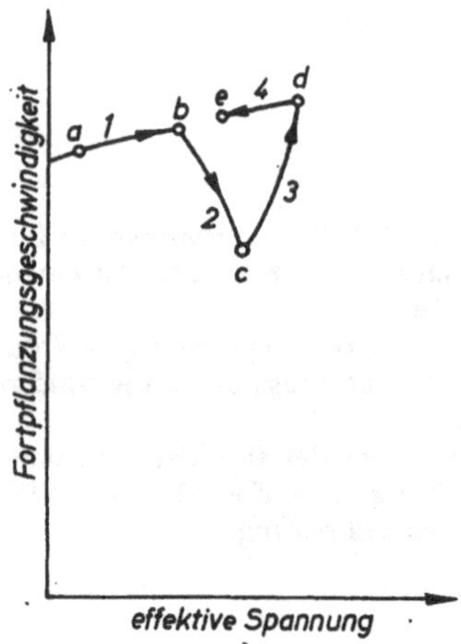

Abb. 10.19. Seismische Geschwindigkeit v_p in wassergesättigtem Gestein als Funktion des umgebenden Druckes (nach SCHOLZ u.a., 1973)

Phase 1: Zunahme der tektonischen Spannung (effektive Spannung) durch Anwachsen der tektonischen Deformation. In dieser Phase treten keine signifikanten Vorläuferphänomene auf.

Phase 2: Im Punkt b ist die Spannung so groß geworden, daß die Dilatanz (verbunden mit einer Mikrobruchbildung) schneller verläuft, als sich die neubildenden Brüche wieder mit Wasser aus dem umgebenden Gesteinsvolumen füllen können. Es entsteht also ein untergesättigtes Gesteinsvolumen. Dementsprechend sinkt die Fortpflanzungsgeschwindigkeit von P-Wellen ab (s. Kurvenverlauf von b nach c in Abb. 10.19). Gleichzeitig sinkt auch der Poreninnendruck p in der dilatanten Region ab. Entsprechend dem MOHR-COULOMBschen Gesetz gilt

$$\tau = \tau_0 + \mu(\sigma_l - p),$$

σ_l = lithostatischer Druck, μ = Koeffizient der inneren Reibung. Das bedeutet, daß die Scherfestigkeit τ des Materials größer wird. Dieser Effekt wird als Dilatanzverfestigung (dilatancy hardening) bezeichnet.

Phase 3: Bei Erreichen von Punkt c in Abb. 10.19 wird der Flüssigkeitszufluß in die dilatante Region größer als die Dilatanz selbst, und das Gestein wird wieder stärker gesättigt. Damit beginnt die Phase 3, in der die Fortpflanzungsgeschwindigkeit von P-Wellen erneut entlang von c nach d ansteigt. Der Poreninnendruck kann in dieser Phase noch weiter absinken, der geringste Poreninnendruck ist im Punkt d zu erwarten, wo das Gestein zwar wieder gesättigt ist, das porenfüllende Medium (Wasser) aber spannungsfrei in den Poren vorliegt.

Die Fortpflanzungsgeschwindigkeit der P-Wellen ist allerdings auf den Ausgangspunkt angestiegen, damit hat auch das v_p/v_s-Verhältnis seinen ursprünglichen Wert wieder erreicht.

Da die tektonische Spannung während dieser Vorbereitungsphasen kontinuierlich ansteigt, bewirkt jetzt der weiter ansteigende Poreninnendruck eine Herabsetzung der Scherfestigkeit (Punkt e = *Phase 4*) und triggert damit ein Erdbeben. Somit verzögert die Dilatanzphase das Auftreten eines Erdbebens bedingt durch die Abnahme des Poreninnendrucks bei gleichzeitiger Dilatanzverfestigung. Das Zeitintervall zwischen dem Beginn der Dilatanz und der Triggerung eines Erdbebens hängt davon ab, mit welcher Geschwindigkeit sich die Dilatanz entwickelt und mit welcher Geschwindigkeit das Wasser in die dilatante Zone zurückfließen kann. Das wiederum hängt von der Größe der Dilatanzzone ab. Somit ist die Zeitdauer der Dilatanzanomalie ein Maß für die Größe des zu erwartenden Erdbebens.

2. Das Modell der lawinenartigen instabilen Bruchbildung (LNT-*Modell*)

Die Kritik am Diffusions-Dilatanz-Modell setzte vor allem daran an, daß es die Anwesenheit von Wasser voraussetzt. Eingehend wurden daher die Möglichkeiten der Bruchbildung und der Entstehung von Erdbeben unter trockenen Bedingungen untersucht (s. z.B. STILLER u.a., 1977; STILLER und WAGNER, 1979). Das Modell der lawinenartigen instabilen Bruchausbreitung faßt die zahlreichen Untersuchungen zusammen (s. z.B. MJAČKIN u.a., 1975; MJAČKIN u.a., 1979; SOBOLEV, 1979). Das LNT-Modell geht davon aus, daß Wechselwirkungen zwischen den Spannungsfeldern der einzelnen Brüche existieren und daß sich der Bruchvorgang auf eine schmale Zone konzentriert.

Auch beim LNT-Modell wird der Vorbereitungsprozeß einer Bruchbildung (Erdbeben) in drei Phasen eingeteilt (s. Abb. 10.20).

Phase 1: In jedem natürlichen Gesteinsvolumen existiert eine Anzahl von Mikrobrüchen (oder Defekten), die im wesentlichen statistisch verteilt sind. Unter dem Einfluß einer ständig einwirkenden vorkritischen tektonischen Spannung steigen die Anzahl und die Größe der Brüche in dem betrachteten Gesteinsvolumen langsam an. An den Enden von Scherbrüchen bilden sich Zerrbrüche. Die mittlere Dichte der zufällig verteilten Brüche kann in erster Näherung durch das Verhältnis von mittlerem Abstand zwischen den Zentren benachbarter Brüche $\bar{a}$ und der mittleren Länge der Brüche $\bar{l}$ charakterisiert werden.

$$K = \frac{a}{\bar{l}} = \frac{N^{-1/3}}{\bar{l}},$$

N = Anzahl der Brüche in der Volumeneinheit. Die physikalischen Eigenschaften des Mediums ändern sich in der Phase 1 kaum.

Phase 2: Nimmt die Dichte der Brüche immer mehr zu, so wird eine kritische Bruchdichte K_{krit} erreicht. ZURKOV u.a. (s. SOBOLEV, 1979) haben gezeigt, daß diese Größe für die verschiedenen Materialien gleich ist und etwa bei 3 liegt. Sobald die kritische Bruchdichte erreicht wird, treten günstig zueinander orientierte Brüche in Wechselwirkung und die Gesteinsbrücken zwischen den einzelnen Brüchen werden zerstört. Dadurch setzt ein Prozeß einer beschleu-

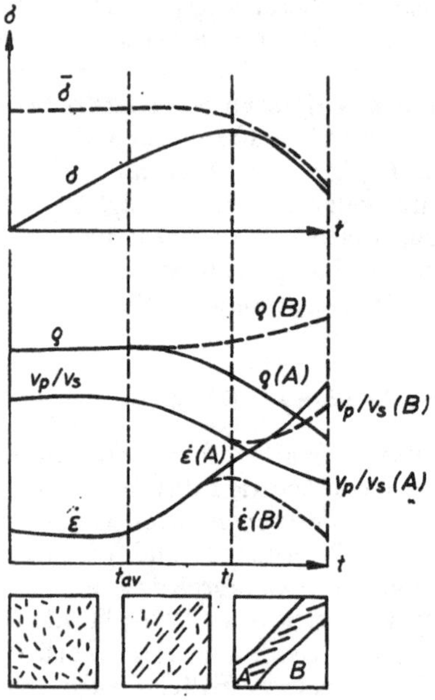

Abb. 10.20. Schematische Darstellung des LNT-Modells (nach Sobolev, 1979)
σ – Tektonische Spannung; $\bar{\sigma}$ – Festigkeit des Gesteinsmaterials in der Vorbereitungszone eines Erdbebens; $\dot{\varepsilon}$ – Deformationsgeschwindigkeit; v_p/v_s – Verhältnis der Geschwindigkeit von P- und S-Wellen; ϱ – elektrischer Widerstand; A/B – Verhalten der Parameter in den Bereichen A und B; t_{av} – Beginn der lawinenartigen Bruchbildung; t_l – Beginn der Bruchkonzentration in der Zone A

nigten, lawinenartigen Ausbreitung der Brüche ein, wobei sich einzelne Brüche zu Bruchketten vereinigen und immer größere Brüche bilden. Die Grundvorstellung des LNT-Modells ist die, daß eine Hierarchie der Brüche besteht, daß sich Bruchketten niederer Ordnung zu Bruchketten höherer Ordnung entwickeln und somit das Material als Ergebnis einer stufenweisen Entwicklung von Brüchen immer höherer Ordnung bricht.

Phase 3: Das entscheidende Merkmal des LNT-Modells ist die Ausbildung der Phase 3, der instabilen Deformation, die sich auf eine schmale Zone konzentriert, in der sich dann auch der künftige Makrobruch (Haupterdbeben) entwickelt. Mit der instabilen, zunehmenden Deformation ist ein Spannungsabfall verbunden. Das Medium teilt sich in zwei Bereiche (s. Abb. 10.20):
Die Zone A ist der Bereich mit der instabilen Deformation und der starken Bruchbildung. In der Zone B findet eine Entlastung des Materials statt, die dort befindlichen Brüche hören auf, sich weiter zu entwickeln, sie sind also nicht mehr aktiv und beeinflussen kaum noch die physikalischen Eigenschaften des Gesteins. Im Laufe der Entwicklung wird die Zone A immer enger, die Scherfestigkeit des Gesamtgesteinsvolumens wird praktisch allein durch die Eigenschaften in der Zone A bestimmt. Während der Phase der instabilen Deformation kommt es zu einer verstärkten Konzentration von kleinen Brüchen parallel zu dem späteren Hauptbruch, der sich durch den Kollaps der Materialbrücken zwischen den einzelnen Brüchen bildet.

Das LNT-Modell hat also zwei Haupteigenschaften: die Beschleunigung der totalen Deformation während der lawinenartigen Entwicklung von den in Wechselbeziehung stehenden Brüchen (Zone A) und die Abnahme der Deformationsgeschwindigkeit sowie der Spannung in einer Zone B in der Umgebung des eigentlichen Hauptbruches.

Mit diesem Modell lassen sich die einzelnen Vorläuferphänomene gut erklären (s. Abb. 10.20). So werden die Geschwindigkeit v_p und in abgeschwächter Form auch die Geschwindigkeit v_s im Stadium II abnehmen, das Verhältnis v_p/v_s zeigt ein Minimum. Der elektrische Widerstand nimmt bedingt durch die zunehmende Konzentration der Stromdichte in der Zone A ab. Durch die Zweiteilung des in die Vorbereitung eines Erdbebens einbezogenen Gesteinsvolumens wird auch verständlich, daß die Vorläufereffekte ganz unterschiedlich sein können in Abhängigkeit von der Entfernung zum späteren Epizentrum.

Beide Modelle sind zunächst nur Plausibilitätsmodelle. Sie ermöglichen es aber, das Auftreten von Vorläuferphänomenen mit dem bruchmechanischen Verhalten von Gesteinen in einem gegebenen Spannungsfeld zu deuten.

Das LNT-Modell hat den Vorteil, daß es nicht das Vorhandensein von Wasser voraussetzt. Ferner deckt sich die Konzentration der Brüche in einer schmalen Zone im Verlauf der Vorbereitungsphase eines Bebens gut mit geologischen Beobachtungen. Die Vorstellung, daß Erdbeben durch den Kollaps von Gesteinsbrücken zwischen Brüchen niederer Ordnung entstehen, findet sich auch in dem Barrierenmodell von Aki wieder (s. Kapitel 7).

Zu sehr ähnlichen Vorstellungen, wie sie dem LNT-Modell zugrunde liegen, kommt auch Stuart (1974). Er entwickelte ein Dilatanzmodell, das ohne Wasser auskommt. Das Gesteinsvolumen gliedert sich ebenfalls in zwei Bereiche: in eine schmale Bruchzone (fault gouge), in der eine nichtlineare, instabile Deformation erfolgt, und eine benachbarte Zone, die ein quasilineares Verhalten zeigt und in der die kleinen Brüche vor dem Beben infolge des Spannungsabfalls in der Bruchzone wieder geschlossen werden. Auch Mogi (1979) kommt zu ähnlichen Ergebnissen.

Brady (1974, 1975) entwickelte ein Inklusionsmodell zur Erklärung von Erdbeben in der Erdkruste. Das Vorbereitungsvolumen von Erdbeben im LNT- und DD-Modell kann danach als „weiche“ Inklusion innerhalb seiner Umgebung gedeutet werden.

10.4. Klassifizierung von Vorläuferphänomenen und Möglichkeiten einer praktischen Vorhersage

Der Überblick in Abschnitt 10.2 zeigt, daß es eine große Anzahl verschiedener Vorläuferphänomene gibt. Bisher ist es jedoch nicht gelungen, solche typischen Vorläufer zu erfassen, die grundsätzlich vor jedem Erdbeben und in jeder Region auftreten. Da die physikalischen Prozesse, die das Auftreten und die Raum-Zeit-Verteilung von Vorläuferphänomenen steuern, bei einem bestimmten Erdbeben nicht im Detail bekannt sind, ist eine praktische Vorhersage stets mit einer großen Unsicherheit behaftet. Fehlalarme und nicht erfolgte Warnungen sind möglich.

Die Warnung der Bevölkerung und die Einleitung von Maßnahmen des Zivilschutzes sind daher im gegenwärtigen Stand der Forschungen mit einem erheblichen Risiko behaftet.

Für die Praxis der Bebenvorhersage ist es daher zweckmäßig, verschiedene Stufen zu unterscheiden (s. auch Wyss, 1981).

Stufe 1: Abgrenzung eines Gebietes, in dem gegenüber Nachbargebieten das Auftreten eines Erdbebens in der näheren Zukunft wahrscheinlich ist. Einleitung von Maßnahmen zur detaillierten Untersuchung.

Stufe 2: Aufbau eines Überwachungssystems zur Erfassung von Langzeitvorläuferphänomenen. Veränderungen von einem oder mehreren Parametern zeigen, daß die Einleitung der eigentlichen Vorbereitungsphase eines Bebens begonnen hat. Die Raum-Zeit-Stärke-Vorhersage ist jedoch noch wenig gesichert.

Stufe 3: Das Überwachungssystem wird weiter ausgebaut. Es werden Parameter bzw. Änderungen von Parametern erfaßt, die darauf hindeuten, daß der Vorbereitungsprozeß eines Bebens dem Ende zugeht. Die zeitliche Vorhersage ist jedoch immer noch unsicher.

Stufe 4: Es werden kurzfristige Vorläufer erfaßt, die andeuten, daß ein Beben unmittelbar bevorsteht.
Es wird ein abgestimmtes System von Maßnahmen für den Zivilschutz eingeleitet.

Dieses Vorgehen erfordert, daß die mittlere Vorläuferzeit der verschiedenen Vorläuferphänomene bekannt ist.

Eingehend hat Rikitake (1975, 1976, 1978b, 1981) diese Fragen untersucht. Für die praktische Vorhersage teilt er die Vorläuferphänomene in verschiedene Gruppen:

a) *Extreme Langzeitvorläufer*

Hierunter werden alle Vorläuferphänomene verstanden, die eine Aussage über die Möglichkeit (oder Wahrscheinlichkeit) des Auftretens eines Erdbebens in einer bestimmten Region im Verlauf der nächsten Jahre oder Jahrzehnte geben.

b) *Langzeitvorläufer*

Rikitake (1975, 1976, 1978b) hat die beobachteten geophysikalischen Vorläuferphänomene zusammengestellt (s. Abb. 10.21). Dabei ergibt sich ein

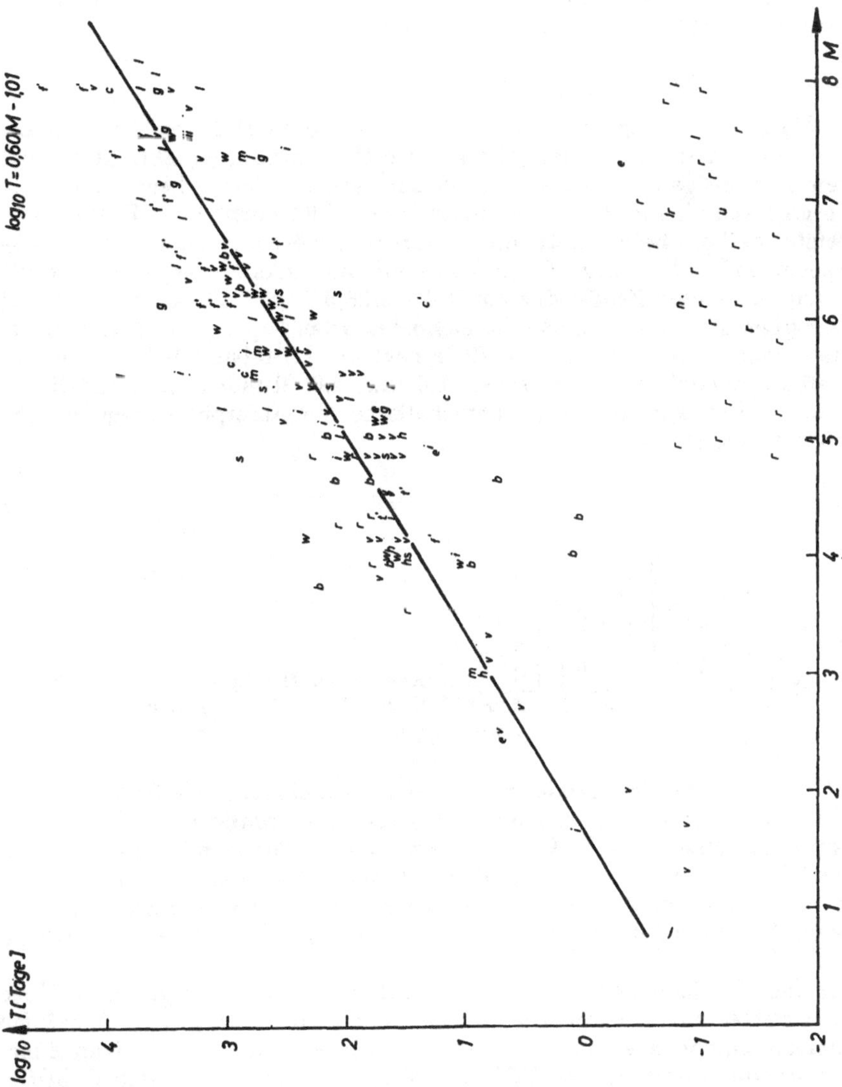

Abb. 10.21. Logarithmische Vorläuferzeit in Tagen in Abhängigkeit von der Magnitude. Buchstaben s. Tabelle 10.3. (nach Rikitake, 1969)

Zusammenhang zwischen Magnitude und Vorläuferzeit in der Form

$$\log T = 0{,}60\,M - 1{,}01 \qquad \text{(s. Rikitake, 1979).}$$

Beben mit einer Magnitude von 6 haben Vorbereitungszeiten von einigen Jahren. Rikirake bezeichnet Vorläufer, die einen Zusammenhang mit der Magnitude erkennen lassen, als Vorläuferphänomene 1. Art.

c) *Kurzzeitvorläufer*

Bei einer Reihe von Vorläuferphänomenen besteht keine Abhängigkeit zwischen Vorläuferzeit und Magnitude. Das Histogramm (s. Abb. 10.22) läßt bei den kurzzeitigen Vorläuferphänomenen zwei Maxima erkennen. Für das erste ergibt sich eine mittlere Vorläuferzeit von 4,6 Tagen. Nach Rikitake ist die Gefahr, daß ein Beben stattfindet, dann am größten, wenn die Verteilungsfunktion einen Wert zwischen 0,3 und 0,8 annimmt („Gefährdungszeitfenster"); das entspricht einem Zeitfenster von 1,4 bis 28,2 Tagen. Dieser Typ kann als mittelfristiger Kurzzeitvorläufer bezeichnet werden (α_1-Typ nach Rikitake). Für das zweite Maximum in Abb. 10.22 liegt der Mittelwert bei 2,4 Stunden, das Gefährdungszeitfenster zwischen 1,0 und 4,0 Stunden. Es handelt sich also um extrem kurzfristige geophysikalische Verläuferphänomene (α_2-Typ nach Rikitake, 1978b).

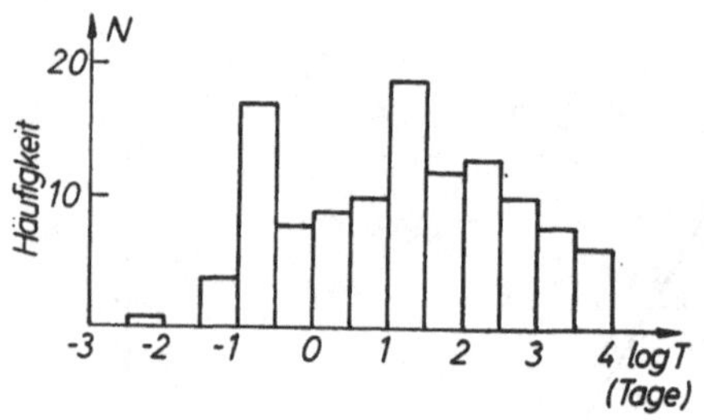

Abb. 10.22. Histogramm der geophysikalischen Vorläuferphänomene (nach Rikitake, 1978a)

Biologische Vorläuferphänomene gewinnen zunehmend an Bedeutung. In der Häufigkeitsverteilung (s. Abb. 10.16) treten ebenfalls zwei Maxima auf. Das erste hat eine mittlere Vorläuferzeit von 0,4 Tagen mit einem Gefährdungszeitfenster zwischen 0,13 und 4,0 Tagen. Das zweite Maximum wird durch die extrem kurzfristigen biologischen Vorläuferphänomene mit einer mittleren Vorläuferzeit von 3 Stunden (β_2-Typ nach Rikitake, 1978b) gebildet.

Grundlage für jede Vorhersage ist der Aufbau eines gut ausgebauten Überwachungsnetzes zur Erfassung geophysikalischer und biologischer Vorläuferphänomene. Solche Systeme bestehen in verschiedenen seismoaktiven Zonen der Sowjetunion, Japans, der USA, der VR China und in anderen Gebieten. Spezielle Maßnahmen zur Überwachung müssen sich auf eng begrenzte Gebiete konzentrieren, die durch ein hohes seismisches Risiko gekennzeichnet sind (industrielle und städtische Ballungsgebiete). Für solche Gebiete (s. auch Rikitake, 1978b) lassen sich aus der Anzahl der Meßgrößen, für die anomale Variationen festgestellt wurden, und aus der Anzahl der Meßpunkte, an denen derartige Änderungen beobachtet wurden, Maßzahlen für die Sicherheit der Bebenvorhersage ableiten.

10.5. Literatur

Abdullabekov, K. N.; Bezuglaja, L. S.; Golovkov, V. P.; Skovorodkin, Y. P.: On the possibility of using magnetic methods to study tectonic processes. Tectonophysics **14** (1972), 257–262.

Aggarwal, Y. P.; Sykes, L. R.; Armbruster, J.; Sbar, J. L.: Premonitory changes in seismic velocities and prediction of earthquakes. Nature **241** (1973), 101–104.

Aggarwal, Y. P.; Sykes, L. R.; Simpson, D. W.; Richards, P. C.: Spatial and temporal variations in V_s/V_p and P-wave residuals at Blue Mountain Lake, New York: Application to earthquake prediction. J. Geophys. Res. **80** (1975), 718–732.

Al'tgauzen, N. M.; Barsukov, O. M.: O vremennych variacijach elektroprovodnosti. In: Sadovskii, M. A.: Fizičeskie osnovanija poiskov metodov prognoza zemletrjasenii. Izd. Nauka Moskva, 1970, 104–110.

Ancyverov, M. S.: O primenenii geoakustičeskich metodov k rešeniju problemy prognoza zemletrjasenii. Trudy Geofizičeskogo Instituta AN SSSR (1954) 25 (152), 157–161.

Anderson, D. L.; Whitcomb, J. H.: The dilatancy diffusion model of earthquake prediction. In Kovach, R. L.; Nur, A. (Eds.): Proc. of the Conf. on Tectonic Problems of the San Andreas Fault System. Stanford University Press **13** (1973), 417–426.

Asimov, M. S. (Ed.): Poiski predvestnikov zemletrjasenii na prognostičeskich poligonach. Izdat. Nauka Moskva (1974), 210 S.

Barsukov, O. M.: Variations of electric resistivity of mountain rocks connected with tectonic causes. Tectonophysics **14** (1972), 273–277.

Barsukov, V. L.; Serebrennikov, V. S.; Varšal, G. M.; Garanin, A. V.: Geochimičeskie metodi prognoza zemletrjasenii. Geochimija (1979) 3, 323–337.

Båth, M.: Earthquake prediction. Scientia 7. Serie **60** (1966), 1–10.

Båth, M.: Introduction to seismology. Birkhäuser Verlag, Basel-Stuttgart 1973.

Bončkovskii, V. F : Ismeninija gradienta električeskogo potenciala atmosfery kak odin iz vozmožnych predvestnikov zemletrjasenii. In: Gamburcev, G. A. (Ed.): Problemy prognoza zemletrjasenii. Trudy Geofizičeskogo Instituta AN SSSR (1954a) 25 (152), 192–206.

Bončkovskii, V. F.: Naklony zemnoi poverchnosti kak odin vozmožnych predvestnikov zemletrjasenii. In: Gamburcev, G. A. (Ed.): Problemy prognoza zemletrjasenii. Trudy Geofizičeskogo Instituta AN SSSR (1954b) 25 (152), 134–153.

Boore, D. M.; Linda, A. G.; McEvilly, T. V.; Tocmachoff, W. W.: A search for travel-time changes associated with the Parkfield, California, earthquake of 1966. Bull. Seism. Soc. Am. **65** (1975), 1407–1418.

Boulanger, Y. D.; Pevnev, A. K.; Enman, V. B.; Atrushkevich, P. A.; Antonenko, E. M.: Geodetic studies and forerunners of earthquakes. Tectonophysics **14** (1972), 183–188.

Brady, B. T.: Theory of earthquakes. Pure appl. Geophys. **112** (1974) 4, 701–725.

BRADY, B. T.: Theory of earthquakes. II Inclusion theory of crustal earthquakes. Pure appl. Geophys. **113** (1975), 149–168.

BUFE, C. G.: Frequency-magnitude variations during the 1970 Danville earthquake swarm. Earthqu. Notes **41** (1970) 3, 3–7.

BUFE, C. G.; HARSH, P. W.; BURFORD, R. O.: Steady state seismic slip – a precise recurrence model. Geophys. Res. Lett. **4** (1977), 91–94.

BUFE, C. G.; HARSH, P. W.; BURFORD, R. O.: Prediction without precursors: seismic slip along the Calaveras fault, Northern California. Earthqu. Inf. Bull. **10** (1978), 12–15.

CHANG, G.; QIOU, J.: An analysis of the process of preparation and the medium-term precursors of the 1976 Tangshan earthquake ($M = 7{,}8$). Intern. Symp. Earthquake Prediction. UNESCO Paris 2.–6. 4. 1979. Paper I-11, 1979.

DAVISON, CH.: The prevision of earthquakes. Gerlands Beitr. Geophys. **12** (1913), kleine Mitt. 9–15.

DOBROVOLSKY, I. P.; ZUBKOV, S. I.; MIACHKIN, V. I.: Estimation of the earthquake preparation zones. Pure Appl. Geophys. **117** (1979) 5, 1025–1044.

ENGDAHL, E. R.; KISSLINGER, C.: Seismological precursors to a magnitude 5 earthquake in the central Aleutian Islands. J. Phys. Earth **25** (1977), 243–250.

EVERNDEN, J. F. (Ed.): Conference I: Abnormal Animal Behaviour prior to Earthquakes. Office of Earthquake Studies, U.S. Geological Survey, Menlo Park, California, 1976.

FAN, G.; HOU, Z.; ZHAN, Z.; HUANG, P.: The influence of the Tangshan earthquake on the geomagnetic total field in the Peking area. Inter. Symp. Earthquake Prediction. UNESCO Paris 2.–6. 4. 1979. Paper I-12, 1979.

FEDOTOV, S. A.; DOLBILKINA, N. A.; MOROZOV, V. N.; MYACHKIN, V. I.; PREOBRAZENSKY, V. B.; SOBOLEV, G. A.: Investigation on earthquake prediction in Kamchatka. Tectonophysics **9** (1970), 249–258.

FEDOTOV, S. A.; SOBOLEV, G. A.; BOLDYREV, S. A.; GUSEV, A. A.; KONDRATENKO, A. M.; POTAPOVA, O. V.; SLAVINA, L. B.; THEOPHYLAKTOV, V. D.; KHRAMOV, A. A.; SHIROKOV, V. A.: Long and short-term earthquake prediction in Kamchatka. Tectonophysics **37** (1976), 305–316.

GABRIELOV, A. M.; GVIŠIANI, A. D.; ŽIDKOV, M. P.: Formalizovannoe morfostrukturnoe raionirovanie gornogo pojasa And. Vyčislitel'naja Seismologija (1982) 14, 38–56.

GELFAND, I. M.; GUBERMAN, SH. I.; IZVEKOVA, M. L.; KEILIS-BOROK, V. I.; RANZMAN, E. JA.: Criteria of high seismicity determined by pattern recognition. Tectonophysics **13** (1972), 415–422.

GEL'FAND, I. M.; GUBERMAN, Š. A.; IZVEKOVA, M. L. u. a.: Raspoznavanie mest vozmožnogo vozniknovenija sil'nych zemletrjasenii. I. Pamir i Tjan'-Šan'. Vyčislitelnaja Seismologija (1973) 6, 107–133.

GEL'FAND, I. M.; GUBERMAN, Š. A.; ŽIDKOV, M. P. u. a.: Raspoznavanie mest vozmožnogo vozniknovenija sil'nych zemletrjasenii. II. Četyre regiona Maloi Azii i Jugo-Vostočnoi Evropy. Vyčislitel'naja Seismologija (1974) 7, 3–40.

GEL'FAND, I. M.; GUBERMAN, SH. A.; KEILIS-BOROK, V. I.; KNOPOFF, L.; PRESS, F.; RANZMAN, E. YA.; ROTWAIN, I. M.; SADOVSKY, A. M.: Pattern recognition applied to earthquake epicentres in California. Phys. Earth Planet. Inter. **11** (1976), 227–283.

GIBOWICZ, S. J.: Frequency-magnitude, depth, and time relation for earthquakes in an island arc: North Island, New Zealand. Tectonophysics **23** (1974), 283–297.

Gravity Group. Seismological Bureau of Hebei Province: Change of gravity in the epicentral area before the Tangshan earthquake. Intern. Symp. Earthquake Prediction. Paris, UNESCO 2.–6. 4. 1979. Paper I-14, 1979.

GRÜNTHAL, G.; HURTIG, E.; RUGE, E.: Time dependence of statistical parameters: the aftershock sequence of the Friuli 1976 earthquake, Northern Italy, and a section of the

Montenegro, Yugoslavia, earthquake series 1979. Earthqu. Prediction Res. (1983) (in press).

Gupta, H. K.; Singh, V. P.; Mohan, I.: Earthquake prediction research in Assam, North East India. Intern. Symp. Earthquake Prediction. UNESCO, Paris 2.–6. 4. 1979. Paper I-9, 1979.

Gvišiani, A. D.; Zelevinskii, A. V.; Keilis-Borok, V. I.; Kosobokov, V. G.: Issledovanie mest vozniknovenija sil'neišich zemletrjasenii tichookeanskogo pojasa s pomoš č'ju algoritmov rasposnavanija. Fizika Zemli (1978) 9, 31–42.

Gvišiani, A. D.; Židkov, M. P.; Solov'ev, A. A.: Raspoznavanie mest vozmožnogo vozniknovenija sil'nych zemletrjasenii. X. Mesta zemletrjasenii magnitudy $M = 7{,}75$ na Tichookeanskom poberež'e Južnoi Ameriki. Vyčislitel'naja Seismologija **14** (1982), 56–67.

Hagiwara, Y.: Gravity changes associated with seismic activities. J. Phys. Earth **25** Suppl. (1977), 137–146.

Ida, Y.: Slow-moving deformation pulses along tectonic faults. Phys. Earth Planet. Int. **9** (1974), 328–337.

Johnston, A. C.: Localized compressional velocity decrease precursory to the Kalapana, Hawaii, earthquake. Science **199** (1978), 882–885.

Johnston, M. J. S.; Smith, B. E.; Mueller, R.: Tectonomagnetic experiments and observations in Western U.S.A. J. Geomag. Geoelectr. **28** (1976), 85–97.

Kalašnikov, A. G.: Vozmožnosti magnitometričeskich metodov v rešenii voprosa o predvestnikach zemletrjasenii. In: Gamburcev, G. A. (Ed.): Problemy prognoza zemletrjasenii. Trudy Geofizičeskogo Instituta AN SSSR (1954) 25 (152), 162–180.

Kanamori, H.; Hadley, D.: Crustal structure and temporal velocity change in Southern California. Pure Appl. Geophys. **113** (1975), 257–280.

Kasahara, K.: Migration of crustal deformation. Tectonophysics **52** (1979), 329–341.

Keilis-Borok, V. I.; Knopoff, L.; Rotvain, I. M.; Sidorenko, T. M.: Bursts of seismicity as long term precursors of strong earthquakes. J. Geophys. Res. **85** (1980), 803–811.

Keilis-Borok, V. I.; Malinovskaya, L. N.: One regularity in the occurrence of strong earthquakes. J. Geophys. Res. **69** (1964), 3019–3024.

Kelleher, J.; Sykes, L.; Oliver, J.: Possible criteria for predicting earthquake location and their application to major plate boundaries of the Pacific and the Carribean. J. Geophys. Res. **78** (1973), 2547–2585.

Khattri, K.; Wyss, M.: Precursory variation of seismicity rate in the Assam area, India. Geology **6** (1978), 685–688.

King, C.-Y.: Radon emanation on active faults. Conference I. Abnormal animal behavior to earthquakes. USGS Menlo Park (1976), 411–414.

King, C.-Y.: Radon emanation on San Andreas Fault. Nature **271** (1978), 516–519.

Kisslinger, C.; Engdahl, E. R.: A test of the Semyenov prediction technique in the Central Aleutian Islands. Tectonophysics **23** (1974), 237–246.

Kisslinger, C.; Suzuki, Z. (Eds.): Earthquake Precursors. Proceedings of the US-Japan Seminar on Theoretical and Experimental Investigations of Earthquake Precursors. Center for Academic Publ., Japan 1978.

Kondratenko, A. M.; Nersesov, I. L.: Nekotorye rezul'taty izučenija izmenenija skorostei prodol'nych i poperečnych voln v očagovoi zone. Trudy Inst. Fiz. Zemli AN SSSR (1962) 25 (192), 130–150.

Latynina, L. A.; Karmaleyeva, R. M.: On certain anomalies in the variations of crustal strains before strong earthquakes. Tectonophysics **9** (1970), 239–247.

LEE, W. H. K.; STEWART, S. W.: Principles and applications of microearthquake networks. Academic Press New York-London-Toronto-San Francisco-Sydney, 1981.

LENSEN, G. J.: Phases, nature and rates od earth deformation. Bull. R. Soc. New Zealand **9** (1971), 97–105.

LINDH, A.: Amplitude of foreshocks as a possible seismic precursor to earthquakes. Earthquake Information Bull. **10** (1978) 5, 162–164.

LOMNITZ, C.: Global tectonics and earthquake risk. Developments in Geotectonics 5. Elsevier Scient. Publ. Comp. Amsterdam-London-New York, 1974.

MAZZELLA, A.; MORRISON, H. F.: Electrical resistivity variations associated with earthquake on the San Andreas fault. Science **185** (1974), 855–857.

MCEVILLY, T. V.; JOHNSON, L. R.: Stability of P and S velocities from Central California quarry blasts. Bull. Seism. Soc. Am. **64** (1974), 343–354.

MESCHERIKOV, J. A.: Recent crustal movements in seismic regions: geodetic and geomorphic data. Tectonophysics **6** (1968), 29–39.

MJAČKIN, V. I.: Processy podgotovki zemletrjasenii. Nauka Moskva, 1978.

MJAČKIN, V. I.; DOLBIKINA, N. A.: Seismičeskoe prosvečivanie očagorich zon. VINITI 1973.

MJACKIN, V. I.; BRALE, W. F.; SOBOLEV, G. A.; DIETERICH, J. H.: Two models for earthquake forerunners. Pure appl. Geophys. **113** (1975), 169–181.

MJAČKIN, V. I.; KOSTROV, B. V.; SOBOLEV, G. A.; ŠAMINA, O. G.: Fizika razrušenija gornych porod i ee svjaz' s zemletrjasenijami. Intern. Symp. Earthquake Prediction. UNESCO Paris 2.–6. 4. 1979. Paper II-2, 1979.

MOGI, K.: Two kinds of seismic gaps. Pure Appl. Geophys. **117** (1979), 1172–1186.

MYACHKIN, V. I.; SOBOLEV, G. A.; DOLBILKINA, N. A.; MOROZOV, V. N.; PREOBRAZENSKY, V. B.: The study of variations in geophysical fields near focal zones of Kamtchatka. Tectonophysics **14** (1972), 287–293.

NAGATA, T.: Tectonomagnetism. Bull. Int. Assoc. Geomagn. Aeron. **27** (1969), 12–43.

NEGMATULLAEV, S. CH.; MIRSOEV, K. M.: Sostojanie seismologičeskoi i geologo-geofizičeskoi isučennosti territorii dušanbinskogo geofizičeskogo poligona i programma dal'neišich rabot po poiskam predvestnikov zemletrjasenii. In: ASIMOV, M. S. (Ed.): Poiski predvestnikov zemletrjasenii na prognostičeskich poligonach. Izdat. Nauka Moskva, 1974, 13–16.

NELSON, J. B.; GANSE, R. A.: Significant earthquakes 1900–1979. Nat. Geophys. Solar-terr. Data Center and World Data Center A, Boulder 1980.

NERSESOV, I. L.; SEMENOV, A. N.; SIMBIREVA, I. G.: Prostranstvennovremennoe raspredelenie otnošenii vremen probega poperečnych i prodol'nych voln v Garmskom raione. In: SADOVSKII, M. A. (Ed.) Eksperimental'naja Seismologija, 334–345. Nauka Moskva 1971.

NUR, A.: Dilatancy, pore fluids, and premonitory variations of t_s/t_p travel times. Bull. Seism. Soc. Am. **62** (1972), 1217–1222.

OSTROVSKII, A. E.: On changes in tilts of the earth's surface before strong near earthquakes. In: SADOVSKII, M. A. (Ed.): Fizičeskie osnovanija poiskov metodov prognoza zemletrjasenii. Izd. Nauka Moskva, 1970.

OTIS, L. S.; KAUTZ, W. H.: Biological premonitors of earthquakes: a validation study. Intern. Symp. Earthquake Prediction. UNESCO Paris 2.–6. 4. 1979. Paper I-23, 1979.

Panel on Earthquake Prediction of the Committee on Seismology: Predicting Earthquakes. A scientific and technical evaluation – with implications for society. National Acad. Sci. Washington, D. C. (1976), 62 S.

PRESS, F.: Displacements, strains and tilts at teleseismic distances. J. Geophys. Res. **70** (1965) 10, 2395–2412.

QUIAN, J.; GUI, X.; MA, H.; MA, X.; GUANG, H.; ZHAO, Q.: Observations of apparent resistivity in the shallow crust before and after several great shallow earthquakes. Intern. Symp. Earthquake Prediction. UNESCO Paris 2.–6. 4. 1979. Paper I-13, 1979.

RALEIGH, C. B.: The Southern California Uplift: a review. Intern. Symp. Earthquake Prediction. UNESCO Paris 2.–6. 4. 1979. Paper I-2, 1979.

RALEIGH, B.; BENNETT, G.; GRAIG, H.; HANKS, T.; MOLNAR, P.; NUR, A.; SAVAGE, J.; SCHOLZ, C.; TURNER, P.; WU, F.: Prediction of the Haicheng earthquake. EOS (Trans. Am. Geophys. Union) **58** (1977) 5, 236–272.

RIKITAKE, T.: Earthquake precursors. Bull. Seism. Soc. Am. **65** (1975), 1133–1162.

RIKITAKE, T.: Earthquake prediction. Developments in Solid Earth Geophysics 9. Elsevier Sc. Publ. Comp. Amsterdam-Oxford-New York, 1976, 357 S.

RIKITAKE, T.: Biosystem behaviour as an earthquake precursor, Tectonophysics **51** (1978a), 1–20.

RIKITAKE, T.: Classification of earthquake prediction information for practical use. Tectonophysics **46** (1978b), 175–195.

RIKITAKE, T.: Earthquake Precursors. Intern. Symp. Earthquake Prediction. UNESCO Paris 2.–6. 4. 1979. Review Paper I, 1979.

RIKITAKE, T. (Ed.): Current research in earthquake prediction I. Developments in Earth and Planetary Sciences 02. Center Acad. Publ. Japan, Tokyo; D. Reidel Publ. Comp. Dordrecht-Boston-London, 1981.

ROBINSON, R.: Variation of energy release, rate of occurrence and b-value of earthquakes in the main seismic region, New Zealand. Phys. Earth Planet. Int. **18** (1979), 209–220.

SADOVSKY, N. A.; NERSESOV, I. L.: Forecasts of earthquakes on the basis of complex geophysical features. Tectonophysics **23** (1974), 247–255.

SADOVSKY, M. A.; NERSESOV, I. L.; NIGMATULLAEV, S. K.; LATYNINA, L. A.; LUKK, A. A.; SEMENOV, A. N.; SIMBIREVA, I. G.; ULOMOV, V. I.: The processes preceding strong earthquakes in some regions of Middle Asia. Tectonophysics **14** (1972), 295–307.

SADOVSKII, M. A.; MONACHOV, F. I.; KISSIN, I. G.; ŠIROKOV, B. D.: Kratkosročnye gidrogeodinamičeskie predvestniki zemletrjasenii. Intern. Symp. on Earthquake Prediction. UNESCO Paris 2.–6. 4. 1979. Paper I-21, 1979.

SATO, H.; TSUMURA, K.: Crustal deformation preceding recent earthquakes in Izu peninsula, Central Japan. Intern. Symp. Earthquake Prediction. UNESCO Paris, 2.–6. 4. 1979 Paper I-1, 1979.

SAVARENSKII, E. F.: Seismičnost' SSSR, itogi i perspektivy ee isučenija. In: GAMBURCEV, G. A. (Ed.): Problemy prognoza zemletrjasenii. Trudy Geofizičeskogo Instituta AN SSSR (1954) 25.

SAVARENSKY, E. F.: On the prediction of earthquake. Tectonophysics **6** (1968), 17–27.

SAVARENSKIJ, E. F.; NERSESOV, I. L.: Earthquake prediction. In: The assessment and mitigation of earthquake risk. UNESCO (1978), 66–90.

SCHOLZ, G. H.; SYKES, L. R.; AGGARWAL, Y. R.: Earthquake prediction: A physical basis. Science **181** (1973), 803–809.

SEMENOV, A. N.: Izmenenie otnošenija vremen probega poperečnych i prodol'nych voln pered sil'nymi zemletrjasenijami. Fizika Zemli (1969) 4, 72–77.

SIEH, K. E.: Prehistoric large earthquakes produced by slip on the San Andreas fault at Pallett Creek, California. J. Geophys. Res. **83** (1978), 3907–3939.

SIMS, J. D.: Determining earthquake recurrence intervals from deformational structures. in young lacustrine sediments. Tectonophysics **29** (1975), 141–152.

SMITH, B. E.; JOHNSTON, M. J. S.: A tectonomagnetic effect observed before a magnitude 5,2 earthquake near Hollister, California. J. Geophys. Res. **81** (1976), 3556–3563.

SOBOLEV, G. A.: Application of electric method to the tentative short-term forecast of Kamtchatka earthquakes. Pure appl. Geophys. **113** (1975), 229–235.

SOBOLEV, G. A.: Fizičeskie processy podgotovki zemletrjasenii: eksperiment i teorija. Intern. Symp. Earthquake Prediction. UNESCO Paris 2.–6. 4. 1979. Review Paper II, 1979.

SOBOLEV, G. A.; MOROZOV, V. N.: Lokalnye vozmuščenija električeskogo polja na Kamčatke i ich svjaz s zemletrjasenijach. In: SADOVSKII, M. A.: Fizičeskie osnovanija poiskov metodov prognoza zemletrjasenii. Izd. Nauka Moskva, 1970, 110–121.

SOBOLEV, G. A.; MOROZOV, V. N.; MIGUNOV, N. J.: Elektrotelluričeskoe pole i sil'noe zemletrjasenie na Kamčatke. Fizika Zemli (1972) 2, 73–80.

SOLONENKO, V. P.: Prognoz zemletrjasenii – želaemoe i dostignutoe. Priroda (1979) 2, 13–20.

STILLER, H.; WAGNER, F. C.; VOLLSTÄDT, H.: A two-phase model for description of the influence of cracks on the P- and S-wave velocities in dry and saturated rock samples. Tectonophysics **43** (1977), 181–197.

STILLER, H.; WAGNER, F. C.: Elastic-wave velocities in rocks under pressure and cracking phenomena. Gerlands Beitr. Geophys. **88** (1979), 128–139.

STUART, W. D.: Diffusionsless dilatancy model for earthquake precursors. Geophys. Res. Lett. **1** (1974) 6, 261–264.

SUYEHIRO, S.: Difference between aftershocks and foreshocks in the relationship of magnitude to frequency of occurrence for the great Chilean earthquake of 1960. Bull. Seism. Soc. Am. **56** (1966), 185–200.

TAKAHASHI, H.; HAMADA, K.: Deep borehole observation of the earth's crust activities around Tokyo – introduction of the Iwatsuki Observatory. Pure appl. Geophys. **113** (1975), 311–320.

TICHONOV, A. N.; IVANOV, A. G.; TROICKAJA, V. A.; D'JAKONOV, B. P.: K voprosu o svjazi zemnych tokov i zemletrjasenii. In: GAMBURCEV, G. A. (Ed.): Problemy prognoza zemletrjasenii. Trudy Geofizičeskogo Instituta AN SSSR (1954) 25 (152), 181–191.

TRIBUTSCH, H.: Wenn die Schlangen erwachen. Mysteriöse Erdbebenvorzeichen. Deutsche Verlags-Anstalt, 1978, 272 S.

TSUBOI, C.: Investigation on the deformation of the earth's crust in the Tango district connected with the Tango earthquake of 1927. Bull. Earthquake Res. Inst., Univ. Tokyo **10** (1932), 411–434.

TSUBOI, C.; WADATI, K.; HAGIWARA, T.: Prediction of Earthquakes-Progress to date and plans for further development. Rep. Earthquake Prediction Res. Group Japan. Earthquake Res. Inst., Univ. Tokyo (1962), 21 S.

VEBER, K.; GORŠKOV, A. I.; RANCMAN, E. JA.: Morfostrukturnye lineamenty i sil'nye zemletrjasenija Zapadnych Al'p. Vyčislitel'naja Seismologija **14** (1982), 67–73.

VIL'KOVIČ, E. V.; ŠNIRMAN, M. B.: Volny migracii epicentrov (primery i modeli). Vyčislitel'naja Seismologija **14** (1982), 27–37.

WANG, C.; WANG, Y.; ZHANG, H.; LI, Y.; ZHAO, S.: Characteristics of water level variation in deep wells before and after the Tangshan earthquake. Intern. Symp. Earthquake Prediction. UNESCO Paris 2.–6. 4. 1979. Paper I-20, 1979.

WESSON, R. L.; ROBINSON, R.; BUFE, C. G.; ELLWORTH, W. L.; PFLUKE, J. H.; STEPPE, J. A.; SEEKINS, L. C.: Search for seismic forerunners to earthquakes in Central California. Tectonophysics **42** (1977) 4, 111–126.

WIDEMAN, C. J.; MAJOR, M. W.: Strain steps associated with earthquakes. Bull. Seism. Soc. Am. **57** (1967), 1429–1444.

WHITCOMB, J. H.; GARMANY, J. D.; ANDERSON, D. L.: Earthquake prediction: Variation of seismic velocities before the San Fernando earthquake. Science **180** (1973), 632–635.

WORMER, J. D. VAN; GEDNEY, L. D.; DAVIES, J. N.; CONDAL, N.: v_p/v_s and b-values: a test of the dilatancy model for earthquake precursors. Geophys. Res. Lett. **2** (1975), 514–516.

WYSS, M.: Recent earthquake prediction research in the United States. In: RIKITAKE, T. (Ed.): Current Research in Earthquake Prediction I, 81–127. Center for Academic Publ. Japan, D. Reidel Publ. Comp., 1981.

WYSS, M.; HABERMANN, R. E.: Seismic quiescence precursory to a past and a future Kurile island earthquake. Pure appl. Geophys. **117** (1979), 1195–1211.

WYSS, M.; HOLCOMB, D. J.: Earthquake prediction based on station residual. Nature **245** (1973), 139–140.

WYSS, M.; JOHNSTON, A. C.: A search for teleseismic P-residual changes before large earthquakes in New Zealand. J. Geophys. Res. **79** (1974), 3283–3290.

WYSS, M.; LEE, W. H. K.: Time variations fo the average earthquake magnitude in Central California. Proc. Conf. Tectonic Problems of the San Andreas Fault System. Stanford Univ. Publ., Geol. Soc. (1973) 13, 24–72.

YAMAZAKI, Y.: Coseismic resistivity steps. Tectonophysics **22** (1974), 159–171.

YAMAZAKI, Y.: Precursory and coseismic resistivity changes. Pure appl. Geophys. **113** (1975), 219–227.

ZHU, F.; ZHONG, Y.: Macro-Anomalies and their significance in the prediction of large earthquakes. Intern. Symp. Earthquake Prediction. UNESCO Paris 2.–6. 4. 1979. Paper I-18, 1979.

11. Sachverzeichnis

FSC
www.fsc.org
MIX
Papier | Fördert gute Waldnutzung
FSC® C083411

Zeitfracht Medien GmbH
Ferdinand-Jühlke-Straße 7
99095 Erfurt, Deutschland
produktsicherheit@kolibri360.de